Jetzt helfe ich mir selbst

Motor
buch
Verlag

Einbandgestaltung: Louis Dos Santos

Abbildungen: Skoda Auto Deutschland und Volkswagen AG; Althaus-Fichtmüller; Armor All; ATH-Heinl GmbH, Celestron, Continental AG, Dunlop, Finkbeiner (finkbeiner-lifts), Hella, Kreishandwerkerschaft Fulda, Lenz-Gruppe; Michelin, Dr. Wack; Motor-Presse Stuttgart.

Text und redaktionelle Bearbeitung:
Rainer Althaus-Fichtmüller

Vielen Dank für tatkräftige Unterstützung an:
Zemke Autohaus Bernau GmbH: Kevin Schönebeck.

ISBN 978-3-613-03442-6

1. Auflage 2012

Lizenznehmer des Motorbuch Verlags, Postfach 10 37 43, 70032 Stuttgart
Ein Unternehmen der Paul Pietsch Verlage GmbH & Co.

Sie finden uns im Internet unter:
www.motorbuch-verlag.de

Herstellung: Althaus-Fichtmüller
16321 Bernau b. Berlin
Druck und Bindung: Druck + Verlag Südwest,
76131 Karlsruhe
Printed in Germany

Skoda Roomster

ab Modelljahr 2010/11

Benzinmotoren

1,2 Liter HTP (MPI, SRE)	51 kW / 70 PS
1,2 Liter TSI (auch GreenTec)	63 kW / 86 PS
1,2 Liter TSI (auch GreenTec und mit DSG)	77 kW / 105 PS

Dieselmotoren

1,2 Liter TDI (auch GreenLine)	55 kW / 75 PS
1,6 Liter TDI	66 kW / 90 PS
1,6 Liter TDI	77 kW / 105 PS

Inhalt

Ein Ratgeber stellt sich vor

»An den neuen Autos kann ich ja doch nichts mehr selber machen.« Diesen Satz hören wir häufig, aber wir stimmen ihm ebenso wenig zu wie Sie. Wir denken, dass trotz allem Fortschritt immer noch genügend Spielraum für richtig angepackte Selbsthilfe bleibt. Natürlich ist durch den wachsenden Anteil von Elektronik und durch die Vernetzung der Systeme im Fahrzeug mancher Fehler nicht mehr so leicht zu orten wie früher. Gerade durch die Elektronik sind moderne Autos aber wesentlich zuverlässiger, sicherer und umweltfreundlicher als die einfacher aufgebauten, doch wartungsintensiven Fahrzeuge früherer Tage.

Hilfe zur Selbsthilfe

Was Sie tun können, wenn das Auto den Dienst verweigert, oder besser noch: was Sie tun sollten, damit es gar nicht erst soweit kommt, ist Gegenstand dieses Ratgebers. Selbst wenn Sie den Fehler vielleicht nicht selbst beheben können, ist es doch viel Wert, die Ursache präzise einzukreisen. So können Sie der Werkstatt wesentliche Informationen liefern und kostbare Arbeitszeit für die Fehlersuche einsparen.

Tipps und Wissenswertes

Wir wollen Einblicke in die Autotechnik geben, Fachbegriffe im umfangreichen Techniklexikon erläutern und Sie über Wissenswertes aus der Welt der Technik informieren. Wir geben Tipps, die zum Teil bares Geld wert sind.
Ein ganzes Kapitel widmen wir dem Thema Winter, weil in der dunklen Jahreszeit besonders viel zu beachten ist. Das fängt bei der Wahl der richtigen Bereifung an und reicht bis zu den robusten Schuhen im Kofferraum. Denn trotz Gesetz und Vorschrift wagen sich immer noch viele Autofahrer in dem festen Glauben, es werde schon gut gehen, mit Reifen ohne Schneeflockensymbol auf die Piste. Damit aber eben wirklich alles gut geht, präsentieren wir Ihnen nützliche Hinweise, die für den Urlaub so gut sind wie für jede tägliche Fahrt.

Sicherheit hat Vorrang

Natürlich wollen wir Sie mit diesem Ratgeber auch durch die übrigen Jahreszeiten begleiten. Sicherheit und Zufriedenheit stehen dabei an erster Stelle.
Wichtiger als das Reparieren von sicherheitsrelevanten Baugruppen ist das frühzeitige Erkennen eines Schadens. Dabei wollen wir Sie unterstützen. Ein »Störungsbeistand« ist daher Bestandteil vieler Kapitel. Ein Diagnose-Schema soll ganz allgemein eventuelle Unzulänglichkeiten am Auto offenlegen, bevor etwas schief läuft, und auch helfen, bei einer Hauptuntersuchung jede Menge Ärger und Geld zu sparen. Regelmäßig wiederkehrende Überprüfungsarbeiten haben wir in einer Übersicht zusammengefasst, zum kopieren und abheften.

Reparaturen in der Garage daheim

Sollten Sie bereits im Umgang mit Werkzeug geübt sein, werden wir Sie Schritt für Schritt durch die einzelnen Arbeitsgänge führen. Dabei beschränken wir uns in der Reihe »Jetzt helfe ich mir selbst« auf leichte Wartungs-, Pflege- und Reparaturmaßnahmen, die Sie ohne Weiteres in der heimischen Garage durchführen können. Welche Grundausstattung Sie dafür benötigen und wie das Ganze ideal in Ihre Garage passt, haben wir hier zusammengefasst. Für alle weiter führenden Arbeiten möchten wir auf den entsprechenden Band »Reparaturanleitung« des Bucheli-Verlages hinweisen. Dort wird mit bewährter Präzision das Zerlegen komplizierter Baugruppen beschrieben.

Für mehr Spaß am Auto

In manchem Kapitel bieten wir einen Überblick zum Thema »besser machen«. In diesem Abschnitt stellen wir eine Auswahl von empfehlenswerten Zubehör- und Anbauteilen vor, die Sie in Eigenregie montieren können. Dadurch sollen Sie in Zukunft noch mehr Freude an Ihrem Auto haben.

Damit Sie sich gut zurechtfinden

Wenn Sie etwas Bestimmtes in diesem Buch suchen, haben Sie verschiedene Möglichkeiten. Natürlich können Sie auf das vertraute Inhaltsverzeichnis zurückgreifen. Aber auch beim schnellen Durchblättern werden Sie sich leicht zurechtfinden. Den Hinweis, in welchem Kapitel Sie sich bewegen, finden Sie oben links. Dazu die Information, ob es sich in diesem Abschnitt um theoretisches Wissen, konkrete Arbeitsanleitungen oder Vorschläge zur Optimierung handelt. Rechts oben auf jeder Seite haben wir den Bereich dargestellt, der im jeweiligen Abschnitt behandelt wird. Damit können Sie auf der Suche nach bestimmten Inhalten auch durchaus einmal ohne Inhaltsverzeichnis auskommen.

INFORMATION

Bevor man Teile ausbaut oder etwas auseinander nimmt, sollte man die technischen Zusammenhänge kennen. Wenn Sie dieses Zeichen sehen, erklären wir die Funktion der Technik, ihre Bedeutung für das gesamte Auto und den richtigen Umgang damit. Oder wir informieren über den historischen Hintergrund der Entwicklung. Dieser Abschnitt soll Sie mit Baugruppen wie Kühlsystem, Luftfilter, Bremsen, Zündsystem (Pfeil: Zündtrafo) oder Vorglühanlage vertraut machen. Mit diesem Wissen schraubt es sich oft leichter.

ARBEITSSCHRITTE

Arbeit am Auto signalisiert dieses Symbol. Hier erhalten Sie Schritt für Schritt Anleitungen zum Aus- und Einbau von Teilen. Wir haben uns daran gehalten, was in der heimischen Garage noch machbar ist und was nicht. Bei unserer Arbeit (hier am Bremssattel) haben wir gebrauchtes Werkzeug benutzt, uns nicht ständig die Hände gewaschen und nicht immerfort Staub gewischt. Vielleicht machen die Fotos gerade deshalb Appetit aufs Schrauben.

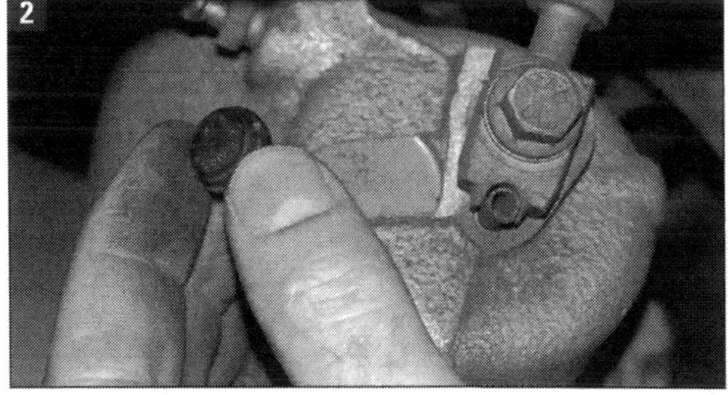

BESSER MACHEN

Nicht alles muss serienmäßig bleiben. Oft wird tiefer gelegt, werden neue Felgen mit anderen Reifen eingebaut, verändert man Karosserieteile oder individualisiert die Innenausstattung. Verbessern Sie mit Hilfe dieses Buches also auch gezielt Ihr Auto! Wir erläutern, was bei Zubehör und »Tuning« zu beachten ist, auch wenn es sich nur um ein »Pannenset« mit Kompressor (1) und Dichtmittelflasche (2) handelt.

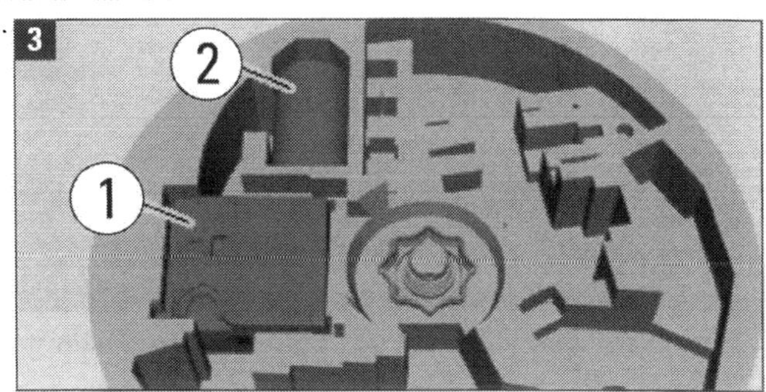

Rechte und Pflichten

Als Käufer eines gebrauchten oder neuen Kraftfahrzeugs müssen Sie Ihre Rechte und Pflichten kennen. Wir möchten Sie daher hier auch in gebotener Kürze darüber informieren, mit welchem Hintergrund Sie eine nötige Reklamation auf den Weg bringen können. Wenn Sie Fehler reklamieren wollen, müssen Sie sicherstellen, dass Sie wirklich keinem Irrtum unterliegen. Nach § 434 BGB ist eine Sache frei von Mängeln, wenn sie sich für die Verwendung eignet, für die sie gemäß Kaufvertrag gedacht war. Liegt nach dieser Definition tatsächlich ein Mangel vor, sollten Sie im Gespräch mit dem Kundendiensttechniker Ihr Recht auf der Basis der folgenden Kriterien einfordern.

Die Garantie

Garantie ist eine freiwillige zusätzliche Leistung des Herstellers oder Verkäufers. Sie kann nach Belieben ausgestaltet oder befristet sein und folgt aus einer eigenständigen Vereinbarung im Rahmen des Kaufvertrages oder in Verbindung mit ihm. Auf Verlangen müssen Ihnen die Garantiebestimmungen schriftlich ausgehändigt werden.
Verwirken Sie aber später nicht das Ihnen Zugestandene durch Falschverhalten! Die Garantie kann an bestimmte Voraussetzungen geknüpft sein, bestimmte Kosten ausschließen und auch die Leistungen einschränken. Sie ist oft nur gegeben, wenn Sie das Fahrzeug in der dem Händler angegliederten Werkstatt warten lassen, und gesteht Ihnen bei Schäden häufig nur Material-, aber keine Arbeitskosten zu.

Hinweis: Unsere Darlegungen zu den Rechten und Pflichten können nur als erste wesentliche Informationen verstanden werden. Sie erheben keinen Anspruch auf Vollständigkeit. Obwohl mit größtmöglicher Sorgfalt erstellt, kann eine Haftung für die inhaltliche Richtigkeit nicht übernommen werden.

Die Gewährleistung

Eine Gewährleistung folgt aus den gesetzlichen Regelungen zum gültigen Kaufvertrag. Diese »Sachmangelhaftung« kann im Rahmen eines Kaufvertrags zwischen einem Unternehmer (Kfz-Händler) als Verkäufer und einer Privatperson als Käufer nicht wirksam ausgeschlossen werden. Zwischen Privatpersonen hingegen ist das möglich, wenn es ausdrücklich und individuell im Kaufvertrag geregelt wird.
Seit 2007 beträgt die Gewährleistungsfrist bei neuen Sachen grundsätzlich zwei Jahre ab Datum der Übergabe. Bei gebrauchten Autos (älter als ein Jahr ab Erstzulassung) kann eine Frist von 1 Jahr vereinbart werden.
Innerhalb der ersten sechs Monate hat bei ei-

4

Hier noch Modell: Lenz mit vier Standorten eröffnete im Juni 2011 in Oelde-Stromberg sein Škoda-Autohaus.

Schon dreimal ausgezeichnet: Trotz »Wertmeister«-Titel 2011 kann auch ein Roomster mal Sachmängel aufweisen.

ner Reklamation der Händler zu beweisen, dass die Sache zum Zeitpunkt der Übergabe dem Vertrag entsprach und keinen Mangel hatte. Nach sechs Monaten hat der Kunde die Beweispflicht.
Gerade beim Verkauf von Gebrauchtwagen wird oft genug versucht, Gewährleistungsansprüche auszuschließen. Ein Weg dazu ist es, das verkaufte Auto als Schrott- oder Bastlerfahrzeug zu deklarieren. Ratsam zur Vermeidung eventueller Gerichtsstreitigkeiten sind ein Musterkaufvertrag für Gebrauchtwagen und ein Zustandsprüfbericht.

Farbabweichung als Sachmangel

Farbabweichung kann ein Sachmangel sein. Nach einer Entscheidung des Oberlandesgerichts Köln gehört die Farbe eines Neufahrzeugs zu den Beschaffenheitsmerkmalen und stellt ein äußerliches Merkmal dar, das für den Käufer im Rahmen der Kaufentscheidung maßgeblich ist. Gibt es beim tatsächlich gelieferten Fahrzeug Abweichungen vom Farbton des bestellten, kann der Käufer grundsätzlich Gewährleistungsansprüche geltend machen.

Nachbesserung oder Nacherfüllung

Seit Anfang 2002 haben Käufer und Verkäufer einen Anspruch auf Beseitigung eines Mangels. Anstatt von Nachbesserung spricht das Gesetz jetzt von Nacherfüllung. Grundsätzlich hat der Händler das Recht, bis zu dreimal nachzuerfüllen. Er muss dann die erforderlichen Aufwendungen wie Transport-, Wege-, Arbeits- und Materialkosten tragen.

Farbabweichung: Beim Autokauf gewählte Farben unterliegen als »Beschaffenheitsmerkmal« der Gewährleistung.

Der Verkäufer behält auch dann sein Recht, einen Mangel nachzubessern, wenn in einer fremden Werkstatt bereits erfolglos Reparaturen vorgenommen wurden. Er muss sich diese Nachbesserungsversuche nicht zurechnen lassen, sondern kann auf Nacherfüllung im eigenen Firmensitz bestehen.

Wandlung und Preisnachlass

Hat sich ein erheblicher Mangel nach drei Nacherfüllungsversuchen immer noch nicht beseitigen lassen oder fehlen zugesicherte Eigenschaften, haben Sie das Recht auf Wandlung (Aufhebung des Kaufvertrages) oder Preisnachlass (Minderung). Zu diesem Zeitpunkt sollten Sie einen Rechtsanwalt zu Rate ziehen. Sie werden sich auf jeden Fall eine Nutzungspauschale anrechnen lassen müssen, die von der genutzten Laufleistung des Fahrzeugs abhängig ist. Eine Wandlung ist grundsätzlich nur dann möglich, wenn sich das Fahrzeug noch im Originalzustand befindet. Wirksam vereinbarte Allgemeine Geschäftsbedingungen gehen vor.

Der Kulanzantrag

Nach Ablauf der Gewährleistungsjahre und der Garantiezeit bleibt immer noch die Möglichkeit der Kulanzregelung beim Händler. Die Kulanz bezeichnet ein Entgegenkommen der Vertragspartner nach Vertragsabschluss. Sie regelt als Maßnahme zur Kundenbindung den Umfang freiwilliger Reparatur- und Serviceleistungen, wenn alle Fristen abgelaufen sind.
Einen Rechtsanspruch auf Kulanz hat ein Auto-Besitzer nicht. Der Hersteller darf sogar vorschreiben, wie Reparatur und Bearbeitung des Kulanzantrages abzulaufen haben. Die großen Autokonzerne gehen meist davon aus, dass ein Entgegenkommen (Kulanz) erst nach der Reparatur geprüft werden kann, wenn der gesamte Kosten- und Reparaturumfang feststeht. Und: Damit ein Kulanzantrag überhaupt eine Chance hat genehmigt zu werden, müssen in der Regel alle vorgeschriebenen Wartungsarbeiten in einer Vertrags-Werkstatt des Herstellers ausgeführt worden sein.

Lernen Sie Ihr Auto kennen

Erkunden Sie Ihr Fahrzeug gründlich in allen seinen Details. Das ist schon deshalb wichtig, weil Kennzeichnungen des jeweiligen Fahrzeugmodells beim Bestellen von Ersatzteilen oder Austauschteilen unbedingt anzugeben sind. Viele Teile eignen sich einfach nur speziell für den von Ihnen ausgewählten Typ, obwohl sie durchaus Ähnlichkeiten mit Teilen anderer Fahrzeuge haben können. Außer den am Fahrzeug zu findenden Daten ist Ihr Fahrzeugschein (Zulassungsbescheinigung Teil 1) dafür eine gute Quelle.

Die Fahrgestellnummer

Die Fahrzeug-Identifizierungsnummer (Fahrgestellnummer) ist beim Roomster am rechten Federbeindom angebracht. Sie ist ferner links im Bereich der Scheibenwischeraufnahme von außen sichtbar in der Frontscheibe angebracht und auch im Typschild (Bild 9) enthalten. Die ID ist entsprechend Bild 8 ab 2010/11 wie folgt aufgebaut:

- 1 = Weltcode des Herstellers: TMB sind alle Werke außer Kaluga Werk (XW8);
- 2 = Karosserietyp: »N« Linkslenker-Roomster;
- 3 = Motorisierung: »N« wie im Bild bedeutet 77 kW TSI (Benzinmotor);
- 4 = Airbagausstattung: »6« wie im Bild bedeutet 2 Front-, 2 Seiten- und 2 Kopfairbags;
- 5 = Fahrzeugtyp: »5J« ist der Roomster;
- 6 = interner Code;
- 7 = Modelljahr: »A« = 2010, »B« = 2011;
- 8 = Herstellerwerk: »5« (Bild 8) / »6« Kvasiny;
- 9 = Laufende Produktionsnummer.

Das Typschild

Das Typschild ist nach Öffnen der rechten vorderen Tür im unteren Bereich der B-Säule zu sehen (Bild 9). Es enthält neben der Fahrgestellnummer (Fahrzeug-ID) variable Angaben wie Achslasten, zulässiges Gesamtgewicht und zulässiges Zuggewicht, die Typnummer und die Motorkennbuchstaben. Die Typnummer des Roomster lautet wie schon erwähnt 5J. Das Modelljahr lässt sich wie ebenfalls bereits erläutert am 7. Zeichen der ID ermitteln. Das Modelljahr beginnt im Mai und wird mit der Jahreszahl bezeichnet, in der es endet. Der im Sommer 2010 gestartete neue Roomster zählt demnach zu Modelljahr 2011.

Datenträger und Fahrzeugschein

Typ, Motorisierung, Identifikationsnummern und andere Daten, die das Fahrzeug eindeutig bestimmen, sind auf dem Fahrzeug-Datenträger zu finden. Er befindet sich im Service-Heft und als Aufkleber links in der Reserveradmulde im Kofferraum (Bild 10). Dieser Datenträger enthält die folgenden Parameter:

- Fahrzeug-Identifizierungsnummer;
- Typ-Kennnummer, Motorleistung, Getriebe;

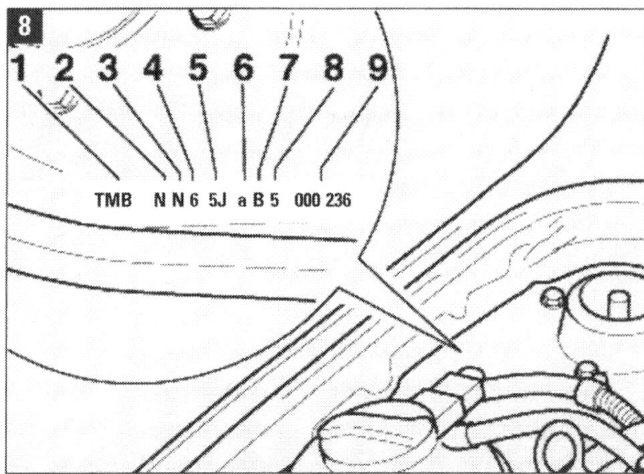

Fahrgestellnummer im Motorraum: Die Fahrzeugidentifizierungsnummer ist am rechten Federbeindom angebracht.

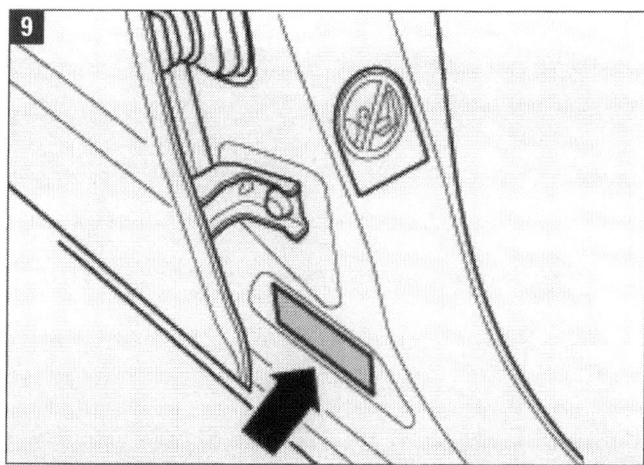

Typschild an der B-Säule: Das Schild befindet sich an der rechten B-Säule unten.

- Motor- und Getriebekennbuchstaben, Lacknummer und Innenausstattungs-Kennzeichen;
- Mehrausstattungs-Nummer und PR-Nummern.

Der Zeichenblock für Mehrausstattung / PR-Nummern enthält auch spezifische Angaben für die Bremsen. Das ist ganz wichtig beim Werkstattbesuch. Die bereits genannte Zulassungsbescheinigung Teil 1 (Fahrzeugschein) enthält neben Herstellercode, Fahrgestellnummer (Fahrzeug-ID), Typ- sowie Ausführungsbeschreibung und Datum der Erstzulassung viele Angaben von Motor und Abgasklasse bis zu den Reifengrößen.

Die Motornummer

Die Motorisierung wird durch eine Motornummer aus vierstelligen Kennbuchstaben und sechsstelligen Zahlen ausgewiesen. In ähnlicher Weise sind die Getriebe mit Buchstaben und Zahlen codiert.
Die vier Kennbuchstaben für die Benzinmotoren sind:

- 1,2-Liter 3-Zylinder 51 kW CGPA
- 1,2-Liter 4-Zylinder TSI 63 kW CBZA
- 1,2-Liter 4-Zylinder TSI 77 kW CBZB

Die vier Kennbuchstaben für die Dieselmotoren sind:

- 1,2 Liter 3-Zylinder TDI 55 kW CFWA
- 1,6-Liter 4-Zylinder TDI 66 kW CAYB
- 1,6-Liter 4-Zylinder TDI 77 kW CAYC

10

SORT.NR.

FAHRZG.-IDENT-NR
VEHICLE-IDENT-NO.

TYP/TYPE

MOTORKB./GETR.KB
ENG.CODE/TRANS.CODE

LACKNR./INNENAUSST.
PAINT NO./INTERIOR

M-AUSST./
OPTIONS

Fahrzeugdatenträger: Abgedeckt hinten links im Kofferraum an der Reserveradmulde und im Serviceheft.

Die ersten drei Stellen der Kennbuchstaben beschreiben den mechanischen Aufbau des Motors, sie sind deshalb auch am Motor eingeschlagen. Die vierte Stelle beschreibt die Leistung des Motors. Sie ist vom Motorsteuergerät abhängig und auf diesem vermerkt.
Alle vier Motorkennbuchstaben befinden sich auf dem Typschild und auf dem Fahrzeugdatenträger (Bilder 9 und 10). Die Motornummer aus Kennbuchstaben und laufender Fertigungsnummer von 000.001 bis 999.999 befindet sich auf dem Fahrzeugdatenträger und am Antriebsaggregat. Für gewöhnlich ist sie vorn an der Trennfuge Motor/Getriebe eingeschlagen und zusätzlich auf dem Zahnriemenschutz (Aufkleber) vermerkt.
Die genauen Orte der Motornummern am Aggregat variieren je nach Motortyp (Bilder 11 und 12).

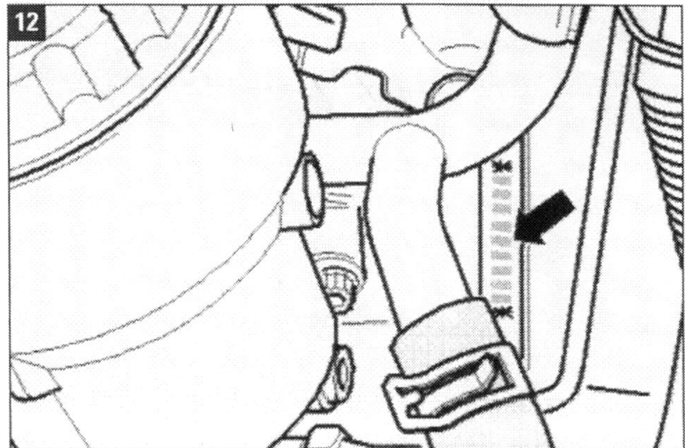

Motornummer: Beim 1.2 TSI (63/77 kW) am Druckrohr oben (Bild 11), bei allen drei TDI unterhalb des Ölfilters (Bild 12).

Umgang mit der Werkstatt

Wenn Sie eine Werkstatt aufsuchen müssen, nehmen Sie alle Papiere wie Serviceheft, Radiocode, ABEs und Zubehörunterlagen mit. Gebraucht werden auch Adapter oder Schlüssel für Felgenschlösser und bei Arbeiten an Wegfahrsperre oder Schließsystemen alle Fahrzeugschlüssel. Räumen Sie Ihr Auto aus, entfernen Sie private Sachen und Musik-CDs.

Klare Auftragserteilung

Geben Sie der Werkstatt ein Kostenlimit vor und vereinbaren Sie Kontaktaufnahme, falls es zu unerwarteten Mehrarbeiten und unausweichlich höheren Kosten kommt. Arbeitsauftrag immer schriftlich abfassen, denn mündliche Absprachen sind schwer beweisbar. Die Kopie des schriftlichen Arbeitsauftrags in Ihrer Tasche gibt Ihnen Rechtssicherheit.
Per Computer ist schnell ein schriftlicher Kostenvoranschlag zu erhalten. Dieser ist ebenfalls verbindlich und in der Regel noch detaillierter als der Arbeitsauftrag. Der tatsächliche Rechnungsbetrag darf bis zu 10% über den geschätzten Kosten liegen, ohne dass es erneut Ihrer Zustimmung bedarf. Übrigens ist termingerechte Fertigstellung einer Standardreparatur heutzutage üblich.

Freude unterm Roomster: Das Timmer-Team in Nordhorn hat es im Sommer 2011 wieder geschafft! 100 % Qualität im Werkstatt-Test von Skoda Auto Deutschland.

Hinweis: Wenn Sie bei Fahrzeugabholung Grund zur Reklamation haben, kann die Werkstatt trotzdem auf Bezahlung in voller Höhe bestehen. Auf der Rechnung (Arbeitslohn und Material müssen getrennt ausgewiesen sein!) notieren, dass die Zahlung unter Vorbehalt erfolgt! Rechnungsfehler können Sie innerhalb von sechs Wochen reklamieren.

Die Fehlerbeschreibung

Voraussetzung für gute Arbeit zu passablem Preis ist eine exakte Fehlerbeschreibung mit Angabe des Reparaturziels. Dann kann der Mechaniker die Störung schneller eingrenzen. Beantworten Sie am besten die »W-Fragen«, die mit leichten Abwandlungen auf nahezu alle Mängel anwendbar sind:

- **Wann** tritt das Problem immer auf und wann haben Sie es erstmals bemerkt?
- **Wie** gelingt es Ihnen, Einfluss auf die Störung zu nehmen?
- **Woher** kommt die Störung, z. B. ein Klapper-Geräusch?
- **Wer** hatte zuletzt am Wagen Hand angelegt?
- **Was** haben Sie eventuell schon gegen die Störung unternommen?

»Gutes Zeichen« Kfz-Innung

Zu den am besten qualifizierten und ausgerüsteten Werkstätten überhaupt gehören die Meisterbetriebe der Kfz-Innung (Zeichen Bild 14). Regelmäßige Schulungen und Weiterbildungen gewährleisten, dass ihre Mitarbeiter die ständig steigenden Anforderungen an Kraftfahrzeuge hinsichtlich Umwelt, Sicherheit und Komfort souverän bewältigen. Sie setzen auf Qualität und qualifizierte Mitarbeiter.
Innungen sind freiwillige, selbstverwaltende Zusammenschlüsse selbstständiger Handwerksmeister des gleichen Berufes und treten als

Körperschaften des öffentlichen Rechts auf. Sie sind für ein bestimmtes Gebiet, meist für mehrere Landkreise bzw. kreisfreie Städte, gebildet und vertreten die gewerblichen und politischen Interessen der Kfz-Handwerksbetriebe ihres Gebietes. 239 Innungen sind heute in den 14 Landesverbänden und 40 Fabrikatsvereinigungen organisiert, die zum Zentralverband Deutsches Kfz-Gewerbe gehören.

Kunden meist zufrieden

Verbraucher sind laut Kundenmonitor mit dem Service in Autowerkstätten zumeist »vollkommen zufrieden«. Deutschlands Pkw-Werkstätten stehen auf Rang zwei von rund 30 untersuchten Branchen. In repräsentativer Studie befragte Kunden bewerten das Serviceniveau im Durchschnitt mit der Note 1,93. Gemeinsam mit Versandapotheken und Optikern führt das Kraftfahrzeuggewerbe damit die Skala der Branchen in der Kundenzufriedenheit an.

Im Falle von Differenzen

Gibt es in der Werkstatt doch einmal Meinungsverschiedenheiten, sollten Sie das mit den Verantwortlichen sachlich durchgehen. Günstig sind dabei ein sachkundiger Zeuge auf Ihrer Seite und die Beteiligung des Mechanikers oder Meisters an dem Gespräch, möglichst nicht vor weiteren Kunden.
Kommt es nicht zur Einigung, können Sie ein Schlichtungsverfahren in Regie der jeweils zuständigen Handwerkskammer einleiten, um sich außergerichtlich zu einigen. Erst wenn das nicht gelingt, sollten Sie den langwierigen, oft teuren juristischen Weg einschlagen.

14

KRAFTFAHRZEUG
GEWERBE
Meisterbetrieb
der Kfz-Innung

Das Innungszeichen: Der Geschäftsführer der Innung in Fulda, Manfred Schüler, leitet eine Beratung der schon über 25 Jahre bestehenden Schiedsstelle.

Auftritt im Netz: Oben das vor 40 Jahren begründete Autohaus Lenz in Oelde-Stromberg, unten das Autohaus Borgmann (u. a. Haltern am See), deren Filialen Skoda betreuen.

Schiedsstellen richtig nutzen

Wenn sich Unstimmigkeiten wirklich nicht ausräumen lassen, helfen die Schiedsstellen der Kfz-Innung kostenlos weiter. Ihre Werkstatt muss dazu aber Mitglied der Innung sein, was Sie am entsprechenden Schild (Bild 14, Seite 13) erkennen. Als neutrale Institution soll die Schiedsstelle Streitigkeiten aus Werkstattaufträgen und Kaufverträgen über gebrauchte Kraftfahrzeuge ohne gerichtliche Auseinandersetzung beilegen helfen. Bereits vor Gericht anhängige Streitigkeiten werden nicht bearbeitet.

Seit Jahren erfolgreiche Schiedsstellen wie z. B. die der Kfz-Innung Fulda (Bild 17 unten) geben folgende Tipps zur (schriftlichen) Anrufung:

- Zuerst klären, ob Werkstatt oder Händler Innungsmitglied sind, erkennbar am Schild.
- Im Telefongespräch den Fall kurz schildern und beurteilen lassen, ob er für ein Schiedsverfahren geeignet ist. Streitigkeiten über den Kaufpreis von Gebrauchtwagen sind vom Schlichtungsverfahren ausgeschlossen.
- Auf einem Fragebogen ist dann der Antrag konkret zu formulieren. Für allgemeine Rechnungsprüfung ist die Schiedsstelle nicht zuständig.
- Reparaturauftrag oder Kaufvertrag, Rechnungen, eventuell auch Notizen über Telefonate mit Datum und Uhrzeit sowie Zeugenaussagen sind dem Fragebogen beizufügen. Wie vor Gericht müssen die Ansprüche bewiesen werden.
- Zur Beweissicherung können auch ausgebaute Fahrzeugteile gehören. Deshalb eventuell schon beim Reparaturauftrag darauf hinweisen, dass ausgebaute Teile ausgehändigt werden sollen.

Innung in Fulda: Geschäftsführer Manfred Schüler leitet eine Beratung der schon über 25 Jahre bestehenden Schiedsstelle.

Die Kfz-Schiedsstellen

WISSENSWERTES

Zahl der Beschwerden wächst

Die Beschwerden von Werkstattkunden und Gebrauchtwagenkäufern bei den Schiedsstellen des Kraftfahrzeuggewerbes nehmen von Jahr zu Jahr zu. Das deutet aber nicht auf schlechtere Arbeit in den Kfz-Meisterbetrieben hin. Die Mehrzahl der Kundenaufträge wird nach wie vor beschwerdefrei ausgeführt. Die wachsende Beschwerdezahl resultiert aus der stärkeren Aufklärung der Kunden über ihre Rechte aufgrund von Sachmangelhaftungsrecht (Gewährleistung) und Garantie.

Gründe für Beschwerden

Rund 80 Prozent der Beanstandungen betreffen Werkstattleistungen und 20 Prozent den Gebrauchtwagenhandel. Die häufigsten Beschwerdegründe sind vermeintlich unsachgemäße Ausführung der Werkstattarbeiten, die Rechnungshöhe und technische Mängel.

Auf Innungsschild und Zusatzzeichen achten

Der Kunde sollte beim Werkstattbesuch oder Gebrauchtwagenkauf auf das Meisterschild der Kfz-Innung und das Zusatzzeichen zum Meisterschild »Gebrauchtwagen mit Qualität und Sicherheit« achten. Nur dann kann im Streitfall die Schiedsstelle der Kfz-Innung tätig werden.

Die Kfz-Schiedsstellen schaffen es in den meisten Fällen, Meinungsverschiedenheiten zwischen Kunden und Kfz-Meisterbetrieben schnell, unbürokratisch und für den Verbraucher kostenlos zu beseitigen. Der Spruch der Schiedsstelle ist für den Kfz-Betrieb verbindlich. Dem Kunden steht in jedem Fall der Rechtsweg weiterhin offen.

Adressen im Internet

Die Kfz-Schiedsstellen setzen sich aus je einem Vertreter der regional zuständigen Kraftfahrzeuginnung, eines Automobilclubs und einer technischen Überwachungsorganisation zusammen. Zudem führt stets ein zum Richteramt befähigter Jurist den Vorsitz. Informationen über das Schiedsstellenverfahren vermitteln die regional zuständigen Kraftfahrzeuginnungen. Die Adressen der bundesweit rund 130 Schiedsstellen sind im Internet zu finden unter:
www.kfzschiedsstelle.de

Raumwunder von Škoda

Seit Ende März 2006 wird im Škoda-Werk Kvasiny das Modell »Roomster« in Serie gebaut. Der Name des Fahrzeugs ist Programm. Schon die Konzeptstudie von 2003 machte deutlich, dass der Škoda Roomster bei Platzangebot und Raumvariabilität neue Maßstäbe setzen soll. 2010 erhielt der Wagen ein neues Gesicht und erfuhr weitreichende technische Änderungen.

Škodas erfolgreicher Weg

Der traditionsreiche tschechische Automobilhersteller Škoda ist heute in mehr als 100 Märkten präsent. Die Marke ist stark gefragt: 2011 hat das Unternehmen 875.000 Fahrzeuge an Kunden in aller Welt ausgeliefert, mehr als je zuvor in seiner Geschichte. Es setzte mit diesem Absatzrekord seine neue Wachstumsstrategie schon im ersten Jahr eindrucksvoll um. Bis 2018 sollen die weltweiten Verkäufe auf mindestens 1,5 Millionen pro Jahr steigen. Die Voraussetzungen sind gut: In Indien, einer wichtigen Säule seiner Wachstumsstrategie, konnte Škoda den Absatz 2011 um 50 Prozent erhöhen. Die großen Märkte in China, Deutschland und Russland entwickelten sich dynamisch.

Škoda investiert in neue Modelle, Märkte und Kapazitäten. Als erste Vertreter der jüngsten Škoda-Modelloffensive wurden der Kleinwagen Citigo und die indische Kompakt-Limousine Rapid erfolgreich eingeführt. Das Stammwerk in Mladá Boleslav wurde deutlich ausgebaut. Nach Abschluss der Erweiterungen Mitte 2012 produziert man dort neben den Bestsellern Octavia und Fabia ein drittes Modell.

DSG aus Vrchlabí

Am Standort Vrchlabí werden ab Ende 2012 die begehrten VW-Doppelkupplungsgetriebe »DSG« konzernübergreifend für die Marken Škoda, Volkswagen, Seat und Audi hergestellt. Im russischen Nischni Nowgorod wird mit dem dortigen Partner auch der Škoda Yeti gefertigt. Die beiden chinesischen Joint Ventures von VW investieren bis 2016 rund 14 Milliarden Euro in neue Werke und Produkte. In China werden bereits die Škoda-Modelle Octavia, Fabia und Superb gebaut. 2013 kommt der Yeti hinzu.

Deutschland: Hauptmarkt nach China

Die Škoda Auto Deutschland GmbH mit Firmensitz in Weiterstadt registriert bereits einen Marktanteil von knapp fünf Prozent. Damit ist Škoda die stärkste Importmarke in Deutschland. Bislang werden mit dem Angebot rund 50 Pro-

Neues Logo: Auf dem Genfer Automobilsalon 2011 präsentierte Škoda sein neues Corporate Design (Bild 1). Seit Jahrzehnten fuhr die erfolgreiche Traditionsmarke unter dem Signum in Bild 2.

zent aller Fahrzeugsegmente abgedeckt. Jetzt wird die Modellpalette mit dem Ziel erweitert, in über 70 Prozent präsent zu sein. Dazu wird im Sommer 2012 die Markteinführung des Kleinwagens »Citigo« gehören. Zu einem späteren Zeitpunkt soll eine neue kompakte Limousine die Lücke zwischen »Fabia« und »Octavia« füllen. Durch diese Modelloffensive wird die Zahl der Neuzulassungen von Škoda-Fahrzeugen in Deutschland in naher Zukunft auf 200.000 Jahreseinheiten steigen.

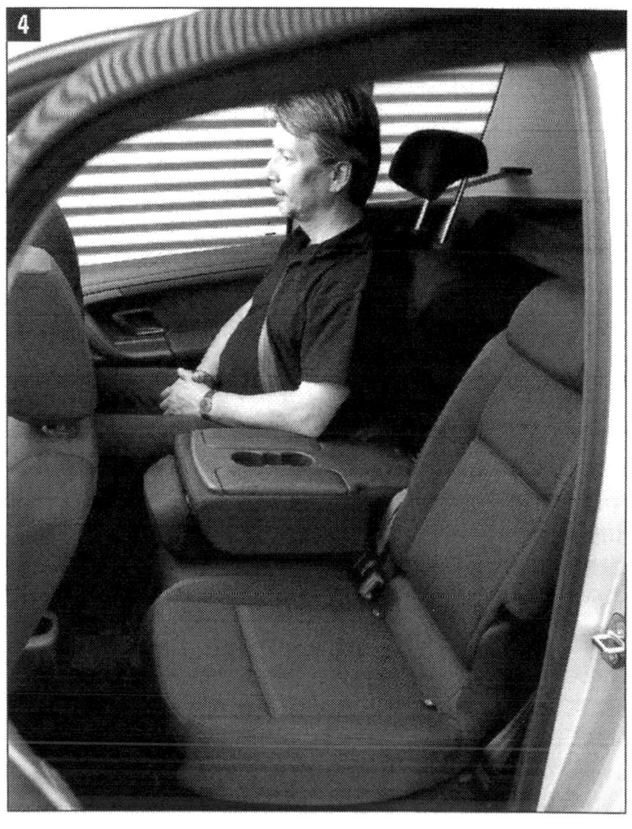

»Roomster« für 2011 neu aufgelegt

In den letzten 20 Jahren waren fünf Modellreihen entstanden. Neben dem Kleinwagen Fabia, dem Octavia in der Mittelklasse und dem Superb am oberen Ende der Palette stehen in jüngster Zeit der geländegängige Yeti und das immer stärker nachgefragte »Raumwunder« Roomster. Dieses Fahrzeug wurde 2010 für das Modelljahr 2011 ganz neu aufgelegt. Der Wagen ist reifer geworden: Seine neuen Linien sollen hohe Wertigkeit unterstreichen und starke Emotionen für den attraktiven MPV wecken. Deutliche Betonung

Neue Linien, viel Raum: Mit perfektem Design und »wohnlichem« Innenraum folgt der Roomster dem Škoda-Erfolgskurs.

der horizontalen Frontlinien, ausdrucksstarke Scheinwerfer und neu gestaltete Radhäuser geben dem Roomster solide Statur und vermitteln Dynamik und Eleganz (Bild 3).

Übersichtlich und großzügig

Der Roomster bietet dem Fahrer einen plausiblen Standard mit übersichtlichem Armaturenbrett, ergonomisch korrekt angeordneten Instrumenten und Bedienungselementen sowie genau einstellbaren und komfortablen Sitzen. Das Lenkrad ist höhen- und längeneinstellbar. Die Schalttafel strahlt Wertigkeit aus (Bilder 5/6). Verchromte Details an Schalthebeln, Hebelrahmen und Handbremse schaffen in Verbindung mit dem auch zweifarbig erhältlichen Armaturenbrett eine sportlich-elegante Atmosphäre.

Der hintere Teil des Fahrzeugs bietet einen bequemen, variablen und großzügigen »Wohnraum«. Große Seitenscheiben (Bild 7), eine im Vergleich zu den vorderen Plätzen um 46 Millimeter erhöhte Sitzposition und das innovative Varioflex-System erlauben eine bedarfsgerechte Konfiguration des Fonds. Die großen und gerade geschnittenen Türen im Fond (Bild 7) ermöglichen ein komfortables Ein- und Aussteigen. Für den Roomster hat Škoda eine ganze Reihe von »artgerechten« Sonderausstattungen entwickelt. Sehr beliebt ist das große Panoramadach, das die lichte

5

Klar, funktionell und wertig: Gehobene Ausstattung »Elegance« in Schwarz (Bild 5) oder Schwarz/Beige (Bild 6).

Anmutung des Innenraums steigert (Bild 8). Wenn die Sonne zu kräftig vom Himmel brennt, kann das gläserne Dach mit zwei Rollos geschlossen werden. Die großzügigen Innenraummaße des Roomster erlauben es, Mountainbikes aufrecht stehend im Fond zu transportieren. Speziell hierfür liefert Škoda einen Fahrradhalter, der die Bikes zuverlässig sichert.

»Scout« als Sonderausstattung

Der Roomster wird in den folgenden fünf Ausstattungslinien angeboten:

- Active,
- Ambition,
- Elegance,
- Scout und
- GreenLine.

Bereits bei der Basisversion sind unter anderem sechs Airbags, ESC mit elektronischer Differenzialsperre, das Sitzsystem Varioflex, ASR, Servolenkung, ABS mit Bremsassistent, ein höhen- und längeneinstellbares Lenkrad und Zentralverriegelung mit an Bord. Alle Modelle sind mit einer elektro-hydraulischen Servounterstützung der Lenkung ausgestattet. Der kleine Wendekreis von nur 10,5 m vereinfacht in Verbindung mit der guten Übersichtlichkeit des Fahrzeugs das Rangieren und Einparken.

Die zahlreichen Möglichkeiten der Individualisierung

Viel Licht nach Innen: Ungewöhnlich große Fond Seitenscheiben (Bild 7) und gegen Aufpreis Panoramadach (Bild 8).

gipfeln in der Variante Scout. Sie soll »die die Antwort auf besonders anspruchsvolle Kundenwünsche« geben und ist entsprechend zugeschnitten. Im stilsicheren Offroad-Look spricht der Roomster Scout besonders Individualisten an (Bilder 9 und 10).

Großer Gepäckraum und Vario-Sitze

Zur Serienausstattung aller Modelle gehören die in zwei verschiedene Ebenen arretierbare solide Gepäckraumabdeckung (Bild 11: weiße Pfeile = obere Ebene, rote Pfeile = untere Ebene) und das Varioflex-Sitzsystem. Das bedeutet, die Rücksitze können einzeln im Verhältnis 2:1:2 nach vorne geklappt werden (Bild 16), um die Größe des Ladeabteils schrittweise dem Transportbedarf anzupassen, und sind auch mit wenigen Handgriffen und in kurzer Zeit herausnehmbar. Hierdurch wird der Roomster zum Zweisitzer, glänzt dann aber mit einem Ladevolumen von 1.810 Litern (ohne Reserverad).
Variabilität ist überhaupt das herausragende Merkmal des Kofferraums: 480 bis 560 Liter (ohne Reserverad) fasst er bei fünf Passagieren. Durch Umklappen der Rücksitze entsteht eine völlig ebene Ladefläche bis zu 1.022 mm Länge. Das Transportvolumen vergrößert sich dann auf 1.585 Liter (ohne Reserverad).
Die höherwertigen Ausstattungsstufen bieten zusätzlich zur Grundausstattung elektrische Fensterheber vorn, eine Zentralverriegelung mit Fernbedienung, einen höheneinstellbaren Fahrersitz und getönte Scheiben. Außerdem gehören Stoßfänger, Spiegelgehäuse und Türgriffe in Wagenfarbe zum Lieferumfang.
Die ohne Dachreling 1.607 mm hohe Karosserie weist in Kurven dank einer ausgewogenen Fahrwerksabstimmung ausgezeichnete Seitenstabilität auf. Unter-

9

Stilsicherer Offroad-Look: Der Scout wartet mit markanten Stoßfängern und Schutzbeplankungen an den Flanken auf.

schiedliche Spurweiten sorgen außerdem für eine aufrechte Fahrt auf kurvenreichen Strecken. Vorn liegen 1.436 mm zwischen den Rädern, hinten wurde eine Spurweite von 1.500 mm gewählt. Diese und weitere Maße sind in Bild 12 dargestellt.

Serienmäßig sicher ausgestattet

Der Sicherheitsstandard des Škoda Roomster macht ihn zum Freund der Familie. Front-, Seiten- und Kopfairbags schützen die Insassen bei einem Unfall (Bilder 13 und 14). Außerdem treten dann Gurtstraffer in Aktion. Die Umlenkpunkte der Dreipunkt-Sicherheitsgurte vorn sind in der Höhe einstellbar wie auch die Kopfstützen vorn und hinten. Im Fond werden alle Passagiere sicher von Dreipunkt-Gurten gehalten (Bild 15). Die beiden äußeren Fond-Sitze sind mit Isofix-Befestigungen (inklusive Top-Tether) für Kindersitze ausgerüstet.

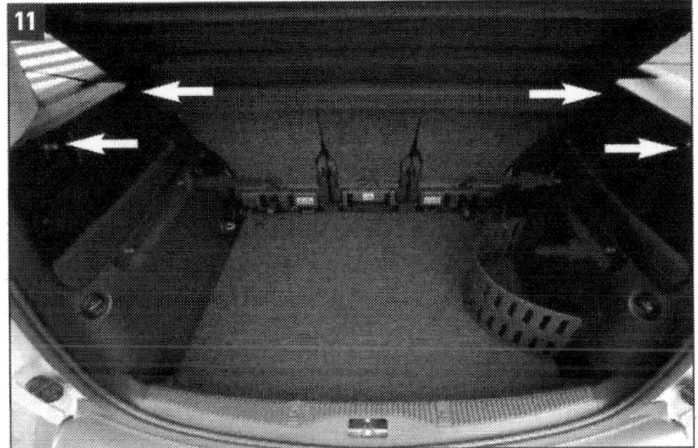

Dynamisches Kurven- und Abbiegelicht, abhängig von der Ausstattungsstufe und auf Wunsch erhältlich, schafft dem Roomster einen erheblichen Sicherheitsgewinn. Bei Fahrten in der Dunkelheit folgen die Hauptscheinwerfer entsprechend dem Einschlagwinkel der Vorderräder dem Straßenverlauf und gewährleisten eine bis zu 40 Prozent weitere Ausleuchtung der Straße. Beim Abbiegen leuchten die Nebelscheinwerfer je nach Fahrtrichtung den Verkehrsraum neben dem vorderen Stoßfänger großflächig aus. So lassen sich Passanten, Fahrradfahrer oder Hindernisse, wie z. B. hohe Randsteine, frühzeitig erkennen.

Konstant ist im Kombi-Instrument auch die Außentemperatur abzulesen – seit jeher ein praktisches Sicherheitsmerkmal in Automobilen mit dem geflügelten Pfeil im Logo. Das Display (Bild 19) zeigt außerdem die Funktion der Geschwindigkeitsregelanlage an wie auch in-

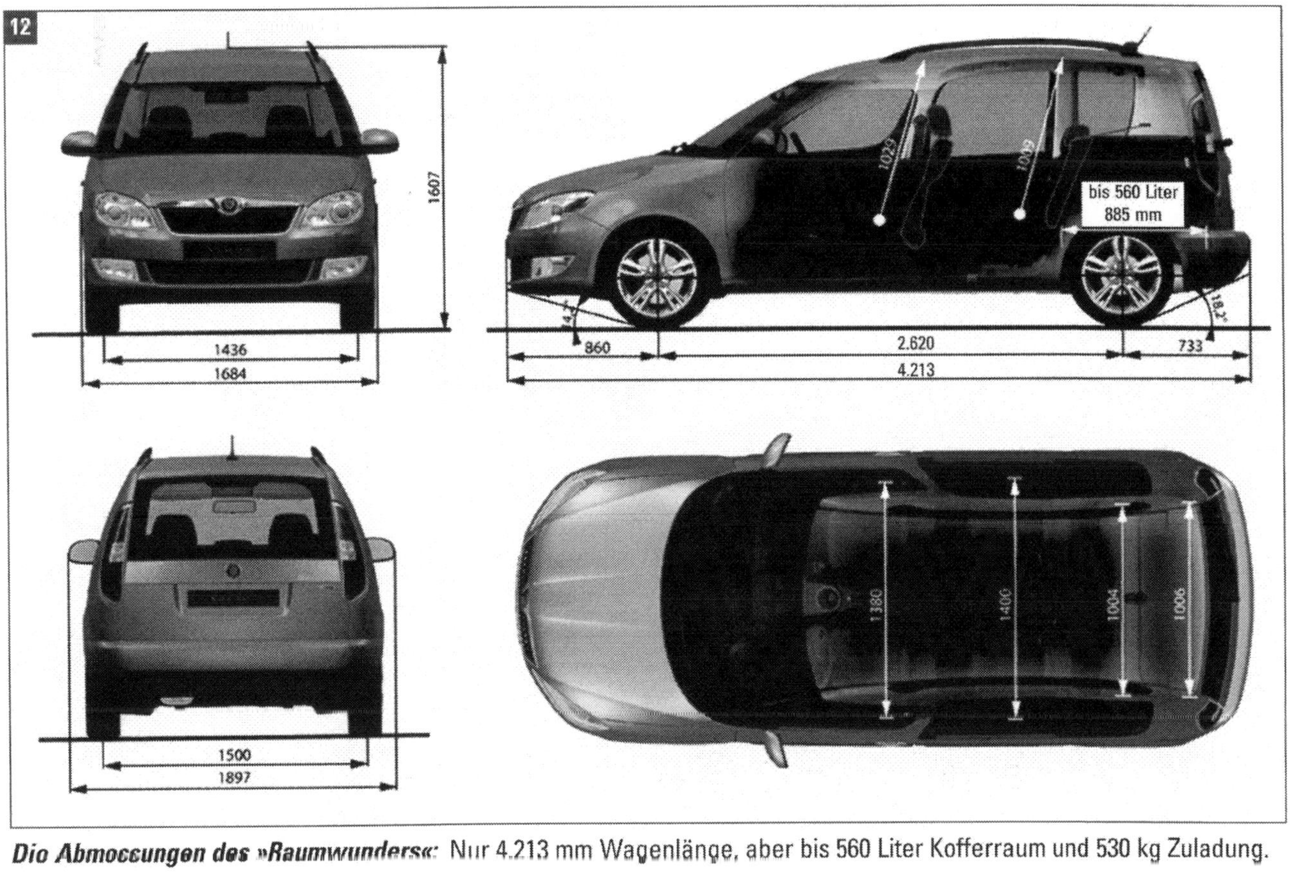

12

1607
1436
1684
1029
1009
bis 560 Liter
885 mm
14°
18,2°
860
2.620
733
4.213
1500
1897
1380
1400
1004
1006

Die Abmessungen des »Raumwunders«: Nur 4.213 mm Wagenlänge, aber bis 560 Liter Kofferraum und 530 kg Zuladung.

dividuell programmierbare Geschwindigkeitswarnungen, die den Fahrer bei Fahrten in Ländern mit permanenten Tempolimits auf Autobahnen, aber auch bei der Ausrüstung des Roomster mit geschwindigkeitsbeschränkten Winterreifen auf das erlaubte Höchsttempo hinweisen. Die Elektronische Stabilisierungskontrolle ESC ist schon im Grundmodell serienmäßig an Bord. ABS inklusive Bremsbelagskontrolle und Bremsassistent sowie ASR (Antriebsschlupfregelung) gehören ebenfalls bei allen Modellvarianten zur Serienausstattung. Das neutrale Fahrverhalten des Roomster und die hohen Sicherheitsreserven des Fahrwerks machen das Reisen im »Raumfahrzeug« angenehm.

GreenLine und Green tec

Mit seinen GreenLine-Versionen (siehe Auftaktbild) bietet das tschechische Traditionsunternehmen als einer der wenigen internationalen Automobilhersteller für den deutschen Markt in jeder Baureihe mindestens ein Fahrzeug an, das den Ansprüchen an Wirtschaftlichkeit und Umwelt-verträglichkeit ohne Einbußen bei Komfort und Leistung in besonders hohem Maße gerecht wird. Eine der wichtigsten technischen Maßnahmen bei den GreenLine-Modellen ist die Start-Stopp-Automatik, die den Verbrauch im Schnitt um bis zu zehn Prozent senken kann. Im Stadtverkehr ist sogar eine noch höhere Einsparung möglich. Außerdem erzeugt der automatisch abgestellte Motor beim Halt vor einem Ampel-Rotlicht keine Geräusche. Das Aggregat startet, sobald der Fahrer die Kupplung betätigt oder das Fahrzeug bei entsprechendem Gefälle anrollt. Das System erfüllt höchste Sicherheitsanforderungen und garantiert einen störungs- und gefahrenfreien Betrieb.

Ferner gewinnen die GreenLine-Versionen beim Bremsen Energie zurück: Ein Teil des kinetischen Potenzials wird über den Generator wieder in die Fahrzeugbatterie eingespeist. Dadurch erübrigt sich der Einsatz von Kraftstoff, der sonst für das Aufladen der Batterie benötigt würde. Die positiven Folgen

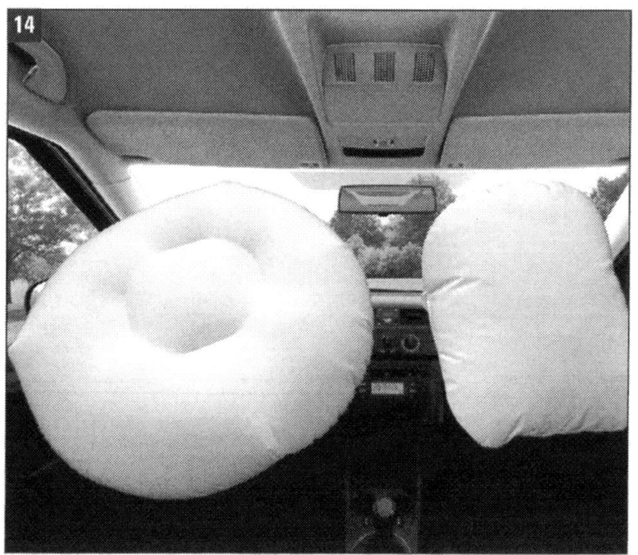

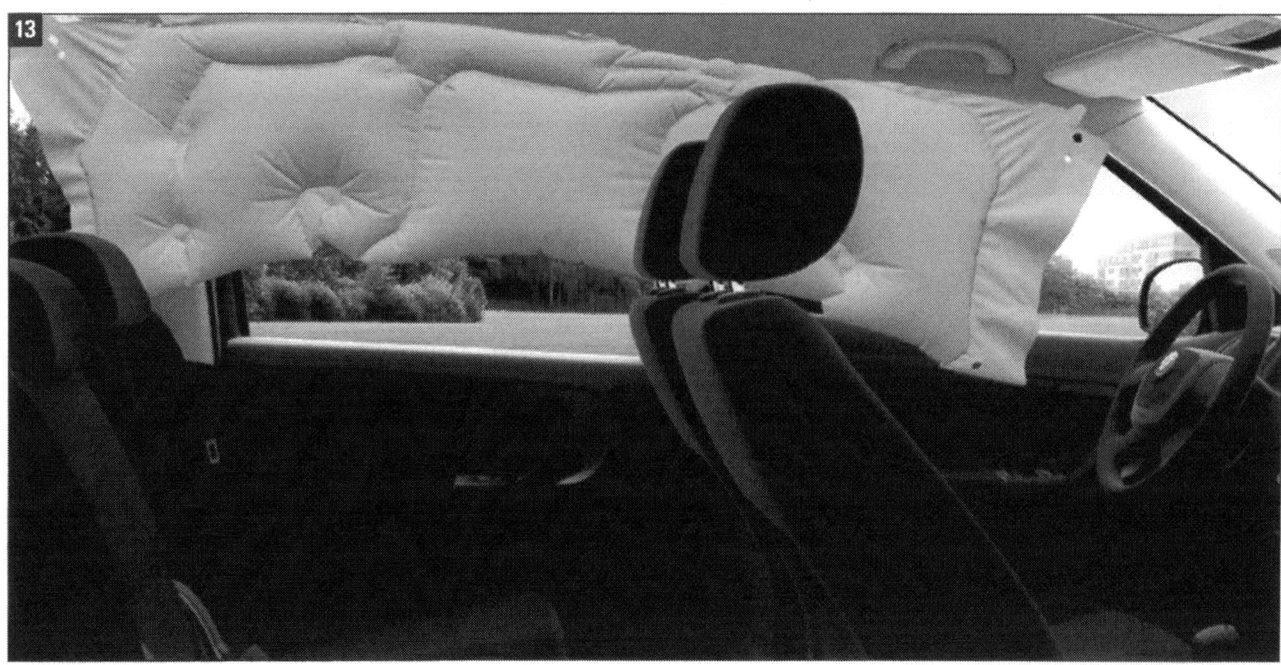

Sicherheit weitgehend gewährleistet: Seiten- (Bild 13) und Front- (Bild 14) Airbags gehören zur Serienausstattung.

dieser »Rekuperation« für Umwelt und Ressourcen: eine weitere Reduzierung des Verbrauchs.
Mit einem Verbrauch von 4,2 Litern Diesel und CO_2-Emissionen von 109 g/km erzielt der Roomster der GreenLine-Ausstattung Spitzenwerte in seiner Klasse. Das kompakte Multi Purpose Vehicle (MPV) beschleunigt in 15,4 Sekunden von 0 auf 100 km/h. Die Höchstgeschwindigkeit liegt bei 165 km/h. Der Preis liegt mit 18.090 Euro noch sehr günstig.
Zur umfangreichen Serienausstattung zählen auch Reifendrucküberwachung, Geschwindigkeitsregelanlage und Varioflex- Sitze. Andererseits ist das Angebot an Sonderausstattungen bei den GreenLine-Modellen bauartbedingt begrenzt, um das Fahrzeuggewicht niedrig zu halten.

Für Kunden, die zwar Umwelt-bewusst sind, aber dennoch viele individuelle Ansprüche an Komfort und Ausstattung ihres Autos haben, bietet Škoda deshalb das Ausstattungspaket Green tec an. Darin finden sich verbrauchsreduzierende Komponenten wie Start-Stopp-Automatik, Bremsenergie-Rückgewinnung sowie rollwiderstandsoptimierte Reifen. Das Green tec-Paket basiert also auf den wichtigsten Komponenten der GreenLine Technik, einer Kombination unterschiedlichster Modifikationen am Fahrzeug und am Antriebsstrang.
Green tec wird für den Roomster ebenso wie für die Modelle Octavia und Fabia in Verbindung mit ausgewählten Motoren bereits für 399 Euro angeboten. Dank Green tec-Technologie in Form eines Ausstattungspakets kann auch aus dem übrigen Sortiment der Sonderausstattungen des jeweiligen Modells nahezu ohne Einschränkungen gewählt werden.

Überragend wirtschaftliche Motoren

Die fruchtbare Kooperation mit VW zeigt sich in erster Linie bei den Triebwerken. Mit einem hochmodernen Motorenprogramm erreicht der Roomster eine überragende Wirtschaftlichkeit dank ausgeprägter Treibstoffökonomie und geringer Emissionen.

Ausstattung im Fond: Dreipunktgurte (Bild 15) für alle Sitze und einzelne Klappbarkeit im Verhältnis 2 : 1 : 2 (Prozente: 40 : 20 : 40).

Allen Motorversionen ab 55 kW (75 PS) mit manuellem Schaltgetriebe gemeinsam ist die Schaltempfehlung im Kombi-Instrument. Ein Pfeil im Display (Bild 17) weist den Fahrer auf den rechten Zeitpunkt zum Gangwechsel hin und hilft ihm so, den Motor stets in einem optimalen und verbrauchsgünstigen Drehzahlbereich arbeiten zu lassen.

Drei Benziner und drei Diesel-Triebwerke stehen zur Wahl. Das Leistungsspektrum reicht von 51 bis 77 kW (70 bis 105 PS). Alle sechs Motoren warten mit der Schadstoffklasse EU 5 auf.

1. Den kleinsten Motor, einen 1,2 Liter Dreizylinder SRE mit 51 kW (70 PS), nennt Škoda »HTP«. Die drei Buchstaben stehen für »High Torque Power«, also viel Kraft durch hohes Drehmoment trotz vergleichsweise kleinem Hubraum. Solche Triebwerke, die im Rahmen der Möglichkeiten auf Drehmoment hin optimiert sind (der 51-kW-Benziner verfügt über ein maximales Drehmoment von 112 Nm bei 3.000 Umdrehungen), fahren sich erstaunlich angenehm.
2. Der nächststärkere Benziner (Bild 17) ist ein 1,2 Liter TSI mit 63 kW (86 PS). Bei 5,7 Liter durchschnittlichem Kraftstoffverbrauch beschleunigt er in 12,6 Sekunden von 0 auf 100 km/h und erreicht 172 km/h Höchstgeschwindigkeit. Für die Green tec-Ausführung ist dieser Motor ebenso schnell und stark, verbraucht aber nur 5,3 Liter Kraftstoff pro 100 Kilometer im Mix inner-/außerorts.
3. Stärkster Benziner ist der 1,2 Liter TSI mit 77 kW (105 PS), der ebenfalls in Normalausführung 5,7 Liter und in der Green-tec-Version 5,3 Liter Kraftstoff schluckt (CO_2-Emission: 134 bzw. 124 g/km). Kombiniert mit dem DSG-Getriebe von Volkswagen, beschleunigt dieser Motor in 11 Sekunden von 0 auf 100 km/h und erreicht 184 km/h Spitze.
4. Kleinster Diesel (Bild 18) ist ein 1,2 Liter TDI mit 55 kW (75 PS). Dieser Dreizylinder verbraucht »kombiniert« 4,5 Liter auf 100 Kilometer, verfügt schon bei 2000 Umdrehungen pro Minute über sein maximales Drehmoment von 180 Nm und erreicht 162 km/h Spitzentempo. In der GreenLine-Ausführung (siehe Auftaktbild) verbraucht der Motor bei sogar leicht besseren Fahrleistungen nur 4,2 Liter auf 100 km.
5. Der TDI mit 66 kW (90 PS) hat 1,6 Liter Hubraum. Er verbraucht bei Fahrleistungen von 230 Nm maximalem Drehmoment (1500 bis 2500 Umdrehungen) und 171 km/h Spitze nur 4,7 Liter (kombiniert).
6. Ein ebenfalls 1,6-Liter-TDI mit 77 kW (105 PS) ist der stärkste Diesel. Er lässt den Roomster 181 km/h bei 4,7 Liter Kraftstoffverbrauch auf 100 km erreichen. Sein maximales Drehmoment: 250 Nm bei 1500 bis 2500 Umdrehungen pro Minute.

17

18

Direkteinspritz-Motoren unterm Skoda-Signet: Bild 17 Benziner 1,2 Liter TSI; Bild 18 Dreizylinder-Diesel 1,2 Liter TDI.

Alle Turbo-Dieselmotoren werden über Common Rail (CR) mit Kraftstoff versorgt und verfügen über Dieselpartikelfilter (DPF).

Neues Navi-System

Das Navigationssystem Amundsen+ ist mit einem berührungssensitiven Farbmonitor und SD-Kartenleser sowie dem »Mobile Device Interface« zum Anschließen von iPod, Aux-In-, USB- und Mini-USB-Geräten ausgestattet (Bild 19). Als Option wird außerdem die Mobiltelefonvorbereitung mit Bluetooth-Tauglichkeit und Sprachsteuerung angeboten.
Sämtliche Infotainmentsysteme, wie Musikanlage, Multimediaanschluss oder Telefonfreisprecheinrichtungen, erfuhren mit dem Modelljahr 2012 eine Überarbeitung. Die Media-Technik ist dabei um neue, kompatible Geräte bzw. neue Funktionen und Menüsprachen ergänzt worden.
Darüber hinaus erfolgte beim Radio-Navigationssystem Amundsen+ die Umstellung des Kartenmaterials von CD auf integrierte Daten, die im Flashspeicher hinterlegt sind. Die Fahrzeuge werden nun also direkt ab Werk mit dem entsprechenden Kartenmaterial ausgeliefert. In diesem Zusammenhang wurde das Kartenmaterial des Navigationssystems Amundsen+ serienmäßig auf Westeuropa ausgeweitet.

Erstaunlicher Wachstumskurs

Nicht viele Automobilhersteller können auf eine mehr als 115jährige Unternehmensgeschichte zurückblicken - Škoda Auto gehört dazu. In den vergangenen 20 Jahren schrieb das Unternehmen eine wohl einmalige Erfolgsstory. Seit dem Einstieg des Volkswagen-Konzerns im Jahr 1991 wurde aus der Ein-Produkt-Marke (Modell Octavia) ein Automobilunternehmen mit einer breiten Modellpalette, weltweiter Präsenz und viel versprechenden Wachstumsperspektiven.
Dies soll auch das eingangs erwähnte neue Corporate Design (siehe Bild 1) zum Ausdruck bringen. Auf den ersten Blick soll es erkennbar machen: Die Marke Škoda ist neu, frisch, jünger, hat einen dynamischen Stil. Der Auftritt will sympathisch und offen wirken, will Zuversicht und Selbstvertrauen ausstrahlen.
Škoda erlebt heute einen Wachstumsschub, der das Unternehmen in eine neue Größenordnung bringt. Nie zuvor stand der tschechische Autobauer besser da als 2011. Škoda hat noch viel vor, verlautet aus dem Unternehmen, man blickt voller Optimismus, der sich vor allem auf die Partnerschaft mit dem erfolgreichsten Mehrmarken-Automobilkonzern der Welt gründet, in die Zukunft.

Modernste Bedientechnik: Pfeile von links Fensterheber, Außenspiegel, Multifunktionslenkrad, Display, Klima und Navi.

20 Jahre Škoda neu

Der Einstieg von Škoda in die Autoproduktion der neueren Zeit begann vor 25 Jahren mit dem Favorit 1987, dem Forman 1990, dem Favorit Pick-up 1991. Wegbereiter des heutigen Programms waren dann die Felicia-Versionen der Jahre 1994 bis 1998 sowie die Octavia- und Fabia-Modelle von 1996 bis 2001. 2004 kommen die 2. Octavia-Generation und ein überarbeiteter Fabia.

Škoda Felicia Super: Rallye-Sieg für Oldtimer von 1960.

Einstieg in neue Zeiten

Dem Škoda Favorit kommt besondere Bedeutung zu: Bis zur Markteinführung des Felicia, des ersten Modells unter dem Dach von Volkswagen, sichert der überarbeitete und in vielen Teilen verbesserte Favorit die Präsenz auf den angestammten Märkten. Mit ihm kann Škoda jetzt auch ein im Westen konkurrenzfähiges Produkt anbieten. Diese Tatsache hatte durchaus symbolische Bedeutung. Tradition sicherte die Zukunft des Neuen, der Autobauer Škoda ging in eine bessere Zeit, ohne seine Wurzeln verleugnen zu müssen.

Škoda Favorit: Sichert viele Jahre den Bestand der

Positive Veränderungen

Volkswagen erhöht seinen Škoda-Aktienanteil erst auf 60,3 Prozent, zum Jahresende 1995 auf 70 Prozent. Im Sommer des Jahres 1994 beginnen die Vorbereitungen für die Produktion des neuen Škoda Felicia. Volkswagen liefert ab 1995 wichtige Teile und Motoren, die Grundkonzeption des Fahrzeugs stammt aber noch aus der Zeit vor 1991. Eine komplette Neuentwicklung unter Volkswagen-Ägide ist in Planung.

Entwicklung: Škoda 110 R von 1971 und der neue Octavia.

1996

Octavia und Fabia

Im April 1996 rollt das millionste Fahrzeug seit dem Einstieg von Volkswagen bei Škoda in Mladá Boleslav vom Band. Highlight des Jahres 1996 ist die Weltpremiere des Škoda Octavia auf dem Pariser Automobilsalon. Für

20 Jahre Škoda neu: Paukenschlag Roomster

das ganze Unternehmen hängt viel von der positiven Resonanz auf dieses neue Modell ab, das komplett unter der Ägide von Volkswagen entwickelt und realisiert wurde. Der Name erinnert an den erfolgreichen Vorgänger, von dem zwischen 1959 bis 1971 insgesamt 365.000 Exemplare gebaut wurden. Der neue Škoda Octavia wird zum bei weitem erfolgreichsten Modell in der bisherigen Geschichte Škodas. Bereits 2004 läuft das millionste Exemplar vom Band.
Auch der Škoda Fabia, im September 1999 auf der Internationalen Automobil Ausstellung in Frankfurt erstmalig präsentiert, wird sehr gut aufgenommen. In Deutschland wird dem Kleinwagen noch im Jahr 1999 das »Goldene Lenkrad« verliehen. Das Auto wird zu einem der beliebtesten Importfahrzeuge Deutschlands im Kleinwagensegment.

Unverkennbar Škoda: Kleinwagen Fabia im typischen Look.

2003 Konzeptstudie für Roomster

Mit den Konzeptstudien des Škoda Roomster und des Škoda Yeti in den Jahren 2003 bzw. 2005 treibt Škoda die Entwicklung neuer Modelle weiter an. Beide Fahrzeuge erweitern schon bald das Modellprogramm von Škoda über die klassischen Limousinen-Formate hinaus. Beim Roomster ist der Name Programm. Schon die Konzeptstudie hatte deutlich gemacht, worauf es ankommt: Dieses Auto soll bei Platzangebot und Raumvariabilität neue Maßstäbe setzen.

Noch Modell: Entwurf des neuen Fahrzeugs »Roomster«.

2006 Der Roomster wird gebaut

Nachdem das Modell auf dem Genfer Automobilsalon 2006 seine Weltpremiere hatte, beginnt am 27. März desselben Jahres im Werk Kvasiny die Serienproduktion des Škoda Roomster.
Inzwischen steht Škoda für knapp sieben Prozent der tschechischen Exportleistung. Längst ist das Unternehmen attraktivster Arbeitgeber des Landes.

Der Neue: Roomster ab 2011 in der Ausführung »Scout«.

20 Jahre Škoda neu: Citigo und überzeugende Crashtests

2011 Modelloffensive mit Citigo

Citigo und Rapid werden als erste Fahrzeuge der jüngsten Modelloffensive eingeführt. Die Tradition lebt weiter: Mit Popular, Rapid, Favorit und Superb hatte Škoda ab 1934 eine neue, erfolgreiche Generation von Fahrzeugen mit modernem Zentralrohrrahmen, OHV-Motoren und verfeinerter Technik geschaffen. Popular, der tschechische Volks-Wagen, durchbrach erstmals die Marke von 5000 gebauten Autos einer Modellreihe.

In Deutschland ab Sommer 2012: Der Kleinwagen »Citigo«.

2007 - 2012 Tests für die Sicherheit

Škoda-Neufahrzeuge wie der Roomster genügen dem aktuellen Stand der Sicherheitstechnik. Um das zu erreichen und nachzuweisen, werden auf dem Prüfgelände im tschechischen Úhelnice auch Hochgeschwindigkeits-Crashtests durchgeführt. Beim nebenstehend dokumentierten Test blieben die Fahrgastzellen eines »Yeti« und eines »Superb Combi« bei 90 km/h Aufprallgeschwindigkeit stabil und schützten mit effektiven Rückhaltesystemen die Insassen (natürlich Dummies). Die Datenauswertung ergab, dass Passagiere den Fahrzeugen trotz der hohen Aufprall-Energie ohne größere Blessuren hätten entsteigen können.
Bestnoten wie Superb und Yeti beim Euro NCAP-Crashtest hat seit 2007 auch der Roomster: Fünf Sterne beim Insassenschutz, vier Sterne bei der Kindersicherheit, zwei Sterne beim Fußgängerschutz. Die Tests sind wesentlich: Zuvor waren beim Crash die Batteriekabel des Roomster beschädigt worden, weshalb die Gurtstraffer mangels Stromzufuhr nicht auslösen konnten. Škoda besserte nach, verstärkte den Kabelschutz und sicherte das einwandfreie Auslösen der Gurtstraffer.

Sicherheit im Roomster : Nachbesserungen nach den ersten Tests führten zu Bestnoten beim NCAP.

Reparatur, Wartung, Pflege

Wenn der Arbeitsplatz geeignet ist, das nötige Material zur Verfügung steht und die Ausrüstung stimmt, haben Sie am Reparieren auch Spaß. Als Arbeitsplatz taugt eine breite, gut beleuchtete Garage mit Stromanschluss, die durchaus so schlicht eingerichtet sein kann wie die im Bild. Wartung und Pflege, selbst wenn sie im Freien erfolgen müssen, sind nun mal wichtig für den Werterhalt.

Arbeitsplatz und Ausrüstung

Vor allem bei älteren Wagen sinkt die Lust, Arbeiten in der Werkstatt erledigen zu lassen. Garantieansprüche gibt es nicht mehr zu verlieren, und bei Stundensätzen weit über 50 Euro lässt sich für denjenigen, der handwerklich geschickt ist, viel Geld sparen.
Aber auch an neueren Fahrzeugen lassen sich viele Arbeiten von der gründlichen Aufbereitung bis zum kleinen Unfallschaden selbst erledigen. Verfügen Sie nicht über eine Garage, können Sie auch im Freien zum Werkzeug greifen, wenn eine ebene und befestigte Fläche vorhanden ist. Die beste Empfehlung für Selbstschrauber aber sind Mietwerkstätten. Sie bieten meist mehrere Arbeitsplätze, die allerdings während der Woche eher frei sind als am Wochenende.
Adressen finden Sie in den Gelben Seiten, in Zeitungsanzeigen oder in den von Automobilverbänden empfohlenen Reparatur- und Verleihführern. Im Internet werden Sie auch fündig: Allein der bekannte Anbieter »geldsparen.de« hält unter »Auto« in der entsprechenden Rubrik Hinweise auf rund 50 Mietwerkstätten deutschlandweit bereit. Andere bewährte Adressen sind »kfz-mietwerkstatt.com«, »mcsadi.de«, »way2business.de« oder »schrauberhalle.de«.

Was bietet mir die Mietwerkstatt?

In Mietwerkstätten ist es möglich, eine Hebebühne zu nutzen. Im Entgelt für die Werkstattbenutzung ist ein Werkzeugsatz inklusive. Spezialwerkzeug wie Kolbenrücksetzer für Scheibenbremsen kann extra gemietet werden, und oft steht auch ein Fachmann mit gutem Rat und Praxistipps zur Verfügung.
Als Beispiel möchten wir hier das Profil einer derartigen Einrichtung in Berlin vorführen, die Sie im Internet unter der Adresse

www.selbstreparatur-werkstatt.de

auch zunächst einmal virtuell besuchen können. Diese »Schöneberger Selbstreparatur-Werkstatt« steht sieben Tage die Woche von 09.00 Uhr bis 18.00 Uhr zur Verfügung. Für Sonntag und nach 18.00 Uhr müssen Terminvereinbarungen getroffen werden. Auch feiertags ist zumeist geöffnet.

1

Mini-Hebebühne: Diese Geräte von ATH-Heinl sind gut für den Reifenservice und für Arbeiten an den Bremsen.

Werkstattwagen: Ordnung und bequemen Werkzeugtransport bringen Helfer wie dieser von ATH für 550 Euro.

Wer »eine kostengünstige Alternative« sucht, »der ist bei uns genau richtig«, verspricht die Homepage. Gut beleuchtete, im Winter beheizte Räumlichkeiten, griffbereites Werkzeug, hilfsbereite Leute und auch schon mal eine Tasse Kaffee machen Service-, Wartungs- und Reparaturarbeiten problemlos durchführbar.

Womit muss ich rechnen?

Die einzelnen Werkräume sind jeweils mit Hebebühne und Werkbank ausgestattet, gemietet werden kann stundenweise. Die Stunde mit Hebebühne, inklusive Grundwerkzeug: Koffer mit gängigen Schlüsseln, Pressluftschrauber, Hammer und eine Lampe kostet 10 Euro. Bei längerer Mietzeit gibt es Rabatt, Sie zahlen z. B. nur noch 8 Euro pro Stunde bei 5 Stunden Miete.

Alt-Öl wird für 1 Euro je Liter angenommen, Schutzgas-Schweißen kostet 20 Euro, und für den Satz Federspanner muss man pro begonnene Stunde 5 Euro zahlen. Ein Kfz-Meister steht »für jede Hilfe« zur Verfügung, Spezialwerkzeuge sind vorhanden und können ebenfalls gemietet werden.

Arbeit in der Mietwerkstatt lohnt sich aber nur, wenn die Reparatur flott von der Hand geht und eine angefangene Arbeit auch direkt zu Ende geführt werden kann. Akribische Vorbereitung zahlt sich also aus. Reparaturen, die man nicht genau abzuschätzen vermag, sollten unbedingt auf einen Termin gelegt werden, der einen außerplanmäßigen Besuch beim Händler zum Kauf von Ersatzteilen erlaubt.

Was ist beim Teilekauf zu beachten?

Die benötigten Ersatzteile sollten spätestens am Tag der Arbeit parat sein, denn jede Werkstattstunde kostet ja. Kaufen Sie nach Liste und denken Sie an Zubehör wie Dichtungen, Sicherungsringe, Schlauchschellen, Clipselemente oder selbstsichernde Muttern. Sie müssen um die 10 Euro Kosten einplanen, wenn die Arbeiten abends nicht fertig werden und das Auto über Nacht in der Werkstatt stehen bleibt.

Achten Sie beim Ersatzteilkauf auf den Preis, denn Unterschiede bis zu 35 Prozent sind die Regel. Bei typenoffenen Serviceketten kann der Kunde manchmal bis zu 60 Prozent sparen, 20 Prozent sind jedenfalls immer drin – und zwar für dieselbe Qualität, meist sogar für die exakt gleichen Ersatzteile.

Auf No-name-Produkte sollten Sie beim Ersatzteilkauf allerdings verzichten. Solche Käufe machen die eventuell fehlende Beratung beim Kauf von Verschleißteilen nicht wett, und zweitens könnte die Garantie auf das betreffende Teil und von ihm in Mitleidenschaft gezogene Teile in Gefahr geraten. Bei sicherheitsrele-

3

Werkstattkran: Zum Transport schwerer Teile. ATH bietet eine clevere Ausführung schon für 180 Euro an.

Ölabsauggeräte: Elegante Lösung zum Absaugen und Auffangen von Motoröl, kostet 150 bis 300 Euro.

vanten Ersatzteilen ist Sparsamkeit ohnehin fehl am Platz. Bremsbeläge, Bremsscheiben, Radlager, Antriebswellen und Gelenke sollte man grundsätzlich in Originalqualität kaufen.
Bei Schäden an Kurbeltrieb, Kolben und Ölwanne lohnt sich der Kauf eines Teilmotors. Zylinderkopf und Nebenaggregate übernimmt man vom alten Motor. Bei gut erhaltenen Fahrzeugen macht ein Austauschmotor Sinn. Firmen, die auf die Überholung von Motoren spezialisiert sind und Reparaturen nach Qualitätsrichtlinien garantieren, finden Sie im Internet unter www.vmi-ev.de. Das ist der »Verband der Motoreninstandsetzungsbetriebe« in
40880 Ratingen,
Christinenstr. 3
Tel.: 0 21 02/ 44 72 22
Fax: 0 21 02/ 44 72 25
E-mail: info@vmi-ev.de

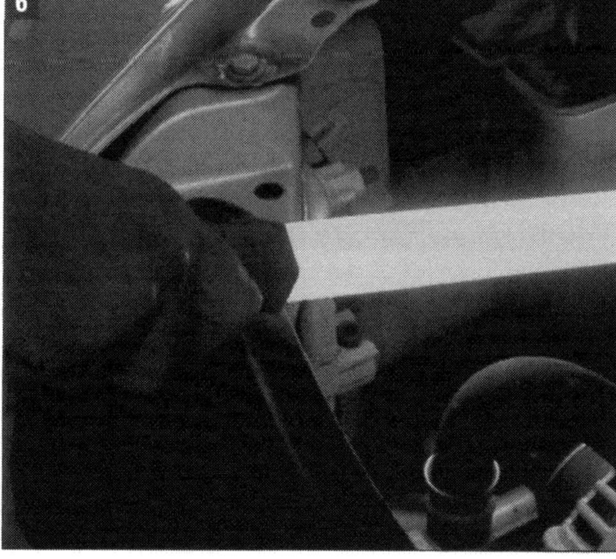

Handstablampe: Für viele Fälle nützlich, oft gar unentbehrlich.

Vorsicht bei der Arbeit!

GEFAHRHINWEISE

■ Tragen Sie beim Blechtrennen oder bei Arbeiten mit laufendem Motor Ohrenschützer und beim Bohren, Schleifen, Meißeln und Arbeiten unter dem Fahrzeug stets eine Schutzbrille.

■ Arbeitshandschuhe sind gut gegen Schmutz oder Abschürfungen an scharfem Blech. Wenn Sie mit der Handbohrmaschine arbeiten, sollten Sie wegen der Gefahr durch das rotierende Bohrfutter aber besser keine Handschuhe tragen.

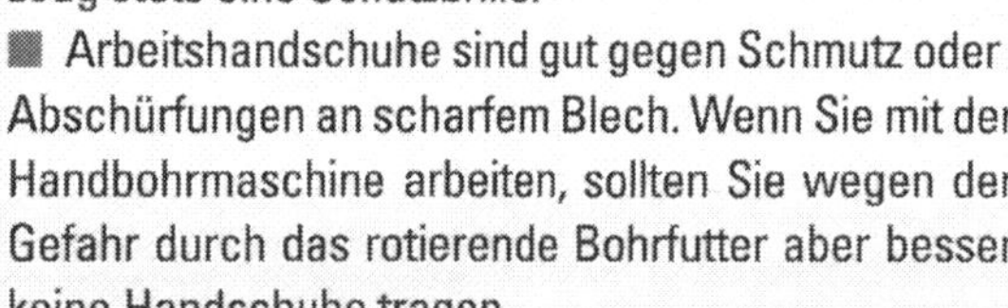

■ Achten Sie in Montagegruben und beim Lackieren größerer Flächen am Fahrzeug auf gute Belüftung. Beim Lackieren Schutzmaske tragen!

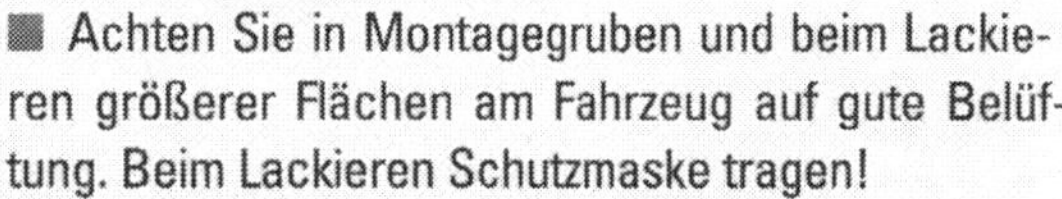

■ Durchgebrannte Sicherungen müssen Sie immer durch neue Sicherungen desselben Typs und identischer Stromstärke in Ampere (A) ersetzen. Niemals Drahtbrücken einbauen! Die Folge solcher Behelfsmaßnahmen können Schäden an Bauteilen im betreffenden Stromkreis oder sogar Kabelbrände sein.

■ Sprühdosen, Altöl, Bremsflüssigkeit, alte Bremsbeläge oder Farbdosen sind Sondermüll. Sie müssen entsprechend entsorgt werden.

■ Bei allen Wartungs- und Reparaturarbeiten sollte das Rauchen strikt unterbleiben.

■ Für die Benziner gilt: Oberste Vorsicht an Zündanlagen! Prüfungen nur bei Motorstillstand durchführen. Bei unbedingt nötigem Motorlauf nicht die Hand anlegen, der Primärstromkreis hat Spannung bis 30.000 Volt!

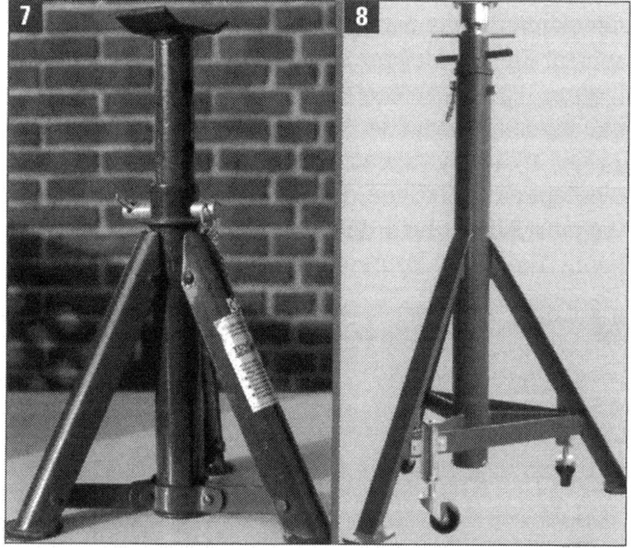

Unterstellböcke: Einfache klappbare Ausführung (7) und Finkbeiner-Abstützbock mit Spindel, Feder und Lenkrollen (8).

Rangierwagenheber: Sicherer als ein Spindelwagenheber.

Welches Werkzeug brauche ich?

Nur vollständiges und gutes Werkzeug garantiert Ihnen das gewünschte Ergebnis. Überprüfen Sie daher Ihre Ausrüstung, bevor Sie mit der Arbeit beginnen. Schlechtes Werkzeug, das sich schon bei der ersten verrosteten Schraube verbiegt oder ausbricht, bringt Probleme und verdirbt jede Freude am Werken. Achten Sie also beim Kauf auf Qualität!
Gute Werkzeuge werden aus einwandfreiem Material hergestellt und arbeiten stets maßgenau. Sie haben natürlich ihren Preis, der für einen 10er-Satz wirklich guter Ring-/Maulschlüssel bei 80 Euro liegen kann. Ein Steckschlüssel-Kasten mit Umschaltknarre, Stecknüssen und Verlängerungen (Bilder 11 und 12) kostet an die 200 Euro. Eine komplette Werkstattausrüstung in Profiqualität rentiert sich allerdings nur bei häufigem Einsatz über 10 bis 20 Jahre hinweg.

Grundwerkzeuge:

- Schraubendreher, Ring-, Maul- und Inbusschlüssel (Bilder 11 und 12) für jeden Zweck.
- Seitenschneider, Kombizange und Wasserpumpenzange mit mindestens 240 mm Länge. Damit trennen, biegen, halten und drehen Sie so ziemlich alle Werkstoffe und -stücke.
- Kunststoff- oder Gummihammer für empfindliche Bauteile wie Lager, gegossene oder gehärtete Teile. Damit vermeiden Sie etwaige Schäden.
- Der Schlosserhammer wird benutzt, um z. B. mit einem Durchschlag festsitzende Bolzen zu lösen.
- Durchschläge (Durchmesser 3 und 6 mm) sind bei Montage- und Demontagearbeiten an Fahrwerk, Motor und Bremsen universell einsetzbar.
- Ein Körner hilft bei Bohrarbeiten an Metallen.
- Flachmeißel mit gehärteter Schneide werden oft an deformierten oder festgerosteten Schraubverbindungen gebraucht.
- Quetschzange, isolierte Kombizange, Phasenprüflampe mit Nadelspitze und Massekabel sowie isolierte Schraubendreher sind für die Elektrik nötig.
- Für den Innenraum sind Schlüssel 6 bis 13 mm und 1/4-Zoll-Umschaltknarre (Bild 11) erforderlich.

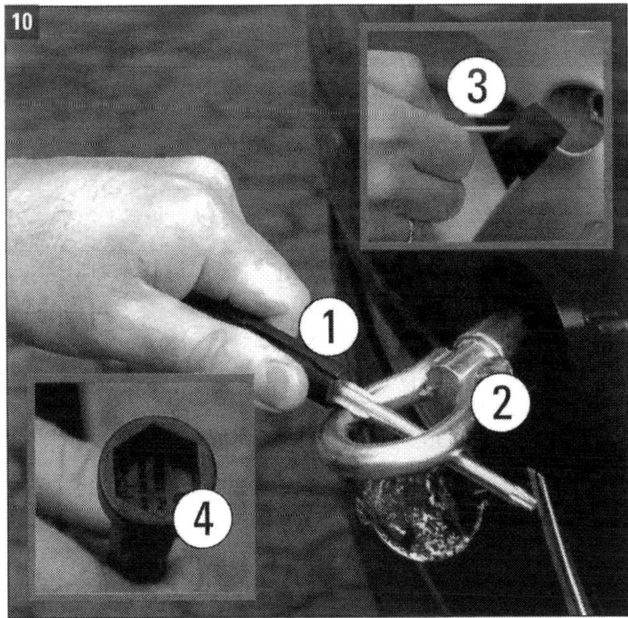

Bild 10 Bordwerkzeug nach VW-Standard: (1) Torxschraubendreher, (2) Abschleppöse, (3) Haken für Abdeckkappen der Radschrauben, (4) Schraubenschlüssel im Griff von (1).

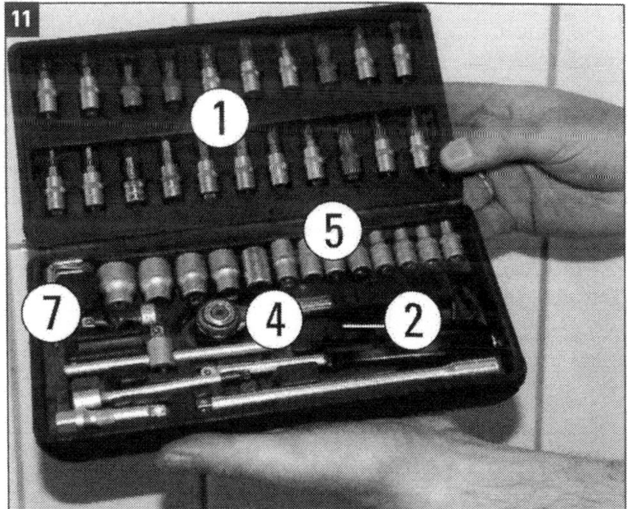

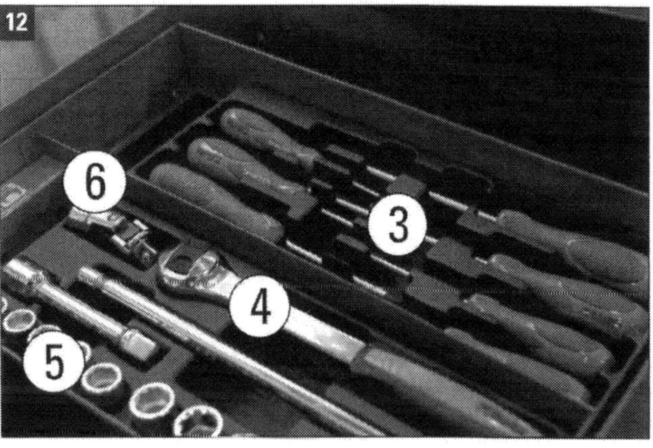

Bilder 11 und 12 Grundwerkzeuge: (1) Bits für alle Schraubendreherformen mit (2) Griffstück, (3) Schraubendreher, (4) Knarre (oder Ratsche) mit (5) Steckeinsätzen (»Stecknüssen«) für Sechskantschrauben und -Muttern, (6) Winkelstück, (7) Inbusschlüssel. Box und Kasten wie in den beiden Bildern oder Werkstattwagen wie in Bild 2 ermöglichen flexible Arbeit.

■ Im Motorraum und unterm Fahrzeug brauchen Sie Steckschlüssel der Größen 10 bis 32 mm und eine Umschaltknarre mit 1/2-Zoll-Antrieb (Bild 12).

■ Gripzange und Schraubzwingen: Die Maulweite der Gripzange kann am Griffteil exakt eingestellt werden. Eine Schraubzwinge, die in vielen Größen erhältlich ist, fungiert beim Montieren äußerst hilfreich als Ihre »dritte Hand«.

■ Abzieher (Bild 13) gehören zur Grundausstattung jeder Autowerkstatt.

Auch für Heimwerker lohnt sich die Anschaffung in allerdings geeigneten Dimensionen und Ausführungen. Damit lassen sich Radnaben lösen, Achsgelenke aus der Führung pressen o. Ä.

Spezialwerkzeuge:

Mit der Grundausstattung können Sie viele Wartungen und Reparaturen selbst erledigen. Sie ist unentbehrlich für vernünftige Arbeit, reicht aber für viele Fälle nicht aus. Sinnvolle weitere Anschaffungen sind:

■ Handstablampe (Bild 6): Gut fürs Schrauben unter dem Auto oder im Motorraum, im Innenraum und in weniger gut beleuchteten Garagen. Wasserdicht, mit Blendschutz, ölresistent und schlagsicher.

■ Ein Paar Unterstellböcke und ein hydraulischer (»Rangier«-)Wagenheber mit möglichst nicht zu kleinen Rollen (Bilder 7, 8 und 9).

■ Batterietester zum Prüfen von Batteriezustand und Ladestatus (ähnlich Bild 14). Regelmäßige Überprüfung des Startsystems hilft, das gefürchtete Liegenbleiben wegen schwächelnder Batterie vor allem in der kalten Jahreszeit zu vermeiden.

■ Elektronisches Akkuladegerät (Bild 15). Solch ein Gerät mit automatischer Ladestromanpassung ist vor allem bei häufigen Kurzstreckenfahrten im Winter gut.

■ Drehmomentschlüssel (Automatikschlüssel): Zur präzisen Beachtung von Anzugsdrehmomenten.

■ Ölfilterschlüssel: Wichtig für den Ölwechsel. Günstig ist ein Universalschlüssel.

■ Fühlerblattlehre zum Prüfen das Ventilspiels oder des Spaltmaßes von Gebern (Drehzahlgeber etc.).

■ Messinstrument (Multimeter): Unerlässlich für genaue Messungen an elektronischen Bauteilen. Es gibt

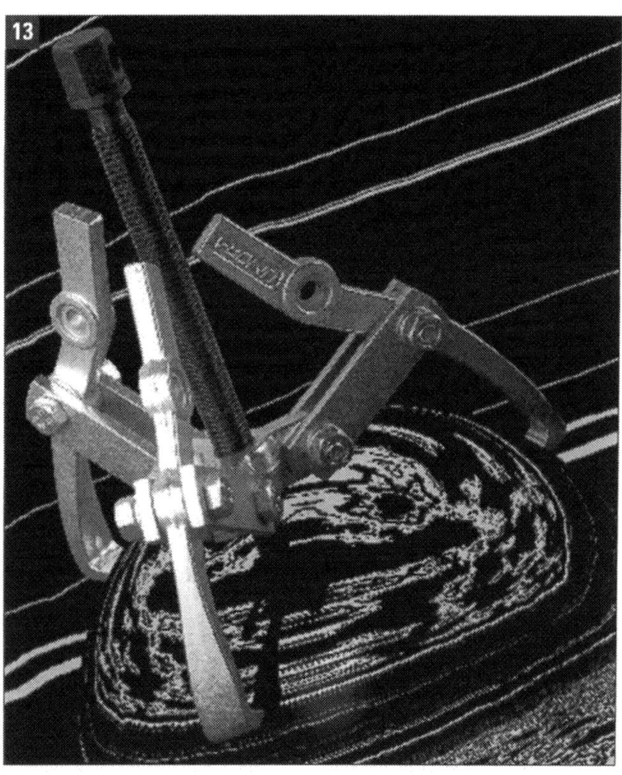

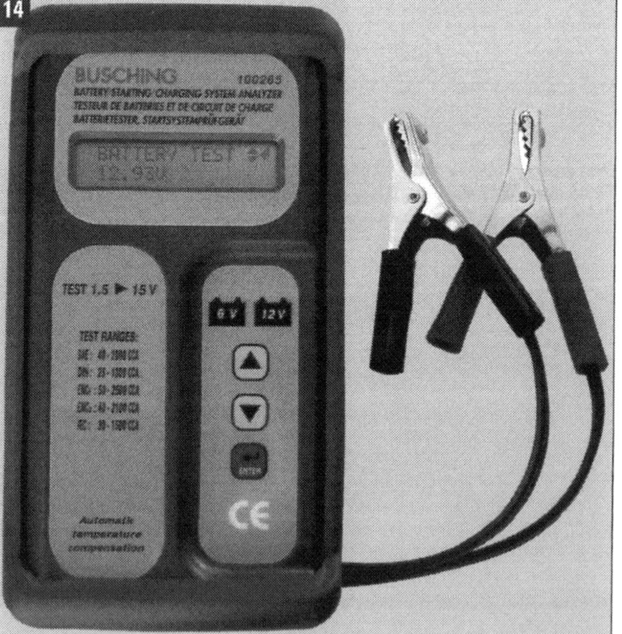

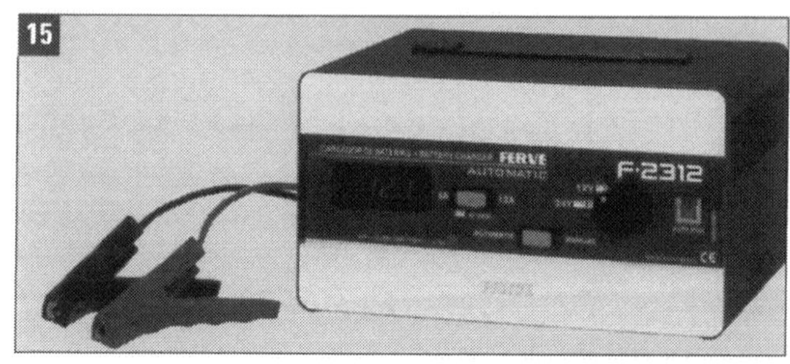

Spezialwerkzeug: Abzieher, hier stilisiert für den entsprechenden Katalog von ATH (Bild 13), Startsystemtester zur Prüfung der Bordbatterie (Bild 14) und automatisches Batterie-Ladegerät (Bild 15). Tester und Ladegerät sind vor allem im Winter und bei älteren Batterien unverzichtbar, weil dann die meisten Pannen durch schwache Akkus verursacht werden.

extra auf die Besonderheiten der Autoelektrik abgestimmte Geräte.

■ Durchgangsprüfer und Abisolierzange sind weitere wichtige Geräte für Arbeiten an der Fahrzeugelektrik. Die Prüferlampe liefert eine zuverlässige Aussage, ob Spannung an den Prüfspitzen anliegt.

Nützliches Zubehör:

■ Felgenbaum mit Abdeckhusse aus Nylongewebe (Bilder 16/17). Reifen mit Kreide (oder markierten Ventilkappen, Bild 17a) kennzeichnen, damit sie wieder an ursprünglicher Position eingebaut werden können.

■ Teilereiniger, Sprühfett, Kupferpaste und andere »chemische Helfer«. Sie werden selten gebraucht und sind im Einzelfall umstritten; also Rat einholen.

■ Auffahrrampen und ein zum Hocker faltbares Rollbrett sind außerordentlich nützlich und auch durchaus noch kein Luxus.

■ Hebebühnen gehen natürlich über das Übliche schon weit hinaus. Wer dafür in Garage, Remise oder Scheune Raum hat, wer häufig und fachlich versiert schraubt, wer neben dem eigenen auch noch den Zweitwagen und/oder Autos von Freunden betreut, für den kann sich die Anschaffung lohnen.

Optimale Arbeitsfreiheit bietet die mobile 2-Säulen-Hebebühne von Finkbeiner (Bild 18). Keine Befestigung auf dem Boden, freie Zugänglichkeit zum Fahrzeugboden, türfrei in jeder Hubhöhe. Hydraulischer Antrieb, absolut unempfindlich und nahezu wartungsfrei. Tragfähigkeit: 3.000 kg auf vier Gelenkarmen, Hubhöhe: max. 1850 mm in ca. 40 Sekunden.

Die stationäre elektrohydraulische Einsäulenhebebühne ATH 1.25S (Bild 19) ist für knapp 3.000 Euro netto zu haben. Sie hat Profiqualität und ist auch bei wenig Platz einsetzbar. Stabile Säulen mit Teleskoparmen heben 2.500 kg in 36 Sekunden bis 2 m hoch.

Was muss ich unbedingt beachten?

Sicherheit hat beim Heimwerken absolute Priorität. Wagen Sie sich nur an Arbeiten, die Sie sich wirklich zutrauen können. Nehmen Sie handwerkliche Aufga-

Felgenbaum: Zur saisonalen Reifenlagerung zu empfehlen. Das preisgünstige Stapelgerät erlaubt platzsparendes und reifenschonendes Einlagern in Garage oder Keller.

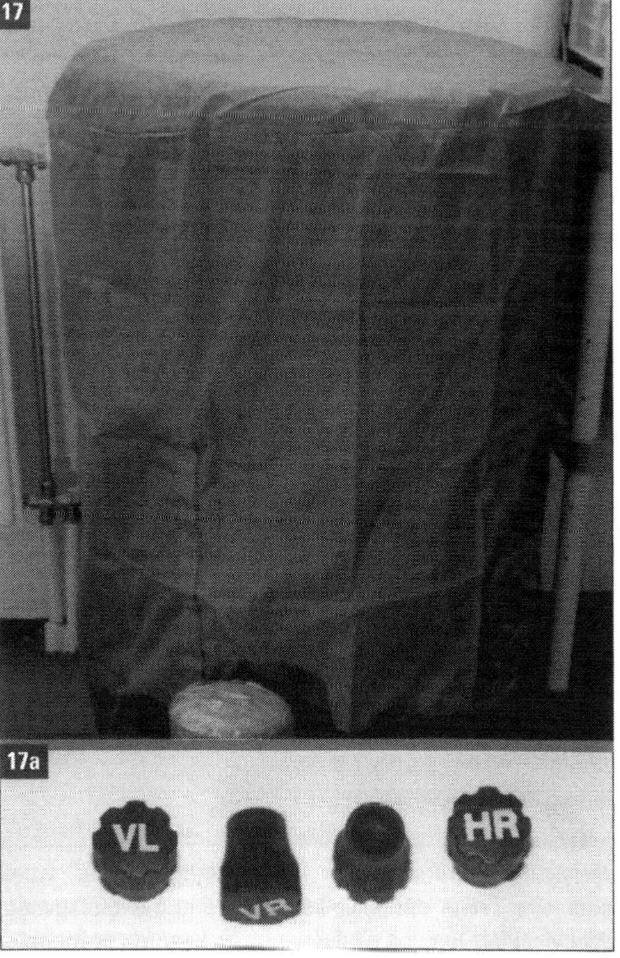

ben, mit denen Sie in der Praxis wenig oder gar keine Erfahrung haben, nicht auf die leichte Schulter. Mangelhaft ausgeführte Arbeiten können im Straßenverkehr fatale Folgen haben, für Sie und für Dritte. Um diese zu vermeiden, geben wir Ihnen stets auch die entsprechenden »Gefahrenhinweise«.

Im nächsten Unterkapitel beantworten wir die wichtigsten Fragen zu Reinigung, Lack- und Glaspflege sowie Beseitigung kleinerer Karosserieschäden. Ausführlicher behandeln wir dieses Thema in unseren Sonderbänden 175 und 275 »Die Autokarosserie«.

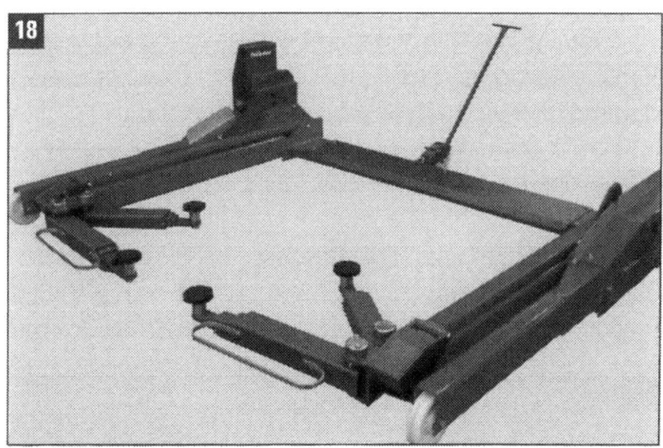

Hebebühnen »für daheim«: Nicht unmöglich, aber wohl eher eine Frage der Räumlichkeiten und der Effektivität. Wer viel Platz hat und häufig schraubt, kann sie brauchen.

Werterhalt durch Pflege

Den Innenraum sollten Sie zuerst in Angriff nehmen. Wenn Sie sich diese Arbeit bis zuletzt aufheben, verschmutzen die Staubwolken aus Polstern und Fußmatten wieder die frisch gewaschene Außenseite.

Die Pflege des Innenraums

Für die Säuberung verwenden Sie am besten spezielle Autopflegemittel. Scheiben, Polster und Kunststoffoberflächen sind durch Witterung, Staub, Schmutz und Feuchtigkeit extremen Belastungen ausgesetzt, denen nur besondere Pflegesubstanzen wirklich gewachsen sind. Spezialreiniger sind daher allemal ihr Geld wert. Zur gründlichen Innenreinigung brauchen Sie ferner:

Wichtig für den Innenraum: Pflegemittel, damit der Wagen bei TÜV und DEKRA immer gute Chancen hat. Oben Nano-Scheibenreiniger, unten Cockpit-Feuchthandschuhe.

- Nicht flusende Lappen zum feuchten und trockenen Ab- und Auswischen;
- Kleider- oder Polsterbürste;
- Staubsauger mit verschiedenen Düsen;
- Handfeger und Kehrschaufel;
- ein Fensterleder und einen
- feinporigen Kunststoffschwamm.
- Eine Sprühversiegelung ist durchaus empfehlenswert für den schnellen Oberflächenschutz.

So gehen Sie am besten vor:

- Wagen ausräumen, Ascher leeren und auswischen. Fußmatten nach innen zusammenschlagen und herausnehmen, ausschütteln, ausklopfen und staubsaugen. Gummimatten feucht abwischen und trocknen lassen. Eine feuchte Matte kann üblen Geruch und Stockflecken im Textilbelag verursachen.
- Grobschmutz im Innenraum mit Staubsauger entfernen. Für weiche Textilbeläge eignen sich starre Düsenaufsätze, für harte Kunststoffe sind Borstenaufsätze besser. Sitzpolster abbürsten oder staubsaugen, Kunststoffoberflächen abwischen. Staub in Ecken mit Pinsel entfernen.
- Zum Reinigen von Kunststoffteilen, Lederverkleidungen, Dachhimmel, Leuchtengläsern, mattschwarz gespritzten Teilen und Armaturenbrett ein mit klarem Wasser angefeuchtetes Tuch verwenden. Sollte das für die Grundreinigung nicht ausreichen: lösungsmittelfreie Reiniger und Pfleger oder bequeme Spezialtücher (Bilder 1 bis 4). Besprühte Stellen mit klarem Wasser nachwischen und mit einem Tuch trockenreiben.
- Empfehlenswert sind Cockpit-Spray und/oder Pflege-Handschuh (Bild 2): Das duftet und wirkt außerdem antistatisch.
- Zur Innenfenster-Reinigung bietet der Fachhandel ebenfalls präparierte Putzhandschuhe (Bild 1) sowie Werkzeuge mit abnehmbarem, verstellbarem Griff und auswechselbarem Vliesbelag an (Bild 3), mit dem man besser in alle Ecken kommen soll. Das Ausprobieren schadet auf jeden Fall nicht.
- Bei stark verschmutzten Sicherheitsgurten kann das Aufrollen des Automatikgurts beeinträchtigt werden. Deshalb Gurte trocken abbürsten oder bei starker

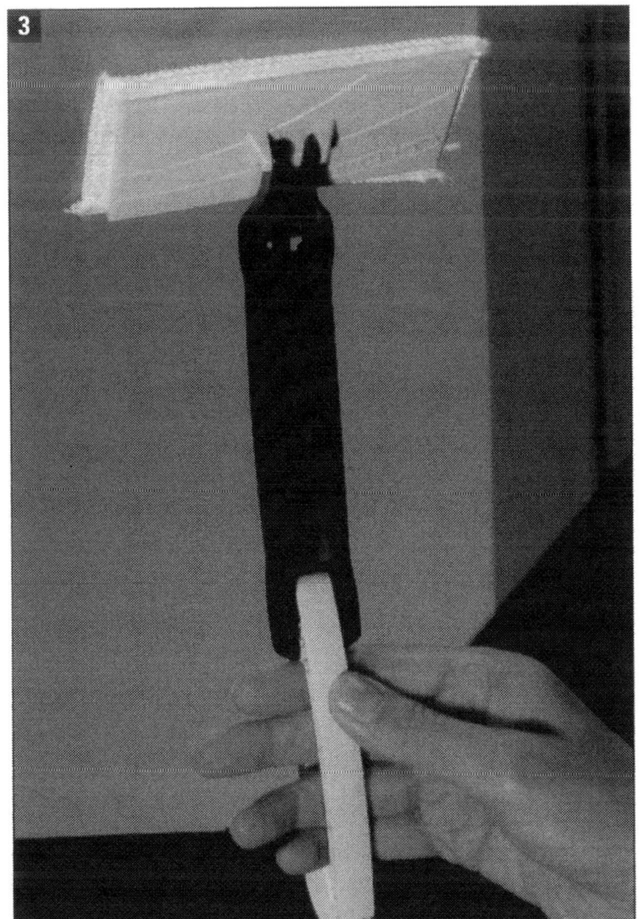

Fenster und Scheinwerfer: Mit dem Werkzeug in Bild 3 kommt man gut in solche Ecken der Frontscheibe, wo es mit dem Putzhandschuh schwierig wird. Bei starker Verschmutzung Spiritus, Salmiakgeist und warmes Wasser oder Glasreiniger anwenden. Armor All und viele andere Firmen bieten Tücher und Reiniger nicht nur fürs Leuchtenglas (Bild 4), sondern für alle Flächen außen und innen.

Verschmutzung mit milder Seifenlauge abwaschen, dazu aber niemals ausbauen. Chemische Reinigungsmittel und ätzende Flüssigkeiten können das Gewebe zerstören. Vor dem Aufrollen müssen die gereinigten Gurte trocken sein.

■ Den Dachhimmel nur bei starker Verschmutzung reinigen und auf keinen Fall durchfeuchten. Himmel mit Reiniger großflächig einsprühen. Mit Schwamm und Frottierhandtuch nachwischen. Behandlung bei Bedarf wiederholen. Nicht auf die verschmutzten Stellen beschränken, weil hässliche Platten mit Rändern entstehen können.

■ Türdichtungen mit Gummipflegemittel geschmeidig halten (Bild 5). So werden auch Quietschen und Knarren beim Türenschließen vermieden. Regelmäßige Pflege mit Hirschtalgstift oder silikonhaltigem Pflegemittel verlängert die Lebensdauer.

■ Lederbezüge regelmäßig alle zwei, mindestens aber alle sechs Monate mit Pflegemittel behandeln. Die Nähte (auch von Stoffbezügen wie in Bild 6) sollen flexibel und geschmeidig gehalten und vor allem durch regelmäßiges Absaugen von Oberflächen zerkratzenden, scheuernden Schmutzpartikeln befreit werden .

■ Polsterstoffe und Stoffverkleidungen werden am besten mit speziellen Reinigungsmitteln wie Trockenschaum und feuchtem Schwamm behandelt (Bild 7). Die Polster noch feucht gründlich absaugen. Der Schmutz löst sich so am besten.

■ Lederähnliche schwarze Sitzbezüge aus Alcantara oder ähnlichen Materialien reagieren empfindlich auf Sonneneinstrahlung, vor allem aber auf Öle, Fette und Verschmutzungen. Diese Fabrikate wie »Dynamic« bei den »Elegance«-Modellen müssen sorgfältig gepflegt werden wie Leder.

■ Zur Reinigung von Mikrofaser-Material einen Baumwoll- oder Wolllappen mit Wasser, bei stärkerer Verschmutzung mit einer Seifenlösung leicht anfeuchten und die verschmutzten Stellen wischen. Der Bezug soll aber nicht durchfeuchtet werden!

■ Fett- und Ölflecke oder anderen hartnäckigen Schmutz vorsichtig mit Schwamm und Spezialreiniger behandeln. Trocken nachwischen und gut trocknen lassen.

■ Versiegelnde Pflege-Lotion für Leder und ähnliche Materialien sparsam auftragen und nach Einwirkung mit weichem Lappen (Microfasertuch) nachwischen. Das Leder wird dadurch geschmeidiger, die Farben wirken wieder viel frischer.

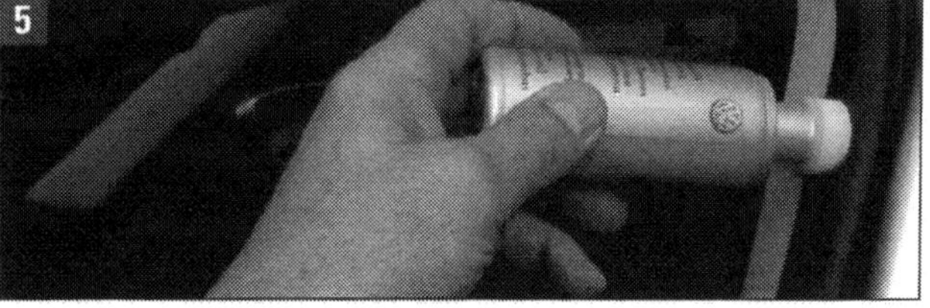

Gummi, Leder und Polster: Dichtungen mit Hirschtalgstift oder Silikon (Bild 5) pflegen. Schmutzpartikel in Falten und Nähten (Bild 6) regelmäßig absaugen! Trockenschaum (Bild 7) für Stoffbezüge, Wasser und Pflegemittel für Leder.

■ Für Microfaser-Materialien niemals Lederpflegemittel, sondern nur Wasser oder verdünnten Spiritus verwenden!

■ Gegen Rauchgeruch im Innenraum und in den Polstern werden zwar Mittel angeboten, aber bei Klimaanlage im Umluftbetrieb sollte man gar nicht rauchen. Angesaugter, auf dem Verdampfer abgesetzter Rauch verursacht dauerhafte Geruchsbelästigung.

■ Vor dem Verkauf eines Raucher-Autos wird eine Behandlung mit neutralisierendem Ozon empfohlen. Diese dauert aber meist zwei Tage und kann allerhand Geld kosten.

Die richtige Außenwäsche

Autowaschen auf der Straße ist heute so gut wie überall verboten. Denn mit dem Schmutzwasser der Wagenreinigung könnten Ölrückstände und andere die Umwelt schädigende Substanzen in die Kanalisation und ins Grundwasser geraten.

Eine saubere Sache ist dagegen die Wagenwäsche in einer automatischen Waschanlage. Die verwendeten Wassermengen sind großzügig, die Wäsche ist relativ schonend. Ölabscheider und Wasseraufbereitungsanlagen sorgen für Umweltschutz. Sie können meist zwischen mehreren Programmen wählen. Nutzen Sie auf jeden Fall Waschen und Pflege mit Vorwäsche.

Unabhängig davon, ob mit Bürsten, Textilstreifen oder Schaumstoff gewaschen wird: Beansprucht wird der Lack immer. Man kann durchaus des Guten zuviel tun, wenn man zu häufig wäscht. Ist der Lack noch in Ordnung, gibt es keinen zwingenden Grund, das Auto ständig zu waschen. Mit Ausnahme von aggressivem Vogelkot oder Säuren werden die meisten Schmutzangriffe von gutem Lack mühelos verkraftet.

Nach dem Waschgang müssen Sie die Sauberkeit kontrollieren und an manchen Stellen nachputzen. Die Bürsten behandeln Radhäuser, Radläufe, Türschwellerkanten, Türrahmen und Ritzen nachlässig. Handarbeit mit Schwamm und Putztuch ist angesagt.

Selbstwaschanlagen benutzen

Die Waschplätze an der Tankstelle (SB-Wäsche) bieten gute Möglichkeiten, den Wagen selbst zu waschen. Alle Hilfsmittel stehen dort zur Verfügung.

■ Waschen Sie Ihr Fahrzeug nicht in der prallen Sonne, weil das dem Lack schaden kann.

■ Vor Arbeitsbeginn den Zustand der Waschbürsten prüfen. Eventuellen groben Dreck vom Vorgänger beseitigen, wenn Sie keine Kratzer riskieren möchten.

Zur wirksamen Außenwäsche brauchen Sie:

■ Jede Menge Wasser. Wird der Schmutz mit zu wenig Wasser abgewischt, schmirgeln Staub- und Sandkörnchen über den Lack und zerkratzen ihn.

Bilder 8 und 9 konzerneigene Pflege: Für die unter dem VW-Dach gefertigten Fahrzeuge bietet der Mutterkonzern eine ganze Palette an Pflegemitteln. In Showveranstaltungen ist auch schon mal zu sehen, wie Profis bei der Pflege vorgehen.

■ Mindestens zwei Eimer, wenn kein Schlauch zur Verfügung steht. Sie müssen immer frisches Nachspülwasser parat haben.
■ Möglichst eine Sprühdüse aus Kunststoff für den Schlauch, sofern dieser verfügbar ist. Sie können dann wie mit dem Hochdruckreiniger (Bild 8) arbeiten.
■ Wenn Schlauchanschluss möglich und Schlauch vorhanden, eine Schlauchbürste. Bei deren Einsatz kann das durchfließende Wasser den abgebürsteten Schmutz wegschwemmen.
■ Waschhandschuh oder Schwamm. Nach jedem zweiten oder dritten Waschstrich in den vollen Wassereimer tauchen und ausdrücken.
■ Eine langstielige Waschbürste, die sich besonders für Felgen und Radkästen eignet. Setzen Sie Spezialreiniger gegen Bremsstaub an Felgen ein (Bild 9).
■ Fensterleder, das man in einem anderen Eimer auswäscht, damit es sauber bleibt. Evtl. mit Glasreiniger nachpolieren (Bild 10).
■ Einen großporigen Viskoseschwamm und einen Fliegenschwamm für Insektenrückstände sowie ein großflächiges echtes Leder zum Trockenreiben.
■ Zur Nachreinigung bieten viele Hersteller (z. B. Armor All) speziell präparierte Einmaltücher an: Für Spiegel, Scheiben und Scheinwerferglas, gegen Vogelkleckse auf Lack- und Verkleidung (Wachs- und Glanztücher), gegen Öl, Fettrückstände und hartnäckigen Schmutz (Intensivreinigungstücher).

GEFAHRHINWEISE

⚠ Vorsicht mit Dampfstrahlern

■ Wird der Dampfstrahler eingesetzt, dann die Wassertemperatur auf maximal 60 °C (zu heißes Wasser greift Gummi und Versiegelungen an) und den Druckregler auf maximal 30 bar einstellen.

■ Einen Abstand zum Auto von 60 bis 80, wenigstens jedoch 50 Zentimeter einhalten. Den Hochdruckreiniger auch vom Kühler fernhalten, weil der scharfe Strahl die feinen Lamellen deformieren könnte.

■ Gut geeignet ist das Gerät zur Felgensäuberung. Hier aber gilt: Nicht den Reifen zu nahe kommen! Die Reifenflanken selbst der stabilen modernen Pneus können durch den hohen Druck des Wasserstrahls Schaden nehmen.

■ Heißes Wasser aus Druckdüsen löst fast jede verhärtete Schmutzschicht, natürlich auch dicke Ölkrusten an Motor und Getriebe. Von Druckwäsche am Motor müssen wir aber abraten: Eindringende Nässe kann die Elektronik lahm legen oder über den Ansaugtrakt in den Motor gelangen. Ein kapitaler Schaden mit hohen Kosten z. B. für ein neues Motorsteuergerät wäre die Folge. Motorwäsche daher nur mit Kaltreinigern in Handarbeit vornehmen.

Nachreinigung: Auch eine gründliche Außenreinigung in der Waschanlage hinterlässt immer noch Schmutzecken.

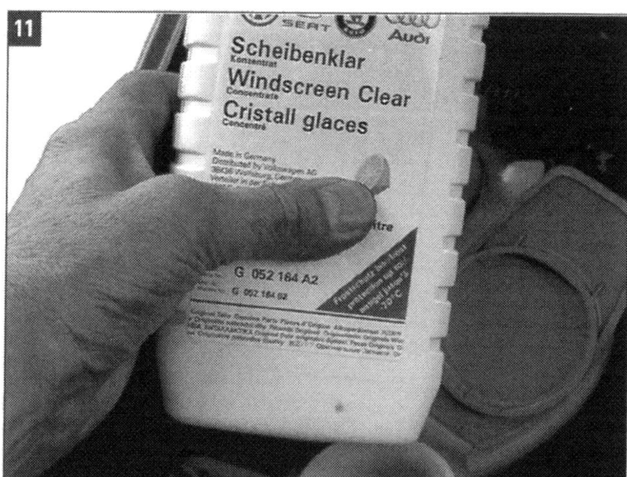

Waschwasser-Zusatz: Erst Reinigungsmittel (Winter: plus Frostschutz), dann Wasser in die Scheibenwaschanlage. Volkswagen bietet ein Winterpflege-Set an, das Antifrost-Konzentrat für das Wischwasser, ein Enteisungsspray für die Autoscheiben, einen Gummipflegestift, der die Dichtungsgummis derTüren geschmeidig hält und sie vor dem Zufrieren bewahrt, sowie einen Eiskratzer umfasst.

Taugt Motorwäsche in Eigenregie?

Motorraumwäsche ist nicht nur Schönheitskur für den Motor, sondern auch eine wichtige Pflegemaßnahme zur Aufrechterhaltung ungestörter Funktion. Die Motorwäsche darf allerdings nur dort erfolgen, wo es einen Ölabscheider gibt. In einer Selbstwaschanlage oder auf einem Waschplatz geht das also. Wenn Sie diese Arbeit nicht einem Profi überlassen wollen, dann verwenden Sie auf jeden Fall als Fettlösemittel einen Kaltreiniger aus der nachfüllbaren Pumpflasche. Damit können Sie den Schmutz in allen Ecken und Winkeln gut aufweichen, vor allem, wenn Sie den Reiniger noch mit einem alten Lappen gut verteilen. Dann das Reinigungsmittel mit viel Wasser abspülen. Das muss sehr vorsichtig geschehen, um keine Schäden an der Elektronik anzurichten.
Damit sich der Schmutz auf dem Motor nicht zu schnell wieder festsetzt, können Sie Motorblock und Anbauteile mit einem besonders hitzefesten Motorschutzlack versiegeln. Für die Umgebung reichen ein Konservierungsspray oder Konservierungswachs.
Motorschutzlack versiegelt auf der Basis hochwertiger Acryllacke, bringt neuen Glanz auf Motor, Aggregate oder Schläuche und bildet einen hoch elastischen Schutzfilm gegen Nässe und Schmutz. Gute Produkte sind hochglänzend, haften zuverlässig, sind temperaturbeständig bis 100 °C und gilbfest. Sie werden auf die gründlich gereinigten und getrockneten Flächen bei ausgeschalteter Zündung gleichmäßig aufgetragen. Normale Klarlacke aus Spraydosen würden verbrennen oder zumindest reißen.

Fetten und Schmieren

Kontrollieren Sie nach getaner Arbeit, ob noch genug Schmierfett an neuralgischen Punkten vorhanden ist. Bei Bedarf sollten Sie maßvoll nachfetten. Gut geeignet sind Festschmierstoffpasten oder Spezialfette. Schmierfette sollen Reibung und Verschleiß verringern, Korrosion verhindern, Schmierstellen abdichten und gegenüber den Betriebstemperaturen beständig sein. Für Scharniere und Gelenke mit engen Durchgängen, in die kein Fett eindringen kann, sind Öl oder Schmierspray gut geeignet. Gegeneinander reibende Flächen werden günstiger gefettet, mit einer Schmierpaste behandelt oder mit Sprühfett in Gelform eingestrichen: Haftet besser an vertikalen Flächen.
Schmierfette bestehen aus Mineral- oder Syntheseöl mit Verdickungsmittel und Additiven, die Oxidation und Korrosion aufhalten, Haftung verbessern und Reibwert verändern (Graphit und Molybdändisulfid). Hochwertige Schmierfette sind optimal kombinierte Grundöle, Verdickungsmittel und Additive.
Hersteller und Verbraucher bezeichnen die Schmierfette unterschiedlich. Die Produzenten unterscheiden nach den verwendeten Verdickungsmitteln (Calcium-, Natrium und Lithiumseifenfette), die Anwender nach dem praktischen Einsatz: Wälzlagerfette, Abschmierfette oder Wasserpumpenfette.

PRAXISTIPP

Schmierfette für Fahrzeuge

Schmierfette sind nach ihrer Beständigkeit gegenüber Knetbelastung eingeteilt. Je höher der »Walkpenetrationswert« (zwischen 100 und 500), desto niedriger ist die »NLGI-Konsistenz-Nummer« (zwischen 6 und 000) und desto weicher also ist das Fett.
Abschmierfette: Calciumseifen-Fette, NLGI-Kl. 1. Wasserbeständig, für Fahrgestellbauteile.
Blattfederfette: Mit Graphitzusätzen. Gutes Haftvermögen, Wasser abweisend, gut bei Notlauf.
Fließfette: Lithium-12-OH-Stearat-Fette, NLGI-Klasse 00/000. Halbfließende Schmierfette mit gutem Korrosionsschutz.
Komplexfette: Calcium-Komplexseifen-Fette, NLGI-Kl. 2. Hochgradig walkstabil, wasserbeständig und druckaufnahmefähig.
Langzeitschmierfette: Li-Seifen-Fette mit Molybdändisulfid. Zur Hochdruck- und Langzeitschmierung.
Mehrzweckfette: Li-Seifen-Fette, NLGI-Kl. 2. Für alle Schmierstellen, die keine Spezialfette brauchen. Gute Gesamteigenschaften, guter Korrosionsschutz.
Wälzlagerfette: Li-Komplexseifen-Fette, NLGI-Kl. 2. Speziell für Pkw-Vorderradlager. Hoher Tropfpunkt, ausgezeichnete Walkstabilität.
Alle Fette zwischen -10 und +90 °C, meist zwischen -30 und +130 °C (Extremfall: +170 °C) einsetzbar.

So gehen Sie vor:

- Scharniere an Türen und Klappen gelegentlich mit einem Spritzer Öl (Mehrzweckfett) versorgen.
- Nach Wagenwäschen etwas Öl (Fließfett) für das Türschloss. Schließzapfen und -ösen: Fließfett.
- Türfeststeller am unteren Scharnier mit Mehrzweckfett, Vorderradnaben mit Hochtemperatur-Wälzlagerfett bestreichen.

- Schlüsselschlitz der Schließzylinder: Im Herbst mit Rostlöser-Isolierspray einsprühen. Das schmiert, verdrängt Feuchtigkeit, schützt vor Rost und Einfrieren.

- Spezielles Schlossöl bewahrt vor Zufrieren und taut zugefrorene Schlösser auf.

- Kupplungsteile mit Langzeitschmierfett, Schmierstellen außer Radnaben mit Abschmierfett behandeln.

Scheiben und Scheinwerferglas

Für Durchblick bei Staub, Regen und Schnee ist das Fahrzeug mit einer Waschanlage ausgestattet. Ihr Wasserbehälter (rechts vorn im Motorraum) soll immer gut mit Wasser plus Zusatzmittel befüllt sein (Bild 11). Die Anlage reinigt Front- und Heckscheiben sowie bei entsprechender Ausstattung (Bild 12) das Abdeckglas der Scheinwerfer über Spritzdüsen.
An dieser Stelle möchten wir nur darauf hinweisen, dass diese Spritzdüsen für alle Pflegefälle immer einsatzbereit sein müssen. Beste Wischresultate werden nämlich nur dann erzielt, wenn die Strahlen der Spritzdüsen das Waschwasser präzise auf die definierten Bereiche der Windschutzscheibe und der Heckscheibe sprühen.
Verstopfte Scheibenwaschdüsen müssen daher mit einer geeigneten Nadel gereinigt oder/und mit Druckluft durchgeblasen werden. Die Düsen dabei niemals entgegen Spritzrichtung reinigen! Hilft Reinigen nicht, muss die Düse ausgewechselt werden. Schauen Sie in die Fahrzeug-Bedienungsanleitung: Vom Reinigen mit Nadeln wird manchmal abgeraten.

Lackpflege nach dem Waschen

Dem besten Lack haben nach zwei, drei Jahren Sonne, Regen, Schmutz und Wagenwäschen so zugesetzt, dass er eine sanfte Grundreinigung nötig hat. Wenn Wassertropfen auf dem sauberen Lack mit unscharfen Rändern zerfließen, ist es Zeit für die Lackpflege. Dabei genügt für gut erhaltenen Lack eine milde Politur. Sie glättet die aufgeraute Lackierung, indem sie die mikroskopisch kleinen Furchen in der oberen Schicht abschmirgelt. Eine Politur enthält Wachskomponenten, die das Blechkleid konservieren.
Bevor Sie einem ins Alter gekommenen Wagen eine Neulackierung spendieren, sollten Sie es mit einem Lackreiniger versuchen. Wenn der verwendete Reiniger keine konservierenden Komponenten enthält, müssen Sie den aufbereiteten Lack in einem neuen Arbeitsgang mit einem Autowachs versiegeln. Lackreiniger funktioniert wie eine Politur. Er enthält jedoch gröbere Schleifmittel, die auch mit stärkeren Verschmutzungen fertig werden.

Pigmente überdecken Kratzer

Bestimmte Pflegemittel frischen gleichzeitig Farben auf und bringen Glanz. Solche Produkte enthalten Farbpigmente, die in ähnlichen Tönen wie die Wagenfarbe gewählt werden können (Bild 14). Die Pigmente überdecken kleine Kratzer, die Wachskomponente bietet Langzeitschutz für mehrere Monate.
Während der Fahrt verüben aufwirbelnde Steine immer wieder Anschläge auf die Karosserie. Bei hohem Tempo schlagen selbst winzige Sandkörner wie

Licht gibt Sicherheit: Die Scheinwerfer-Reinigungsanlage (Pfeil) ist Teil des Winterpakets.

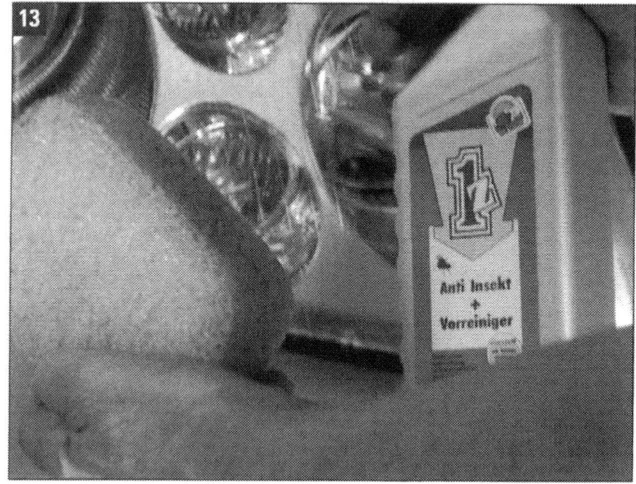

Insektenreste entfernen: Schwamm mit kratzfreier Reinigungs- und saugstarker Viskoseseite plus Reiniger.

Meteoriten im Lack ein. Im Winter sind vor allem Frontpartie und Motorhaube durch Rollsplitt gefährdet. Derartige Schäden sollen möglichst schnell ausgebessert werden. Auch ein Parkrempler mit Kratzern und Schrammen bietet keinen Anlass zur Panik. Solche Stellen lassen sich ebenso wie Fremdlack mit Lackreiniger oder Schleifpolitur oft einfach auspolieren. Lackbezeichnung und Code für die Farbe Ihres Wagens finden Sie in Ihren Fahrzeugpapieren.
Viele Hersteller bieten für Lackschäden durch Steinschlag (etwa in der Größe eines Stecknadelkopfes) Reparatursets an, die sich leicht handhaben lassen. Eine Alternative ist Tupflack, bei dem der Krater mit einem Pinsel in mehreren Lackschichten aufgefüllt wird.

Vorsicht mit Lackreinigern

■ Fahrzeug gründlich waschen und trocknen. An unauffälliger Stelle prüfen, ob der Autolack die Politur verträgt. Bei Lackreinigern immer nur dünne Schichten in mehreren Durchgängen auftragen.

■ Politur oder Lackreiniger mit Baumwoll- oder Synthesewatte (Bild 14) in handballengroßen Stücken oder mit weichem Schwamm oder Tuch (kein Kunstfaserlappen) auftragen.

■ Mit sanftem Druck in kreisförmigen Bewegungen einreiben (Bild 15). Immer nur recht kleine Flächen vornehmen.

■ Nach kurzer Einwirkzeit bildet sich ein trockener weißer Belag, der mit einem Watteballen in kreisenden Bewegungen auspoliert wird. Vorsicht an Kanten bei verwittertem Lack: Nicht zu lange dieselbe Stelle bearbeiten und Watteballen oft wenden oder erneuern. Abschließend mit sauberem Baumwolllappen Poliermittelreste und Watteflusen entfernen.

Lackpflege: Kombimittel aus Politur und Wachs mehrmalig mit Watte dünn und gründlich auftragen.

■ Autowachs mit Watte auftragen. Die Größe der zu bearbeitenden Fläche hängt vom verwendeten Produkt ab. Am besten geeignet sind lösungsmittelfreie Konservierer auf Wasserbasis.

■ Die Flüssigkeit mit Watteballen in kreisenden Bewegungen gleichmäßig und druckvoll einreiben. So erzeugt man den besten Tiefenglanz! Die Watte muss mit nur wenig Widerstand über den Lack gleiten können. Häufig die Watte wenden und wechseln.

■ Mittel mit Farbpigmenten nach dem Auftragen nicht antrocknen lassen, sondern sofort auspolieren.

■ Weist der Lack nach dem Konservieren Streifen oder Wolken auf, liegt das meist an verschmierten Farbpartikeln einer früheren Politur. An diesen Stellen nochmals mit einer Politur beginnen.

Kleine Lackschäden beseitigen

Wenn Politur, Wachs und Stift (Bild 3) nicht mehr ausreichen, muss eine Lackreparatur versucht werden. Wenn Sie vorsichtig vorgehen und etwas Erfahrung haben, brauchen Sie dafür noch keinen Profi.

■ Stehen rund um den Lackkrater (Steinschlag) Ränder ab: Mit Nadel abheben. Stelle mit Waschbenzin oder Verdünnung reinigen, gründlich trocknen.

■ Haftgrund in den Sprühdosendeckel spritzen und mit Tupfpinsel oder Fingerkuppe von dort dünn an der Schadstelle auftragen. Haftgrund trocknen lassen.

■ Abgeriebene Fremdfarbe mit Polierwatte, Schleifpolitur oder Lackreiniger in mehreren Arbeitsgängen aus dem Decklack reiben. Polierfläche klein halten.

■ Ein wenig Spachtel bündig zur Umgebung in den Krater drücken und trocknen lassen. Mit Lappen und Verdünnung die Spachtelflecken vom Lack wischen.

■ Raue Ränder mit feinstem Nassschleifpapier (mindestens Körnung 600) behutsam glatt schleifen. Das

Schleifpapier dabei immer wieder anfeuchten und auswechseln, wenn die Körnung verschmiert ist.

■ Lack in Dosendeckel sprühen, kurz ablüften, mit Fingerkuppe oder spitzem Pinsel auftragen. Lack vollständig trocknen lassen, im Sommer etwa zwei, im Winter fünf Tage. Die Stelle mit Politur, die Übergänge bei Bedarf mit einem Lackreiniger bearbeiten.

■ Bei tiefen Schrammen an Stoßfänger oder Kotflügel das Karosserieteil ausbauen. Fläche mit Schleifpapier (Körnung 80 oder 100) eben schleifen.

■ Sollte Rost vorhanden sein, bis aufs blanke Blech schleifen, Rostumwandler auftragen, eine Stunde wirken lassen. Mit Waschbenzin oder Verdünnung reinigen und entfetten, trocknen lassen.

■ Spachtel und Härter mischen. Immer nur kleine Mengen gleichmäßig und zügig in mehreren dünnen Schichten auftragen. Riefen mit Spritzspachtel ausgleichen. Nach etwa einer Stunde Aushärtung Unebenheiten mit Trockenschleifpapier (Körnung 240) vorsichtig abschmirgeln. Feinschliff mit Nassschleifpapier (Körnung 400) und wenig Druck. Schleifstaub sorgfältig abwischen.

■ Schadstelle mit wasserfestem, dehnbarem Lackierer-Klebeband sowie einer Folie abkleben. Haftgrund (Füller) sprühen und trocknen lassen, mit Nassschleifpapier (Körnung 600) plan schleifen. Decklack aus der Sprühdose (Abstand 20 bis 30 Zentimeter) gleichmäßig in mehreren Schichten auftragen (Bild 16).

■ Klebeband an der Reparaturstelle lösen, umknicken und diese Stellen nachsprühen. Das macht den Übergang zum Originallack unscharf.

■ Trocknen lassen, ausgebesserte Stelle mit Politur, die Übergänge mit Lackreiniger bearbeiten.

■ Mit Wachs konservieren und nochmals polieren.

WISSENSWERTES: Hilfreiche Nanotechnologie

Hersteller wie der Volkswagen-Konzern bieten Fahrzeuge mit einer so genannten Nanoschicht im Klarlack an. Sie sorgt für höhere Resistenz gegen mechanische Beanspruchung und Korrosion, also für mehr Kratzfestigkeit der Autolackierung.

Auch Pflegefachbetriebe bieten Nanobeschichtung an, die bei ähnlichen Kosten länger halten soll als eine Wachsschicht – nämlich bis zu drei Jahren. Der Sammelbegriff »Nano« gründet auf Größenordnungen vom Einzelatom bis zu 100 nm. 1 nm (Nanometer) ist 1 Milliardstel Meter.

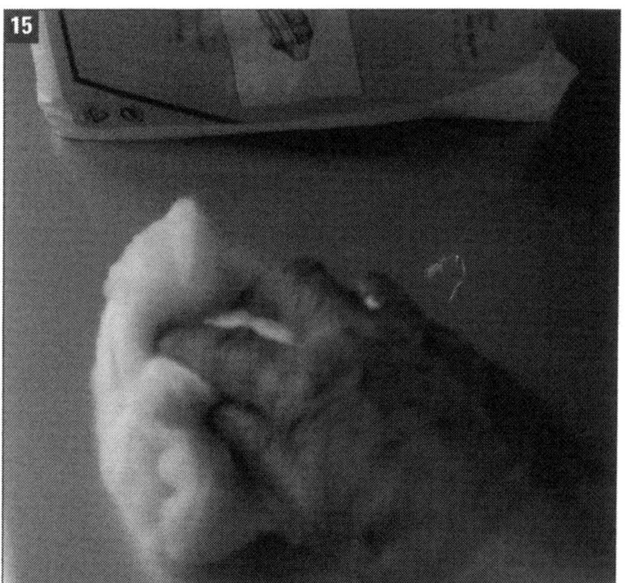
15

Polierwatte: Damit der Wattebausch immer mit wenig Widerstand über das lackierte Blech gleitet, sind häufiges Wenden und rechtzeiger Wechsel erforderlich.

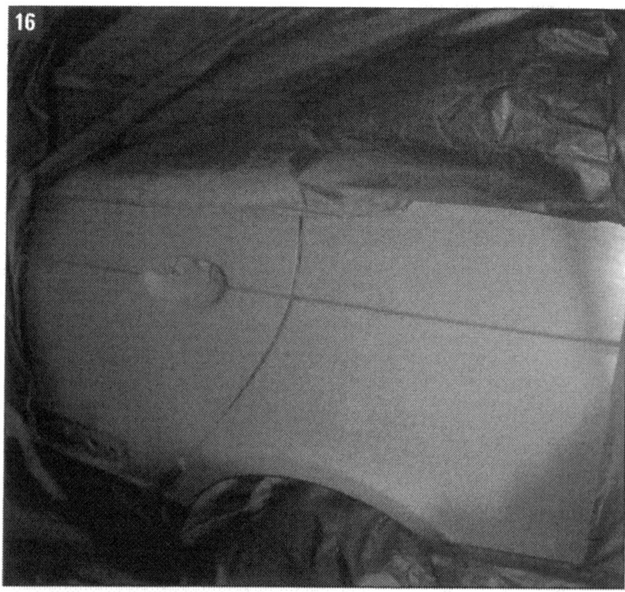
16

Lackreparatur: Die Schadstelle an Kotflügel und Hinterwagen wurde geschliffen und gespachtelt. Dann abkleben und gesamtes Umfeld mit Lack in Wagenfarbe sprühen.

Fit durch den Winter

»Die Rallye wurde durch schwierige Winterverhältnisse, starken Schneefall und vereiste Strecken geprägt«, hieß es im Januar 2012 aus der Deutschlandzentrale in Weiterstadt über Škodas erfolgreiche Teilnahme an der »Jänner Rallye« in Österreich. Auch Ihr Roomster (Bild oben) kommt wie solch ein Fabia Super 2000 (Bild unten) gut mit heftigem Schnee zurecht, wenn er für den Winter mit seinen besonderen Tücken vorbereitet wird. Was dazu gehört, erläutern wir in diesem Kapitel.

Ausrüstung für Schnee und Eis

Es sei ein Saisonauftakt nach Maß für das Motorsport-Team des Unternehmens, berichtete Škoda über die »Jänner Rallye« 2012 in Österreich. Man hatte den »ersten Škoda-Doppelsieg der Saison« eingefahren.

Fahrwerk bestens geeignet

Mit seinem Frontantrieb, den Gasdruckstoßdämpfern und dem tendenziell untersteuernden Fahrwerk, das in schnellen Kurven über die Vorderachse schiebt, hat der Roomster im Schnee ähnlich gute Karten wie die freilich auf Rallye zugeschnittenen Fabia Super 2000. Ein Übriges tut die Steuerungstechnik: Elektronisches Stabilitätsprogramm ESP mit hydraulischem Antiblockiersystem (ABS), Bremsassistent und elektronische Bremskraftverteilung (EBV). Zwar können die physikalischen Grenzen auch durch das beste Regelsystem nicht außer Kraft gesetzt werden. Aber das optimierte ESP kann natürlich gerade in Schnee und Eis eine hervorragende Fahrhilfe sein.

»Winterbox« für den Kofferraum

Gerade unter winterlichen Bedingungen ist ein Reservekanister sehr anzuraten. Für alle wetterbedingten Fälle empfehlen wir Ihnen darüber hinaus, in einer »Winterbox« einige wichtige Utensilien (Bild 1) mitzuführen: unbedingt eine warme Decke, falls Sie festsitzen und der Sprit doch ausgeht; eine kleine Schaufel, um bei immer möglicher Tiefschneehavarie den Schnee vor den Rädern weg zu bekommen; eine Handlampe auf jeden Fall, aber viel besser noch eine Kopflampe, mit der Sie im früh einsetzenden und lang anhaltenden Winterdunkel die Hände frei haben; unbedingt Starthilfekabel und Abschleppseil oder Schwerlast-Spanngurt; eine fertige Mischung Frostschutz oder Konzentrat für die Scheibenwaschanlage sowie Frostschutzzusatz für's Kühlwasser (Bilder 1 und 2). Der Spanngurt kann helfen, andere Autofahrer oder sogar sich selbst aus dem Graben zu ziehen.

Startschwierigkeiten vermeiden

Der Motorstart wird bei anhaltendem Frost häufig zu einem Problemfall. Das Motoröl wird dickflüssiger, die Batterie gibt weniger Leistung ab. Gerade dann aber

Winter-Grundausrüstung: Starthilfekabel mit isolierten Klemmen, Frostschutz für die Waschanlage, Lampe und Eiskratzer, Gummipflegemittel, Decke, kleine Schaufel, Sicherheitsweste und Abschleppseil.

brauchen Anlasser und Motor mehr Leistung. Verzichten Sie auf stromfressende Funktionen bei stehendem Motor. Obgleich es beim Starten automatisch geschieht, schalten Sie besser vor dem Start Lüftung, Radio, Licht, Scheiben- und Sitzheizung ab. So wird die Batterie am wenigsten in Anspruch genommen.

Dichtgummis und Türschlossenteiser

Die Dichtungsgummis sind bei Minustemperaturen besonderen Anforderungen ausgesetzt. Kaputte Dichtungen sind optisch ein Problem und können im Extremfall zu Wassereinbruch und übermäßigem Scheibenbeschlag führen. Das Auswechseln defekter Dichtungen ist aufwändig und nicht billig. Verwenden Sie lieber regelmäßig einen Gummipfleger (Hirschtalg oder Silikon; Bild 3). Dieser verhindert im Winter das Festfrieren von Türen, Scheiben und Kofferraumdeckeln. Das Gummi bleibt geschmeidig.
Ein Türschlossenteiser in der Tasche kann nicht schaden, wenngleich Sie die Türen meist per Funkschlüssel öffnen. Der Enteiser, ein spezielles Schlossöl (Bild 4), gehört nicht ins Fahrzeug! Das Erhitzen des Schlüssels per Feuerzeug ist keine Alternative: Sie riskieren einen Schaden am integrierten Speicherchip, u. a. mit den Daten der Wegfahrsperre. Womöglich kommen Sie dann gar nicht vom Fleck. Ein Enteiser-Spray (Bild 5) schließlich ist oft besser als der Kratzer.

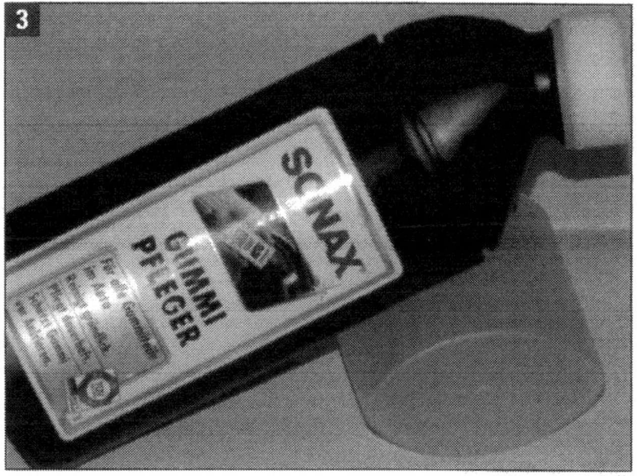

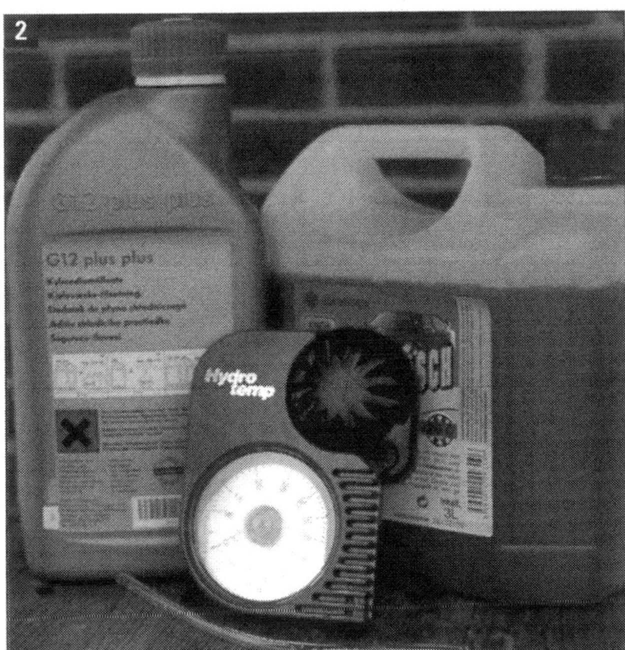

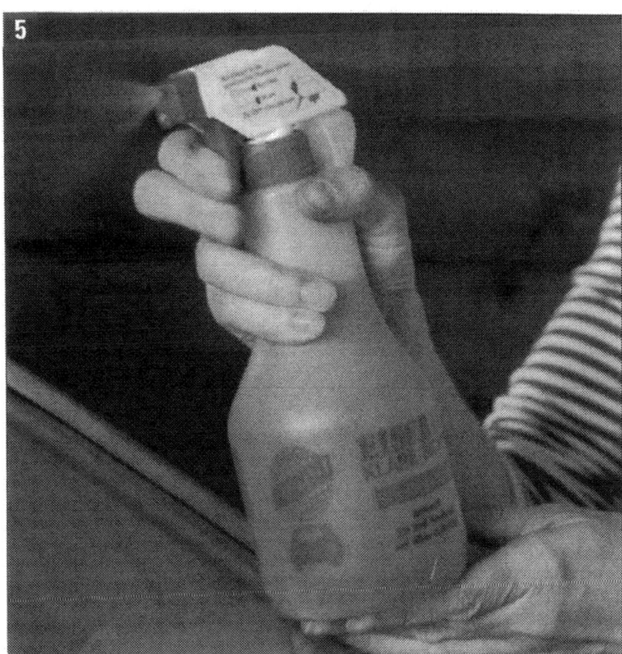

Frostschutz im Kühl- und im Waschwasser: Zum Checken des G12 plus-plus-Anteils im Kühlwasser dient ein Prüfer, für die Scheibenreinigung ist ein Fertigmix praktisch, Aufsprüh-Enteiser sind wirksam und zerkratzen nicht die Scheiben.

Die Reifen für den Winter

Grundvoraussetzung für sicheres Vorankommen bei Frost, Eis und Schnee ist die richtige Bereifung. Seit Dezember 2010 schreibt die Straßenverkehrsordnung nach §2 Abs.3a nicht mehr nur wie seit 2006 eine »geeignete Bereifung« für den Winter vor. Damit war noch nicht definiert, wie diese auszusehen hat oder welche Spezifikationen sie erfüllen muss. Jetzt aber sind (mit verschiedenen Verweisen) ganz eindeutig M+S-Reifen vorgeschrieben.

Das ist auch richtig so. Weder die geübte Hand noch die Elektronik können bei falscher Bereifung und damit schlechter Bodenhaftung das Fahrzeug noch kontrollieren. Auf Nummer sicher gehen Sie nur, wenn Sie einen Satz vernünftiger Winterreifen verwenden, denn Ganzjahresreifen mögen zwar für unkritische Wetterlagen mit milden Temperaturen ausreichend sein, bei einem plötzlichen Einbruch von Kälte und Schnee sind sie aber ungeeignet.

Zwar können noch bei Temperaturen knapp über dem Gefrierpunkt mit Sommerreifen sowohl auf nasser als auch auf trockener Fahrbahn kürzere Bremswege erzielt werden als mit vergleichbaren Winterreifen. Diese sind jedoch ganz eindeutig die bessere Wahl für winterliche Straßenverhältnisse (Bilder 4 und 5). Ihre kälteresistente Gummimischung verhärtet bei Minustemperaturen weniger und ermöglicht damit eine bessere Verzahnung mit dem Untergrund, was bessere Kraftübertragung bedeutet.

Gute Haftung dank Lamellen

Winterreifen sind außer mit dem M+S-Symbol (englisch: Mud and Snow, deutsch: Matsch und Schnee) mit einer stilisierten Schneeflocke gekennzeichnet (Bilder 1 und 2). Sie dürfen einen niedrigeren Geschwindigkeitsindex haben als im Fahrzeugschein ausgewiesen. Dafür muss dann allerdings ein Aufkleber »XXX km/h« zur ständigen Erinnerung und Mahnung in Fahrersicht angebracht werden.

Wichtig bei Winterreifen sind neben der kälteresisten-

WISSENSWERTES: Das Schneeflockensymbol

Der Deutsche Verkehrssicherheitsrat empfiehlt den Winterreifen mit Schneeflockensymbol schon lange für die sichere Fahrt (Bilder 1 und 2). Die Schneeflocke auf der Reifenflanke hat sich im Jahr 2002 europaweit als freiwilliges Hersteller-Kennzeichen von Winterreifen zusätzlich zur M+S-Markierung durchgesetzt. Sie darf nur an Reifen eingeprägt sein, die auch streng den Spezifikationen entsprechen.

Diese müssen im Vergleich mit einem Standard-Referenzreifen mindestens sieben Prozent mehr Traktion auf Schnee bieten und einen ebenfalls sieben Prozent kürzeren Bremsweg ermöglichen. M+S-Reifen hingegen müssen nur ein besonders grobes Profil haben. Eine bestimmte Schnee-Performance ist nicht gefordert.

Das Schneeflocken-Symbol ist als Antwort auf den zum Teil betriebenen Missbrauch mit der M+S-Kennung (engl.: Mud and Snow = Matsch und Schnee) entstanden. Nicht alle mit M+S gekennzeichneten Reifen weisen die Lamelleneinschnitte in den Profilblöcken auf, die für gute Traktion auf Schnee sorgen (Bild 3). Auch Reifen für den Geländeeinsatz tragen das M+S- Symbol, doch gröbere Allradreifen sind für den Einsatz im Winter gar nicht so gut geeignet.

1

2

Garant für Wintertauglichkeit: Reifen mit dem Schneeflocke-Symbol (Pfeile) zusätzlich zur M+S Kennung.

ten Gummimischung die Lamellen-Einschnitte und Rillen der einzelnen Profilblöcke (Bild 3). Sie dienen als scharfe Greifkanten beim Abrollen des Rades. Der dynamische Prozess an der Auflagefläche erhöht die Verzahnungskräfte besonders mit losem Untergrund wie Schnee. Lamellierte Reifen haben mehr »Grip«.

Mindestens 4 mm Profil sind nötig

Die Lamellen sind auch ein guter Verschleißindikator: Bei Abnutzung verschwinden sie allmählich, ihre Wirkung nimmt ab. Die »TWI-Indikatoren« sind ebenfalls nützlich: 4 mm-Indikator weiße Pfeile, 1,6 mm-Indikator rote Pfeile in Bild 3. Eine 2-Euro-Münze (Bild 3a) tut es auch: Erst wenn der Rand sichtbar wird, ist das Profil unter 4 mm abgefahren. Dann verlieren Winterreifen auf Schnee ihren Nutzen und sollten ersetzt werden. Im Frühjahr kann man sie allerdings durchaus noch bis auf eine Profiltiefe von rund 3 mm aufbrauchen.

Welche Reifen sind richtig?

Die Lamellenprofile gestatten eine geringere Höhe der einzelnen Blöcke. Dadurch werden die Eigenschwingungen reduziert, was die Reifen leiser macht. Zum anderen werden die Profilblöcke unterschiedlich groß gestaltet, so dass sie beim Nachschwingen nach dem Abrollen verschiedene Frequenzen haben. Eigendynamisches und geräuschvolles Schwingen bei einer bestimmten Geschwindigkeit wird unterbunden.

Die Wahl der richtigen Winterreifen für den Roomster fällt bei dem großen Angebot nicht leicht. Internet-Anbieter wie beispielsweise »www.reifendirekt.de/Winterreifen« oder »www.reifen.com« warten mit zig Felgen-Reifen-Kombinationen auf. Bei »www.reifentiefpreis.de« finden Sie Reifen wenig bekannter Firmen wie EP Tyres, Fate, Avon, Matador oder Debica zu Preisen, die bis zu 80% unter denen von Markenfabrikaten liegen können.

Škoda empfiehlt seit längerem Premiumreifen, die den jährlichen ADAC-Tests zufolge ebenfalls als »besonders empfehlenswert« gelten, z. B.:

- Continental: Winter Contact (z. B. TS 830);
- Goodyear: Ultra Grip (z. B. Eagle, GW 3);
- Dunlop: SP Winter Sport (z. B. 3 D);
- Michelin: Alpin (z. B. A4 EL);
- Bridgestone: Blizzak (z. B. LM-25);

PRAXISTIPP

Gebrauchte Winterreifen

Seit Dezember 2010 sind Autofahrer verpflichtet, im Winter ihr Fahrzeug mit M+S-Bereifung auszurüsten. Ohne eindeutig ausgewiesene Winterreifen riskieren Sie ein Bußgeld und bei Unfall sogar den Verlust Ihres Versicherungsschutzes.

- Der Erwerb eines Komplettsatzes von Reifen und Felgen ist natürlich eine Kostenfrage. Sparen lässt sich mit gebrauchten Winterrädern, die Sie zum Beispiel bei speziellen Börsen, meist Anfang November, finden können. Achten Sie auf Zeitungsanzeigen oder Internet-Hinweise (Seiten des ADAC).
- Notieren Sie sich vor dem Kauf die für Ihr Fahrzeug passenden Reifengrößen (Fahrzeugschein).
- Die meisten Reifenhersteller bieten auf ihren Internetseiten mit einem »Reifenkonfigurator« eine gute Hilfe an, Klarheit zu schaffen. Nach Eingabe der Schlüsselnummer laut Fahrzeugschein werden auch alternative Reifengrößen aufgeführt.
- Wenn Sie einen passenden Satz gefunden haben, untersuchen Sie ihn nach den Prüfkriterien Profiltiefe, Reifenalter und Erscheinungsbild (Beschädigungen etc.), bevor Sie zugreifen.

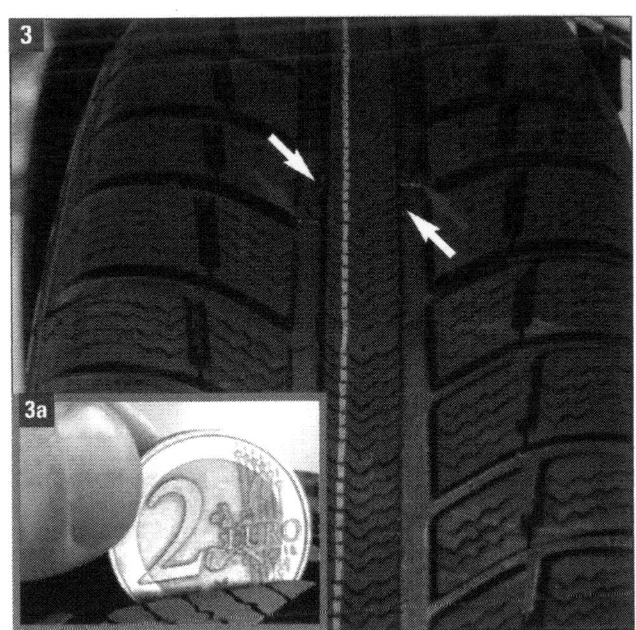

Winterreifen-Profil: Verschieden große Blöcke mit Lamellen. Weiße Pfeile und Bild 3a: 4 mm Profil, rote Pfeile: 1,6 mm.

■ Vredestein: Wintrac Xtreme (oder Snowtrac 3).
Orientieren Sie sich an Tests. Sie geben verlässliche Hinweise auf empfohlene und weniger geeignete Reifen. Roomster-Dimensionen für Winterräder und Winterreifen sind:
■ Stahl- und Leichtmetallräder 6 J x 15 für Reifen 195/65 R 15;
■ Stahl- und Leichtmetallräder 6 J x 16 für Reifen 205/45 R 16.

Schneeketten anlegen

Schneeketten für den Roomster gibt es natürlich im Skoda-Zubehörhandel (Autohäuser). Freilich bewähren sich hier die Synergie-Effekte unter dem Konzerndach. Es passen auch die von VW favorisierten Ketten bei entsprechender Reifengröße (Bild 6: Demonstration bei VW-Zemke in Bernau). Die im typenoffenen Zubehörhandel ebenso erhältlichen Schneeketten werden im Set mit zwei Ketten im wasserfesten Transportbeutel angeboten, der im Kofferraum verstaubar ist und sich auch als Unterlage bei der Montage verwenden lässt. Arbeitshandschuhe und Gebrauchsanleitung sollte man zweckmäßig in einer Folienhülle zu den Ketten legen.
Die üblicherweise selten gebrauchten Schneeketten können beim ADAC per Mietkauf erworben werden. Das macht Sinn, wenn sie nur vorsichtshalber für ein langes Wochenende oder maximal eine Woche Winterurlaub dabei sein sollen. Bei Nichtgebrauch werden dann 3 bis 5 Euro pro Tag fällig, sonst ist nachträglich der Kaufpreis zu bezahlen.
Schneeketten gehören auf die angetriebenen Räder, also nach vorn. Üben Sie einmal in Ruhe das Anlegen, damit es schnell genug geht, wenn Sie es bei Frost tun müssen. Autohäuser demonstrieren auf Service-Shows (Bild 6) immer einmal auch diesen Arbeitsablauf.

Bilder 4 und 5 Bremswegvergleich: Die Continental-Grafiken belegen die Vorteile Winterreifen vor Sommerreifen und Premiumreifen vor "Billig"-Reifen.
Bild 6 Demo bei VW: So werden Schneeketten montiert.

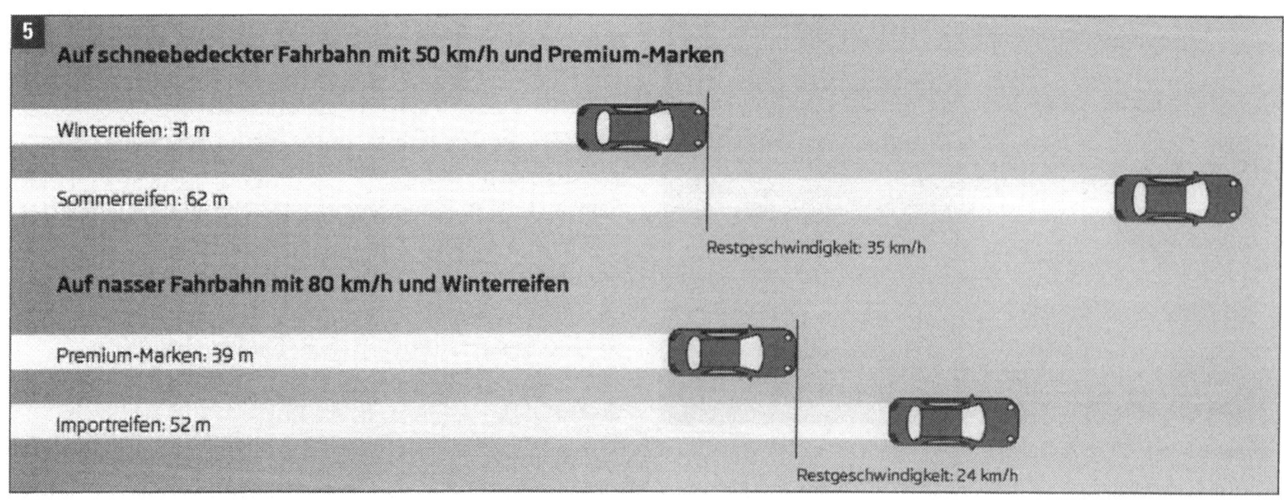

Winterräder richtig montieren

Das Montieren von Rädern mit Winterreifen können Sie relativ schnell und auch sicher selbst erledigen. Beachten Sie aber beim Anheben des Fahrzeugs die Sicherheitshinweise, die wir später im Unterkapitel »Kleine Schäden und Pannen« geben (»Fahrzeug richtig heben und aufbocken«).

Nach der Demontage der Sommerreifen müssen diese kühl und trocken eingelagert werden. Empfehlenswert ist hierzu der schon früher erwähnte Felgenbaum (Bild 1), der verhindert, dass Flanken oder Laufflächen während der Einlagerung belastet werden. Zum Felgenbaum gehört üblicherweise eine Schutzhülle mit Klettverschluss (Bild 2), die Staub von den Rädern fernhält.

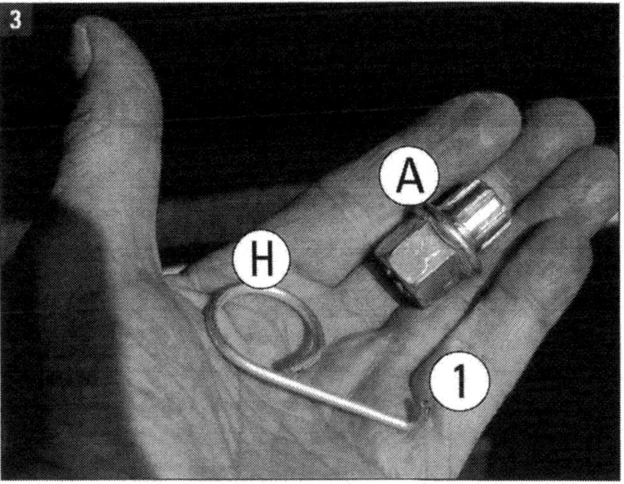

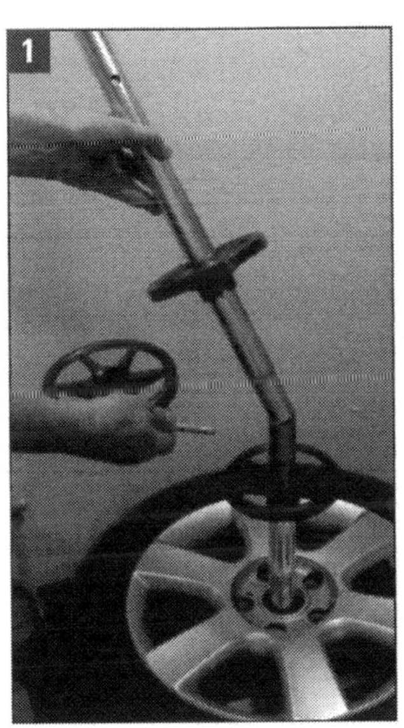

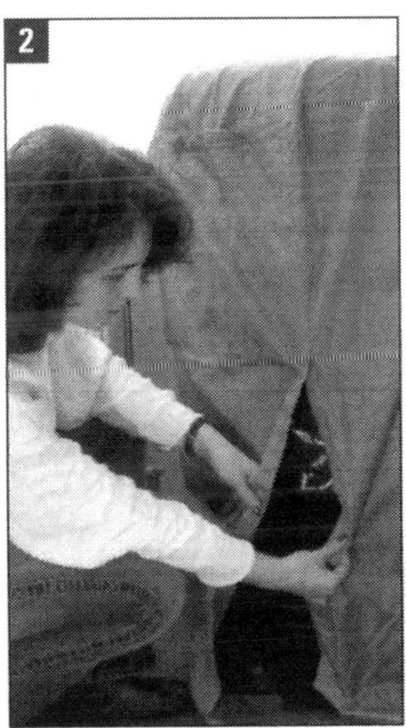

Und so gehen Sie vor:

- Werkstattboden oder andere ebene Stelle mit festem Untergrund für den sicheren Radwechsel suchen.
- Spindel- oder Rangierwagenheber, Abziehhaken (H) für die Abdeckkappen der Radschrauben (Bordwerkzeug) sowie Radschraubenschlüssel bereit halten. Zum Lösen diebstahlhemmender Radschrauben den Adapter (A, Bild 3) einsetzen.
- Drahtbügel (1) des Abziehhakens durch die Öffnung in der Abdeckkappe der Radschrauben stecken. Kappe abziehen.
- Handbremse fest anziehen und alle Radbolzen (Bild 4: rote Pfeile) zunächst um eine viertel Umdrehung lösen. Für die diebstahlhemmende Radschraube (blauer Pfeil) den Adapter (1; Radsicherung) benutzen (eingeklinktes Bild).
- Heben Sie nun das Fahrzeug so weit an, bis das Rad ein paar Zentimeter über dem Boden hängt. (Hinweise aus dem Abschnitt »Fahrzeug richtig aufbocken« beachten!).
- Die fünf Radbolzen herausdrehen und das Rad abnehmen. Wechseln Sie immer ein Rad nach dem anderen!
- Radnabe kontrollieren und gegebenenfalls mit der Drahtbürste säubern. Tragen Sie eine hauchdünne Schicht Kupferpaste auf. Das schützt vor weiterer Korrosion.
- Setzen Sie jetzt das Rad mit den Winterreifen an. Drehen Sie alle Radbolzen so fest wie möglich ein und achten Sie darauf, dass das Rad gerade und nicht verkantet an der Nabe anliegt. Heber entfernen, Roomster fest auf alle Räder stellen.
- Ziehen Sie die Radbolzen mit einem Drehmoment von 110 bis maximal 120 Nm an.
- Nicht etwa fester anknallen und auch niemals einen Schlagschrauber verwenden, weil das zu schweren Schäden am Rad führen kann!
- **Nach rund 50 km Fahrt die Radschrauben nachziehen.**

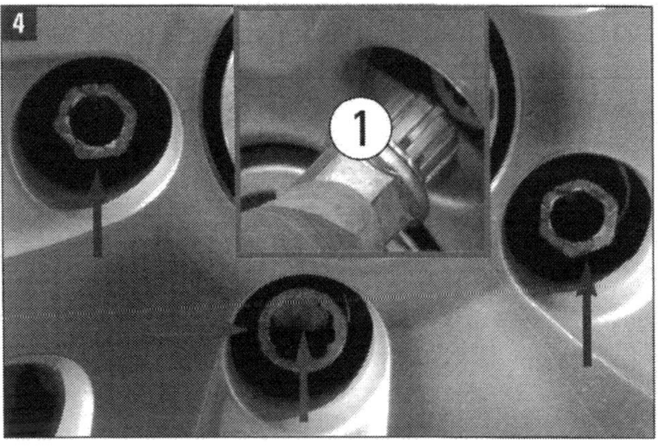

Heizung prüfen, Ausströmer/Filter wechseln

Damit im Winter die Scheiben auch von innen möglichst schnell und zuverlässig frei werden, müssen Heizung, Lüftung und Klimaanlage in tadellosem Zustand sein. Die Klimaanlage kann auch im Winter wertvolle Dienste leisten: Sie trocknet die Luft im Fahrzeug und vermindert dadurch das Beschlagen der Scheiben.

Die durch das Gehäuse für Lufteintritt (unter der Schalttafel rechts auf Höhe des Handschuhkastens) vom Gebläse angesaugte Luft passiert das links seitlich vor Heizelement und Wärmetauscher angebrachte Reinluft- (Pollen-)Filter. Dieser im Frischluftkanal integrierte Wärmetauscher der Klimaanlage, der in einem Gehäuse im Schalttafelmittelteil verbaut ist, setzt der Frischluftzufuhr von außen Widerstand entgegen. Deshalb muss das Gebläse im Winter immer mindestens auf Stufe 1 mitlaufen, wenn die Anlage ihre Wirkung entfalten soll.

Das Heizelement für Luftzusatzheizung (Bauteil Z35) ist nicht in allen Roomstermodellen eingebaut. Es wird bei Anschlag des Temperaturknopfes an der Heizungsbetätigung auf »warm« (Mikroschalter) in Abhängigkeit von Außentemperatur, Kühlmitteltemperatur im Wärmetauscher und Generatorbelastung über Motorsteuergerät und zwei Relais in drei Stufen geregelt. Durch die nachfolgend beschriebene Prüfung wird die einwandfreie Arbeit sicher gestellt.

Heizung prüfen

■ Prüfen Sie, ob das Gebläse in allen Stufen wirkungsvoll arbeitet: Luft auf die mittleren Ausströmer (1, Bild 1) lenken und alle Varianten durchprobieren (2 und 3, Bild 1). Eventuell den Reinluftfilter wechseln (nachfolgende Anleitung).

■ Ab 60 Grad Motortemperatur oder nach ca. 5 km Fahrt muss aus allen Ausströmern warme Luft kommen, sobald Sie den Regler am betreffenden Ausströmer öffnen.

■ Zum Abschluss prüfen, ob der Einsteller für die Luftverteilung (bei Climatronic automatisch) funktioniert. Das lässt sich an den Düsen erfühlen und auch hören.

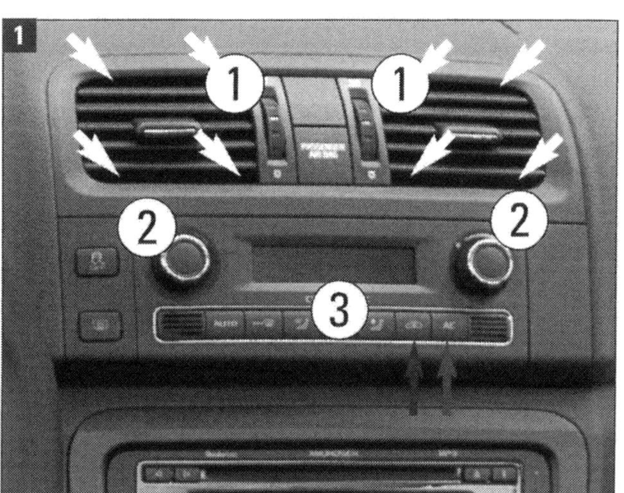

Bedienteil der Klimaanlage Typ »Climatronic«: (1) Ausströmer mit Reglern, (2) Regler und (3) Tasten für Gebläse, Luftverteilung, Umluft (roter Pfeil) und Kühlung (blauer Pfeil). Weiße Pfeile: Rastnasen zur Verankerung der Ausströmer.

Bilder 2 bis 5 Staub- und Pollenfilter ausbauen: Vom Fußraum Beifahrer her (weißer Pfeil) den Filterdeckel unter dem Handschuhkasten (H) ausclipsen. Rahmen mit Filtereinsatz nach unten herausziehen (roter Pfeil sowie Bilder 3 und 4). In den Bildern 3 bis 5 sind (1) die Verriegelung, (2) der Rahmen mit Filtereinsatz und (3) der Deckel.

■ Drucktaste für Umluftbetrieb (roter Pfeil in Bild 1) durch Betätigen überprüfen. Wird auf Umluftbetrieb geschaltet?
■ Drucktaste für Kühlbetrieb (blauer Pfeil in Bild 1) ein- und ausschalten. Leuchtet die Kontrollleuchte für Klimakompressor in der Taste?

Ausströmer aus- und einbauen

■ **Ausbau:** Für die Entriegelung des Schalttafelausströmers Mitte brauchen Sie das Set »T30111« aus nadelförmigen Werkzeugen mit Kugelgriffen. Zündung und alle elektrischen Verbraucher ausschalten.
■ Entriegelungswerkzeuge nacheinander in die Aussparungen der Rastnasen (weiße Pfeile in Bild 1) einschieben und durch Ausschwenken des Entriegelungswerkzeugs die jeweilige Rastnase entriegeln.
■ Durch Verschieben des Entriegelungswerkzeugs in die Öffnung der Rastnase dieselbe arretieren.
■ Nach Einschieben der acht Entriegelungswerkzeuge Ausströmer herausziehen. Dann sofort die Entriegelungswerkzeuge herausnehmen, um die Rastnasen nicht unnötig zu belasten.
■ Stecker abziehen.
■ **Einbau:** Stecker aufstecken. Ausströmer am Blindrahmen in den Montagerahmen in der Schalttafel drücken, bis die Nasen hörbar einrasten. Abschließend Funktionsprüfung durchführen.

Reinluftfilter aus- und einbauen

■ **Ausbau:** Den Beifahrersitz in die hinterste Position stellen. Gebaut werden muss direkt unter dem Handschuhkasten (H) im Beifahrerfußraum (Pfeile in Bild 2).
■ Die Bodenmatte im Bereich unter dem Staub- und Pollenfilter (Reinluftfilter) mit Papier abdecken, damit beim Filterausbau herausfallender Staub die Matte nicht verschmutzt.
■ Verrastungen (1) unten am Filterdeckel (3) kräftig zur Mitte zusammenschieben und Rahmen (2) mit Reinluftfilter nach unten (Pfeil) aus dem Schacht des Klimagerätes heraus nehmen (Bilder 3 und 4).
■ Klimagerät über den Schacht mit Staubsauger reinigen.
■ **Einbau:** Neuen Filtereinsatz sinngemäß umgekehrt einbauen.
■ Filtereinsatz (2b) richtig in Rahmen (2a) einpassen (Bild 5). Einbaulage prüfen: Obere und untere Lamelle des Filtereinsatzes müssen im Rahmen liegen. Die beiden Pfeile auf dem Rahmen und auf dem Filtereinsatz zeigen in Durchflussrichtung, das Gitter des Rahmens (2a) muss zum Verteilergehäuse zeigen.
■ Der Filterdeckel (3) muss richtig im Gehäuse liegen und die Schieberstücke (1) müssen bis zum Anschlag nach außen geschoben sein (Umkehrung Bild 3).

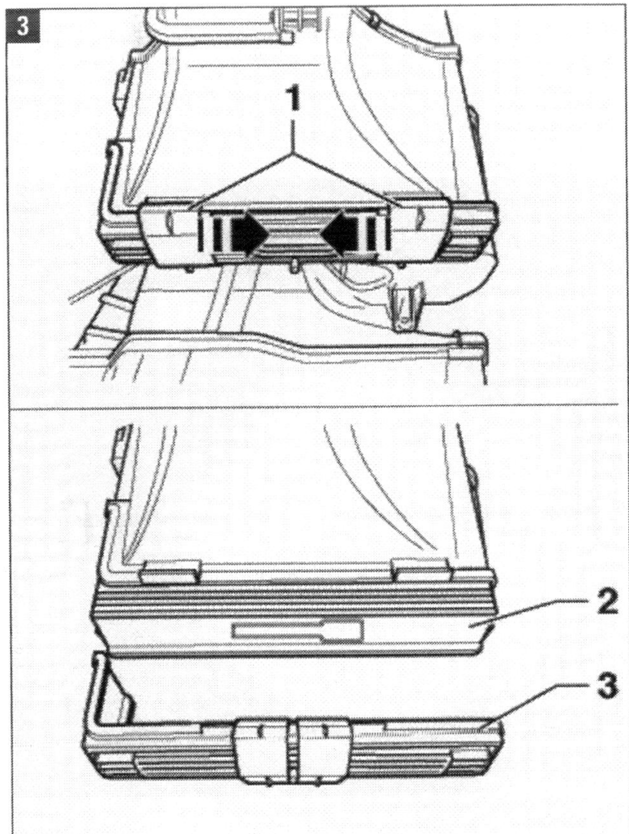

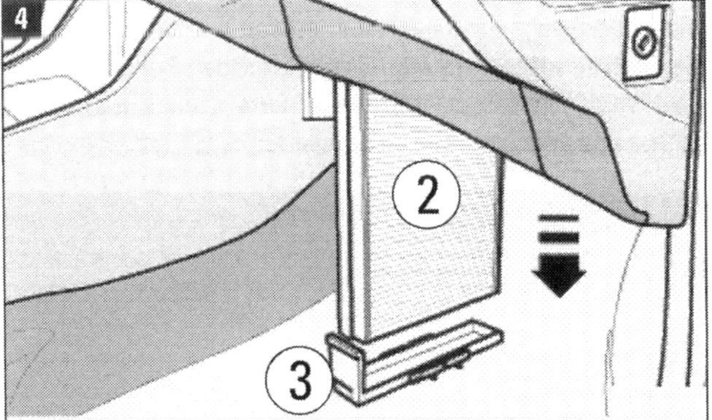

Frostschutz sichern

Dem Scheibenwasch- und dem Kühlwasser werden Frostschutzmittel nach VW-Norm beigemischt. Bringen Sie die Mittel nicht durcheinander! Frostschutzmittel für die Scheibe im Kühlkreislauf oder umgekehrt: Das kann fatale Folgen haben!

■ Der Behälter für Waschwasser (1 Bild 1 Einfüllstutzen mit Deckel) sitzt im Motorraum rechts vorn.

■ Der Ausgleichsbehälter für das Kühlmittel (2, Bild 1) befindet sich dahinter rechts im Motorraum.

Richtige Sorte und Menge

■ **Waschanlage:** Erst Frostschutz-Konzentrat im geforderten Verhältnis, dann Wasser einfüllen!

■ Ganzjährig das Scheibenreinigungskonzentrat G 052 164 verwenden. Es schützt Spritzdüsen, Behälter und Schläuche vor dem Einfrieren. Fahrzeuge mit Fächerdüsen müssen unbedingt damit befüllt werden, weil G 052 164 eine so geringe Viskosität bei Frost hat, dass das komplizierte Düsensystem nicht durch kristallisierte Waschflüssigkeit verstopft.

■ Je nach angegebenem Temperaturbereich kann für die Scheibenwaschanlage auch ein fertiges Wasser-Frostschutz-Gemisch verwendet werden. Menge zwischen 3 und 5 Litern je nach Vorhandensein einer Scheinwerferreinigungsanlage.

■ Hat das Fahrzeug eine Scheinwerferreinigungsanlage, dürfen nur Frostschutzzusätze verwendet werden, welche die Polykarbonat-Streuscheiben nicht angreifen. Das Mittel G 052 164 erfüllt diese Forderung. Dank starker Reinigungskraft entfernt es darüber hinaus wachsartige und ölige Rückstände von den Scheiben.

■ **Kühlmittel:** Zusätze zum Wasser verhindern Frost- und Korrosionsschäden sowie Kalkansatz und erhöhen den Siedepunkt des Kühlmittels. In Ländern mit tropischem Klima trägt das Kühlmittel bei hoher Belastung des Motors zur Betriebssicherheit bei. Kühlmittelzusätze sind unbedingt ganzjährig mit einem Anteil von mindestens 40% zu benutzen. Der aktuelle Kühlmittelzusatz ist seit 2008 das »G12 plus-plus« (lila). Es kann mit dem Vorgänger G12 plus gemischt werden, Kühlmittelwechsel aber nur mit G12 plus-plus.

■ **Frostschutz:** Muss bis etwa -25 °C, in Ländern mit arktischem Klima bis etwa -35 °C gewährleistet sein. Konzentrationserhöhung über 60% Zusatz im Kühlwasser (Frostschutz bis -40 °C) hinaus verringert den Frostschutz und verschlechtert die Kühlwirkung sogar wieder. Mehr als 60% Frostschutzanteil im Kühlmittel ist also unsinnig. Die »Unterversorgung« nach Bild 2 aber ist auf jeden Fall ungenügend.

■ **Frostschutzprüfgeräte:** Bei Prüfern (Bild 2) aus dem Zubehörhandel wird durch Betätigen des Balges (1) Flüssigkeit eingesaugt (2). Die Skala (3) zeigt, wie weit der Frostschutz reicht: Im Bild -14 °C (Pfeil); -30 °C sollten jedoch erreicht werden.

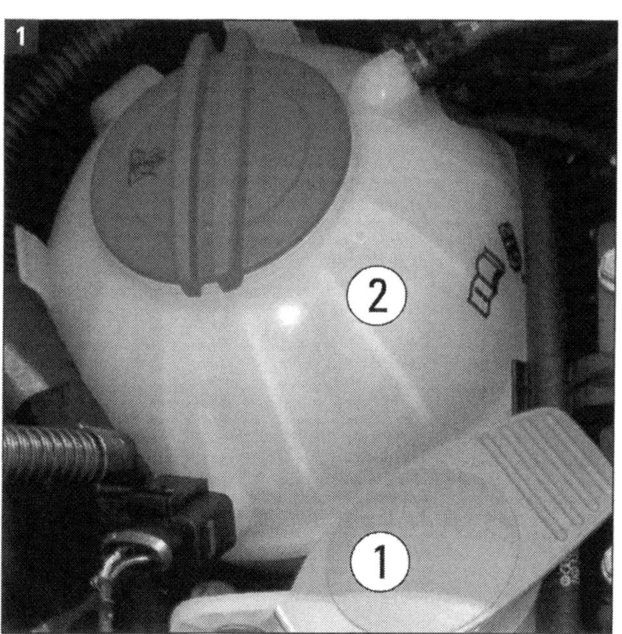

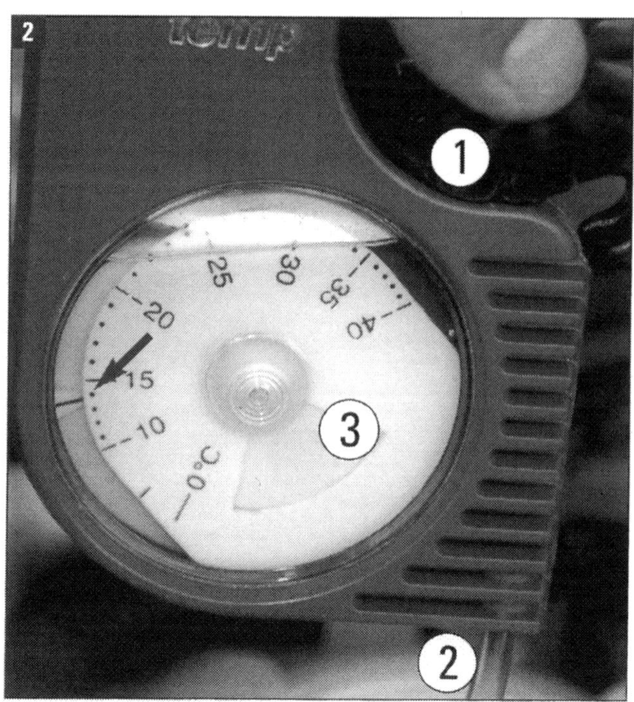

Bild 1: (1) Waschwasserbehälter, (2) Kühlmittelbehälter.
Bild 2: (1) Gummibalg, (2) Schlauch vom Kühlmittel, (3) Skala.

Waschdüsen und Wischereinstellung prüfen

Wenn man weder Garagenstellplatz noch schützenden Carport besitzt, gehören zugefrorene Scheiben im Winter zum alltäglichen morgendlichen Graus. Wer dann nur ein kleines Guckloch freilegt und losfährt, begibt sich und bringt andere in höchste Gefahr. Bei einem Unfall kann er haftbar gemacht werden und oft sogar ein saftiges Bußgeld zahlen.

Der Gesetzgeber schreibt laut §23 StVO vor, dass die Sicht weder durch Beladung noch durch den Zustand des Fahrzeugs beeinträchtigt sein darf. Eine gute, die Scheiben vor Zerkratzen bewahrende Möglichkeit ist der Einsatz von Scheiben-Enteiser in Spraydosen oder Pumpflaschen (Bild 1). Diese alkoholischen Konzentrate entfernen Eisschicht oder Raureif nach kurzem Einwirken. Wird die Scheibe gleichmäßig benetzt, sind die Mittel gut in der Wirkung. Die mechanische Beanspruchung beim Wischen ist dann gering.

Kontrollieren Sie häufig die Wischerblätter auf Rillen und Risse. Austausch kann öfters nötig sein, denn vereiste Scheiben setzen dem bei Kälte spröderen Gummi ganz erheblich zu.

Arbeitsabläufe:

■ Für freie Sicht und gegen Beschlagen hilft das Waschkonzentrat. Füllstand im Behälter prüfen! Vor langen Fahrten immer vollständig auffüllen.

■ Wichtig ist häufiges Waschen der Scheiben. Kontrolle des Heckwischers nicht versäumen! Die Waschdüsen vorn und hinten müssen einwandfrei funktionieren, sonst einstellen oder/und säubern.

■ **Waschdüsen vorn verstellen:** Die Frontscheibe wird von kegelförmigen Strahlen besprüht. Auf korrekte Höhe und Verteilung der Sprühstrahlen achten! Sind die Düsen richtig eingestellt (ab Werk), ergeben sich gut gefächerte Spritzfelder, die links und rechts in gleicher Höhe liegen (Bild 2).

■ Kleine Höhenunterschiede lassen sich ausgleichen: Den Spritzstrahl durch Verdrehen am Einsteller der Düse mit einem Schraubendreher im Uhrzeigersinn tiefer, entgegen Uhrzeigersinn höher stellen (Lupe in Bild 2). Tritt der Spritzstrahl ungleichmäßig oder ungenügend aus, ist die Waschdüse zu ersetzen.

■ **Waschdüsen vorn ausbauen:** Verunreinigte Düse nach oben drücken, unten aus der Klappe herausschwenken. Schlauchclip entriegeln und den Schlauchanschluss abziehen. Bei beheizbaren Spritzdüsen die Steckverbindung entriegeln und trennen. Spritzdüse abnehmen.

■ **Einbau** umgekehrt: Steckverbindung und Schlauchanschluss auf die Düse aufstecken, den Schlauchclip verriegeln und die Spritzdüse, oben beginnend, in die Einbauöffnung stecken, bis sie hörbar verrastet.

■ **Waschdüsen vorn reinigen:** Entgegen Spritzrichtung mit Wasser durchspülen. Anschließend entgegen Spritzrichtung mit

1

Scheiben-Enteiser: Fabrikate vieler Hersteller werden in gasfreien Pumpflaschen angeboten..

2

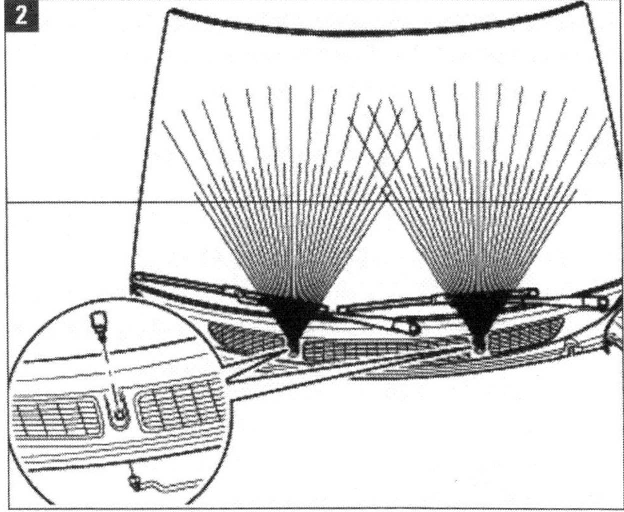

Spritzdüsen vorn: Die kegelförmigen Sprühstrahlen müssen gut gefächert sowie links und rechts auf gleicher Höhe auftreffen. Wenn die Düsen richtig eingestellt sind (wie ab Werk), ergeben sich gleichmäßige Spritzfelder. Ein Nachstellen der Düsen ist per Schraubendreher möglich (Lupenbild).

Druckluft durchblasen. Keine Nadeln oder ähnlichen Werkzeuge verwenden! Bleibt eine Düse verstopft, muss sie ersetzt werden.

■ **Ruhestellung Frontwischer:** Nach Wischerwechsel die Wischerarme richtig in Ruhestellung bringen: Scheibenwischer ein- und ausschalten und in Endstellung laufen lassen. Zündung ausschalten. Der Abstand zwischen der Spitze der Wischerlippe und der Oberkante der Wasserkastenabdeckung muss 25 mm an beiden Wischern betragen.

■ Die Einstellung ist auch nach den Markierungen (1, Bild 3) möglich. Die Toleranz zwischen Wischerblatt und Markierung darf ±3 mm betragen. Das vorgeschriebene Anzugsdrehmoment für die Scheibenwischermutter beträgt 20 Nm. Einstellen: Scheibenwischerarme mit einem Abzieher ausbauen, Endstellung einstellen und Wischerarme mit 20 Nm an den Muttern am Gestänge festziehen.

■ **Frontscheibenwischerblätter auswechseln:** Scheibenwischerarm von der Scheibe wegklappen und durch Drücken der Sicherung das Wischerblatt entriegeln. Wischerblatt nach oben schieben.

■ Neues Wischerblatt bis Anschlag auf den Scheibenwischerarm schieben, bis es hörbar einrastet. Prüfen, ob das Wischerblatt richtig befestigt ist, und Scheibenwischerarm auf die Scheibe zu klappen. Unbedingt beachten: Bei unsachgemäßem Umgang mit dem Scheibenwischer besteht die Gefahr einer Beschädigung der Frontscheibe!

■ **Waschdüse hinten verstellen:** Der Wasserstrahl hinten muss im oberen Drittel der Heckscheibe auftreffen, wobei der Abstand »B« etwa 200 mm betragen sollte (Bild 4). Einstellen mit VW-Werkzeug T10127 (Nadel 3125/5 A) oder Einstellwerkzeug T40187.

■ Niemals die Wasserkanäle in der Düse durch falsches Werkzeug beschädigen! Eine Verstellung der Spritzdüse ist nur in der Neigung (also in Richtung Heckscheibe oder entgegengesetzt) möglich. Seitliche Veränderung der Spritzdüse in Drehrichtung des Wischerarmes darf nicht vorgenommen werden. In dieser Richtung ist die Spritzdüse werksseitig fest eingestellt. Tritt der Spritzstrahl ungleichmäßig oder ungenügend aus, ist die Waschdüse zu ersetzen

■ **Waschdüse hinten ausbauen:** Verschmutzte Düsen (Spritzstrahl ungleichmäßig oder ungenügend) zum Reinigen ausbauen: Die Spritzdüse ist unter der Abdeckung der Heckwischerwelle verbaut. Die beiden Verrastungen an der Spritzdüse entriegeln und die Düse nach hinten herausziehen.

■ **Waschdüse hinten reinigen:** Wie die Düsen vorn: Entgegen Spritzrichtung mit Wasser durchspülen und mit Druckluft nachreinigen.

■ **Ruhestellung Heckwischer:** Scheibenwischer in Endstellung laufen lassen. Zündung ausschalten. Wischerarm mit Blatt an der Wischerachse ansetzen. Das Blatt auf einen Abstand von 29 plus/minus 2 mm zur Scheibenunterkante einstellen. Dazu ggf. den Wischerarm versetzen. Mutter mit 12 Nm festziehen.

■ **Heckscheibenwischerblatt auswechseln:** Scheibenwischerarm von der Scheibe wegklappen und Wischerblatt waagerecht ausrichten. Scheibenwischerarm im oberen Teil mit einer Hand halten, mit der anderen Hand die Sicherung entriegeln und das Wischerblatt abnehmen. Neues Wischerblatt auf den Scheibenwischerarm schieben und Sicherung verriegeln.

■ Prüfen, ob das Wischerblatt richtig befestigt ist! Bei unsachgemäßem Umgang mit dem Scheibenwischer besteht die Gefahr von Beschädigung der Heckscheibe!

■ **Düsen der Scheinwerfer-Reinigungsanlage:** Abblendlicht einschalten. Wischerhebel kurz in Wischstellung für Frontscheibe halten, um Spritzdüsen auszufahren. Der Sprühstrahl soll mittig auf die Lampen treffen. Bei ungleichmäßigem Spritzfeld den Hubzylinder für die Düsen ausbauen, Düsen spülen und danach mit Druckluft reinigen.

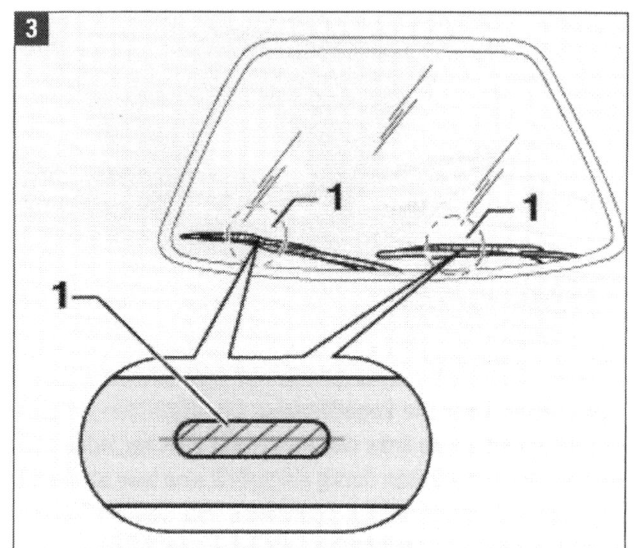

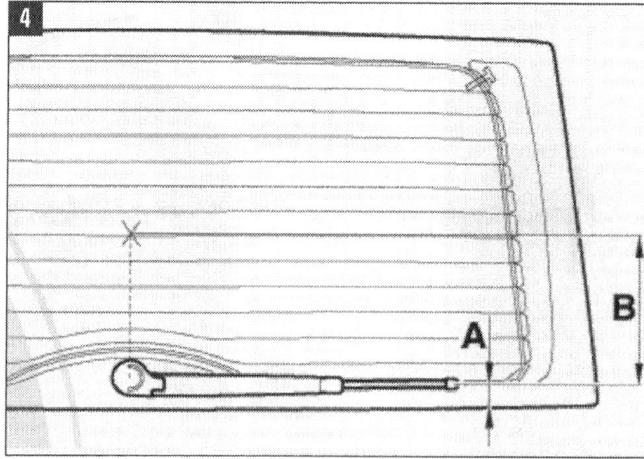

Bild 3: (1) Markierung für Frontwischerblatt-Ruhestellung.
Bild 4: (A) Scheibenwischerarm auf das Maß »A« = 29 ± 2 mm von der Scheibenkante einstellen. (B) Abstand = 200 mm.

Starthilfebooster

Nicht nur, aber vor allem bei Fahrten in entlegene Wintergebiete ist ein Starthelfer an Bord sehr ratsam. Der »Booster« hilft, wenn die Starterbatterie infolge extremer Kälte oder schlechten Ladezustands den Dienst versagt. Denn bei niedrigen Temperaturen sind Autobatterien stark gefordert, und Heckscheibenheizung, Heizungsgebläse oder Sitzheizung belasten noch zusätzlich. Im Kurzstreckeneinsatz kann die Batterie oft gar nicht mehr geladen werden.
Der Wert der Starthelfer hängt allerdings nicht vom wenngleich ebenfalls nützlichen Drumherum wie Lampe oder Zusatzstromquelle fürs Camping ab. Ein Anhaltspunkt für die Qualität ist wie immer der Preis. Wir haben Geräte im Spektrum von 23 Euro bis über 700 Euro gefunden. Das Angebot ist riesig, lassen Sie sich beraten und vergleichen Sie Käufer-Erfahrungen (Internet!). Auf jeden Fall gilt: Will man Zuverlässigkeit haben, kann der Preis nicht unter 200 bis 400 Euro liegen.
Beim Strom auf den CA-Wert achten. Spitzenströme, die nur 1 Sekunde anhalten, sind Unsinn. Soll der Booster bei einem Dieselfahrzeug eingesetzt werden, muss der CA-Wert mindestens 750 A sein, besser wären 1000 A. Dieselmotoren haben eine grössere Kompression und benötigen deshalb mehr Strom für den Anlasser. Geeignete Geräte sind z. B. Rodcraft BOS 1224 (Bild unten), Banner P3 Professional u.a.

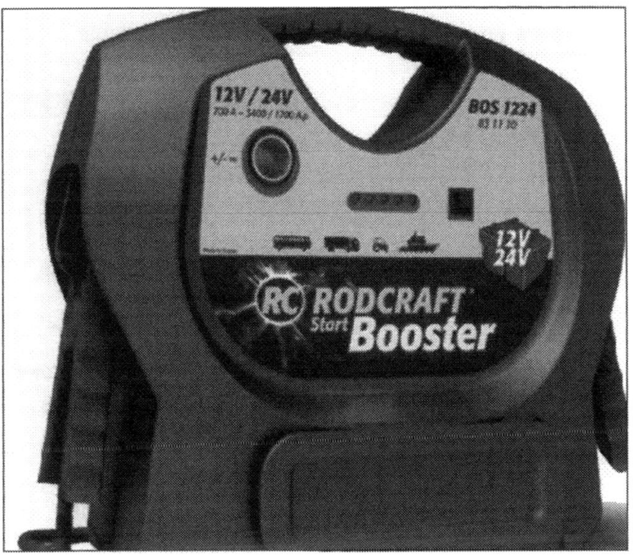

Filter mit Aktivkohle einbauen

Den Staub- und Pollenfilter (Aus- und Einbau siehe Seiten 52/53) gibt es in hochwertiger Ausführung mit einer Einlage aus Aktivkohle. Fahrzeuge mit standardmäßigem Klimagerät haben das normale Filter ohne Aktivkohle. Da der Filter mit Aktivkohleeinlage zusätzlich auch gasförmige Schadstoffe wie Ozon, Benzol oder Stickstoffdioxid und andere gasförmige Verunreinigungen aus der Luft herausfiltern kann, empfehlen wir den Einbau. Die Aktivkohleschicht hält Belastungsspitzen aus dem Fahrgastraum fern.
Die Verwendung des Reinluftfilters mit Aktivkohleeinlage (»Kombifilter«) empfiehlt sich vor allem in Gebieten mit dauernder starker Luftbelastung. Bei zusätzlichem Einbau eines Luftgüte-Sensors aus dem einschlägigen Zubehörhandel oder nach Originalteilekatalog (VW: ETKA) wird der Filter durch automatisches Umschalten auf Umluftbetrieb bei Schadstoffspitzen geschont. Sonst ist er recht bald gesättigt und muss öfter gewechselt werden.

Richtige Öle, kürzere Wechselintervalle

Winterkälte und Kurzstreckenfahrten mit ihren häufigen Kaltstarts sind die stärksten Stressfaktoren für das Motoröl. Sie wirken zwangsläufig Intervall-verkürzend. Öl schmiert ja nicht nur, es soll auch Verbrennungsrückstände lösen, um Kolbenringstecken zu verhindern, und die gelösten Bestandteile in der Schwebe halten, damit sie nicht bei geringer Fließgeschwindigkeit als Schlamm abgelagert werden können.
Filter, auch die besten, können feinste Partikel nicht aus dem Öl herausbekommen. Die Partikelgröße der festen Fremdstoffe ist geringer als die Porenweite sogar der Feinstölfilter. Auch können dem Öl antioxidative Additive durch Adhäsion am Filter entzogen werden. Dann ist natürlich die Öloxidation höher, und diese bei Motorbetrieb im Öl gelösten oxidativen Bestandteile fallen noch zusätzlich als feste Fremdstoffe aus. Dadurch bilden sich »kaltfeste« Kompressionsringe am Kolben. Sie beeinflussen Kaltstartfähigkeit und Emissionen und führen zu heißfesten Ringen und damit zum Motortotalausfall durch Kolbenfresser. Auch auf dem heutigen Entwicklungsstand lassen sich Ölwechselintervalle deshalb keinesfalls beliebig verlängern. Im Winter gilt: Öl öfter wechseln.

CHECKLISTE

Fit für den Winter

Bereich	Worauf Sie achten sollten	Was zu tun ist
A Motor	**1** Motoröl.	Das Motoröl wird durch extreme Kaltstarts und die großen Temperaturschwankungen stärker belastet als im Sommer. Kürzere Intervalle fahren und ein gutes Öl mit niedriger Viskosität verwenden. (Hinweise im Kapitel »Antrieb / Das Schmiersystem« zu den Empfehlungen beachten!)
	2 Kühlmittel	Ist der Frostschutzgehalt zu niedrig und das Kühlwasser friert ein, kann das Eis den Motor sprengen. Also rechtzeitig messen und einen ohnehin bevorstehenden Kühlmittelwechsel auf den Herbst legen.
	3 Thermostat	Wenn im Winter der Thermostat nicht vollständig schließt, braucht der Motor lange, um warm zu werden. Beobachten und bei zu langer Warmlaufphase den Thermostat wechseln.
B Räder und Reifen	**1** Winterreifen	Winterreifen funktionieren auf Schnee nur dann gut, wenn noch mindestens 4 mm Profiltiefe übrig ist. Reifen im Oktober montieren. Falls Sie neue Reifen brauchen: Nicht auf die ersten Schneeflocken warten, denn dann herrscht Hochbetrieb beim Reifenhändler.
C Licht und Sicht	**1** Beleuchtung	Kontrollieren Sie regelmäßig die Beleuchtungsanlage und reinigen Sie die Klarglasabdeckungen der Scheinwerfer. Im Winter sind einwandfrei funktionierende Scheinwerfer unentbehrlich.
	2 Verglasung	Scheiben frei von Kratzern und Steinschlägen halten.
	3 Scheibenwischer	Neue Wischerblätter und genügend Frostschutz.
D Karosserie	**1** Türen und Hauben	Sprühen Sie gegen Festfrieren die Dichtungen mit Silikonspray ein oder nehmen Sie den Hirschtalgstift.
	2 Schlösser und Scharniere	Öl oder Fett gegen Quietschen und Korrosion.
	3 Lack	Jetzt sollte der Wagen häufiger gewaschen werden, damit sich erst gar keine Salzkruste festsetzt.
E Elektrik und Klima	**1** Batterie	Batterie-Kurzschlussprüfung um festzustellen, wie viel Kapazität noch vorhanden ist. Batterien leiden unter Kälte, was auch für den Funkschlüssel gilt.
	2 Heizung und Lüftung	Eventuell den Reinluftfilter (Staubfilter) wechseln.

Große Fahrt – kleine Pannen

Bei großer Fahrt in den Urlaub bewährt sich der Roomster bestens. Ausreichendes Gepäckabteil und Komfort im Innenraum, sparsame und starke Motoren sowie optimiertes Fahrwerk machen den Wagen fit und geeignet für lange Strecken. Vorher ist gründlicher technischer Check-up angeraten.

Große Fahrt in den Urlaub

Wer auf der Urlaubsfahrt Ärger vermeiden will, sollte unbedingt die Reifen, die Sollstände der verschiedenen Flüssigkeiten (Kühlmittel, Motoröl, Scheibenwaschwasser, Bremsflüssigkeit), die Wischerblätter, Beleuchtung und Batterie sowie auch Dinge »am Rande« wie den Dachträger kontrollieren. Für alle unvorhergesehenen Fälle ist ein Reservetank mit einigen Litern Kraftstoff an Bord empfehlenswert.
Gerade die von vielen Familien praktizierten langen Pkw-Reisen bringen die Reifen in Dauerstress. Zu geringer Luftdruck bei vollbeladenem Auto ist unheilvoll für die Pneus und kann zu Gefahrensituationen führen. Laufen die Reifen heiß, droht Platzen mit unkalkulierbaren Folgen. Auch auf Kraftstoffverbrauch und Verschleiß wirkt sich Minderdruck ungünstig aus.

Reifenfülldruck und Profiltiefe

Die erste Regel, die Sie befolgen müssen, ist also die Anpassung des Reifenfülldrucks an die Beladung. Mit zwei Personen an Bord und wenig Gepäck reichen noch 2 bar Reifendruck vorn wie hinten aus. Ist der Wagen aber voll besetzt und voll beladen, sind für alle Reifengrößen im Sommer vorn 2,3 und hinten 2,8 bar gefordert. Sie finden diese Werte innen auf der Tankklappe. Vergewissern Sie sich, ob die (Sommer-)Reifen

WISSENSWERTES – Auf die Bereifung achten

■ Moderne Reifen (bis zu 16 verschiedene Gummimischungen sind möglich) müssen vielen Anforderungen genügen: Geringst möglicher Abrieb, Rissfestigkeit, Rutschwiderstand, geringer Rollwiderstand, dynamische Beständigkeit, Luftdichtigkeit, Laufruhe und Alterungsbeständigkeit.

■ Auf der Fahrt in den Urlaub sollte der Bereifung ganz besondere Aufmerksamkeit geschenkt werden. Gerade vor größeren Reisen bei meist auch noch höheren Temperaturen mit erhöhtem Fahrzeuggewicht und sportlicher Geschwindigkeit tut detaillierte Reifenkontrolle not. Beachten Sie Reifendruck, Beschädigungen an Lauffläche, Seitenwand und Ventilabdichtung sowie die Profiltiefe!

■ Neue Reifen haben 8 mm Profil (Bild 2). Bei nur noch 1,6 mm verlängert sich bei Nässe der Bremsweg eines 100 km/h schnellen Wagens von 70 auf 100 m, bei noch 3 mm Profil aber auf immerhin »nur« 87 m. Das Gesetz gestattet Mindestwerte von nur 1,6 mm (Sommer) und 4 mm (Winter); die Praxis aber fordert für Sommerreifen ein Minimum von 3 mm.

■ Bei nasser Fahrbahn müssen die Drainagerillen pro Sekunde bei 80 km/h bis zu 25 und bei 140 km/h bis zu 43 Liter Wasser kanalisieren. Gehen Sie daher beim einzigen Bindeglied zwischen Ihnen und dem Straßenbelag keine unnötigen Risiken ein, kontrollieren Sie regelmäßig Ihre Fahrzeugbereifung!

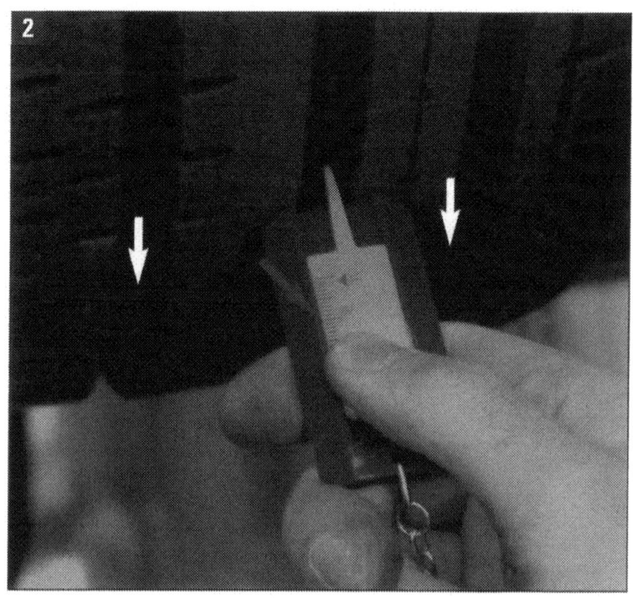

Verschleiß und Profil: TWI-Anzeiger in Hauptprofilrillen (rote Pfeile Bild 1, weiße in Bild 2) markieren die Verschleißgrenze. Roter Pfeil in Bild 2 zeigt Profiltiefe 8 mm.

noch mindestens die gesetzlich vorgeschriebenen 1,6 mm Profiltiefe haben. Verschlissene Reifen sind an den Abnutzungsanzeigern (TWI – Tread Wear Indicator) in den Hauptprofilrillen der Reifenschulter zu erkennen (Bilder 1 und 2). Wenn das Profil bis auf diese Anzeiger abgefahren ist, muss unbedingt neue Bereifung her. TWI zeigen die gesetzliche Mindestvorgabe an. Besser ist es, schon vorher zu wechseln. Experten der Kfz-Innung raten zu mindestens 3 mm statt der erlaubten 1,6 mm Profil (Sommerreifen!).
Die Möglichkeit einer groben Abschätzung mit Euro-Münzen hatten wir schon erwähnt: Der goldfarbene Rand des 1-Euro-Stücks ist 3 mm breit, der silberfarbene des 2-Euro-Stücks 4 mm. Prüfen Sie in den Hauptprofilrillen der abgefahrensten Stellen. Bleibt der Münzenrand noch bedeckt, ist alles in Ordnung. Genauer ermitteln Sie die Daten mit einem Profiltiefemesser (Bild 2).

Waschwasser und Kühlmittel

Immer mit voller Füllung Scheibenwaschwasser losfahren, jedenfalls zu längeren Reisen. Füllen Sie etwas Reinigungszusatz ein und dann mit Wasser auf bis fast zum Überlaufen. Den Ölstand überprüfen Sie mit dem bekannten Ölmessstab. Im Kapitel »Antrieb / Schmiersystem« erläutern wir den richtigen Gebrauch des Messstabs vor dem und beim Ölnachfüllen.
Am Kühlmittelausgleichsbehälter lässt sich von außen der Stand im Verhältnis zu Minimum- und Maximum-Markierungen ablesen (1 in Bild 3). Bei Erfordernis vorsichtig den Deckel zunächst leicht aufdrehen und vor dem vollständigen Öffnen Druck ablassen. Vorsichtshalber sollten Sie ein genügend großes Tuch auf den Verschlussdeckel legen (2 in Bild 4), ehe Sie ihn aufdrehen. Dann den Deckel ganz herausschrauben und Wasser auffüllen. Zum Kühlmittelzusatz siehe die entsprechenden Passagen in »Fit durch den Winter« und »Antrieb / Kühlsystem«.

Bremsflüssigkeit und Motorumfeld

Auffüllen oder Erneuern der (aggressiven und giftigen) Bremsflüssigkeit sind Serviceauftrag der Fachwerkstatt. Nach beanspruchenden Touren mit häufigem starkem Bremsen (Bergfahrt) ist Kontrolle aber durchaus ratsam. Der links hinten im Motorraum gut zugängliche Bremsflüssigkeitsbehälter hat Markierungen. Der Flüssigkeitsstand ist abhängig vom Verschleißgrad der Bremsbeläge. Sind diese neu, sollte er bei der MAX-Markierung, aber auch nicht darüber liegen. Bei stark verschlissenen Bremsbelägen darf er sich bei MIN oder leicht darüber aufhalten. Bei Flüssigkeitsstand unter MIN muss vor Nachfüllen das Bremssystem in der Werkstatt überprüft werden.
Eine wichtige Kontrolle ist die Sichtprüfung des Motors und seiner Umgebung. Dazu müssen die Motorabdeckungen abgenommen werden. Sie sind vorsich-

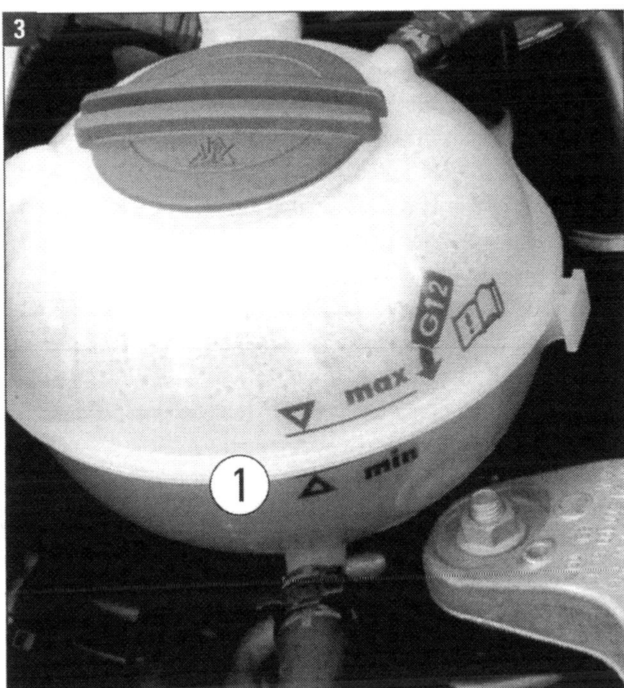

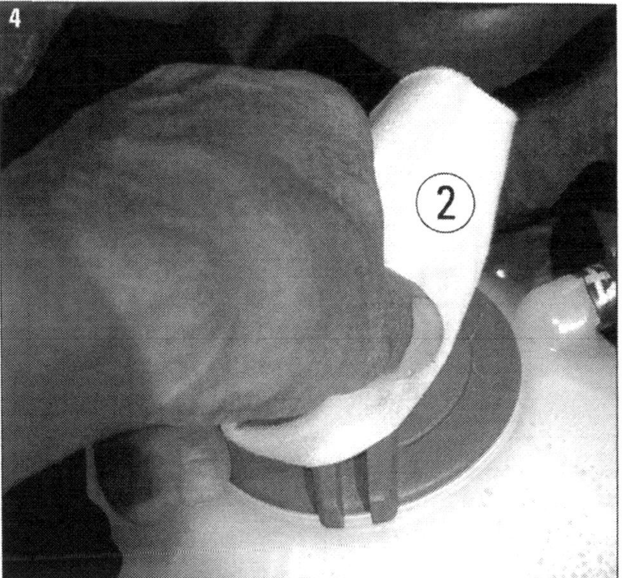

Bilder 3 und 4 Kühlmittel: Füllstand (1) zwischen MIN und MAX, bei kaltem Motor nicht unter MIN. Deckel langsam mit (dann ausgebreitetem!) Lappen (2) aufdrehen, Druck abbauen.

tig und keinesfalls ruckartig sowie an allen Seiten gleichmäßig nach oben von den Haltebolzen abzuziehen. Motor und Motorraum auf Undichtigkeiten und Beschädigungen prüfen:

- Leitungen, Schläuche und Anschlüsse der Kraftstoffanlage, des Kühl- und Heizsystems und der Bremsanlage auf Undichtigkeiten, Scheuerstellen, Porosität und Brüchigkeit untersuchen. Nach Anheben des Fahrzeugs und Abbau der unteren Abdeckung auch von unten prüfen.
- Beim Wiedereinbau der Motorabdeckungen aus Kunststoff nicht mit der Faust oder mit einem Werkzeug draufschlagen, um Beschädigung zu vermeiden.
- Abdeckung genau auf dem Motor positionieren (Öleinfüllstutzen beachten!) und mit beiden Händen in die Gummitüllen drücken.

Die Klimaanlage

Ein vom Motor angetriebener Kompressor verdichtet das dampfförmige Kältemittel, das sich dabei erhitzt. Im Kondensator vor dem Kühlergrill wird das Mittel abgekühlt und wieder flüssig und dann per Ventil in den Verdampfer eingespritzt. Beim Verdampfen wird der am Waben- und Röhrensystem vorbeiströmenden Luft aus dem Fahrgastraum Wärme und Feuchtigkeit entzogen. Die abgekühlte Luft wird wieder in den Innenraum geleitet. Geregelt wird der Prozess über den Luftdurchsatz und die eingestellte Temperatur.

Bedienteil der »Climatronic«: Auf dem Display werden Betriebszustände wie Gebläsestufe und Temperatur (rote Pfeile), Automatikbetrieb (blauer Pfeil) und Entfrosten der Frontscheibe angezeigt Das Bedienteil der »Climatic« hat drei Drehknöpfe: für Temperaturwahl, für Frischluft-Gebläsestufen und für die Luftverteilerklappen. Tasten für Umluft und für AC.

Im Roomster werden zwei Anlagentypen verbaut:

- Bei der manuellen Klimaanlage »Climatic« gehen alle Signale der Sensoren und Aktoren in ein Steuergerät (J301) und werden zur Regelung der Innenraumtemperatur ausgewertet. Die Verstellung der Temperaturklappe erfolgt elektromotorisch. Die Zentralklappe, die Fußraum- und die Defrostklappe werden über den Drehknopf für Luftverteilung mittels einer flexiblen Welle verstellt.
- Bei der vollautomatischen Anlage »Climatronic« werden alle Funktionen vollautomatisch geregelt. Das Bedienteil wurde gegenüber dem Vorgängertyp in einigen Punkten überarbeitet. Die Taste »ECON« wurde durch die Taste »AC« ersetzt (Bild 5). Tastensymbole wurden geändert, Außentemperaturanzeige und das Symbol »Maulschlüssel« für Diagnosemodus sind entfallen.

Beachten: Der Lufteinlass vor der Windschutzscheibe muss frei von Eis, Schnee und Blättern sein. Bei Umluftbetrieb besser nicht rauchen, da Rauchpartikel auf dem Verdampfer ständige Luftverpester sein können.

Vorsicht: Riskieren Sie keine gesundheitlichen Schäden oder teuren Nachreparaturen, öffnen Sie nie den Kältemittelkreislauf der Klimaanlage! Das Neubefüllen ist Werkstatt-Sache. Ablassen von Kältemittel in die Umwelt ist eine strafbare Handlung.

Günstig: Die Klimaanlagen sind mit 500 g Kältemittel R134a befüllt (Hinweis auf dem Schlossträger). Es enthält kein Chlor und ist deshalb ozonunschädlich.

PRAXISTIPP – Klimaanlage richtig benutzen

- Bei Sonne und großer Wärme heizt sich der Innenraum Ihres Fahrzeugs bis zu 60 °C oder sogar noch stärker auf. Deshalb vor dem Losfahren erst einmal alle Türen öffnen und die heiße Luft genügend lange entweichen lassen.
- Fahrt antreten und zum zügigen Herunterkühlen zunächst die volle Gebläsestufe wählen. Dann rasch zurückschalten, um Zugluft zu vermeiden. Auf Automatik schalten: Temperatur, Gebläse und Luftverteilung werden dann selbsttätig geregelt.
- Ob Automatik oder Regelung von Hand: Die günstigste Innenraum-Temperatur beträgt im Sommer 22 °C. Bei extremer Hitze kann 3 bis 4 °C höher eingestellt werden. Für den Winter wird eine Idealtemperatur von 21 °C empfohlen.

Anhängerkupplung zusätzlich anbauen

Nützliche Verbesserung ist der nachträgliche Einbau einer Anhängevorrichtung, was allerdings eine recht anspruchsvolle Aufgabe ist. Nötig sind Montagearbeiten an tragenden Teilen, nämlich den hinteren Längsträgern. Dazu müssen die Stoßfängerabdeckung und der Aufprallträger abgebaut werden. Stattdessen wird ein Träger mit der Anhängerkupplung montiert. Für die Elektrik des Anhängers (Beleuchtung und Aggregate) müssen Leitungen verlegt und eine Zusatz-Steckdose angebracht werden.

Anhängevorrichtungen sind Sicherheitsteile. Es dürfen nur für den Roomster entwickelte und bauartgenehmigte Vorrichtungen verwendet werden. Wir empfehlen hier ausdrücklich, Anhängerkupplungen aus dem Zubehörprogramm von Volkswagen (Abbildung) zu verwenden, da sie mit den werkseitig eingebauten Vorrichtungen identisch sind. Die für diese Anhängerkupplungen mitgelieferte Einbauanweisung ist im Konzern abgestimmt, was bei Problemen oder im Schadensfall stets von Vorteil ist.

Škoda liefert den Nachrüstsatz mit der nötigen Elektrikausstattung. Die Anhängersteckdose kann 7-polig oder 13-polig sein, wonach sich der erforderliche Leitungssatz bestimmt (bei

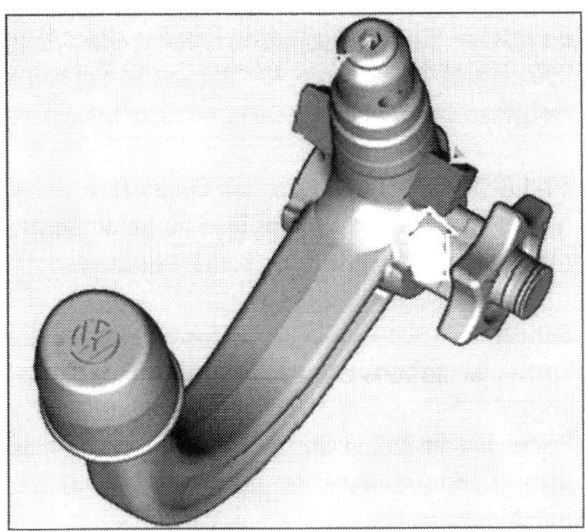

der von uns empfohlenen 13-poligen Steckdose muss das ein 12-adriges Kabel sein). Zum Bausatz gehören ferner die Dichtung der Steckdose, eine Durchführungstülle, das Steuergerät und passendes Befestigungsmaterial (Schrauben, Muttern, Kabelbinder). Wird der Anbausatz eines anderen Anbieters gekauft, müssen Sie auf diese Details achten.

Die 13-polige Anhängersteckdose ist wesentlich vorteilhafter als die 7-polige. Über die 13 Anschlusskontakte können zum Beispiel Rückfahrscheinwerfer oder Dauerstrom- und Ladeleitung am Anhänger genutzt werden. Wenn ein Fahrradträger auf der Anhängerkupplung montiert oder ein ganzer Wohnwagen gezogen werden sollen, wird eine 13-polige Anhängersteckdose immer empfohlen. Die Steckerbelegung ist vereinheitlicht (siehe Tabelle unten).

Das Steuergerät für Anhängererkennung gibt es für den Roomster seit 03.2010. Es wird unter dem Bodenbelag unterm Beifahrersitz verbaut: Sitz ausbauen, untere Säulenverkleidungen A und B ausbauen, Bodenbelag teilweise hochheben, Stecker abziehen / aufstecken.

Die Nachrüstsätze sind bis auf Details sehr ähnlich für diverse Modelle im Konzern, worauf beim Kauf zu achten ist. Wir beschreiben Aus- und Einbau des Stoßfängerträgers im Kapitel »Fahrzeugaufbau / Karosserie«.

Zu beachten ist das Gespanngewicht aus Zugwagen und Anhänger. Die zulässigen Gesamtgewichte (siehe Tabellen »Technische Daten«) dürfen nicht überschritten werden. Eventuell Gewicht des Zugwagens reduzieren!

WISSENSWERTES – Steckerbelegung 13-polig

Die Belegung ist nach DIN ISO 11 446 genormt:

Steckerpol	Belegung	Kabelfarbe
1	Blinker links	gelb
2	Nebelschlussleuchte	blau
3	Masse Stromkreis 1-8	weiß
4	Blinker rechts	grün
5	Fahrleuchte rechts	braun
6	Bremsleuchten	rot
7	Fahrleuchte links	schwarz
8	Rückfahrleuchte	pink
9	Stromversorgung (Dauer+ / Klemme 30)	orange
10	Klemme 15 (Batterieladen Anhänger)	grau
11 und 12	frei	
13	Masse für Klemmen 15 und 30	weiß/rot

CHECKLISTE

Vor und nach jeder großen Fahrt kontrollieren

Bereich	Worauf Sie achten sollten	Was zu tun ist
A Motor	**1** Motorölstand	Wurde der Motor lange auf Kurzstrecken betrieben, sammeln sich flüchtige Substanzen. Deshalb kann es sein, dass der Ölstand bei heißem Motor schlagartig absinkt. Nach den ersten 100 Kilometern nachmessen.
	2 Kühlmittelstand	Kühlmittel im Ausgleichsbehälter im kalten Zustand auf Maximum auffüllen.
	3 Zustand der Schläuche	Alle Wasserschläuche müssen dicht und elastisch sein. Schläuche kräftig kneten. Kalkablagerungen an den Anschlüssen und harte oder poröse Schläuche sind kein gutes Zeichen. Im Zweifel: austauschen.
	4 Kühlerventilator prüfen	Lassen Sie den Motor im Leerlauf drehen, bis sich der Kühlerventilator ein- und später wieder ausschaltet. Sie werden ihn brauchen, wenn Sie im Stau stehen!
B Räder und Reifen	**1** Luftdruck	Der Luftdruck in den Reifen muss an die Beladung angepasst werden. Nach der Reise nicht vergessen, den Druck wieder abzusenken.
	2 Zustand	Die Reifen sollten natürlich auch am Ende der Reise noch genügend Profil haben. Nachmessen!
C Fahrwerk	**1** Stoßdämpfer	Wird das Auto richtig vollgeladen, sind die Stoßdämpfer besonders gefordert. Fahnden Sie nach Ölspuren und lassen Sie beim kleinsten Verdacht einen Stoßdämpfertest durchführen. Mit Wippen an der Karosserie lassen sich schwache Dämpfer nicht erkennen.
	2 Manschetten und Gelenke	Sind Achsmanschetten oder die Gummis der Gelenke rissig und porös, werden die Teile bei hoher Belastung rasant verschleißen. Besser vorher austauschen!
D Sonstiges	**1** Beleuchtung	Schalten Sie alle Lichter durch und nehmen Sie Ersatzlampen für Scheinwerfer und Rückleuchten mit.
	2 Scheibenwaschanlage	Prüfen Sie die Einstellung der Spritzdüsen und füllen Sie den Vorratsbehälter mit geeignetem Gemisch bis zum Maximum auf.
	3 Zubehör	Einen 5-Liter-Reservekanister, einen Liter Motoröl und eine Rolle starkes Textilklebeband mit auf die Reise nehmen!

Kleine Schäden und Pannen

Es ist Winter, ungemütlich kalt und dunkel. Sie müssen zur Arbeit und sind spät dran. Schnell den Schlüssel ins Zündschloss oder die Starttaste gedrückt - aber nichts passiert. Das Startproblem geht mit großer Sicherheit auf Ihr Konto. Es wäre mit etwas mehr Pflege und Aufmerksamkeit durchaus zu vermeiden gewesen, doch die leere Batterie ist ein Klassiker unter den kleinen Pannen. Für die gelben Engel vom ADAC ist es Winter für Winter langweilige Routine.

Auf mögliche Gefahren achten

Auf den folgenden Seiten wollen wir Ihnen zeigen, was in einem solchen Fall zu tun ist. Genauso wie bei der ebenso unbeliebten Reifenpanne, die allerdings ziemlich eindeutig Pech ist. Denn statistisch gesehen erlebt jeder Autofahrer nur etwa alle 70.000 km dieses Malheur, bei dem man richtig reagieren und umsichtig handeln muss.

Schätzen Sie immer die Situation hinsichtlich eventueller Gefahren ein: Können Sie an dieser Stelle einen Radwechsel oder eine andere Schnellreparatur vornehmen, ohne sich zu gefährden? Auf einer zweispurigen Autobahn ohne Standstreifen sollten Sie besser sofort Hilfe per Handy oder Notrufsäule holen und sich zum nächsten Rastplatz schleppen lassen.

Weiterfahren oder warten?

Der Roomster ist ein zuverlässiges Fahrzeug, das Modell 51 kW gewann 2011 zum dritten Mal den »Wertmeister«-Titel von Auto Bild bei den Kompaktvans. Falls er mal nicht rollt, ist er meist richtig kaputt. Wenn Sie selbst für Reparatur entscheiden: Wir können nur Ratschläge und Empfehlungen geben. Im Zweifelsfall auf Reparaturversuche verzichten!

Man sollte auch wissen, wann es besser ist, nicht mehr weiter zu fahren. Sie ersparen sich damit nicht nur teure Folgeschäden, sondern setzen auch nicht Ihre Gesundheit und die Ihrer Mitmenschen aufs Spiel. Wir haben in unseren Störungsbeiständen die wichtigsten Symptome aufgeführt, die auf einen schlimmen Schaden hindeuten, und weisen auch auf Dinge hin, die ihn verursachen können.

Lässt sich ein Abschleppen zur Werkstatt nicht vermeiden, sollten Sie Folgendes beachten:

- Mitgliedschaft in einem Automobilclub und spezieller Schutzbrief sind immer von Vorteil.
- Legen Sie die in Ihren Papieren angegebene Notrufnummer ins Handschuhfach.
- Bestellen Sie einen Abschleppwagen nur über diese Nummer und
- lassen Sie sich vom Fahrer eine Bestätigung über seinen Auftraggeber zeigen.

Werkstatt ausführlich informieren

Schildern Sie der Werkstatt in Ruhe und chronologisch den Schadenshergang. Je mehr man dort weiß, umso kürzer ist die Zeit für die Fehlersuche. Wichtige Informationen sind: In welchem Betriebszustand hinsichtlich Temperatur, Geschwindigkeit oder Drehzahl trat der Schaden auf? Haben Sie vorher ungewohnte Geräusche oder ein ungewöhnliches Fahrverhalten bemerkt? Wie ist die Vorgeschichte des Wagens bezüglich Reparaturen oder Inspektionen? Denken Sie an:

- schriftlichen Auftrag,
- Kostenvoranschlag,
- finanzielle Grenze ohne Rücksprache mit Ihnen.

Gründlich untersuchen: Trotz aller Prüftechnik beim Hersteller und eigener Umsicht – Schäden sind nie auszuschließen.

Fahrzeug richtig heben und aufbocken

Im Bordwerkzeug des Roomster finden Sie den üblichen Spindelwagenheber nicht mehr, wenn zur Ausstattung Ihres Modells das Reifenreparaturset gehört. Bei einer Reifenpanne (Kapitel »Fahrwerk«) ist der Radausbau dann nicht mehr nötig. Die Reparatur geschieht über das Ventil des beschädigten Reifens.
Kauft man beim Škodahändler einen Satz Winterräder oder auch ein Ersatzrad, für das es Platz in der Mulde im Kofferraum gibt, gehört der Spindelwagenheber allerdings dazu. Mit diesem einfachen Gerät lässt sich das Fahrzeug für die meisten Arbeiten hoch genug anheben. Mit einer untergelegten Bohle können Sie die Hubhöhe noch etwas vergrößern. Ratsam vor allem bei weichem Untergrund ist es, ein 2 cm dickes Brett mit 30 x 30 cm Seitenlänge unter den Heberfuß zu legen. Das verringert die Gefahr, dass der Heberfuß in den Boden einsinken kann.
Bequemer, effektiver und auch sicherer ist ein Werkstattwagenheber (Bild 1), auch Rangierwagenheber genannt. Er läuft auf Rollen (Pfeile), die nicht zu klein sein sollten. Man kann das Gerät also bestens an der richtigen Stelle unter das Auto schieben. Gehoben wird hydraulisch unterstützt mit Hebelkraft, was die Arbeit erleichtert. Der Hebelarm, von dem in Bild 1 das Ende im Aufnahmestutzen (2) zu sehen ist, wird dann wie beim Pumpen bewegt.
Wenn Sie unter dem Fahrzeug arbeiten müssen, raten wir dringend zur Verwendung eines Paars Unterstellböcke (Bild 2). Nur so können Sie Ihren angehobenen Roomster sichern. Arbeiten Sie nicht unter dem angehobenen Wagen, wenn er nicht durch Unterstellböcke gesichert ist, Sie begeben sich sonst in Lebensgefahr!

Benötigtes Werkzeug und Materialien:

- Holz- oder Kunststoffkeil zum Absichern der Räder gegen unbeabsichtigtes Rollen;
- Spindel- oder Rangierwagenheber;
- Holzklötze, Unterlegbrett;
- 1 Paar (klappbare) Unterstellböcke.

Arbeitsschritte:

- Wagen sicher auf festen, ebenen Untergrund stellen, Handbremse anziehen und zumindest eines der Räder gegenüber der Anhebestelle mit Holzkeilen, notfalls mit geeigneten Steinen gegen Wegrollen sichern. Die Handbremse allein reicht nicht!

- Beim Spindelwagenheber die Kurbel durch Verdrehen ausklappen und den Heber um etwa fünf Umdrehungen der Spindel mit der Kurbel so weit öffnen, dass er noch gut unter den Wagen passt. Rangierwagenheber unter das Fahrzeug rollen.

- Den Wagenheber senkrecht zum Aufnahmepunkt (Pfeile in Bild 3) am Unterholm ansetzen und weiter hochkurbeln oder hoch»pumpen«. Der Schlitz des Wagenheberkopfes (Spindelheber) oder der Aufnahmeteller (1 in Bild 1) des Rangierhebers muss waagerecht am Aufnahmepunkt greifen.

- Um Beschädigungen am Fahrzeugboden oder ein Abkippen des Wagens zu vermeiden, das Fahrzeug immer nur an diesen extra verstärkten Aufnahmestellen anheben!

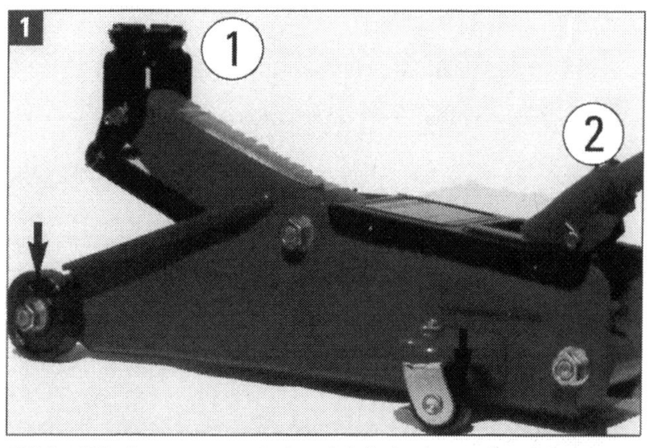

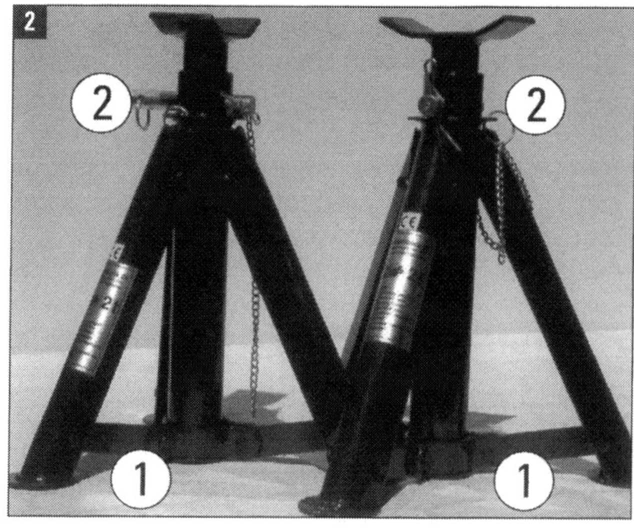

Bild 1 Werkstattwagenheber: (1) Aufnahmeteller, (2) unterer Teil der Betätigungsstange für die Hebehydraulik.
Bild 2 Unterstellböcke: (1) Klappmechanik, (2) Sicherung.

■ **Spindelwagenheber:** Heberkopf mit der linken Hand gegen die Aufnahme drücken. Mit der rechten Hand die Kurbel im Uhrzeigersinn drehen und den Heberfuß gegen den Boden pressen. Darauf achten, dass der Wagenheber senkrecht steht und nicht nach einer Seite abkippt! Wenn der senkrechte Stand nicht gewährleistet ist, muss der Heber neu angesetzt werden. Erst bei festem senkrechtem Stand dürfen Sie den Wagenheber auf die nötige Höhe kurbeln.

■ **Rangierwagenheber:** Die mit einer Eindrückung seitlich am Schweller markierten, vom Hersteller dafür vorgesehenen Aufnahmepunkte (Bild 3) gelten natürlich auch für Werkstattwagenheber und Hebebühnen. Auch ein Unterstellbock darf nur an diesen Bodenverstärkungen angesetzt werden. Zwischen Auflage des Bocks und Fahrzeugboden einen Gummi- oder Hartholzklotz legen, der die Last verteilt. Vor dem Ansetzen kontrollieren, ob eventuell ein Blechfalz im Weg ist, der eingedrückt werden könnte, oder ob die Bremsleitung eingeklemmt werden kann.

■ **Dreibein-Unterstellböcke** nach Bild 2 stehen am sichersten, wenn ein Bein nach außen und zwei zur Wagenmitte hin zeigen. Achten Sie auf diese Stellung, sonst kann es passieren, dass beim Anheben des Wagens der auf der anderen Seite bereits angesetzte Unterstellbock seitlich weggedrückt wird.

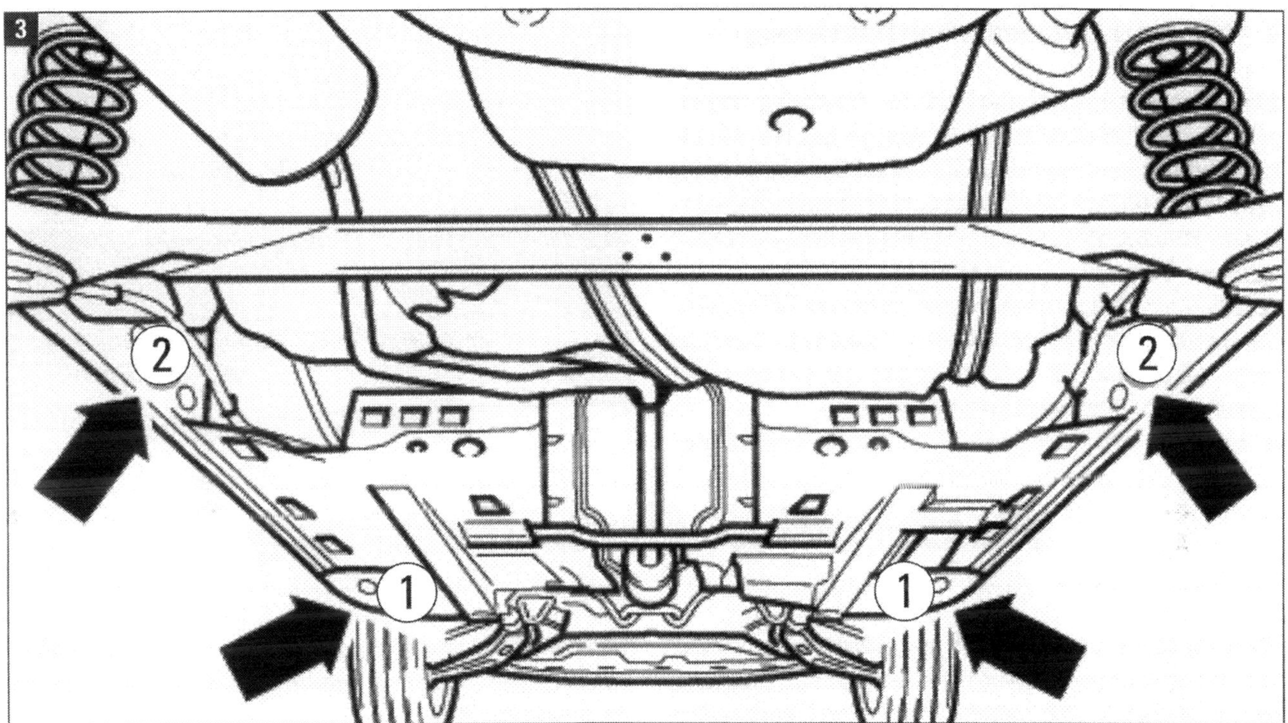

Aufnahmepunkte: Das Škoda-Bild zeigt die vorgeschriebenen Unterholmstellen (Pfeile) vorn (1) und hinten (2).

Fahrzeug abschleppen

Wenn sich Ihr Roomster nicht mehr aus eigener Kraft fortbewegen lässt, muss er abgeschleppt werden. Ein (elastisches!) Abschleppseil oder eine Abschleppstange dürfen nur an den Abschleppösen angebracht werden. Die Gewindebohrung für die Öse vorn befindet sich in der Stoßstange rechts. Sie war bis Modelljahr 2010 hinter dem Abdeckgitter und ist seit Modelljahr 2011 hinter einer runden Abdeckung im Stoßfänger zu finden. Abdeckkappe durch linksseitigen Fingerdruck aufklappen und aus dem Stoßfänger ziehen.

Die Öse selbst gehört zum Bordwerkzeugset in der Reserveradmulde. Sie wird von Hand durch Drehen nach links (Bild 1) bis zum Anschlag eingeschraubt und mit Hilfe des Radschraubenschlüssels aus dem Bordwerkzeug, der als Hebel durch die Öse zu stecken ist, nach vollständigem Eindrehen festgezogen. Die Abschleppöse hinten befindet sich (fest montiert) rechts unterhalb des Stoßfängers.

Beachten Sie die folgenden Grundsätze:

■ Nie weiter als 50 km schleppen;

■ Nicht schneller als mit 50 km/h schleppen;

■ Fahrzeuge mit Automatikgetriebe (DSG) nicht über

längere Strecken abschleppen, 50 km können schon zu viel sein. Ohne laufenden Motor arbeitet die Getriebeölpumpe nicht, weshalb es zu Getriebeschäden kommen kann. Am besten das Fahrzeug mit angehobenen Antriebsrädern (Vorderachse) abschleppen.

■ Zündung einschalten, damit das Lenkrad nicht blockiert ist und Blinker, Signalhorn, Scheibenwischer sowie Waschanlage eingeschaltet werden können.

■ Wird Abschleppen nötig, müssen nicht immer Motor- oder Lagerschäden vorliegen. Ein »Schwächeln« der Batterie reicht schon (siehe »Starthilfekabel«).

§ 15a der Straßenverkehrsordnung

■ Beim Abschleppen eines auf der Autobahn liegengebliebenen Fahrzeugs die Autobahn bei der nächsten Ausfahrt verlassen. Ist ein Fahrzeug außerhalb der Autobahn liegengeblieben, nicht auf diese auffahren.

■ Der Fahrzeugführer des abschleppenden Kfz benötigt eine Fahrerlaubnis mindestens der Klasse B, jedenfalls der Klasse, zu dem das ziehende Kfz gehört. Der Lenker des abgeschleppten Fahrzeugs benötigt keine Fahrerlaubnis, muss aber mit der sicheren Bedienung des Fahrzeugs vertraut sein.

■ Während des Abschleppens müssen beide Fahrzeuge das Warnblinklicht einschalten. Der Nothilfegedanke steht im Vordergrund, also ein abzuschleppendes Fahrzeug nicht über weite Strecken, sondern nur bis zur nächsten geeigneten Werkstatt, zum Fahrzeugverwerter, zum Schrottplatz oder zum nächsten Verladebahnhof schleppen. Bei mehr als 50 km Entfernung zum Zielort muss das Kfz verladen werden.

■ Sonderfall des Abschleppens ist das Anschleppen, bei dem unter Ausnutzung der Triebkraft des ziehenden Fahrzeugs der Motor des gezogenen Fahrzeuges zum Anspringen gebracht werden soll.

Wasserverlust durch Überhitzung

Wird der Motor zu heiß, droht ein Schaden an der Zylinderkopfdichtung, irgendwann sogar ein kapitaler Motorschaden. In den meisten Fällen von Überhitzung fehlt dem Motor Kühlwasser. Vor dem dann nötigen Auffüllen von Kühlwasser sollten Sie aber besser die genaue Ursache der Überhitzung ergründen:

■ Falls der Ventilator streikt und der Motor nur im Stand zu heiß wird, können Sie die Fahrt bei freier Strecke fortsetzen. Im Stand und an roten Ampeln den Motor abstellen. Nachsehen, ob die betreffende Sicherung noch in Ordnung ist. Brennt auch eine neue Sicherung sofort wieder durch, liegt ein Kurzschluss vor oder der Elektromotor des Lüfters ist durchgebrannt.

■ Klemmt der Thermostat, können Sie diesen eventuell ausbauen und die Fahrt ohne fortsetzen. Allerdings muss so schnell wie möglich ein neues Teil eingebaut werden.

■ Ist ein Kühlerschlauch nur leicht undicht, zum Beispiel durch einen Marderbiss, können Sie ihn provisorisch mit festem Gewebeklebeband umwickeln. Der Schlauch muss dazu fettfrei, trocken und am besten kalt sein. Wickeln Sie ein paar Lagen um die schadhafte Stelle.

■ Falls der Schlauch gerissen oder geplatzt ist oder das Gummi ein größeres Loch hat, können Sie die schadhafte Stelle mit einem passenden Rohrstück und zwei Schlauchschellen überbrücken. Schlauch durchschneiden und Rohrstück beidseitig einschieben. Der Rohrdurchmesser sollte ungefähr 4 mm geringer sein als der Außendurchmesser des Schlauches, da die Gummischläuche meist rund 2 mm Materialstärke haben.

■ Wenn Sie Kühlwasser auffüllen, müssen Sie beim Öffnen des Ausgleichsbehälters vorsichtig sein. Heißes oder sogar kochendes Kühlwasser steht unter Druck und sprudelt aus der Öffnung.

■ Füllen Sie bei sehr heißem Motor das Wasser nur in kleinen Schlucken in den Ausgleichsbehälter und lassen Sie den Motor dabei laufen. Das kalte Wasser kann sonst zu Spannungsrissen innerhalb des Motors führen.

Starthilfekabel richtig anwenden

Wenn der Anlasser (Starter) Ihres Roomster nach mehrmaligen Startversuchen von 10 bis 20 Sekunden sich nicht dreht oder den Motor nicht zum Anspringen bringt, ist Starthilfe erforderlich. Die häufig gebräuchlichen Methoden Anschieben oder Anschleppen sind nicht die beste Wahl. Geht es dabei über eine Strecke von mehr als 50 Metern, kann nämlich der Katalysator ernsthaft geschädigt werden. Wenn der Motor wegen einer defekten Zündanlage nicht startet, sollte man aufs Anschieben oder Anschleppen nun schon ganz und gar verzichten.

Vom Defekt der Zündanlage einmal abgesehen, ist die empfehlenswerte Starthilfe die durch ein Fahrzeug mit funktionstüchtigem Akku. Die elektrische Verbindung zwischen beiden Fahrzeugen wird mit einem Starthilfekabel hergestellt, das bei einem Kupferleiterquerschnitt von mindestens 16 mm^2 (Bild 1), besser aber 25 mm^2, etwa 3 m lang und für 12 bis 24 V geeignet sein sollte. Kabel mit 25 mm^2 Querschnitt empfehlen sich für Motoren ab ca. 2000 cm^3 (2 Liter) Hubraum sowie für Dieselmotoren, weil bei denen der Motor zusätzlich vorgeglüht werden muss. In der folgenden Arbeitsbeschreibung gilt die Terminologie

- **Empfänger(fahrzeug)**: nicht startfähiges Fahrzeug mit entladener Starterbatterie.
- **Spender(fahrzeug)**: startfähiges Fahrzeug mit geladener Batterie.

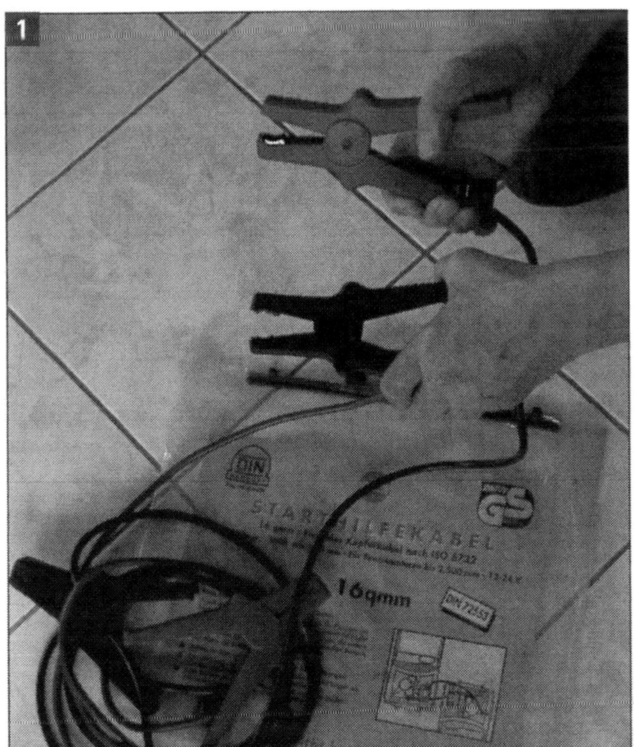

Starthilfekabel: Doppelleitung rot / schwarz mit isolierten Polzangen nach DIN 72553 und ISO 6722.

So gehen Sie vor:

- Spenderfahrzeug dicht an Ihren Roomster (leere Batterie) heran fahren, damit die Kabel bequem angeschlossen werden können. Die Karosserien beider Fahrzeuge dürfen sich während der Starthilfe nicht berühren. Ihre Motoren sind abzustellen.

- Warnblinkanlage des Spenderautos einschalten. Motorhauben beider Fahrzeuge öffnen, die Batterie des Roomster befindet sich im Motorraum links. Die Batterieabdeckung hochklappen.

- Beide Batterien müssen in den jeweiligen Fahrzeugen/Anlagen elektrisch angeschlossen bleiben: ein Unterbrechen kann zum Zerstören der Lichtmaschinengleichrichter führen.

- Die Batterien beider Fahrzeuge miteinander verbinden, zuerst die Pluspole der Akkus mit dem roten Kabel. Erst die leere (Empfängerfahrzeug), dann die volle Batterie (Spenderfahrzeug) anklemmen. Die Reihenfolge: erst Plus und dann Minus, ist wesentlich für die Sicherheit! Würde zuerst das schwarze Kabel gelegt, wären sämtliche Metallteile vom Spender- und vom Empfängerfahrzeug miteinander leitend verbunden. Berührt das rote Kabel nun eventuell durch Unachtsamkeit ein Metallteil, während es bereits mit einer Batterie auf einer Seite verbunden ist, entsteht ein Kurzschluss. Ist das schwarze Kabel noch nicht verlegt, kann dies nicht geschehen.

- Jetzt die eine Polzange des schwarzen Starthilfekabels erst am Minuspol der vollen Batterie des Spenderfahrzeugs anklemmen, die andere am Minuspol des Empfängerfahrzeugs mit der entladenen Batterie; im Beispielfall ist das Ihr Roomster.

- Motor des Spenderwagens starten und mit erhöhter Drehzahl laufen lassen, aber möglichst nicht mehr als 15 Sekunden. Empfängerfahrzeug starten. Wenn der Motor nicht gleich anspringt, nach weiteren Versuchen immer mindestens eine Minute Pause einlegen, damit der Anlasser abkühlen kann.

■ Beim Abklemmen (nach möglichst 10 Minuten Wartezeit oder Einschalten eines starken Verbrauchers, um Spannungsspitzen zu vermeiden) genau umgekehrt vorgehen: Zuerst die schwarze Kabel-Polzange vom Minuspol der Batterie im Empfängerfahrzeug (Beispiel: Roomster) abklemmen, dann die andere schwarze Zange vom Minuspol der Batterie im Spenderfahrzeug abklemmen. Zuletzt das rote Kabel von den Pluspolen abnehmen: erst im Spenderfahrzeug, dann im Empfängerfahrzeug.

■ Nach dem Start längere Zeit mit höheren Drehzahlen fahren, damit die Lichtmaschine die Batterie rasch aufladen kann.

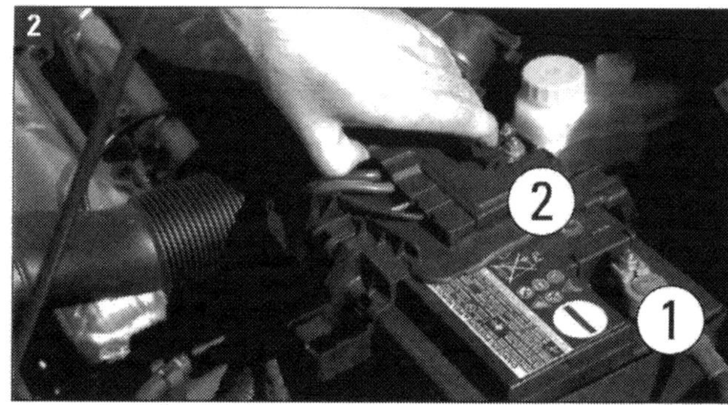

Auto-Batterie: (1) Minus-Polklemme, (2) Plus-Pol, abgedeckt.

Batterie regelmäßig prüfen

Um Probleme durch Ausfall der Batterie zu vermeiden, sollte sie regelmäßig überprüft werden. Arbeiten an der Batterie beschreiben wir im Kapitel »Fahrzeugelektrik – Bordnetz: Batterie, Generator, Anlasser«. In der Werkstatt kann der Batteriezustand über die geführte Fehlersuche mit dem Diagnosesystem VAS 5051/5052 ausgelesen werden. Marke und Modell eingeben, im Menü die Servicearbeiten wählen und den Anweisungen zur Batterieprüfung folgen.
Im laufenden Fahrbetrieb empfiehlt sich das Testen mit einem einfachen Gerät wie im Bild: In Zigarettenanzünder (Bordsteckdose vorn, im Fond oder im Kofferraum) stecken. Der Ladezustand von leer bis voll (Pfeil) wird mit Leuchtdioden angezeigt.

Elektronik im Notlaufprogramm

Bestimmte Pannen und Fehlfunktionen führen dazu, dass die Motorsteuerung nur noch im Notlaufprogramm arbeitet. Der Motor nimmt nicht mehr so richtig Gas an, alles ist irgendwie eingeschränkt. Aber dieser Notlaufmodus garantiert immerhin, dass Sie erst einmal einen sicheren Ort erreichen können. Dann allerdings müssen Sie schleunigst der Sache auf den Grund gehen.
Das Umschalten in den Notlauf kann viele Ursachen haben: Ein Sensor an Kurbel- oder Nockenwelle ist ausgefallen, Lambdasonde oder Luftmassenmesser sind defekt, Temperaturfühler, Leerlaufregler, Abgasrückführungsventil signalisieren nicht mehr ordentlich. Vielleicht trat der Fehler nur sporadisch auf, vielleicht ist längst wieder alles in bester Ordnung. Oft sind nur ein Massepunkt, ein Stecker mit Kontaktschwierigkeiten oder ein undichter Unterdruckschlauch schuld.
Merken Sie sich, in welchem Betriebszustand der Notlauf eingetreten ist. Sie können den Fehlerspeicher nämlich durch längeres Abklemmen der Batterie (zirka eine halbe Stunde) löschen und die Fahrt eventuell unter Vermeidung dieses Betriebszustandes fortsetzen.
Fanden Sie die Ursache jedoch nicht und tritt der Fehler nach kurzer Zeit erneut auf, sollten Sie so schnell wie möglich den Speicher auslesen (Diagnosesystem VAS 5051/5052 o. Ä.) und den Fehler beheben lassen.

Fahrwerk: Achsen, Servolenkung, Räder

Eine erweiterte Produktionslinie für Hinterachsen ging im Dezember 2011 im Škoda-Werk Mladá Boleslav in Betrieb. Hier werden nun pro Tag 1.700 Achsen gefertigt - Teil der Wachstumsstrategie, bis 2018 jährlich 1,5 Millionen Autoverkäufe zu erreichen.

Achsen und Radaufhängung

Was den Roomster so agil, präzise und beweglich macht, sind die optimierten Baugruppen seines Fahrwerks. Fahrspaß und Fahrsicherheit wurden so kombiniert, dass stets das günstigste Fahrverhalten gewährleistet ist. Ein modernes Auto wie der Roomster der jüngsten Generation ist ja nur dann sicher beherrschbar, wenn sein Fahrwerk die Räder präzise führt. Felgen, Reifen, Aufhängungen, Lager und Federn müssen mit Auf- und Abwärtsbewegungen genau so fertig werden wie mit den erheblichen Kräften beim Bremsen, beim Beschleunigen und in Kurven. Alle Komponenten müssen optimal aufeinander abgestimmt sein.

Richtige Radaufhängung ist entscheidend. Fährt der Wagen über Bodenwellen oder schnell durch eine Kurve, verändert sich jedes Mal die Geometrie der Räder. Reifen dürfen aber nie den Kontakt zur Fahrbahn verlieren, weil sie dann keine Brems- und Lenkkräfte mehr übertragen können. Die Federung nimmt die unvermeidlichen Stöße auf und folgt den Unebenheiten der Straße. Stoßdämpfer verhindern das Nachschwingen.

Die Bodengruppe des Škoda Roomster ist modular aufgebaut und verbindet bereits vorhandene Baugruppen aus dem Modellprogramm zu einer neuen Größe. Der Radstand misst 2.617 mm, das sind 39 mm mehr, als zwischen den Rädern eines Octavia Combi liegen. Nur so ließ sich der notwendige Platz für die Variabilität des Innenraums erreichen.

Achsen sichern Dynamik und Komfort

Vorne werden die je nach Ausstattungsversion bis zu 16 Zoll großen Räder an Mc-Pherson-Federbeinen geführt (Bilder 1 und 2). Die relativ leichten Federbeinlager sichern zusammen mit den gut dimensionierten Rädern Fahrdynamik und Fahrkomfort. Die Vorderachse mit unteren Dreieckslenkern verkörpert aktuellen Entwicklungsstand. Die Räder sind mit ihrer jeweiligen Einheit aus Radnabe und Radlager an die Radla-

1

Vorderachse: (1) Hilfsrahmen mit geringem Gewicht durch neue Fertigungstechniken, (2) Stabilisator, (3) Gummilager, (4) Koppelstange, (5) Abstützung, (6) Achslenker, (7) Achsgelenk, (8) vorderes Gummimetall-Lager, (9) Pendelstütze.

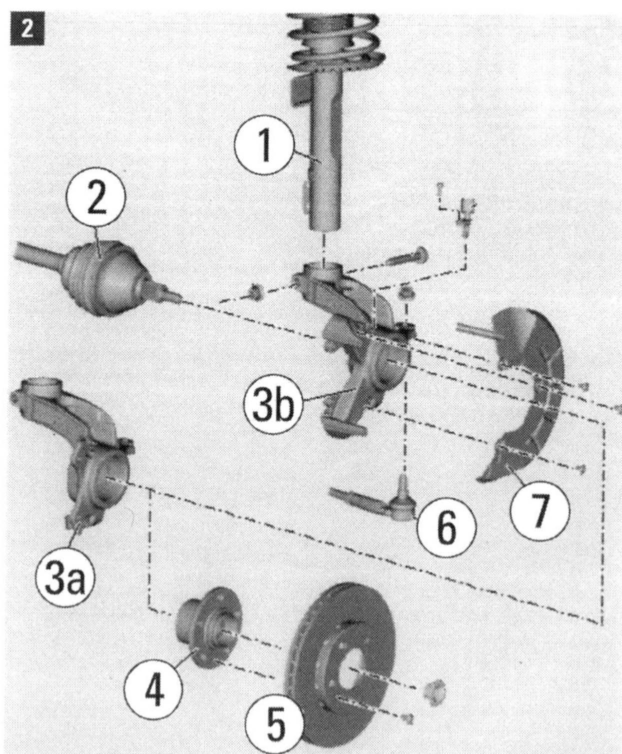

Radaufhängung vorn: (1) Federbein, (2) Gelenkwelle, (3) Radlagergehäuse (a für Bremssättel C54, b für Bremssättel FS III), (4) Radnabe mit Radlager, (5) innenbelüftete Bremsscheibe, (6) Spurstangenkopf, (7) Abdeckblech.

gergehäuse geschraubt. Hinten reduziert eine Verbundlenkerachse das Gewicht. So sind Zuladungen bis 530 kg möglich. Federn und Dämpfer sind voneinander getrennt angeordnet (Bild 3). Die Form der Radlager wurde für Scheiben- oder Trommelbremse jeweils passend ausgelegt und optimiert (Bilder 4 und 5).

Elektronische Hilfssysteme

Das neutrale Fahrverhalten des Roomster und die hohen Sicherheitsreserven seines Fahrwerks machen das Reisen angenehm. Unterschiedliche Spurweiten sorgen außerdem für eine aufrechte Fahrt um die Ecken. Vorne liegen maximal 1.436 mm zwischen den Rädern, hinten wurde eine maximale Spurweite von 1.500 mm gewählt (einige Modelle vorn 1.436 mm, hinten 1.484 mm).

Serienmäßig an Bord ist die elektronische Stabilisierungskontrolle ESC (siehe Kasten ESP). ABS inklusive Bremsbelagskontrolle und Bremsassistenten sowie ASR (Antriebs-Schlupf-Regelung) gehören ebenfalls zur Serienausstattung. Die Radschlupfregelung ABS verhindert das Blockieren der Räder bei einem vom Fahrer eingeleiteten Bremsvorgang. ASR verhindert mittels Drosselung der Motorleistung das Durchdrehen der Antriebsräder beim Beschleunigen über den gesamten Geschwindigkeitsbereich hinweg. ASR wird dabei von der Elektronischen Differenzialsperre EDS unterstützt. Diese Anfahrhilfe schafft durch elektronisch geregeltes Abbremsen des durchdrehenden Antriebsrades ein Stützmoment für das Differenzial. Die Motorleistung wird für das greifende Rad mit den besseren Haftverhältnissen nutzbar.

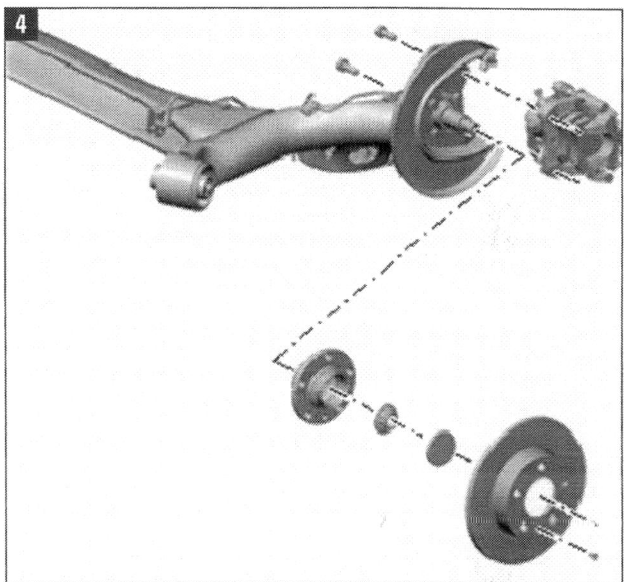

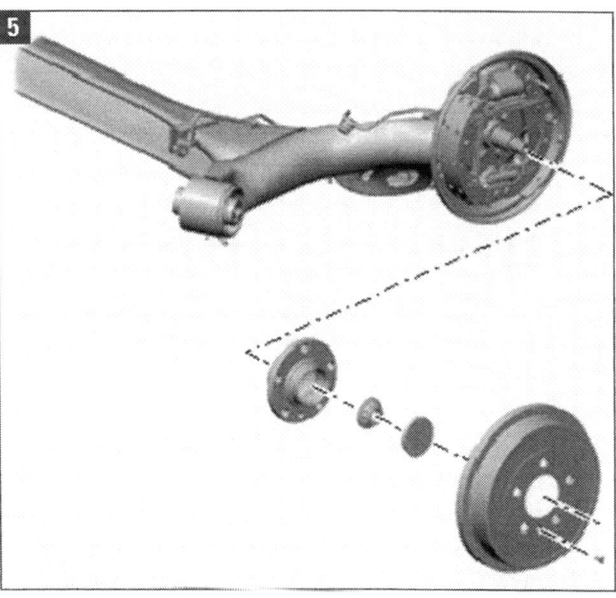

Bild 3 Hinterachse: (1) Dämpfer, (2) Schrauben, (3) Kappe, (4) Spiralfeder, (5) Federlager unten, (6) verschweißte Achse.
Bild 4: Radlager mit Scheibenbremse.
Bild 5: Radlager mit Trommelbremse.

Stabilisierung durch ESP

WISSENSWERTES

Elektronisches Stabilitätsprogramm – ESP heißt bei Volkswagen und anderen Herstellern (bei Škoda: ESC) ein System, mit dem ein Fahrzeug bis an die physikalische Grenze stabil gegen Ausbrechen gehalten wird. Das Anti-Schleuderprogramm soll nicht etwa Fahrwerksschwächen kompensieren. ESP erhöht die aktive Fahrsicherheit: Der Wagen bleibt damit selbst in schwierigen und unerwarteten Situationen noch besser beherrschbar. ESP bewirkt in kritischen Fahrsituationen gezielte Bremseingriffe an einzelnen Rädern und eine bedarfsgerechte Anpassung der Motorleistung zur Stabilisierung des Fahrzeugs. Das gilt besonders in Kurven und bei plötzlichen Ausweichmanövern.

ESP erkennt eine fahrdynamisch kritische Situation beispielsweise an einem durchdrehenden Rad. Sofort wird ESP aktiv und bremst je nach Situation und Bedarf eins oder mehrere Räder gezielt ab. Zusätzlich wird, falls vom System als notwendig erkannt, automatisch das Motordrehmoment angepasst. So unterstützt ESP den Fahrer dabei, das Fahrzeug wieder zu stabilisieren. Natürlich kann aber auch ESP nur im Rahmen der fahrphysikalischen Gesetze helfend eingreifen.

Herzstück des Stabilitäts-Programms ist ein Geschwindigkeitsmesser. Er verfolgt ständig die Bewegung des Fahrzeugs um seine Hochachse und vergleicht den gemessenen Ist-Wert mit dem Sollwert, der sich aus der Lenkvorgabe des Fahrers und der Geschwindigkeit ergibt. Sobald das Fahrzeug von dieser Ideallinie abweicht, greift ESP ein und beeinflusst Schleuderbewegungen schon beim Entstehen. ESP verbindet die Funktionen von Anti-Blockier-System ABS und Antriebs-Schlupf-Regelung ASR bei gleichzeitiger Erweiterung um eine wirksame Fahrstabilitätshilfe.

Anhängerstabilisierung ist eine sinnvolle, sehr nützliche neue Zusatzfunktion des ESP. Wieder natürlich nur im Rahmen der physikalischen Möglichkeiten kann sie den Pendelschwingungen eines Anhängers bereits im Ansatz entgegenwirken. Erst wenn ein zusätzliches Abbremsen zur Stabilisierung unumgänglich wird, passt die ESP-Anhängerstabilisierung auch automatisch die Fahrgeschwindigkeit an.

Sicherheit und Servolenkung

Der kleine Spurkreis von nur 10,5 m macht das Rangieren und Einparken mit dem Roomster einfach. Aber alle Modelle sind überdies mit einer elektro-hydraulischen Servounterstützung der Lenkung ausgestattet, die von Lenkwinkel und Fahrgeschwindigkeit abhängig arbeitet. Dafür ist oben im Lenkgetriebe zusätzlich der Lenkwinkelsensor vorhanden, der die Eingangswelle umfasst (5 in Bild 6, Pfeil in Bild 7) und die Lenkwinkelgeschwindigkeit an die Steuerelektronik übermittelt. Die Lenkwinkelinformation erfolgt über eine Sensorleitung direkt an das Steuergerät.
Der nötige Systemdruck wird wie üblich mit einer Hydraulikpumpe erzeugt. Diese Zahnradpumpe wird aber nicht durch den Fahrzeugmotor angetrieben, sondern durch einen Elektromotor. Das ist günstig, weil sonst ein Teil der Motorleistung ständig für den

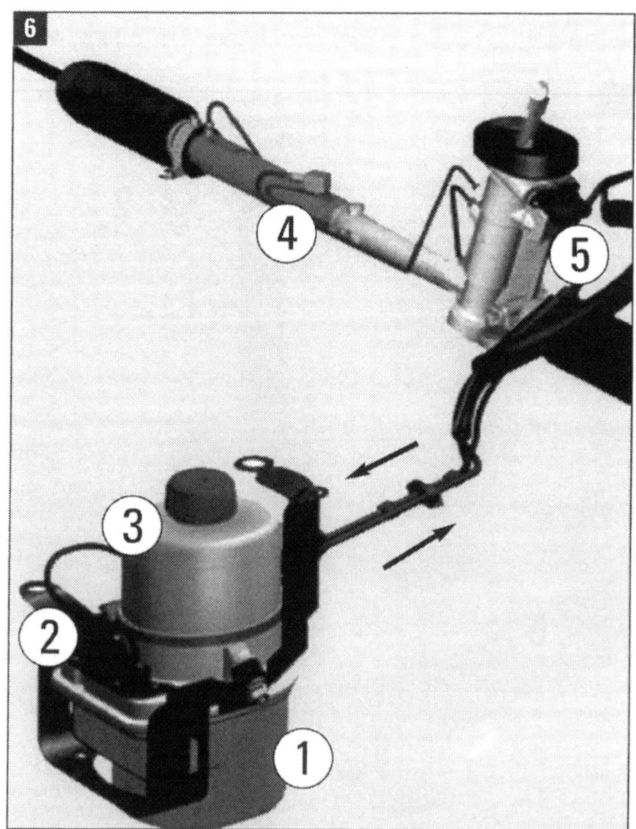

Elektro-hydraulische Servolenkung: (1) Zahnradpumpe mit Pumpenmotor, (2) Steuergerät für Lenkhilfe J500, (3) Vorratsbehälter mit dem Hydrauliköl, (4) Lenkgetriebe mit den Spurstangen, (5) Sensor für Lenkhilfe G250 (Lenkwinkelsensor).

Pumpenantrieb benötigt wird. Das Motorpumpenaggregat ist ein in sich geschlossenes Bauteil an einem speziellen Halter im Motorraum. Es ist am Halter in Gummilagern elastisch aufgehängt und mit einer Geräuschdämmkapsel umhüllt.
In dem Motorpumpenaggregat (Bild 6) sind unten Hydraulikeinheit mit Zahnradpumpe, Druckbegrenzungsventil und Elektromotor (alle 1), in der Mitte das Steuergerät J500 für Lenkhilfe (2) und oben der Vorratsbehälter (3) für das Hydrauliköl zusammengefasst. Eine Druckleitung verbindet Pumpe und Lenkgetriebe, die Öl-Rücklaufleitung führt zum Vorratsbehälter (Pfeile in Bild 6). Das wartungsfreie Aggregat ist nicht zerlegbar und nicht für Instandsetzungen vorgesehen. Der Sensor für Lenkhilfe erfasst den Lenkwinkel und berechnet die Lenkwinkelgeschwindigkeit. Wenn er ausfällt, bleibt die Lenkungsfunktion gewährleistet. Die Servolenkung geht dann in einen programmierten Notlauf über. Die erforderlichen Lenkkräfte werden spürbar größer. Alle Fehlfunktionen werden im Steuergerät für Lenkhilfe (J500) gespeichert.

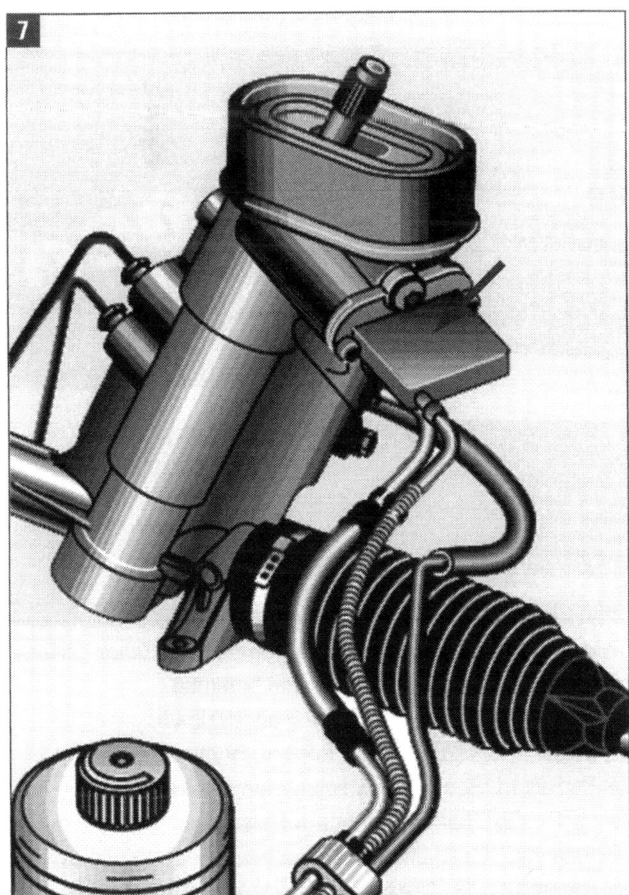

Sensor für Lenkhilfe: Die Servolenkanlage der Firma TRW mit dem breit und flach ausgelegten Lenkwinkelsensor (Pfeil).

Räder und Reifen

Reifenunterbau, Gummimischung und ein ausgefeiltes Reifenprofil lassen moderne Reifen einen wichtigen Beitrag zur passiven Sicherheit Ihres Roomster leisten (Bild 8). Sie tragen das Gewicht des Fahrzeugs, fangen kleinere Stöße der Fahrbahn ab und übertragen die Kräfte bei Antrieb, Bremsen und Kurvenfahrt.

Aufbau in Schichten

Die schlauchlosen Gürtelreifen (Bild 8) Ihres Fahrzeugs sind in Schichten aufgebaut (Bild 9). Profil und Mischung des äußeren Laufstreifens (1) beeinflussen entscheidend die Eigenschaften. Die darunter liegende Base (2) senkt den Rollwiderstand. Die Stahlcordlagen (4) unter Nylonbandagen (3) steigern die Fahrstabilität. Form- und Festigkeitsträger des Reifens ist

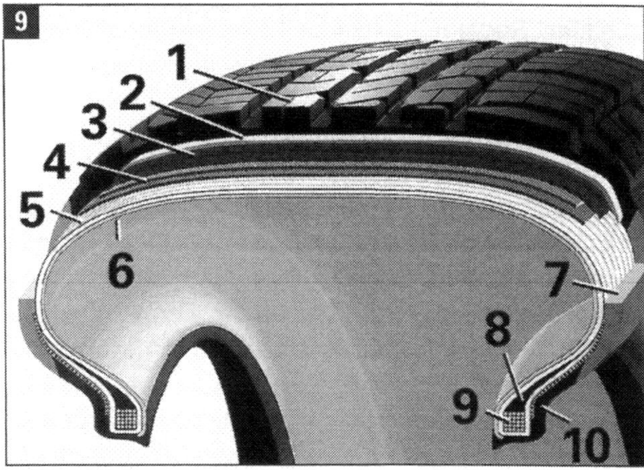

Reifenaufbau: Reifen wie in Bild 8 an den Rädern des Roomster sind in Schichten aufgebaut (Bild 9):
(1) Laufstreifen, (2) Base, (3) Nylon-Spulbandagen, (4) Stahlcord-Gürtellagen, (5) Karkasse, (6) Innenseele, (7) Seitenteil, (8) Kernprofil, (9 Kern), (10) Wulstverstärker.

die Karkasse (5). Die Innenseele (6), eine gasdichte Schicht, ersetzt den längst nicht mehr üblichen Schlauch. Das Seitenteil (7) schützt die Karkasse vor Beschädigungen. Kernprofil (8) und Wulstverstärker (10) unterstützen Lenk- und Fahrpräzision und fördern die Fahrstabilität. Der Kern (9) sorgt für festen Sitz auf der Felge.

Fahrstil und Verschleiß

Die Reifen an den Vorderrädern bringen es erfahrungsgemäß auf eine durchschnittliche Laufleistung von 50.000 bis 60.000 Kilometern, wenn bei mittlerer Motorisierung und normaler Straßenbeschaffenheit ausgeglichen gefahren wird. An den Hinterrädern können die Reifen noch ein gutes Stück länger halten. Aber auch wenn Sie Ihr Fahrzeug nur selten bewegen, sind die Reifen spätestens nach sieben bis acht Jahren am Ende. Denn die Mischung des Gummis löst sich mit der Zeit auf.

Der Reifenverschleiß hängt von Motorisierung und Straßenbeschaffenheit, vor allem aber stark von Ihrer Fahrweise ab. So ist heftiges Aufprallen auf die Bordsteinkanten gefährlich. Dabei können Schäden an der Reifenstruktur auftreten, die zunächst unsichtbar sind. Die Gefahr von anfangs unsichtbaren Schäden besteht auch beim Parken, wenn der Reifen an die Bordsteinkante gequetscht oder nur auf einem Teil der Aufstandsfläche an einer Kante abgestellt wird. Vollbremsungen mit blockierenden Rädern können zu »Bremsplatten« führen: Der Reifen wird durch extreme Hitzeeinwirkung an einer Stelle erheblich abgeschliffen. Räder mit solchen »Bremsplatten« erzeugen Vibrationen. Sie müssen ausgetauscht werden.

Bestimmungsgrößen für Reifen

Auf der Flanke eines Reifens befinden sich Ziffern und Buchstaben, mit denen die Hersteller die jeweiligen Reifendaten verschlüsseln (Bilder 10 bis 13). Den Autofahrer interessiert vor allem das Format des Reifens. 205 / 55 / R 16 im Beispiel nach Bild 10 bedeutet, dass der Reifenquerschnitt eine Breite von 205 Millimetern aufweist. Die zweite Zahl bestimmt das Verhältnis von Höhe zu Breite, im Beispiel 55 Prozent. Je kleiner dieses Verhältnis, desto flacher und breiter ist der Reifen.

»R« steht für die Radialbauart von Gürtelreifen. Falls eine Zahl dahinter steht, nennt sie den Durchmesser (hier 16) der Felge in Zoll. Welche Reifengrößen und Felgen für Ihr Fahrzeug zugelassen sind, steht in den Kfz-Papieren. Wenn Sie das Reifenformat bei Fahrzeugen mit eingebautem Navigationssystem wechseln, muss dieses neu kalibriert werden.

In Abbildung 10 bezeichnet die Ziffer 1 den Kennbuchstaben für die zulässige Höchstgeschwindigkeit 150 km/h (es ist ein Winterreifen). »Q« steht für 160, »S« für 180 und »T« für 190 km/h. Ein Höchsttempo bis 210 km/h gilt für Reifen mit dem Kennbuchstaben »H«, »V« erlaubt 240 km/h Spitze. Für maximal 270 bzw. 300 km/h gelten die Geschwindigkeitssymbole »W« bzw. »Y«. Die Kennzeichnung mit P und Q findet sich normalerweise nur auf M+S-Reifen.

Bestimmungsgrößen für Felgen

Die Größe einer Felge gibt man nach Normvorschrift stets in Zoll an. Die Bezeichnung 6J x 15 für ein Roomster-Stahlrad bezeichnet eine Tiefbettfelge (x) mit einer Breite von 6 und einem Durchmesser von 15 Zoll. Der Buchstabe »J« steht für die Form des Felgenhorns. Weitere wichtige Bestimmungsgrößen sind die

Bild 10 Pirelli-Winterreifen: Die generell bei Reifen übliche Kennzeichnung auf der Seitenwand bedeutet
(1) zulässige Geschwindigkeit; P = bis 150 km/h,
(2) Breite in mm (205) und (3) Höhe zu Breite in % (55),
(4) Radialkarkasse (»R«) für Felgendurchmesser 16 Zoll,
(5) Last-Index: Hier für »Standard-Beladung«,
(6) Reifentyp Radial und (7) schlauchlose Bauart (tubeless),
(8) Herstellung 38. Woche 2001 (wäre bereits überaltert).
Bild 11 Laufrichtung: Reifen mit Pfeilmarkierung (hier: Internet-Beispiel) müssen in dieser Richtung montiert werden.

Einpresstiefe ET (üblich z. B. 43 mm) und der Lochkreisdurchmesser (Roomster: 100 mm). Dank hochfester Dualphasen-Stähle wiegt die einzelne Stahlfelge nur gut 7,0 kg für eine Radlast um 500 kg.

Räder und Reifen beim Roomster

Der Roomster wird serienmäßig mit 15- oder 16-Zoll-Rädern und Reifen der Dimension 195/55 R 15 oder 205/45 R 16 ausgerüstet. Aktuelle Zubehörkataloge von Škoda weisen eine Vielzahl attraktiver Leichtmetallfelgen für den Roomster unter klangvollen Namen wie »Antares«, »Avior« oder »Comet«aus. Für andere Felgen (oder Reifen) als vorgegeben, brauchen Sie Teilgutachten von TÜV oder DEKRA und einen Eintrag der Zulassungsstelle.

Datum und ECE-Prüfnummer

Herstellungswoche und Jahr sind mit einer 4-stelligen Zahl auf den Reifen angegeben. So bedeutet 3208 in Bild 12, dass der Reifen in der 32. Produktionswoche

Bild 12 DOT und Datum: »DOT« erfüllt amerikanische Richtlinien, vierstellige Zahl gibt Woche und Jahr der Produktion an. ***Bild 13 ECE-Prüfzeichen:*** »E« im Kreis Prüfzeichen nach ECE-Regelung, »e« im Kreis nach EG-Richtlinie. »2« bedeutet, dass Genehmigung in Frankreich erteilt wurde (Deutschland: 1).

des Jahres 2008 hergestellt wurde. Das Beispiel in Bild 10 zeigt einen mit elf Jahren schon überalterten Reifen: 3801, also aus dem Jahr 2001.

Die Reifen müssen ferner eine ECE-Prüfnummer auf der Reifenflanke tragen. Diese Nummer (»E« und »e« sowie eine Code-Zahl für das Zulassungsland, z. B. »2« wie in Bild 15 für Frankreich) besagt, dass der Pneu typgeprüft entsprechend europäischem Qualitäts-Standard ist.

Diese europäische Prüfnummer gilt auch für viele andere Produkte. Um einen Eindruck zu geben, führen wir hier beispielhaft die ersten Zahlen mit Länderzuordnung aus einer Liste von inzwischen weit über 40 an: 1 Deutschland, 2 Frankreich, 3 Italien, 4 Niederlande, 5 Schweden, 6 Belgien, 7 Ungarn, 8 Tschechien, 9 Spanien. Der Code sagt also aus, in welchem Land das Produkt hergestellt und/oder zugelassen wurde.

Spezialisten für Schnee und Eis

Über Winterreifen, die auf kalter Fahrbahn sowie auf Schnee und Eis sicherer als Sommerreifen rollen, haben wir schon ausführlich im Kapitel »Fit durch den Winter« gesprochen. Wir möchten hier im Zusammenhang mit Rädern und Reifen nochmals auf dieses wichtige Thema eingehen.

Winterreifen werden aus einer Gummimischung mit hohem Anteil Naturkautschuk hergestellt, die bei Temperaturen unter sieben Grad, vor allem aber bei Eis und Schnee besser auf der Fahrbahn haftet. Voraussetzung für die gute Übertragung der Motor- und Bremskräfte auf die Straße ist jedoch ein Profil von mindestens 4,0 mm (Bild 14: Demo von www.protyre.de) gegenüber der minimal zulässigen Profiltiefe von 1,6 mm (besser sind mindestens 2,0 bis 3,0 mm) bei Sommerreifen. Weniger Profil als vier Millimeter ist nicht erlaubt und disqualifiziert den Reifen für den Wintereinsatz. Alle vier Räder mit Winterreifen ausstatten, Sommer- und Winterreifen nicht kombinieren!

Winterreifen auf Felgen montieren

Für einen Winterreifen genügt durchaus eine schmale Ausführung. Investieren Sie das für breitere Pneus gesparte Geld lieber in einen zweiten Satz passender Felgen. Das Ummontieren der Reifen im Frühjahr und Herbst kommt auf die Dauer viel teurer.

Viele Händler und Werkstätten lagern Ihre Winterreifen (oder Kompletträder) gegen Gebühr bis zum nächsten Tausch. Die Räder müssen übrigens nach jeder Montage neu ausgewuchtet werden. Erhöhen Sie den Luftdruck um 0,2 bar. Wenn die Höchstgeschwindigkeit der Winterreifen unter der Ihres Fahrzeugs liegt, kleben Sie sich zur Erinnerung einen Sticker ans Armaturenbrett!

Schneeketten feingliedrig wählen

Bei Schnee und Eis sind an den Vorderrädern Schneeketten zulässig. Auf Reifen bestimmter Formate dürfen allerdings keine Schneeketten aufgezogen werden. Informieren Sie sich (Fachwerkstatt), ob das bei Ihrem Fahrzeug der Fall ist.
Nehmen Sie Radzierblenden bei Schneekettenbetrieb ab. Die Radschrauben sollten dann mit Abdeckkappen aus der Škoda-Werkstatt gesichert werden. Verwenden Sie nur gutklassige feingliedrige Schneeketten, die einschließlich Kettenschloss nicht mehr als 15 mm auftragen.

Räder richtig tauschen

Haben Sie ein neues Vollrad als Reserverad, können Sie Geld sparen, wenn das gleiche Fabrikat mit demselben Profil noch lieferbar ist. Dann kaufen Sie einen entsprechenden Reifen dazu und haben bereits eine Achse neu bereift.
Sie können den Kauf neuer Reifen auch hinausschieben, indem Sie die Räder jeweils einer Fahrzeugseite (gleiche Laufrichtung, also nicht über Kreuz!) gegeneinander austauschen. Der Abrieb der Reifen erfolgt so gleichmäßiger. Achten Sie beim Tausch der Reifen darauf, dass Sie auf jeder Achse Reifen des gleichen Fabrikats, mit gleichem Profil und Alter montieren!

Zuverlässige Druckanzeige

Wesentlich für gutes Fahrverhalten und möglichst hohe Laufleistung ist der richtige Reifeninnendruck. Im Roomster setzt Škoda serienmäßig in GreenLine-Modellen und optional für »Ambition« und »Elegance« die Reifendrucküberwachung ein. Das System vergleicht die Drehzahlen der vier Räder miteinander und beobachtet darüber hinaus die Torsionsschwingungen, die durch die Anregungen von der Straße entstehen. Bei Druckverlust ändern sich Steifigkeit und charakteristische Eigenfrequenz des Reifens.
Die Reifendruckkontrolle kann auch registrieren, wenn alle vier Reifen gleichmäßig schleichend Luft verlieren. Dieser Effekt infolge Diffusion kann bis zu 0,1 bar pro Monat betragen und bei Nichterkennen am Ende zu einem massiven Schaden führen. Ins ESP integriert, lässt sich die Reifendruckkontrollanzeige von wechselnden Bedingungen (beladener Kofferraum, Schneeketten oder Schotterpisten) nicht irritieren. Der Fahrer muss nur nach dem Aufpumpen der Reifen das System nach Betriebsanleitung neu kalibrieren.

Das Reifenlaufbild

Abgenutzte Reifen lassen sich manchmal schon auf den ersten Blick, auf jeden Fall aber bei gründlicher Kontrolle erkennen. Es gibt diverse Erscheinungsformen dafür, auf die Sie achten sollten. Wir möchten die augenfälligsten hier kurz auflisten:

- Außenseite (vorn) abgefahren: Zu flotte Fahrweise in Kurven. Evtl. gegen Hinterräder tauschen.
- Außenseiten stärker abgenutzt als Profilmitte: Reifen wurde lange mit niedrigem Luftdruck gefahren.

Profilmitte abgenutzt: Durch häufiges Fahren mit Höchstgeschwindigkeit und zu hohem Reifendruck.

GEFAHRHINWEIS

Risikofaktor Reifeninnendruck

Ein schlecht oder gar nicht gewarteter Reifen kann sich zum Risikofaktor für Fahrer und Auto entwickeln. Fahren Sie zum Beispiel einen Reifen mit zu geringem Luftdruck unter sehr hoher Last, führt das nicht selten zu teilweisen Ablösungen an der Reifenlauffläche, wie wir sie auf Seite 80 im Bild zeigen.

Solche Schäden bleiben jedoch oft längere Zeit verborgen. Wird der vorher geschädigte Reifen dann bei einer längeren Fahrt stark beansprucht, ist meist die Katastrophe nicht mehr ausgeschlossen. Durch die enormen Fliehkräfte bei hohen Geschwindigkeiten können dann sogar einzelne Reifenteile abreißen.

- Einseitig abgefahrene Laufflächen: Sind meist auf Sturzfehler zurückzuführen (Achsvermessung!).
- Gratbildung am Reifenprofil: Spurfehler, Achsvermessung angeraten.
- Abnutzung in Profilmitte (Bild 15): Reifen bauchen durch Fliehkraft aus, nutzen in der Mitte stärker ab.
- Schräges Profil (Bild 16): Falsche Radeinstellung.
- Starke Abnutzung: Bremsung mit blockiertem Rad führt oft zu diesen schon erwähnten »Bremsplatten«.
- Ungleiche Abnutzung: Entsteht meist durch Unwucht im Rad. In solchen Fällen ist das »Auswuchten« erforderlich.

Unwucht und Auswuchten

So genannte Unwucht macht sich durch Vibrationen am Lenkrad oder Schütteln im Vorderwagen bemerkbar. Ursache ist eine ungleichmäßige Gewichtsverteilung am Rad, die auch den Reifenverschleiß erhöht.

- Dynamische Unwucht kommt beim schnellen Drehen des Rades zur Wirkung. Die übergewichtige Stelle sitzt nicht in der Mittelebene des Rades, sondern etwas nach außen bzw. innen versetzt. Das Rad flattert und wackelt bei schneller Fahrt.
- Statische Unwucht zeigt sich, wenn man das Rad am aufgebockten Wagen frei auspendeln lässt: Der Schwerpunkt wird sich ganz von selbst nach unten begeben. Ein Rad mit statischer Unwucht hüpft beim Fahren, die Stoßdämpfer verschleißen schneller.

Auswuchten ist Sache der Werkstatt. Eine Maschine zeigt die Unwuchten. An die entsprechenden Stellen der Felgen werden ausgleichende Gewichte (Bild 17, Pfeile; maximal 60 g je Felgenhorn) geklebt. Auf dieses Auswuchten aller vier Räder beim Reifenwechsel darf nicht verzichtet werden, es gehört zur ordnungsgemäßen Montage von Reifen und Felgen. Dazu müssen der Reifenfülldruck i.O., das Reifenprofil nicht einseitig abgenutzt und wie vorgeschrieben tief und die Reifen ohne Schnittverletzungen, Einstiche, Fremdkörper usw. sein. Radaufhängung, Lenkung, Lenkgestänge und Dämpfer müssen einwandfrei sein.

Schräg abgefahren: Falsche Radstellung wird manchmal durch zu geringe Einpresstiefe von Felgen begünstigt.

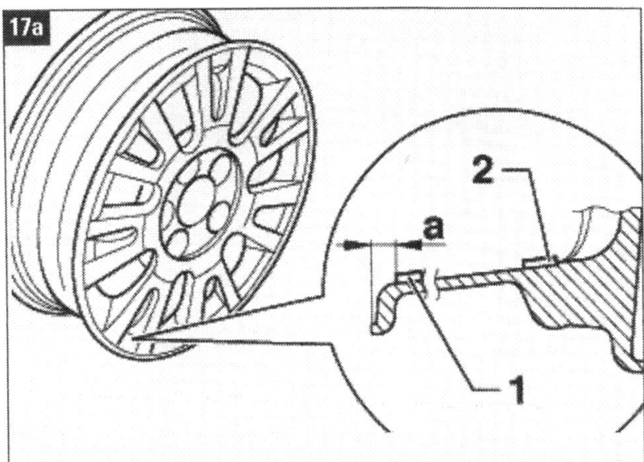

Einbaulage der Auswuchtgewichte: (1) Felgenaußenseite, (2) Felgeninnenseite. a = 18 +1 mm..

Zustand der Reifen kontrollieren

Die Vorderräder treiben das Fahrzeug an, lenken es und müssen die Hauptbelastung beim Bremsen aushalten. Sie sind schneller verschlissen als die hinteren Pneus. Schonen Sie die Reifen Ihres Wagens durch das Einhalten der folgenden

4 Grundregeln und Prüfung

- Reifen müssen zur Höchstgeschwindigkeit passen. Zu hohes Tempo bewirkt mehr Abrieb.
- Nach längerer Fahrt die »Wärmeprobe« machen: Ist der Reifen handwarm, steht es gut um ihn. Heißer Gummi ist ein Alarmzeichen, das auf zu niedrigen Luftdruck (Bild 1: Abplatzung / Abriss als mögliche Folge) oder beschädigten Unterbau hinweist.
- Bei häufiger Autobahnfahrt mit Höchsttempo sollten Sie am besten Reifen montieren, deren Geschwindigkeitsindex eine Klasse höher liegt als laut Fahrzeugschein.
- Nicht mit der Reifenflanke am Bordstein schrammen! Über Bordsteine und Schwellen nur langsam und immer im rechten Winkel rollen.
- Die Reifen regelmäßig auf **Luftdruck** kontrollieren. Der Reifeninnendruck entscheidet oft über Komfort und Spritverbrauch. Der in der Tankklappe angegebene optimale Druck bei unterschiedlichen Beladungszuständen sollte Ihre feste Orientierung sein. Dieser Wert soll nicht unterschritten werden, aber Sie können ihn durchaus leicht erhöhen. Wer seinen Luftdruck um 0,2-0,4 bar erhöht, der fährt deutlich sparsamer. Allerdings leidet darunter der Komfort ein wenig.

- Berücksichtigen Sie unbedingt, dass der Innendruck von Reifen jeweils einer Achse auch gleich sein muss. Zu Beachten ist auch, dass der Luftdruck an kalten Reifen getestet werden muss. Er ändert sich bei warmen Reifen.

- Dann am besten den Wagen anheben oder auf jeden Fall aufbocken. Gründliche Reinigung (Bild 2) vor der Kontrolle auf **Schäden** wäre ideal.

- Jedes Rad komplett durchdrehen. Steinchen (Bild 3) und andere Fremdkörper vorsichtig mit einem flachen Schraubendreher aus den Profillamellen entfernen. Finden sich Glasscherben oder Nägel in der Reifendecke, kann allerdings Luft entweichen!

- Auf Unregelmäßigkeiten wie Einstiche, Schnitte, Risse und herausgebrochene Profilstücke (Bild 3a) achten. Bei

1

2

Schäden kann Feuchtigkeit ins Reifeninnere dringen. Von außen ist aber nicht zu erkennen, ob der stabilisierende Stahlgürtel schon von Rost angefressen ist. Lassen Sie beschädigte Reifen zur Sicherheit vom Fachmann prüfen. Das gilt übrigens auch bei auffälligem Reifenabrieb.

■ PrüfenSie genau: Sind alle Reifen gleichmäßig abgefahren? Gibt es irgendwo Auswaschungen? Finden sich Beulen an den Seitenwänden (Flanken)? Dann kann der Reifenunterbau beschädigt sein.

■ Wenn die auf den Seiten 76 und 79 als eine der »häufigen Abnutzungserscheinungen« erwähnten Bremsplatten gefunden werden, die durch Vollbremsung entstanden sind, müssen die betroffenen Reifen ausgewechselt werden. Dies sind irreparable Schäden. Anders verhält es sich mit den

■ »**Standplatten**«. Diese können entstehen, wenn das Fahrzeug mehrere Wochen auf einer Stelle steht, ohne bewegt zu werden; wenn es nach dem Lackieren in die Trockenkabine der Lackieranlage gestellt wird; wenn es mit warmen Reifen in einer kühlen Garage oder einem anderen Unterstand für längere Zeit abgestellt wird. Auch zu geringer Reifenfülldruck kann Ursache für Standplatten sein.
Solche Platten können »herausgefahren« werden, aber möglichst nicht bei winterlichem Wetter: Reifenfülldruck kontrollieren und ggf. korrigieren, 20 bis 30 km Autobahnfahrt bei 120 bis 150 km/h Geschwindigkeit. Danach Fahrzeug sofort anheben, Räder abschrauben und auswuchten.

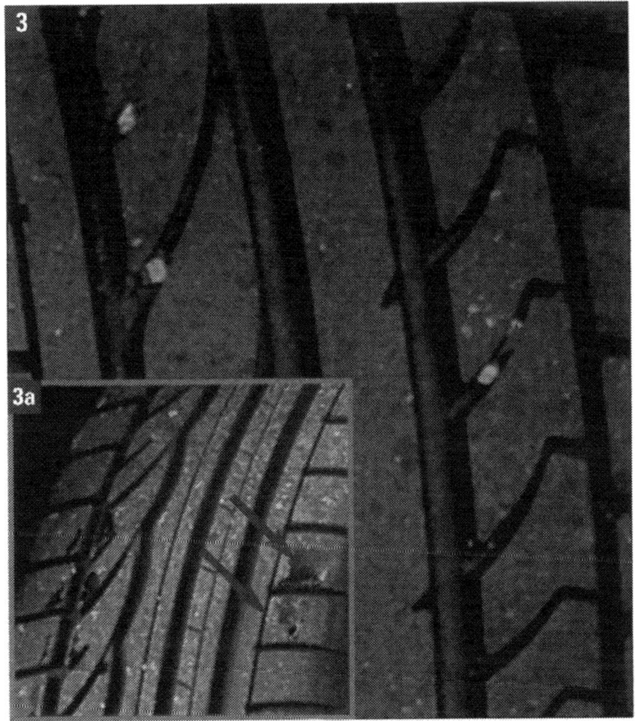

■ Das **Reifenprofil** von Sommerreifen muss über die gesamte Lauffläche mindestens 1,6 mm, sollte aber besser mindestens 2 mm tief sein. Wie bereits mehrfach betont, liegt der Mindestwert für Winterreifen bei 4 mm.
Das Fahrverhalten Ihres Autos wird mit abnehmendem Profil schlechter, vor allem bei Nässe (»Aquaplaning«). Guten »Grip« gewährleistet dann eine Profiltiefe um 8 mm, wie sie neue Reifen aufweisen.

■ Reifen nach dem Sommer/Winter-Wechsel in der zweiten Saison nicht ohne gründlichen Check wieder einsetzen. Selbst ein neuer Reifen kann durch harten Aufprall mit Schädigung des Innenlebens oder durch falsche Lagerung durchaus unbrauchbar geworden sein.

■ ***Fazit:*** Das Thema Reifen nicht unterschätzen, Testergebnisse und Expertenwarnungen ernst nehmen, Unfall infolge mangelnder Wartung vermeiden. Beim Reifenkauf beachten: Sparen am falschen Ende kann gefährlich sein.

Hinweise für Volkswagengruppe

Wir möchten zum Schluss noch über die die Hinweise informieren, die Volkswagen im Werkstattmaterial »Ratgeber Räder / Reifen« im Juni 2010 gibt. Es heißt dort einleitend:
Alle von VW empfohlenen Reifen wurden von der technischen Entwicklung geprüft und in Zusammenarbeit mit den Reifenherstellern auf den jeweiligen Fahrzeugtyp abgestimmt. Wir empfehlen daher, bei Ersatz der Reifen immer die empfohlenen Reifenfabrikate zu montieren. Oberste Priorität hat die Fahrzeugsicherheit. Unter Berücksichtigung der verschiedenen Einsatzbedingungen, wie

- unterschiedliche Geschwindigkeitsbereiche,
- Winter-/Sommerbetrieb und
- nasse/trockene Straße

muss ein für die Fahrsicherheit optimaler Kompromiss gefunden werden.

Achtung: Jeder Reifen ist über Laufstrecke und Zeit vielen Beanspruchungen ausgesetzt. Es ist wichtig, dass die grundsätzlichen Voraussetzungen für seinen optimalen Einsatz erfüllt sind!

■ Die korrekte Einstellung der Achsgeometrie im Rahmen einer Fahrzeugvermessung ist eine wichtige Voraussetzung für eine optimale Lebensdauer des Reifens. Deshalb muss die Einstellung der Achsgeometrie unbedingt im vorgegebenen Toleranzbereich liegen.

Radeinstellung prüfen

WISSENSWERTES – Begriffe der Lenkgeometrie

Von der Stellung der Vorderräder wird die Straßenlage wesentlich bestimmt. Man unterscheidet:
Nachlauf: Abstand (in Fahrtrichtung) zwischen der gedachten Verlängerungslinie der Lenkdrehachse zum Boden und dem Mittelpunkt der Reifenaufstandsfläche. Durch den Nachlauf werden die Räder gezogen (und nicht geschoben). Sie neigen deshalb dazu, sich von selbst geradeaus zu stellen und diese Stellung auch beizubehalten (A in Bild 1).

Sturz: Die Neigung des Rades zu einer Senkrechten. Vermindert Fahrbahnstöße auf die Teile der Lenkung, reduziert Lenkkräfte und Reibung der Räder auf der Fahrbahn. Die Vorderräder haben positiven Sturz. Sie stehen oben im Radkasten geringfügig weiter auseinander als unten am Boden (B in Bild 1).

Spreizung: Die Neigung der Lenkungsdrehachse zu einer Senkrechten. Denkt man sich eine Linie dieser Achse zum Boden und misst den Abstand zur Mittellinie durch das Rad (Mittelpunkt der Reifenaufstandsfläche), erhält man den Lenkrollradius. Dieser soll möglichst klein sein, um die Störkräfte in der Lenkung zu verringern. Die Spreizung bewirkt zusammen mit dem Nachlauf, dass sich bei eingeschlagenen Rädern das Fahrzeug etwas anhebt. Lässt man das Lenkrad los, stellen sich die Räder selbst in die Mittelstellung zurück (C in Bild 1).

Vorspur: Die Vorderräder stehen vorn enger zusammen als hinten (Bild 2). Das gleicht die Reibung zwischen Rad und Straße aus, die das linke Rad nach links und das rechte nach rechts drücken will. Die Vorspur verhindert Flattern der Räder und Radieren der Reifen. Bei der Fahrt durch eine Kurve schwenkt das kurveninnere Rad zur Unterstützung der Lenkbewegung und der Lenkkräfte stärker ein als das kurvenäußere. Die Vorspur geht in Nachspur über (Räder stehen hinten enger zusammen als vorn).

Spurdifferenzwinkel: Für die Vorderradaufhängung festgelegte Abweichung zwischen den Radeinschlagwinkeln bei Stellung eines Rades auf 20°.

Die richtige Stellung der Vorderräder entscheidet darüber, ob Ihr Fahrzeug auf ebener Strecke und in Kurven ruhig und sicher auf der Straße liegt. Nach harter Berührung des Bordsteins kann die Geometrie der Vorderradaufhängung bereits empfindlich gestört sein. Auch verschlissene Gelenke und Gummilager oder unsachgemäße Reparaturen wirken sich spürbar negativ auf das Fahrzeugverhalten aus.
Unternehmen Sie deshalb ganz gezielt eine kurze Probefahrt zur Überprüfung der Lenkgeometrie. Dazu müssen beide Vorderreifen dieselbe Reifensorte und Profiltiefe aufweisen und den vorgeschriebenen Luftdruck haben.

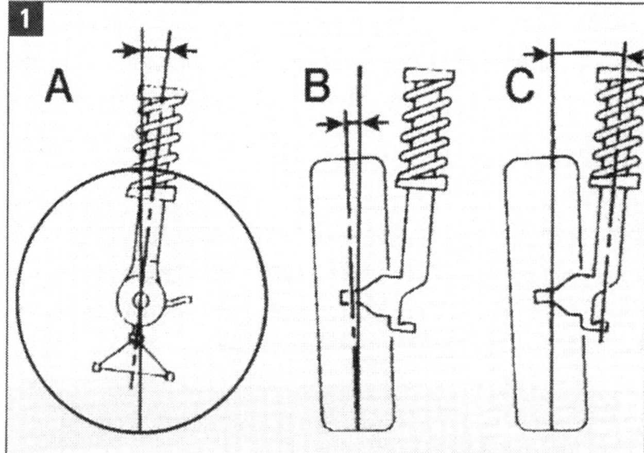

Lenkgeometrie – Die wichtigsten Radeinstellungen: A – Nachlauf, B – Radsturz, C – Spreizung.

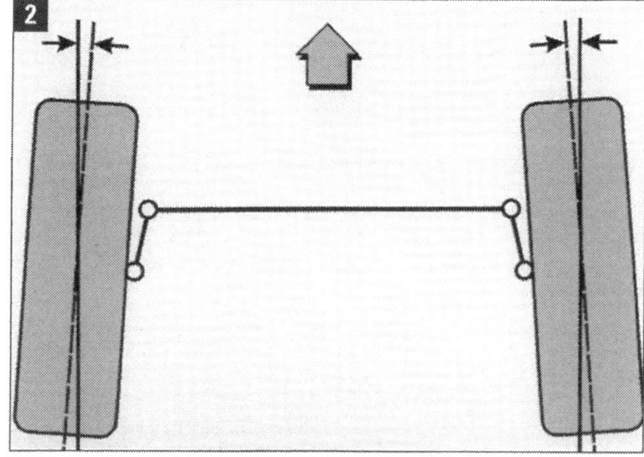

Lenkgeometrie – Der Stand der Räder: Schematische Darstellung der so genannten Vorspur.

Lenkgeometrie überprüfen

■ Kontrollieren Sie genau, ob die Lenkradspeichen bei Geradeausfahrt symmetrisch stehen. Ein schief sitzendes Lenkrad ist ein Zeichen für Spurfehler.

■ Läuft das Auto auf ebener Fahrbahn und bei losgelassenem Lenkrad geradeaus? Zieht es zur Seite? Stellt sich die Lenkung nach Kurven von selbst geradeaus?

■ Prüfen Sie im Stand: Stehen die Vorderräder symmetrisch zueinander? Ist das Reifenprofil gleichmäßig abgenutzt? Zeigen die Außenkanten stärkere Verschleißspuren als die Innenseiten? Das sind Anzeichen für falsche Radeinstellung.

■ Wenn Sie Anlass zum Zweifel an der Radeinstellung haben, wenden Sie sich unverzüglich an die Werkstatt zur präzisen Vermessung und ggf. Reparatur. Immer Vorder- und Hinterachse zusammen vermessen lassen. Am geeignetsten für die Vermessung ist die Fachwerkstatt. Autohersteller bestehen zumeist auf dem Einsatz der von ihnen freigegebenen Achsmessgeräte.

■ Vom Fahrzeughersteller werden für beide Achsen Sollwerte vorgegeben. Beim Roomster gibt es Angaben zu einem Standard- und einem »Schlechtwege«-Fahrwerk. Das jeweils verbaute Fahrwerk ist über die PR-Nummer an vierter Stelle im 7. Block im Datenträger definiert (Bild 3 zeigt ein Beispiel der 1. Roomster-Generation, aber die PR-Nummern gelten weiterhin).

Der Fahrzeugdatenträger befindet sich im Serviceplan und in der Reserveradmulde. Im Beispiel nach Bild 3 ist ein Fahrwerk mit Standarddämpfung G40 (Pfeil) eingebaut. PR-Nummern sind für die Zuordnung der Sollwerte zum Fahrzeug entscheidend.

■ Nach den PR-Nummern beim Roomster:

Schlechtwegefahrwerk	G38 und G39
Standardfahrwerk	G40 und G41

ermittelt die Werkstatt aus den Vorgaben des Herstellers die geforderten Einstellwinkel für Sturz, Nachlauf, Spurdifferenzwinkel usw. (siehe Kasten Seite 82).

■ Die Daten gelten für alle Motorisierungen und stets für fahrfertige Fahrzeuge mit Leergewicht. Dieses ist definiert ohne Fahrer, aber mit vollständig gefülltem Kraftstoffbehälter, vollem Wasserbehälter für Scheiben- und Scheinwerferreinigungsanlage, Reserverad, Bordwerkzeug und Wagenheber.

■ Um ein Beispiel zu geben: Für die Basis-(oder Standard-) Fahrwerke G40 und G41 gelten für die Vorderachse z. B. folgende Winkelwerte mit Toleranzangabe (siehe Bild 1):

Gesamtspur	10' ± 10'
Sturz in Geradeausstellung (B)	-28' ± 30'
höchstzulässiger Unterschied beider Seiten	max. 30'
Nachlauf (A)	+4° 21' ± 30'
höchstzulässiger Unterschied beider Seiten	max. 30'
Spurdifferenzwinkel bei 20° Lenkeinschlag	1° 30' ± 20'
Maximaler Radeinschlagwinkel	39° 14'

3

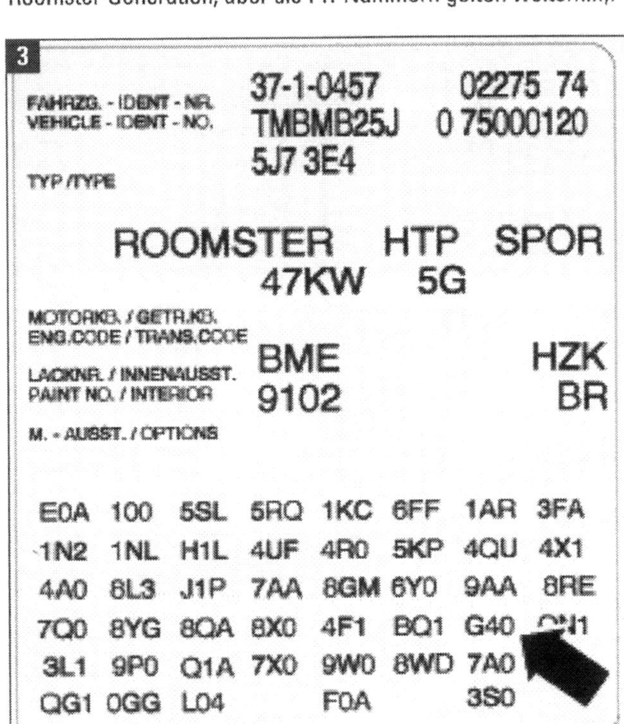

FAHRZG. - IDENT - NR. / VEHICLE - IDENT - NO. 37-1-0457 02275 74
TMBMB25J 0 75000120
TYP / TYPE 5J7 3E4

ROOMSTER HTP SPOR
47KW 5G

MOTORKB. / GETR.KB. / ENG.CODE / TRANS.CODE

LACKNR. / INNENAUSST. / PAINT NO. / INTERIOR BME HZK
9102 BR

M. - AUSST. / OPTIONS

E0A 100 5SL 5RQ 1KC 6FF 1AR 3FA
1N2 1NL H1L 4UF 4R0 5KP 4QU 4X1
4A0 8L3 J1P 7AA 8GM 6Y0 9AA 8RE
7Q0 8YG 8QA 8X0 4F1 BQ1 G40 ON1
3L1 9P0 Q1A 7X0 9W0 8WD 7A0
QG1 0GG L04 F0A 3S0

4

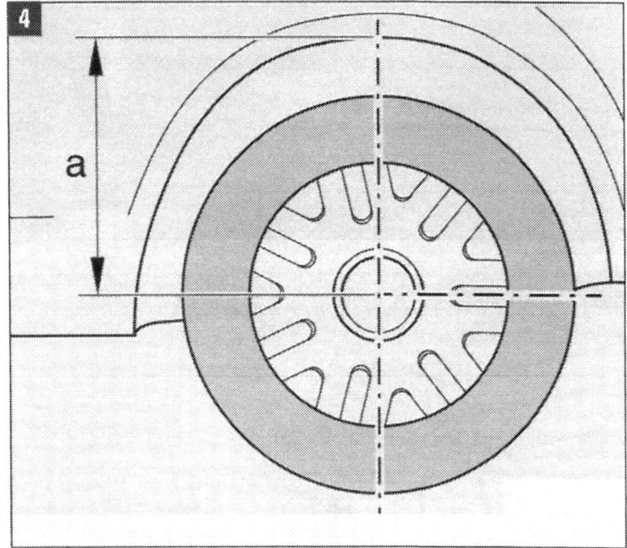

Standhöhe »a«: Das für Arbeiten am Fahrwerk wichtige Maß definiert den senkrechten Abstand von der horizontalen Achsen-Mittellinie bis zur Radhausunterkante. Vor Arbeiten messen und notieren! Maß beim Festziehen der Schrauben an Fahrwerksteilen mit Gummimetalllagern beachten.

Spiel am Radlager und am Achsgelenk prüfen

Škoda weist Werkstätten mit Nachdruck darauf hin, dass bei der Instandsetzung von tragenden und radführenden Bauteilen an Unfallfahrzeugen Schäden am Fahrwerk unentdeckt bleiben können. Diese unentdeckten Mängel können im Fahrbetrieb zu schweren Folgeschäden führen. Unabhängig von der nötigen Fahrzeugvermessung sollen deshalb alle Bauteile so kontrolliert werden, wie wir es in dieser und der folgenden Anleitung demonstrieren.

Radlager können nicht eingestellt werden, man muss sie bei Schäden austauschen. Das ist auf jeden Fall für die Lager der Vorderachse eine Sache für die Werkstatt. Lager, Laufringe, Nabe und Lenk-Schwenklager sind in engen Toleranzen gefertigt, die bei der Montage Spezialwerkzeuge erforderlich machen.

Radlagerspiel prüfen

■ Gut prüfen können Sie die Radlager auf etwaiges Spiel, wenn das Fahrzeug leicht angehoben wird. Dazu das Rad kräftig in Querrichtung rütteln.

■ Die Kontrolle funktioniert aber auch im Stand. Stellen Sie den Wagen auf festem Boden ab. Packen Sie das Rad im oberen Bereich und versuchen Sie, es quer zum Wagen zu bewegen. Bei einwandfreien Lagern darf kein Spiel vorhanden sein.

■ Gibt es Spiel an den vorderen Radlagern, lassen Sie einen Helfer die Bremse treten. Wiederholen Sie die Kontrolle! Wenn immer noch Spiel festgestellt wird, müssen Achsgelenke und Spurstangengelenke geprüft werden.

Spiel am Achsgelenk prüfen

Axialspiel prüfen

■ Zur Prüfung des Axialspiels (Bilder 1 und 2) müssen Sie am angehobenen Fahrzeug den Achslenker (oder auch das Rad) kräftig nach unten ziehen und wieder hochdrücken. Es darf kein Lagerspiel erkennbar sein. Falls aber doch Spiel registriert wird, müssen Achsgelenke und Gleichlaufgelenke (oder Tripodegelenke) unbedingt auf Schäden überprüft und im Schadensfall

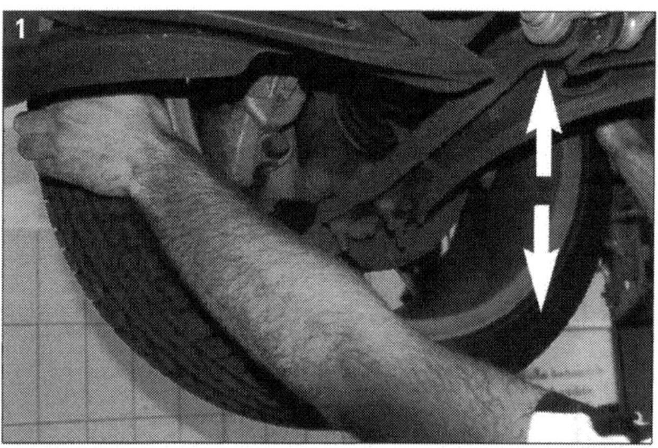

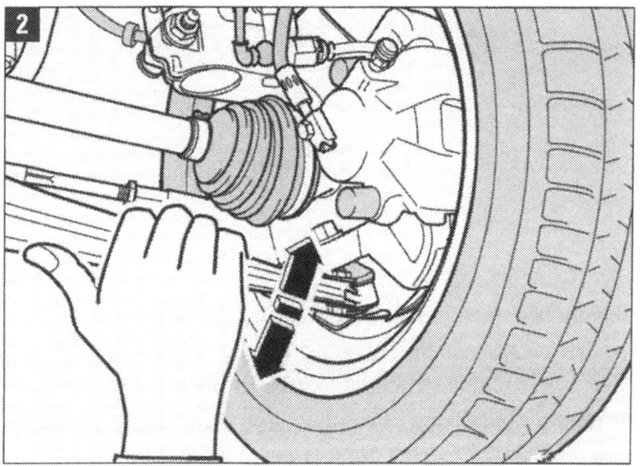

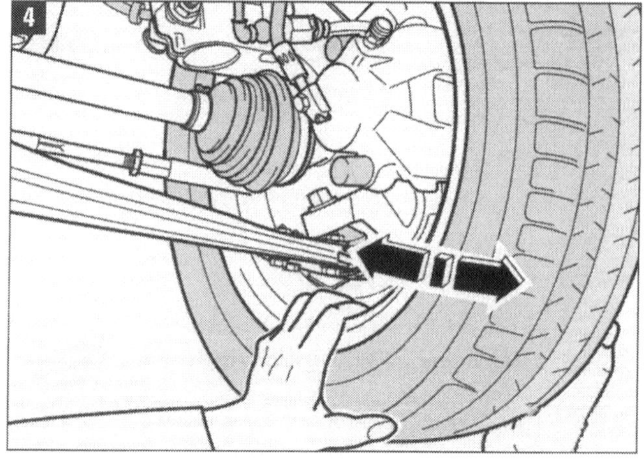

ausgetauscht werden. Allgemein gilt: Schadhafte Gelenke stets ersetzen!

Radialspiel prüfen

■ Zur Prüfung des Radialspiels (Bilder 3 und 4) am angehobenen Fahrzeug das Rad unten von beiden Seiten greifen und kräftig nach innen und außen drücken.

■ Es darf wieder kein fühl- oder sichtbares Spiel vorhanden sein. Ist das Achsgelenk defekt, gilt wieder: austauschen!

■ Beim Prüfen von Axialspiel und Radialspiel am Achsgelenk immer auch den Gummibalg (Achsmanschette, roter Pfeil in den Bildern 1 und 3) prüfen. Spiel des Radlagers berücksichtigen.

■ Falls an den Lagern gearbeitet wird und dazu die Gelenkwellen radseitig nur lose verschraubt sind, darf das Lager nicht belastet werden, um Schäden zu vermeiden. Aus gleichem Grund Fahrzeug nicht bewegen, falls die Gelenkwelle ausgebaut wurde. In der Praxis wird dann anstatt der Gelenkwelle ein Außengelenk eingebaut und mit 50 Nm festgeschraubt.

Dichtungsbälge an Spurstange und Achsgelenk prüfen

Neuralgische Stellen am Fahrwerk werden mit Faltenbälgen oder Manschetten aus Gummi oder Hartkunststoff geschützt (Bilder 1 und 2). Dazu gehören die Verbindungsstelle zwischen Zahnstange im Lenkgetriebe und Spurstange (1), das Spurstangengelenk zwischen Spurstange mit Spurstangenkopf und Radlagergehäuse (2) sowie das äußere Achsgelenk (3) an der Gelenkwelle. Die Schutzhüllen sind ganz oder teilweise mit Fett ausgefüllt und dürfen nirgendwo beschädigt sein. Dringen durch einen schadhaften Balg Schmutz und Feuchtigkeit ein, können Lenkritzel und Zahnstange oder die empfindlichen Achsgelenke (Gleichlaufgelenke, Tripodegelenke) geschädigt werden. Eine verschlissene Manschette muss deshalb in regel-

Dichtungsbälge am Fahrwerk: (1) Faltenbalg über Lenkzahnstange/Spurstange, Pfeil: Klemmschelle, und ...

... (2) Manschette am Spurstangenkopf, (3) Kunststoff-Schutzhülle am äußeren Achsgelenk (am inneren ähnlich).

mäßigen Kontrollen erkannt und dann sofort ersetzt werden.
Man kann zwar im Prinzip davon ausgehen, dass die Dichtbälge absolut wartungsfrei sind. Die mit Schmierstoff gefüllten Schutzkappen können aber im Fahrbetrieb und bei Montagearbeiten beschädigt werden, zum Beispiel die Achsmanschetten (Bilder 3 und 4) durch die scharfkantigen Federbandschellen (Pfeile in Bild 4) bei sehr hartem Lenkeinschlag.
Gibt es einen Riss, tritt Schmierfett aus, Feuchtigkeit und Staub dringen ein und wirken zusammen mit dem Fett wie eine Schleifpaste. Das jeweilige Lager nimmt dadurch erheblich Schaden und ist bereits nach kurzer Zeit verschlissen und nicht mehr verwendbar.
Prüfen Sie deshalb Manschettenfalten und Dichtungsbälge gründlich auf Beschädigungen und Fettaustritt. Wenn Achsgelenkmanschetten beschädigt sind, gilt ohnehin ganz rigoros: Gelenk austauschen!

Schutzhüllen prüfen

■ Gründlich den Faltenbalg am Lenkgetriebe (1 in Bild 1) und die Schutzhülle am Spurstangengelenk (Pfeil in Bild 5) prüfen.

■ Fahrzeug anheben oder von außen am Radlager vorbei tief in den Radkasten greifen. Ziehen Sie die Falten des Balgs auseinander und prüfen Sie im Licht einer starken Handlampe sorgfältig jede Falte auf Risse und Schlitze (Bild 3).

■ Achten Sie darauf, dass die Faltenbälge auch nirgendwo verdrillt sind, was infolge von Montagearbeiten (Aus-/Einbau des Federbeins) möglich sein könnte.

■ Wenn Schäden im frühen Stadium festgestellt werden: Manschetten erneuern. Original-Klemmschellen (Pfeile in Bild 4) verwenden und diese mit passender Klemmzange festziehen.

■ Bei der Kontrolle auch prüfen, ob die Schraubverbindungen an den Spurstangenköpfen und den Koppelstangen fest sitzen und ohne Spiel sind.

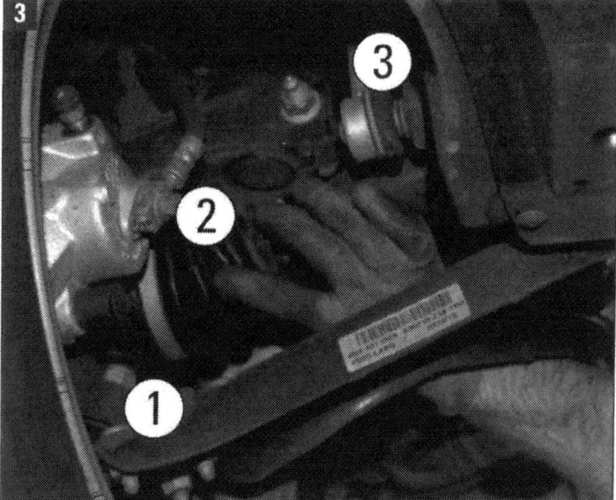

Bilder 3 bis 5 Manschetten am Radlager: (1) Spurstangenkopf am Spurstangengelenk (Detail siehe Bild 5), (2) Hartplastik-Schutzhülle am Achsgelenk, (3) Manschette an der Koppelstange.
Achsmanschette (Bild 4) und Schutzkapsel am Spurstangenkopf (Bild 5) weisen kaum jemals Schäden auf. Trotzdem werden sie auch vom versierten Fachmann gründlich auf Risse und Fettaustritt untersucht.

Lenkung auf Spiel, Lenksäule auf Schäden prüfen

Die äußerst direkt ansprechende elektro-hydraulische Servolenkung (Bild 1 Komponenten) trägt erheblich zur Geradeauslaufstabilität des Roomster bei. Sie hat ein ausgesprochen harmonisches Lenkverhalten und vermittelt ein ausgeprägtes Lenkgefühl. Diese souveräne und sichere Situation am Volant schließt Lenkungsspiel praktisch völlig aus. Kontrollieren Sie dennoch immer einmal, ob die Lenkung noch einwandfrei und ohne Spiel reagiert.

Lenkungsspiel prüfen

■ Die Räder geradeaus stellen. Greifen Sie von außen durchs geöffnete Fenster und drehen Sie das Lenkrad kurz hin und her.

■ Achten Sie auf die Felge, ob sich das Vorderrad wie erforderlich sofort mitbewegt. Der elastische Reifen ist für diese Kontrolle weniger gut geeignet, da er einen Teil des Einschlags schlucken kann, ehe er sich bewegt.

■ Falls Spiel bemerkt wird, muss Nachstellen in der Werkstatt erfolgen. Wenn die Lenkung um die Geradeausstellung kein

Prüfen des Spiels über die Vorderachse: Das Rad fest anpacken wie beim Prüfen des Lagerspiels und kräftig von Anschlag bis Anschlag durch das Radhaus bewegen. Es dürfen keine ruckartigen Aussetzer oder Sprünge auftreten.

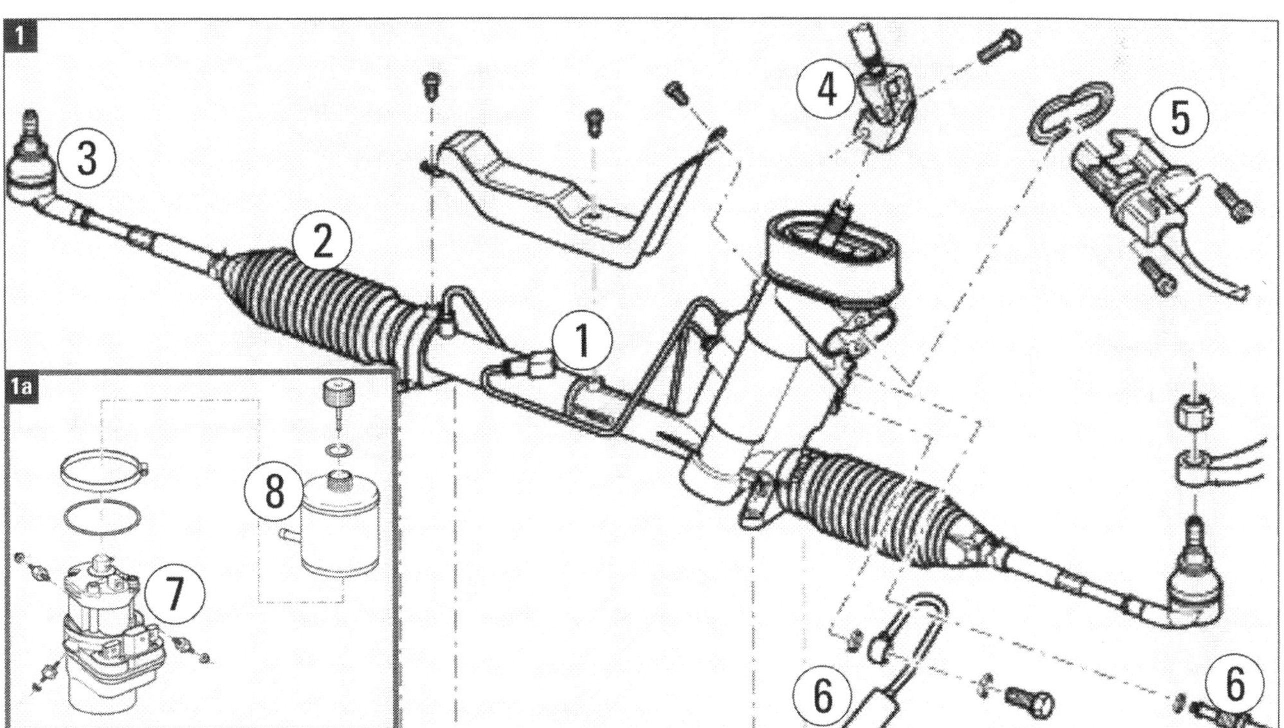

Servolenkgetriebe: (1) Servolenkgetriebe mit Zahnstange, (2) Faltenbälgen und (3) Spurstangen, (4) Kreuzgelenk zur Lenksäule, (5) Lenkhilfesensor, (6) Leitungen zum (7) Motorpumpenaggregat mit (8) Behälter für Hydrauliköl (mit Deckel und Messstab).

Spiel hat, aber bei stärkerem Einschlag spürbar klemmt, ist die Zahnstange verschlissen. Das geschieht selten, aber dann muss das Lenkgetriebe ausgetauscht werden!

Lenksäule überprüfen

■ Wenn durch Unfall oder andere Einwirkung eine Beschädigung der Lenksäule (Bild 3) erfolgt sein kann, ist Überprüfung nötig. Instandsetzungen an der Lenksäule oder Schweiß- und Richtarbeiten an Lenkungsteilen sind nicht zulässig.

■ **Sichtprüfung:** Alle Teile der Lenksäule gründlich auf Beschädigung untersuchen. Sind Schäden erkennbar oder besteht Verdacht auf Beschädigung, die komplette Lenksäule ersetzen!

■ **Funktionsprüfung:** Kreuzgelenk (6) der Lenksäule vom Lenkgetriebe (7) abziehen. Lässt sich die Lenksäule leicht und ohne zu haken drehen? Lässt sich die Lenksäule (mit Lenkradverstellung, 2 in Bild 3!) in Längsrichtung und Höhe leicht verstellen?

■ **Messung:** Bei einem Unfall können sich die Deformationselemente an der Lenksäule verschieben. Sie sitzen an den beiden oberen Verschraubungen der Säule. Lenksäule soweit ausbauen, bis das Maß »a« mittels Messschieber geprüft werden kann (Bild 3a). Das Maß »a« muss mindestens 37 mm betragen.

■ Wird bei einer dieser Prüfungen ein Mangel festgestellt oder wird das Maß »a« unterschritten, dann ist die Lenksäule beschädigt. Sie muss komplett ersetzt werden. Auch Lagerbuchse (5) und Schraube (4) sind immer zu ersetzen (Bild 3). Selbstsichernde Muttern und Schrauben sowie angegriffene Muttern und Schrauben müssen ebenfalls ersetzt werden.

■ Lenksäulen als Ersatzteil werden mit Zündschlossgehäuse, aber ohne Schließzylinder und Zündanlassschalter geliefert. Diese von alter Lenksäule übernehmen oder gesondert kaufen.

■ Den **Ausbau der Lenksäule** müssen Sie der Werkstatt überlassen: Lenkrad mit Airbag, Verkleidungen, Lenkstockschalter ausbauen; Stecker abziehen, Masseleitung abschrauben; Lage Lenkgetriebewelle/Kreuzgelenk kennzeichnen; Kreuzgelenk abziehen; Kabelführung ausclipsen, Leitungsstrang herausnehmen; Schraube der Lagerbuchse herausschrauben; Lenksäule abschrauben, durch Schalttafelöffnung ins Fahrzeug ziehen.

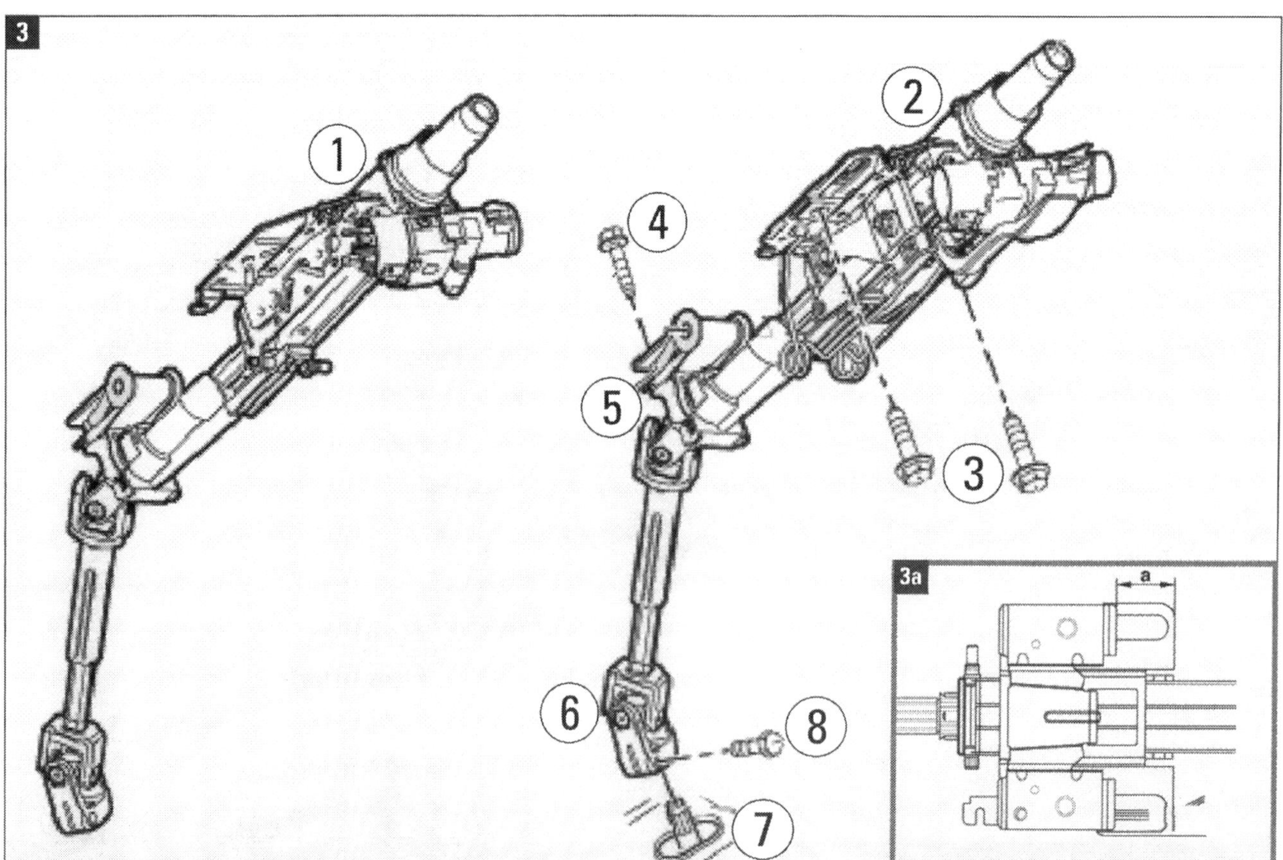

Die Lenksäule: (1) Lenksäule ohne und (2) mit Lenkradverstellung, (3) Schrauben 23 Nm, (4) Schraube 7 Nm, (5) Lagerbuchse, (6) Kreuzgelenk zum (7) Lenkgetriebe, (8) Schraube 20 Nm + 90°. **Bild 3a:** Deformationsteile.

Zustand der Stoßdämpfer prüfen

Die Stoßdämpfer spielen im Fahrwerk eine große Rolle. An der Vorderachse tragen sie durch präzise Radführung und perfektioniertes Ansprechverhalten der gesamten Federung mit der getrennten Lagerung von Feder und Dämpfer am Federbeindom zum spürbar hohen Gesamtkomfort bei. Die Stoßdämpfer werden deshalb auch ständig weiter entwickelt. An der Hinterachse, die den fahrdynamischen Charakter des Fahrzeugs wesentlich prägt, kommen schräg gestellte Dämpfer mit von ihnen getrennten Federn zum Einsatz. Diese Ausführung gewährleistet eine maximale Durchladebreite im Kofferraum.

Defekte Stoßdämpfer machen sich während der Fahrt durch laute Poltergeräusche infolge von Radspringen bemerkbar. Am ehesten stellen Sie das auf schlechter Fahrbahn fest. Defekte werden ferner äußerlich am Stoßdämpfer durch starken Ölverlust sichtbar. Man muss aber sehr sorgfältig auf Geräusche und Undichtigkeit prüfen, weil man häufig Stoßdämpferschäden vermutet, die gar nicht wirklich nachweisbar sind. Die Stoßdämpfer des Roomster (ähnlich Bild 1) können im ausgebauten Zustand von Hand geprüft werden.

Geräusche und Ölaustritt prüfen

■ Probefahrt auf möglichst trockener Fahrbahn mit Unebenheiten unternehmen. Genau darauf achten, wo, wann und wie sich die oben genannten Geräusche bemerkbar machen.

■ Flattert die Lenkung (zeitweilig fehlender Bodenkontakt), schwingt die Karosserie bei Fahrbahnunebenheiten spürbar nach? Wirkt das Fahrzeug in Kurven schwammig, als ob die kurveninneren Räder nicht genügend Bodenhaftung aufweisen?

■ Geringfügiger Ölaustritt an der Dichtung der Kolbenstange (»Schwitzen«) ist kein Fehler, sondern eher noch von Vorteil.

■ Denn wenn der Ölaustritt nur im dunkel gefärbten Bereich nach Bild 1 bis zu der durch den Pfeil markierten Grenze auftritt, müssen die Stoßdämpfer vorn oder hinten nicht ersetzt werden.

■ Durch geringen Ölaustritt wird der Kolbenstangendichtring geschmiert und damit die Lebensdauer des Dämpfers erhöht.

■ Dämpfer zusammendrücken. Die Kolbenstange muss sich über den ganzen Hub gleichmäßig schwer und ruckfrei bewegen lassen. Geht die Kolbenstange beim Loslassen von selbst in die Ausgangslage zurück, ist der Dämpfer in Ordnung.

■ Wenn bei Öl/Gas-Dämpfern die Kolbenstange nicht von allein zurückgeht, aber auch kein Ölverlust feststellbar ist, hat der Gasdruck abgenommen. Der Stoßdämpfer bleibt dann zwar noch durchaus verwendbar, er arbeitet dann aber konventionell nur noch als Öldruckdämpfer.

■ In der Werkstatt können die Stoßdämpfer im eingebauten Zustand mit Geräten wie »Shocktester« oder »Dämpfertester« geprüft werden. Angegeben werden die Zustände »Dämpfwirkung ausreichend« oder »Dämpfwirkung unzureichend«. Zwischenwerte oder Lebensdauer-Aussage sind nicht möglich.

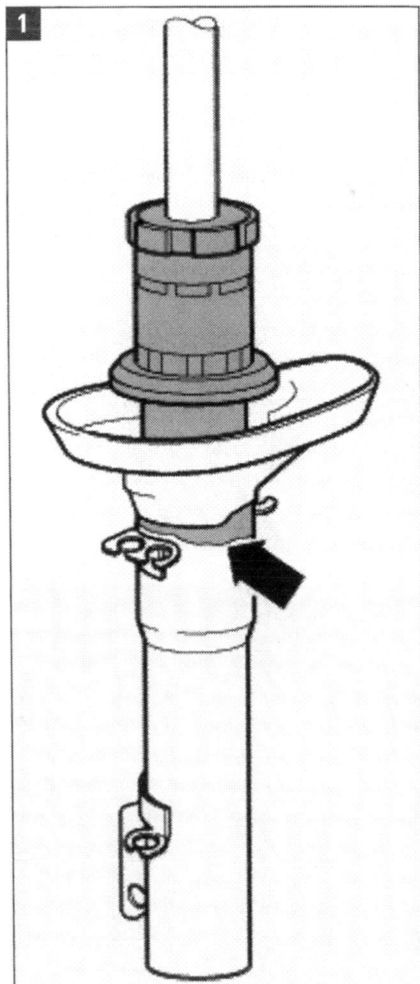

Stoßdämpfer: Wenn Ölaustritt vom oberen Dämpferverschluss (Kolbenstangendichtring) bis maximal zum unteren Federteller (1) reicht, gilt er als nur geringfügig.

Federbein und Schraubenfeder aus- und einbauen

Die Federbeine des jüngsten Roomster werden seit 01.09 eingebaut. Der Ausbau verlangt Erfahrung und Spezialwerkzeug: anheben am besten auf der Hebebühne; Motor-/Getriebeheber, mit einer speziellen Aufnahme an der Radnabe festzuschrauben (bei VW und von Škoda empfohlen: Heber V.A.G 1383 A mit der Aufnahme T10149). An weiteren Werkzeugen benötigen Sie einen »Spreizer« (VW-Spezialwerkzeug 3424) mit Knarre und einen Drehmomentschlüssel (bei VW der Typ V.A.G 1332) mit Steckeinsatz SW 36. Wir beschreiben diese Arbeit nur für wirklich geübte Schrauber.

Federbein aus-/einbauen

■ **Ausbau:** Fahrzeug so weit anheben, bis die Vorderachse entlastet ist. Bleibt nämlich das Rad auf der Erde stehen, könnte das Radlager beschädigt werden, wenn jetzt die Zwölfkantmutter für die Gelenkwelle (Pfeil in Bild 1) mit dem Steckeinsatz SW 36 gelöst wird. Rad abbauen.

■ Die drei Muttern der Verschraubung am Radlagergehäuse (Pfeile in Bild 2) abschrauben.

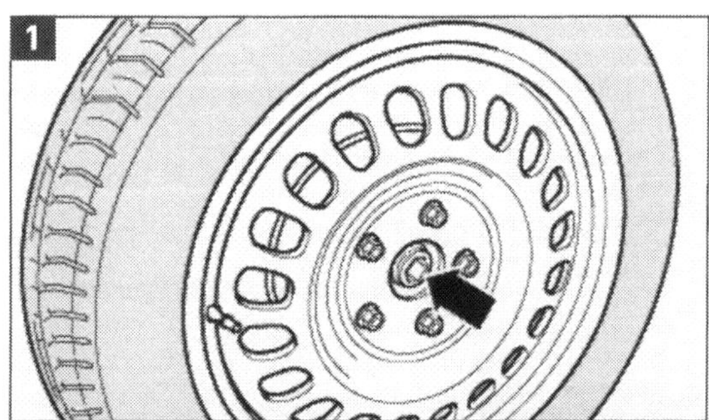

1

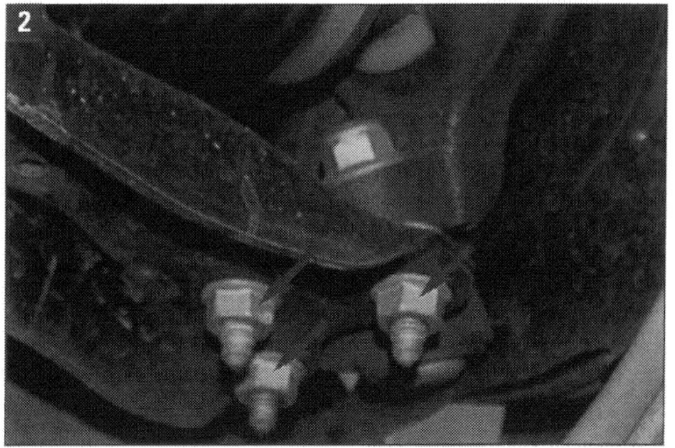

2

■ Achslenker aus dem Achsgelenk herausziehen. Das Außengelenk der Gelenkwelle aus der Radnabe ziehen und die Gelenkwelle mit Bindedraht am Aufbau befestigen.
Achtung: Die Gelenkwelle darf nicht herunterhängen, weil sonst das Innengelenk durch Überbeugen beschädigt wird.

■ Achsgelenk wieder mit Achslenker verschrauben, dazu die ausgebauten Muttern verwenden.

■ Mutter (Pfeil B) oben an der Koppelstange vom Federbein abschrauben. Bei Fahrzeugen mit ABS die Drehzahlfühlerleitung vom Federbein aushängen (Bild 3).

■ Mutter (1) soweit ausschrauben, dass der Kugelgelenkabzieher (3287 A) die Mutter stützt. Spurstange mit Spurstangenkopf (2) mit dem Abzieher vom Lenkhebel abbauen (Bild 4).

■ Mutter vom Spurstangenkopf abschrauben, diesen aus dem Lenkspurhebel ziehen und Spurstange nach oben binden.

■ Motor- und Getriebeheber mit Aufsatz unter das Radlagergehäuse stellen. Schraubverbindung Radlagergehäuse/Federbein (Pfeil in Bild 5) trennen.

PRAXISTIPP: Am Fahrwerk arbeiten

■ Schweiß- und Richtarbeiten an tragenden und Rad führenden Bauteilen der Radaufhängung und an Lenkungsteilen sind prinzipiell nicht zulässig. Beschädigte Teile dürfen nicht durch Schweißen repariert, sondern müssen erneuert werden.
■ Bei Arbeit auf der Hebebühne Fahrzeug zwischen den Säulen ausrichten und die vier Aufnahmeteller an den vorgeschriebenen Aufnahmepunkten unten an der Karosserie platzieren.
■ Abgelassenes Hydrauliköl darf nicht wieder verwendet werden.
■ Größte Sauberkeit beachten! Verbindungsstellen und deren Umgebung vor dem Lösen gründlich reinigen. Keine fasernden Lappen verwenden.
■ Ausgebaute Teile auf sauberer Unterlage ablegen. Abdecken, wenn die Reparatur nicht sofort erfolgt. Ersatzteile erst unmittelbar vor dem Einbau aus der Verpackung nehmen. Nur original verpackte Teile verwenden.

■ Spreizer (Škoda-Werkzeug 3424) in den Schlitz am Radlagergehäuse einsetzen (Bild 6). Den Spreizer mit einer Knarre um 90° drehen und die Knarre abziehen.

■ Mit der Hand auf die Bremsscheibe in Richtung Federbein drücken, sonst könnte der Dämpfer in der Öffnung des Radlagergehäuses verklemmen.

■ Radlagergehäuse von Dämpferrohr nach unten abziehen und per Motor-/Getriebeheber mit Aufsatz so senken, dass das Dämpferrohr frei hängt.

■ Radlagergehäuse auf dem Aggregateträger befestigen (mit Draht aufhängen), Motor-/Getriebeheber mit Aufsatz entfernen.

■ Federbein mit Steckschlüsseleinsatz SW 21 (Škoda-Werkzeug MP 6-427; auch: 3186) vom Aufbau abschrauben und Federbein herausnehmen.

■ **Einbau:** Im Prinzip im umgekehrten Sinne. Federbein einsetzen und in der Federbeinbuchse verschrauben, die selbstsichernde Bundmutter mit 60 Nm Anzugsdrehmoment festziehen.

■ Motor- und Getriebeheber mit Aufsatz unter das Radlagergehäuse stellen und Federbein ins Radlagergehäuse einsetzen.

■ Aufhängung für Radlagergehäuse vom Aggregateträger lösen. Radlagergehäuse mit Motor-/Getriebeheber mit Aufsatz anheben, bis die Schraube von Federbein an Radlagergehäuse eingesetzt werden kann. Dabei mit dem Motor-/Getriebeheber plus Aufsatz keinesfalls auf den Kugelzapfen drücken.

■ Mit der Hand die Bremsscheibe in Richtung Federbein drücken und dabei beachten, dass das Rohr des Federbeins nicht in der Öffnung für das Radlagergehäuse verklemmt. Spreizer (3424) abbauen.

■ Neue Mutter aufschrauben und mit 60 Nm+90° festziehen (Pfeil in Bild 5). Spurstange mit Spurstangenkopf in den Lenkhebel einbauen und festziehen.

■ ABS-Drehzahlfühlerleitung in Clips am Federbein einhängen. Die Koppelstange am Federbein mit 40 Nm festziehen.

■ Muttern (Pfeile in Bild 2) herausdrehen und unteren Lenker aus dem Achsgelenk ziehen. Außengelenk der Gelenkwelle ins Radlagergehäuse einbauen: Gelenk in die Verzahnung einschieben und mit einer neuen Zwölfkantmutter an die Gelenkwelle schrauben, mit 50 Nm+45° festziehen. Achsgelenk mit drei neuen Muttern am Achslenker verschrauben (Pfeile in Bild 2) und mit 40 Nm+45° (Achteldrehung) festziehen.

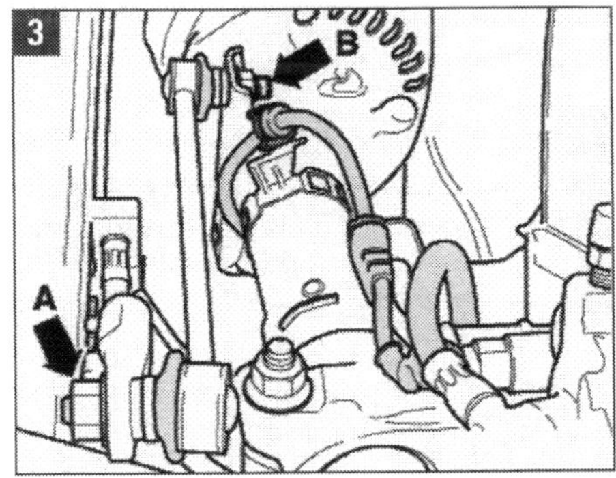

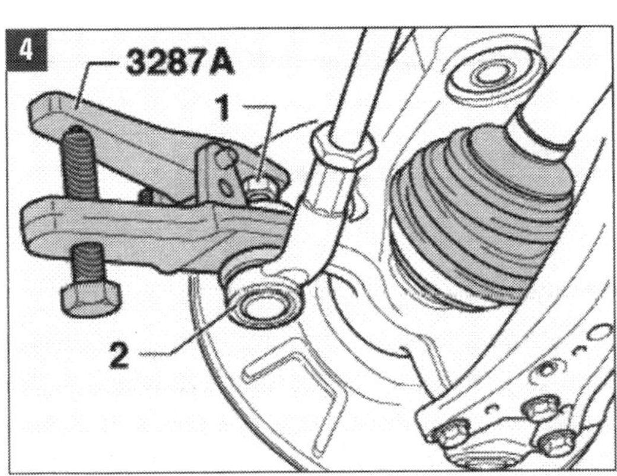

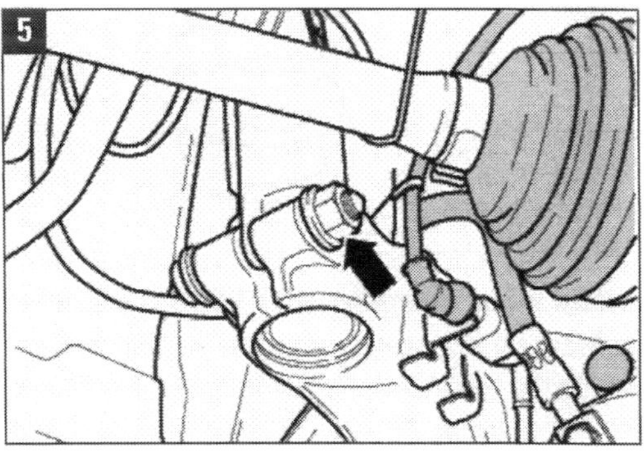

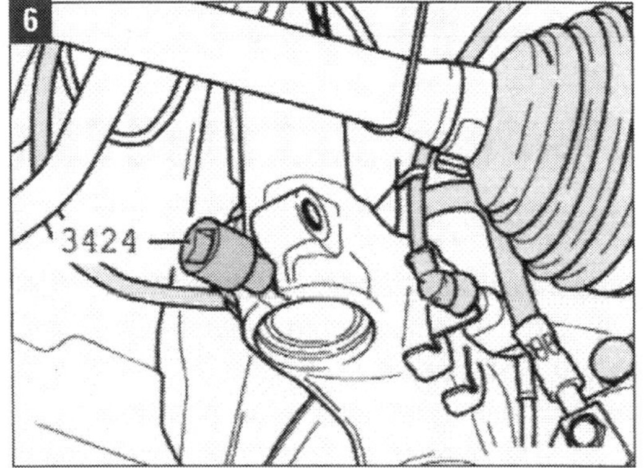

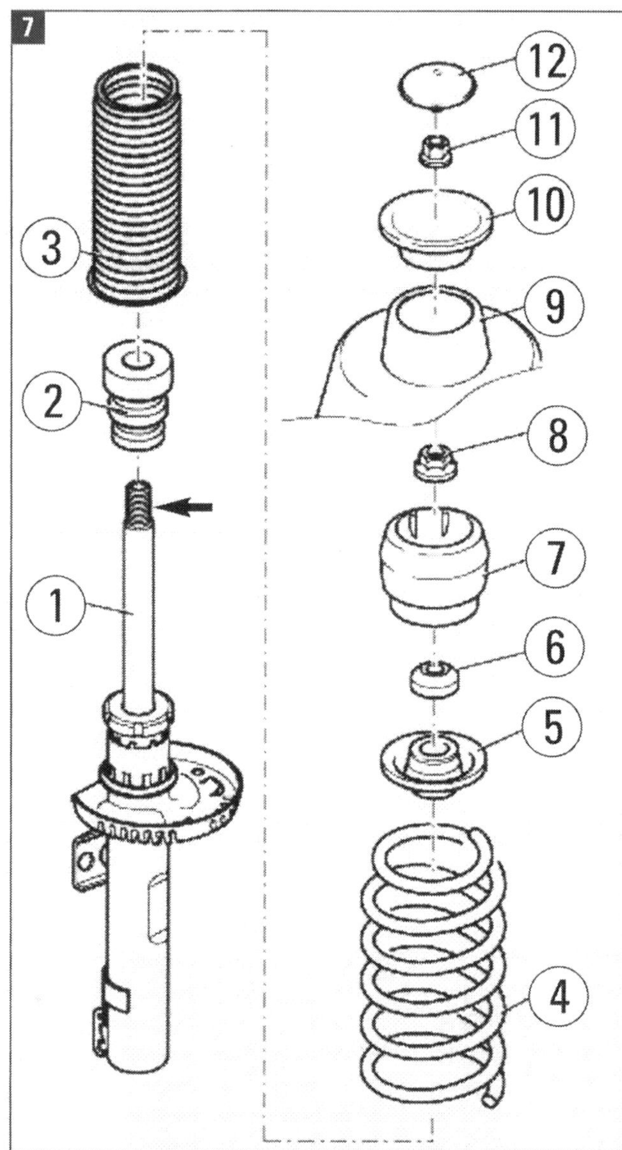

Federbeinaufbau beim Roomster ab 01.09: (1) Dämpfer, (2) Federanschlag, (3) Schutzmanschette, (4) Schraubenfeder, (5) Federteller, (6) Axialrillenkugellager, (7) Federbeinlager, (8) Bundmutter 60 Nm, (9) Federbeinbuchse, (10) Federteller, (11) selbstsichernde Bundmutter 60 Nm, (12) Verschlusskappe. ***Bild 8:*** Schraubenfeder ausbauen.

Schraubenfeder aus-/einbauen:

■ **Ausbau:** Federspanngerät mit Federhaltern und Adaptern (VW-Geräte aus der Reihe 1752, Bild 8) benutzen! Für richtige Zuordnung die Farbkennzeichnung der Feder (Bild 9) beachten.

■ Schraubenfeder (4) des Federbeins mit Spanngerät vorspannen, bis Axialrillenkugellager (6) und Federbeinlager (7) entlastet sind. Sechskantmutter (11) von der Kolbenstange (Pfeil) des Dämpfers (1) abschrauben. Knarre mit Steckeinsatz SW 21 (1 und MP 6-427) benutzen. Mit Außensechskant (2) gegenhalten (Bilder 7/8).

■ **Einbau:** Gespannte Feder mit Gerät auf unteres Federlager setzen. Das Federende muss am Anschlag des Lagers anliegen. Mutter (60 Nm) mit Drehmomentschlüssel aufschrauben.

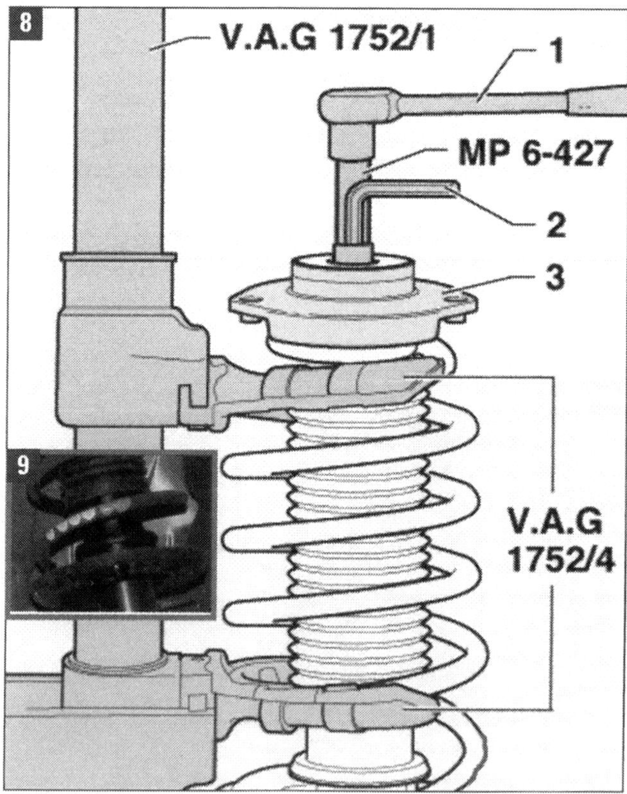

Federn und Stoßdämpfer hinten ausbauen

Zur Demontage von Stoßdämpfer (1) und Schraubenfeder (2) nach Bild 1 benötigen Sie wieder ein Federspanngerät mit Federhalter (z. B. V.A.G. 1752/1 mit 1752/3) und zum Dämpferausbau eine Abstützung (z. B. Motor- und Getriebeheber V.A.G 1383 A mit Aufnahme T10149). Beim Dämpfereinbau beachten: Die Dämpferaufnahme darf erst dann mit dem Querlenker fest verschraubt werden, wenn das Standhöhemaß »a« (siehe Seite 83) des Fahrzeugs in Leergewichtslage erreicht worden ist.

■ **Stoßdämpfer Ausbau**: Maß »a« ermitteln, Rad abbauen und Fahrzeug anheben. Hinterachse an der Dämpferaufnahme mit Motor-/Getriebeheber abstützen. Erst die beiden Schrauben oben am Stoßdämpfer (rote Pfeile), dann Schraube unten (3) herausdrehen und Stoßdämpfer herausnehmen (Bild 1).

■ **Stoßdämpfer Einbau:** Stoßdämpfer einsetzen und mit allen drei Schrauben befestigen. Oben die (neuen !) Schrauben mit 30 Nm+90° festziehen. Hinterachse in Leergewichtslage bringen (Maß »a« einstellen!) und Stoßdämpferaufnahme am Radlagergehäuse mit Schraube (3, Bild 1) mit 40 Nm + 90° festschrauben.

■ **Schraubenfeder Ausbau:** Den Federspanner von hinten, etwa in der Blickrichtung von Bild 1, einsetzen. Auf richtigen und festen Sitz der Feder (2) im Federhalter achten. Die Federwindungen müssen glatt und allseitig umschlossen in den oberen und unteren Haltern des Federspanngerätes sitzen. Ansonsten besteht Unfallgefahr! Beim Ausbau der Feder links muss aus Platzmangel für das Federspanngerät der Nachschalldämpfer teilweise ausgebaut werden.

■ Spanngerät mit Schlüssel oder Knarre so weit zusammendrehen, bis sich die Schraubenfeder leicht herausnehmen lässt.

■ **Schraubenfeder Einbau:** Einbaulage genau beachten! Die Feder zusammen mit der Gummiunterlage oben einbauen. Der Anschlag der Gummiunterlage muss am Federanfang anliegen.

■ Das Ende der Federwindung an der Achse muss ebenfalls in vorgeschriebener Lage eingebaut werden: Immer nach vorn in Fahrtrichtung. Feder entspannen, Federspanner herausnehmen. Rad anbauen.

PRAXISTIPP

Öl/Gas-Teile richtig entsorgen

Öl- und gasgefüllte Bauteile müssen umweltgerecht entsorgt werden. Deshalb sind die Stoßdämpfer des Roomster (vorn und hinten) vor der Verschrottung zu entgasen und zu entleeren.

■ **Öffnen durch Anbohren:** Stoßdämpfer senkrecht mit der Kolbenstange nach unten in den Schraubstock einspannen. 20 mm von oben ein Loch von 3 mm Durchmesser durch das Außenrohr bohren. Gas entweichen lassen. Weiter bohren (25 mm tief), bis auch das innere Dämpferrohr durchbohrt ist.

■ Jetzt 60 mm von oben ein Loch von 6 mm Durchmesser durch Außen- und Innenrohr bohren.

■ Den auf diese Weise angebohrten Stoßdämpfer über einen Ölauffangbehälter halten, Öl auslaufen lassen. Kolbenstange mehrmals über den gesamten Hub hin und her bewegen, bis kein Öl mehr austritt.

■ **Öffnen mit Rohrschneider:** Stoßdämpfer senkrecht mit der Kolbenstange nach unten in den Schraubstock einspannen. Rund 20 mm von oben einen handelsüblichen Rohrschneider ansetzen und das Außenrohr durchtrennen. Das Gas entweicht.

■ Die Kolbenstange nach oben ziehen. Dabei das Innenrohr mit einer Zange festhalten und nach unten drücken. Beim langsamen Hochziehen der Kolbenstange verbleibt das innere im äußeren Rohr.

■ Kolbenstange völlig vom Innenrohr abziehen und das Öl aus dem Dämpfer in ein Auffanggefäß entleeren.

Achtung: Beim Bohren und beim Trennen mit dem Rohrschneider Schutzbrille tragen!

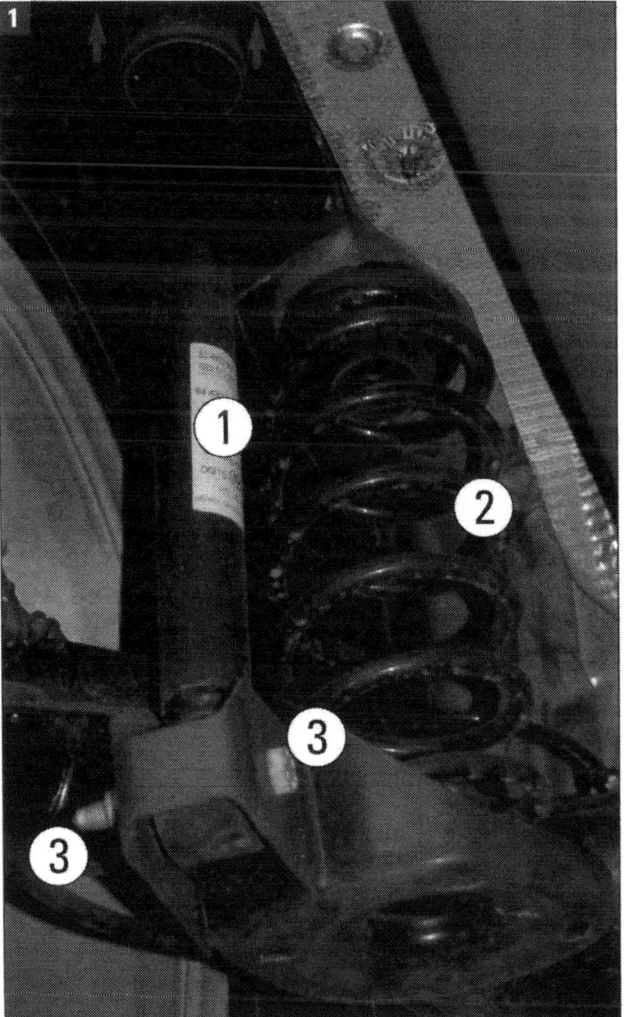

Am Hinterrad links: (1) Stoßdämpfer, (2) Schraubenfeder, (3) untere Befestigungsschraube am Stoßdämpfer. Die Pfeile deuten die Dämpferverschraubung im Radhaus an.

Fahrwerktuning

Anleitung zum Fahrzeugtuning liefert in Deutschland der Verband der Automobiltuner e.V. (VDAT). Eine VDAT-Grafik beweist, dass dies in erster Linie an Rädern/Reifen und Fahrwerk gewünscht wird (Bild 1):

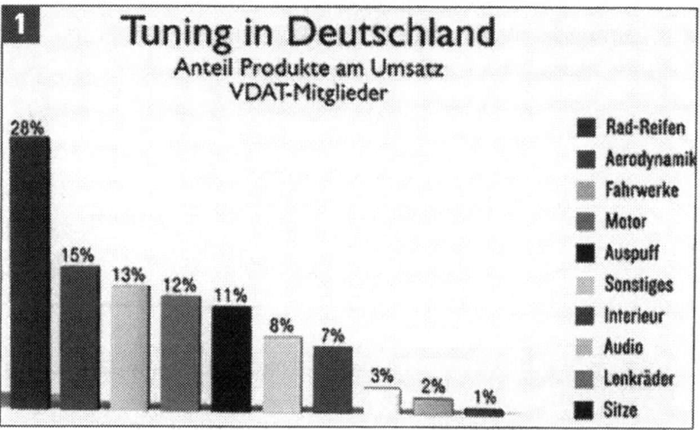

Grundgedanke jedes Tunings am Fahrwerk ist die Verbesserung des Fahrverhaltens bei sportlicher Fahrweise. Denn Tuning will als Fahrzeugveredelung verstanden werden.
Die Technik der führenden Hersteller entsprechender Komponenten verfeinert sich ständig, erklärt der VDAT auf seiner Website. »Ein Stoßdämpfer für ein straßenzugelassenes Sportfahrwerk repräsentiert heute den technischen Stand der Formel 1 vor etwa fünf Jahren«, wird betont. Die Qualitätsprodukte namhafter Hersteller von Sportfahrwerken werden demzufolge nicht zu niedrigen Preisen angeboten. Wer nicht nur Kosmetik oder Firlefanz für die Optik will, muss entsprechend in die Tasche greifen (Bild 2).
Andererseits sind es gerade junge Leute, die ihr Fahrzeug »veredeln« möchten. Laut DVAT-Erhebung sind

2 Wieviel Geld haben Sie für Tuning an Ihrem Auto ausgegeben?

0% 4% 8% 12% 16% 20% 24% 28% 32% 36%

über 20.001 €	3,4%
15.001 bis 20.000 €	2,1%
10.001 bis 15.000 €	0,7%
7.501 bis 10.000 €	6,7%
5.001 bis 7.500 €	14,9%
2.501 bis 5.000 €	21,3%
1.001 bis 2.500 €	36,3%
bis 1.000 €	14,6%

Fahrer in der Altersgruppe 18 bis 21 Jahre zu fast 80% Tuner. Natürlich wird es da nicht in allen Fällen immer gleich um Sportfahrwerke gehen. Von den 22- bis 25-Jährigen bekennen sich 54% zum Tuning, dann nehmen die Zahlen rapide ab, und erst die finanzkräftigen über 60jährigen stellen mit 40% wieder eine nennenswerte Tuner-Fraktion.
Wir empfehlen dringend, sich unter der Internet-Adresse

www.tune-it-safe.de

Rat zu holen. Dort ist man auch sicher: »Viele Autobesitzer, die es einmal mit Billigprodukten versucht haben, kehren zu den teureren namhaften Qualitätsprodukten zurück. Hier gibt es neben der besseren Leistungsfähigkeit des Fahrwerks auch entsprechende Garantieleistungen des Herstellers und die obligatorische Abnahme.«
Die Initiative »Tune It! Safe!« wurde vom Bundesverkehrsministerium gemeinsam mit dem VDAT ins Leben gerufen, um dem Sicherheitsrisiko durch Tuning effizient zu begegnen. Der vor allem bei jungen Tuningfans verbreiteten Unwissenheit hinsichtlich von Plagiaten und gefälschten Teilegutachten soll durch eine breit angelegte Informationskampagne (Bild 3: Ausschnitt aus einem Magazin der Initiative) entgegengetreten werden. »Bei der Verwendung nicht zugelassener Elemente ... verspielt man nicht nur seinen Versicherungsschutz, sondern gefährdet auch noch Unbeteiligte!«, wird betont.

3
PRODUKTPIRATERIE

GEFÄLSCHTE TUNINGTEILE

KÖNNEN LEBENSGEFÄHRLICH SEIN!

ORIGINAL
FÄLSCHUNG
ORIGINAL
FÄLSCHUNG

Räder und Reifen tunen

Škoda bietet für Serienausstattung und zur Aufwertung eine Reihe ausgewählter Räder an:

■ **Stahlfelgen:** 5J x 14, ET 35; 6J x 14, ET 37; 6J x 15, ET 43. Radschrauben: M14 x 1,5 x 27,5; 120 Nm

■ **Leichtmetallfelgen:** 6J x 14, ET 37; 6J x 15, ET 43; 6,5J x 16, ET 43. Radschrauben und diebstahlhemmende Radschraube: M14 x 1,5 x 27,5; 120 Nm. Diebstahlhemmende Schraube mit Kappe (Adapter für Schraube und Abziehbügel für Kappe im Bordwerkzeug; Adapter: Mastersatz »T40004« oder »T10101«).

■ **Reserveräder, Stahlfelge:** 5J x 14, ET 35; 6J x 14, ET 37; 6J x 15, ET 43; 6,5J x 16 ET 42. Mit Warnschild über zulässige Höchstgeschwindigkeit (80 km/h) und Haltefeder für Auswuchtgewichte sowie Auswuchtgewichten (max. 60 g je Felgenhorn zulässig.
Als Sonderausstattung auch Reserverad mit Leichtmetallfelge möglich.
Beim Rädertausch alle Hinweise zur richtigen Reifenmontage beachten! Nur auf die Räder abgestimmte Radschrauben verwenden. Es wird angeraten, Radschrauben an Gewinde, Kalotte und Zwischenraum (zweigeteilte Schrauben) mit Optimol TA-G 052 109 A2 einzufetten.

Fahrzeug tiefer legen

Nicht nur etwa eine andere Reifengröße kann das Fahrverhalten entscheidend verändern. Je nach Fabrikat der Komponenten dazu gibt es ganz bestimmte Philosophien. Ist das eine Produkt im Grenzbereich harmlos und bewältigt spielend die gesteigerte Fahrdynamik, kann das nächste schon in Kombination mit einem Serienfahrwerk im Grenzbereich eher tückisch sein oder ganz einfach Eigenschaften zeigen, die ein härteres Fahrwerk nochmals verstärkt.
Für den Roomster wird keine Version mit einem Sportfahrwerk angeboten, das üblicherweise straffere Federn und Dämpfer hat und die Karosserie bis zu 15 mm absenkt. Diese niedrigere Schwerpunktlage schafft in anderen Modellfällen äußerlich ein »scharfes« Bild und erhöht die Dynamik. Das ganze Konzept und die Bauweise als Minivan lässt das beim Roomster kaum zu. Die »Verbesserung« für bestimmte Einsatzzwecke und Gelände besteht hier nach unseren Erkenntnissen nur im Schlechtwege-Fahrwerk.

Reifendichtmittel verwenden

Eine echte Verbesserung stellt es dar, anstatt Reserverad oder Notreifen ein weniger platzaufwändiges und leichteres Pannenset an Bord zu haben. Es gibt das von Škoda als »Reifenmobilitätsset« auch speziell für den Roomster GreenLine. Im Zubehörhandel sind solche Sets, die unter der Gepäckraumabdeckung untergebracht werden können, wo sonst das Reserve- oder Notradrad liegt, ebenfalls zu erwerben.
Diese Reifenreparatursets bestehen im »klassischen Fall« aus einem Kompressor (elektrische Luftpumpe zum Anschluss an die Bordelektrik) und einer Flasche mit Reifendichtmittel (siehe Bild). In jüngerer Zeit werden solche Mittel auch schon ohne Kompressor als Sprayflaschen angeboten.
Es gibt aber zwei Dinge, die bei Verwendung des Sets beachtet werden müssen. Zum einen ist das Dichtmittel in der Flasche nur begrenzt haltbar. Die Datumsangabe, die neben dem eingeprägten Herstellungsdatum aufgedruckt ist, muss also kontinuierlich überprüft werden, wenn man nicht im Notfall ein überaltertes Set an Bord vorfinden will.

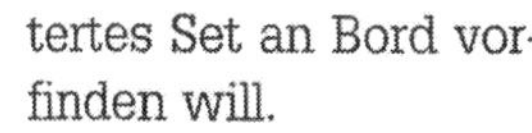

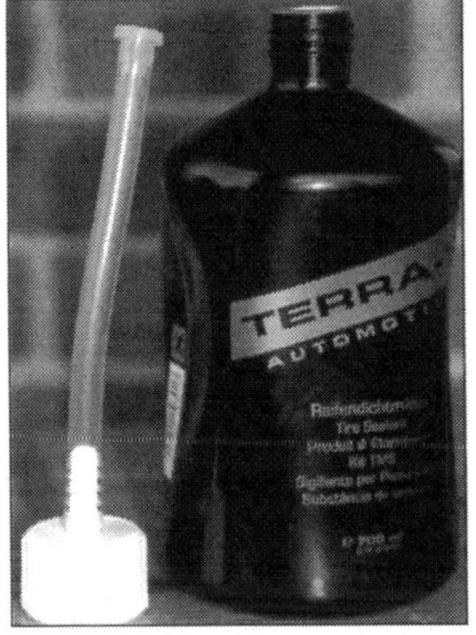

Desweiteren müssen Reifen, die mit Dichtmittel abgedichtet (also befüllt) wurden, vor einer Demontage entleert werden. Das Mittel muss unter bestimmten Sicherheitsvorkehrungen (Schutzhandschuhe, Schutzbrille) aus dem Reifen abgelassen werden.

STÖRUNGSBEISTAND

Fahrwerk

Störung	Was kann das sein?	Was kann oder muss ich tun?
A schwammiges Fahrverhalten	**1** Reifen hat zu geringen Luftdruck	Luftdruck prüfen und einstellen
	2 Stoßdämpfer ist undicht	Ölverlust mit dem Finger prüfen. Wenn Öl am Finger bleibt: Dämpfer tauschen
	3 Stoßdämpfer vermutlich verschlissen	Kolbenstange auf Riefen und Abplatzungen prüfen
	4 Spurwerte stimmen nicht	Achsvermessung vornehmen lassen
	5 Federn erlahmt	Federn prüfen, ggf. austauschen
	6 Gummilager am Trapez-lenker hinten	Evtl. (nach Prüfung) Gummilager erneuern lassen
B Reifen	**1** Starker, unregelmäßiger Verschleiß	Spurwerte stimmen nicht. Achsvermessung vornehmen lassen
	2 Verschleiß innen	Zu viel negativer Sturz. Einstellung ändern, Reifen erneuern
	3 Verschleiß außen	Zu viel positiver Sturz. Einstellung ändern, Reifen erneuern
	4 Verschleiß in der Mitte	Reifenfülldruck über lange Zeit zu hoch. Ändern, beachten!
	5 Verschleiß innen und außen	Reifenfülldruck über längere Zeit zu niedrig. Reifen erneu-ern, Druck richtig stellen
	6 Stoßdämpfer verschlissen	Stoßdämpfer prüfen (lassen) und ggf. austauschen
C Schütteln am Lenkrad	**1** Räder unwuchtig	Räder auswuchten lassen
	2 Spiel in der Lenkung	Lenkgetriebe überprüfen lassen
	3 Spiel in Fahrwerksteilen	Traggelenk und Spurstangen prüfen
...beim Bremsen	**4** Bremsscheiben verzogen	Neue Bremsscheiben und Beläge einbauen
D Geräusche bei Kurvenfahrt	**1** Radlager defekt	Richtige Seite durch Wechselkurven feststellen
	2 Spurwerte stimmen nicht	Reifenprofil kontrollieren (siehe B)

Bremsanlage: Zweikreis-Bremse und ESP

Ihr Roomster verfügt über eine leistungsfähige Bremsanlage. Der Wagen fährt zwischen 160 und 185 km/h Spitze bei bei - voll beladen - mehr als 1,5 t Gewicht. Aber Bremskraftverstärker und bewährte Assistenzsysteme bringen ihn bei Erfordernis rasch zum Stehen. Wir beschreiben die Funktion der Anlage und Ihnen mögliche Arbeiten daran.

Die Zweikreis-Bremsanlage

Die Straßenverkehrs-Zulassungsordnung StVZO fordert für jedes Kfz zwei Bremsanlagen, die unabhängig voneinander arbeiten. Wenn ein System ausfällt, soll das andere das Fahrzeug immer noch abbremsen können. Deshalb verfügt auch Ihr Roomster über eine diagonal aufgeteilte Zweikreisbremsanlage: Ein Bremskreis ist für linkes Vorderrad und rechtes Hinterrad, der andere für rechtes Vorderrad und linkes Hinterrad zuständig. Fällt ein Bremskreis aus, bleiben ein Vorder- und ein Hinterrad bremsfähig. Man muss allerdings kräftiger aufs Pedal steigen, es lässt sich weiter durchtreten, der Anhalteweg wird länger.

Hydraulik und Pneumatik

Beim Bremsen presst eine Druckstange am Pedal einen Doppelkolben in den Hauptbremszylinder (2). Dieser bildet mit dem Bremskraftverstärker (1) eine Einheit, weshalb man auch vom »Tandem-Hauptbremszylinder« spricht. Die Kolben übertragen die Fußkraft auf die in den Ausgleichs- oder Vorratsbehälter (3) eingefüllte und von dort über Bremsleitungen ins System verteilte Bremsflüssigkeit (Bild 1).
Der hydraulische Druck wird im Bremskraftverstärker mehr als verdoppelt. Dieser bringt etwa 60% der wirkenden Bremskraft auf. Die Verstärkung wird im Bremskraftverstärker pneumatisch, durch Unterdruck, erzeugt. Das Vakuum hierfür wird bei den Fahrzeugen mit Ottomotoren dem Saugrohr entnommen und bei den Dieselmotoren von einer speziellen »Unterdrukkpumpe« erzeugt.
Auf Steuerung und Dosierung der Bremskraft nimmt ein hydraulisches System Einfluss, die ABS-Hydraulikeinheit (Baugruppe N55) mit der untrennbar mit ihr verbundenen Hydraulikpumpe und dem Steuergerät (Baugruppe J104). Im Zusammenspiel von Pedalkraft, Bremskraftverstärker und Hydraulikeinheit ergibt sich der hydraulische Systemdruck in den Radbremszylindern (Bremssättel; Bilder 2 bis 4).
Der über Schlauch- und Rohrleitungen zu den Bremssätteln geführte hydraulische Druck presst die Kolben der Radbremszylinder mit den Bremsbelägen gegen die Bremsscheiben oder im gegebenen Fall gegen die Bremstrommeln an den Hinterrädern. Beim Lösen des Bremspedals werden die Kolben und dadurch die Bremssättel von den Bremsscheiben zurückgezogen. Die Räder können dann wieder frei drehen.
Störungen am ABS haben keinen Einfluss auf Bremsanlage und Verstärkung. Die herkömmli-

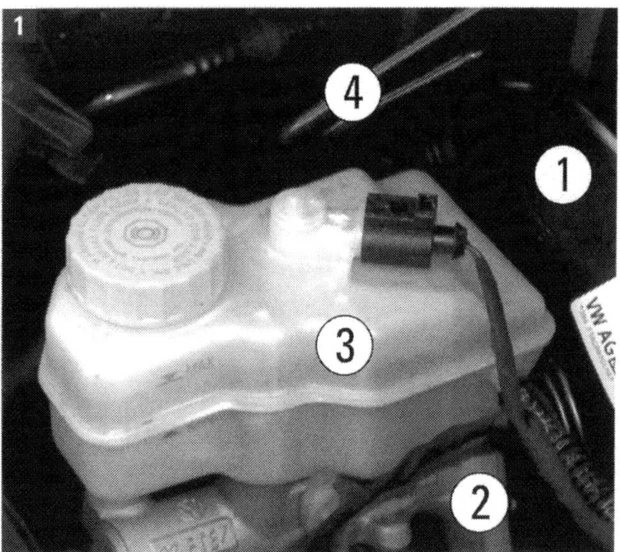

Hydraulik-Komponenten: (1) Bremskraftverstärker an der Stirnwand, (2) Hauptbremszylinder direkt am Bremskraftverstärker, (3) Bremsflüssigkeitsbehälter, (4) Bremsleitungen zur ABS-Hydraulikeinheit.

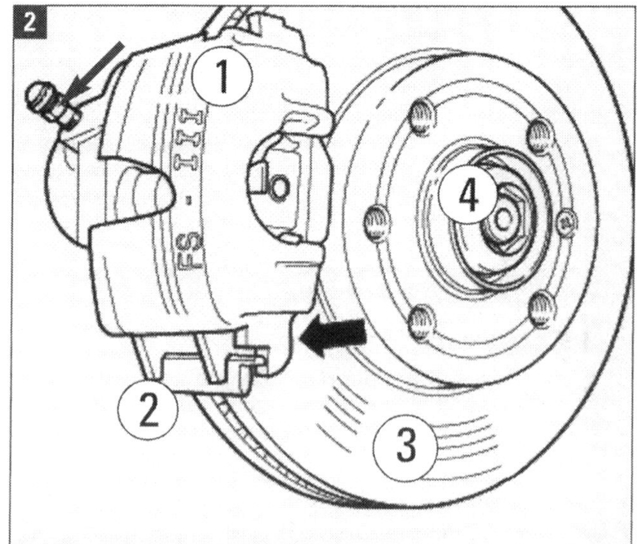

Vorderradbremse FS III links von außen: (1) Bremssattel mit (roter Pfeil) Entlüftungsnippel, (2) Sattelträger und (schwarzer Pfeil) Führungsbolzen, (3) innenbelüftete Bremsscheibe, (4) Felge.

che Bremsanlage bleibt auch ohne ABS funktionsfähig. Es muss dann allerdings mit einem veränderten Bremsverhalten gerechnet werden. Nach Aufleuchten der ABS-Kontrollleuchte können die Hinterräder beim Bremsen frühzeitig blockieren!

Die Radbremsen des Roomster

Was Bremskraftverstärker und ESP betrifft, hat der Roomster eine starke Bremsanlage. Sie zeichnet sich durch hohe Standfestigkeit, sehr guten Betätigungskomfort, kurze Ansprechzeiten und generell kurze Bremswege aus.
Bei allen Bremssystemen müssen konstruktiv zwei gegensätzliche Anforderungen, nämlich 1. sehr schnelles Ansprechverhalten der Bremsen und 2. dennoch sehr gute Dosierbarkeit der Bremskraft miteinander in Einklang gebracht werden. Beim Roomster wird das Problem mit einem 10-Zoll-Bremskraftverstärker (beim Linkslenker-Fahrzeug; Rechtslenkerfahrzeuge haben 7"/8"-Tandembremskraftverstärker) gelöst.
Das ABS/ESP im Roomster ist teilweise das Bosch 8.0, in vielen Modellen aber schon das neue Bosch 8.2. Dessen Steuergerät umfasst neben ESP die bekannten Systeme ABS, EDS und ASR, darüber hinaus aber noch folgende Funktionen:

- Berganfahrassistent,
- hydraulischer Bremsassistent,
- Reifenkontrollanzeige RKA (optional) und
- elektronische Differenzialsperre XDS (ebenfalls optional).

Im neuen ESP-Aggregat ist ein Drucksensor enthalten. Der bisherige »Sensorcluster«, der den Gierratensensor sowie den Längs- und Querbeschleunigungssensor enthielt, entfällt dadurch. Diese Sensoren sind nun auf der Platine im Steuergerät für ABS/ESP integriert.

Die Bremsen vorn

Vorne kommen bei allen Versionen des Roomster die Faustsattelbremsen FS-III oder FN3 mit innenbelüfteten Scheibenbremsen zum Einsatz (3 in Bild 2: Bremsscheibe der Faustsattelbremse FS-III). Die Bremskolben haben 54 mm Durchmesser und die Bremsscheiben 256 mm (Bremse FS-III) oder 288 mm (Bremse FN3). Frühere Modellversionen haben auch noch die Faustsattelbremse C54 mit 54 mm-Bremskolben und 288 mm-Bremsscheibe.

Die Bremsen hinten

An den Hinterrädern sind entweder Trommelbremsen mit 200 mm Trommeldurchmesser

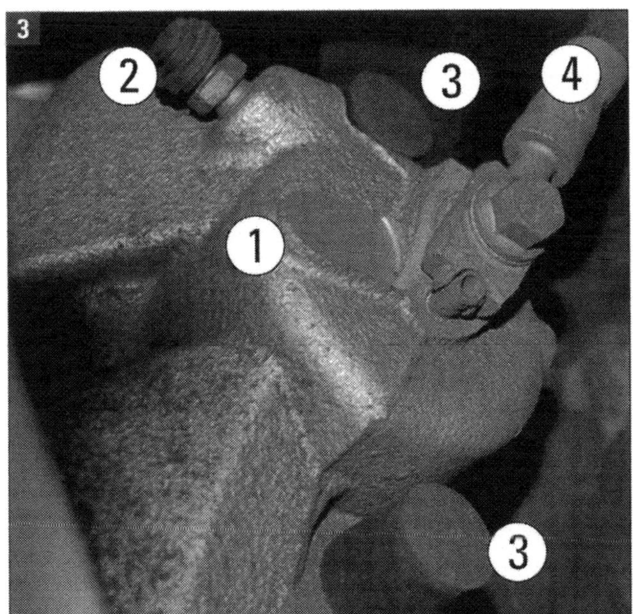

Vorderradbremse FS III rechts von innen: (1) Bremssattel, (2) Entlüftungsnippel, (3) Führungsbolzen, (4) Bremsleitung.

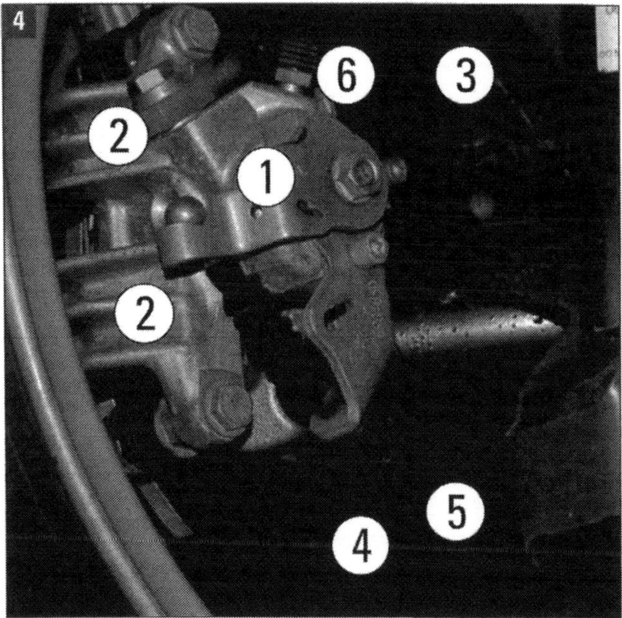

Bremse hinten C 38: (1) B-sattel, (2) B-träger, (3) B-scheibe, (4) Abdeckblech, (5) Handbremsseil, (6) Entlüftungsnippel.

Die Bremsflüssigkeit

WISSENSWERTES

Da Bremsflüssigkeit hygroskopisch ist, nimmt sie u. a. durch undichte Bremsschläuche und Gummimanschetten Wasser auf. Um nicht Luftfeuchtigkeit aufzunehmen, muss sie in verschlossenen, gut abgedichteten Vorratsbehältern aufbewahrt werden.

Durch Wasseraufnahme sinkt der Siedepunkt. Bei einem Wassergehalt von 3,5 Prozent liegt er nur noch bei 150 °C (kritische Grenze). In diesem Fall können sich bei stark erhitzten Bremsen (Gebirgsfahrt, Vollbremsungen) Dampfblasen in der Bremsflüssigkeit bilden. Diese werden beim Bremsen zusammengepresst, das System kann keinen stabilen Bremsdruck aufbauen, das Pedal lässt sich tief durchtreten, die Bremsen können sogar ganz ausfallen. Zweijährlich möglichst im Frühjahr soll Bremsflüssigkeit daher gewechselt werden. Golf-Bremsflüssigkeit nach Standard DOT 4 garantiert Betriebssicherheit und hohen Siedepunkt über die gesamte Gebrauchsdauer.

Das Steuerprogramm ESP

WISSENSWERTES

Durch das von VW und anderen Herstellern als »Elektronisches Stabilitätsprogramm - ESP« bezeichnete System wird ein Fahrzeug bis an die physikalische Grenze stabil gegen Ausbrechen. Der Wagen bleibt damit selbst in schwierigen und unerwarteten Situationen noch besser beherrschbar. ESP bewirkt gezielte Bremseingriffe an einzelnen Rädern und eine bedarfsgerechte Anpassung der Motorleistung zur Stabilisierung des Fahrzeugs, besonders in Kurven und bei plötzlichen Ausweichmanövern. Dreht ein Rad durch, bremst ESP die Räder gezielt ab und passt automatisch das Motordrehmoment an.

Beim ESP verfolgt ein Geschwindigkeitsmesser ständig die Bewegung des Fahrzeugs um seine Hochachse und vergleicht mit dem Sollwert aus Lenkvorgabe und Geschwindigkeit. Sobald das Fahrzeug von der Ideallinie abweicht, greift ESP ein und beeinflusst Schleuderbewegungen schon beim Entstehen.

oder die Scheibenbremsen C 38 (Bild 4) mit Bremskolben-Durchmesser 38 mm und Bremsscheiben von 230 mm Durchmesser verbaut (siehe Seiten 101/102).

Die Bremsflüssigkeit

Škoda setzt die bei VW übliche Bremsflüssigkeit nach dem Standard »FMVSS 116 DOT 4« ein, wovon auch die Weiterentwicklung »DOT 4 plus« erhältlich ist. Der Standard DOT 4 entspricht der US-Sicherheitsvorschrift für einen hohen Nasssiedepunkt. Das übliche Wechselintervall beträgt zwei Jahre.

Die Bremsflüssigkeit aus Glykol und Polyglykoläther ist bis minus 40 °C dünnflüssig. Ihr Siedepunkt liegt bei 230 °C. Geeignete DOT 4-Produkte werden von ATE, Ferrodo, AP und anderen angeboten. Im Volkswagen-Konzern hat das Produkt die Katalog-Teilenummer »VW 501 14 B 000 750«. DOT 5-Flüssigkeit darf wegen Silikongehalt nicht verwendet werden.

Bremsflüssigkeit ist erst bernsteinhell, verfärbt sich aber im Laufe der Zeit durch chemische Reaktion. Dunkle Färbung ohne Verunreinigung bedeutet noch nicht mangelhafte Qualität.

PR-Nummern für Bremsen

Welche Bremse im Fahrzeug verbaut ist, wird auf dem Fahrzeugdatenträger durch die entsprechende PR-Nummer (siehe Bilder 6 bis 9) dokumentiert. Auskunft über die jeweils verbaute Bremse ist natürlich über Abfrage mit dem Diagnose-Tester (Bild 5) möglich.

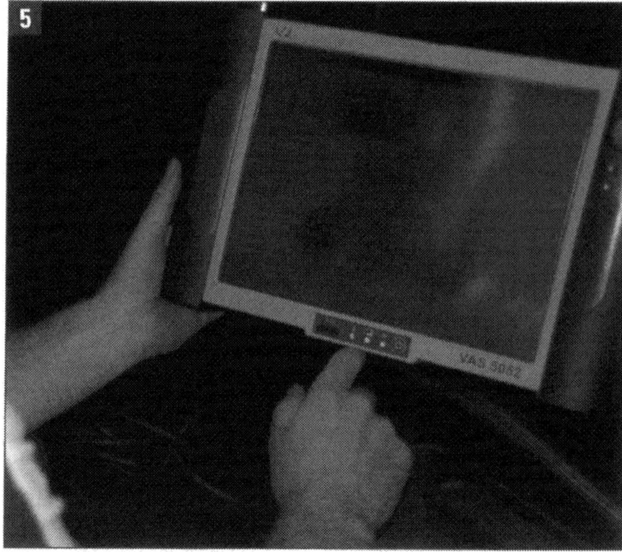

Datenabfrage: Diagnosetester VAS 5052 von Volkswagen.

Vorderrad-Scheibenbremse FN3

Pr.-Nr. (Motorisierung)	**1ZC** (51, 63, 77 kW; alle TDI)
Bremssattel	FN 3
Kolbendurchmesser	54 mm
Belagdicke mit Rückenplatte und Dämpfungsblech	14 mm
Verschleißgrenze ohne Rückenplatte	2 mm (mit Platte: 7 mm)

Belüftete Bremsscheibe	
Durchmesser	288 mm
Dicke	25 mm
Verschleißgrenze	22 mm

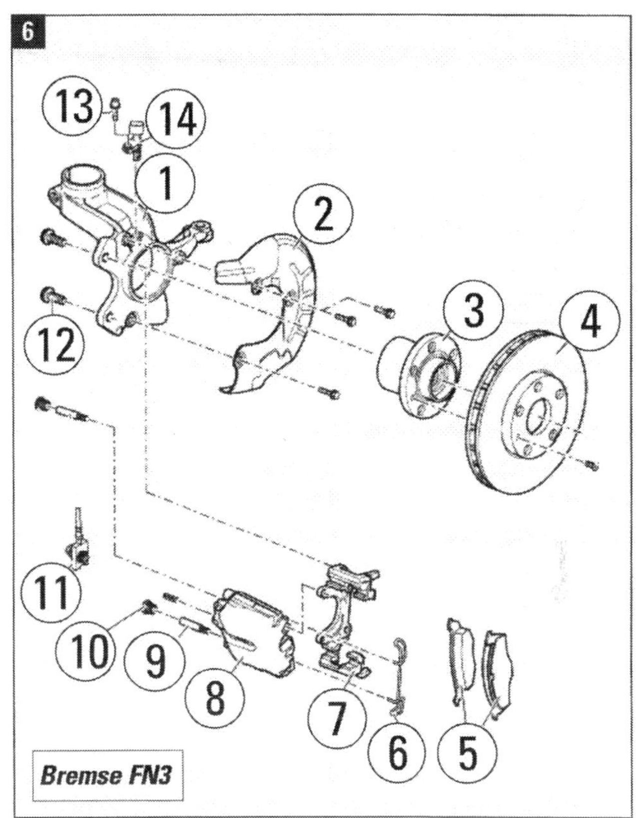

Bremse FN3

Komponenten der Bremse FN3: (1) Radlagergehäuse, (2) Abdeckblech, (3) Radnabe mit Radlager, (4) Bremsscheibe, (5) Bremsbeläge, (6) Haltefeder, (7) Bremsträger, (8) Bremssattel, (9) Führungsbolzen 30 Nm, (10) Verschlusskappe, (11) Bremsschlauch, (12) Schraube 190 Nm, (13) Schraube 8 Nm für (14) Drehzahlfühler.

Vorderrad-Scheibenbremse FS-III

Pr.-Nr. (Motorisierung)	**1LR/1ZG** (51, 63kW)
Bremssattel	FS-III
Kolbendurchmesser	54 mm
Belagdicke mit Stützplatte	19,6 mm
Verschleißgrenze ohne Stützplatte	2 mm (mit Platte: 7 mm)

Belüftete Bremsscheibe	
Durchmesser	256 mm
Dicke	22 mm
Verschleißgrenze	19 mm

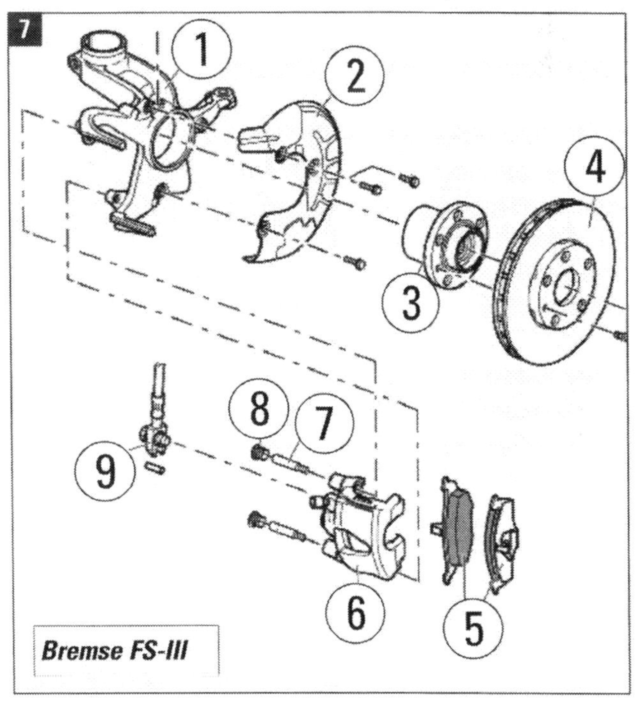

Bremse FS-III

Komponenten der Bremse FS-III: (1) Radlagergehäuse, (2) Abdeckblech, (3) Nabe mit Radlager, (4) Bremsscheibe, (5) Bremsbeläge mit Haltefeder, (6) Bremssattel, (7) Führungsbolzen, (8) Kappe, (9) Bremsschlauch.

Anmerkung: Bremsscheiben immer nur achsweise ersetzen. Zum Ausbau vorher Bremssattel abschrauben. Die Scheiben niemals durch Gewaltanwendung von der Radnabe trennen, weil das zu schweren Schäden an den Bremsscheiben führen kann! Ggf. muss Rostlöser angewendet werden.

Hinterrad-Scheibenbremse C38

Pr.-Nr. (Motorisierung)	**1KT** (55, 63, 77 kW)
Bremssattel	C38
Kolbendurchmesser	38 mm
Belagdicke mit Rückenplatte und Dämpfungsblech	16,9 mm
Verschleißgrenze ohne Rückenplatte	2 mm (mit Platte: 7,5 mm)

Unbelüftete Bremsscheibe

Durchmesser	230 mm
Dicke	9 mm
Verschleißgrenze	7 mm

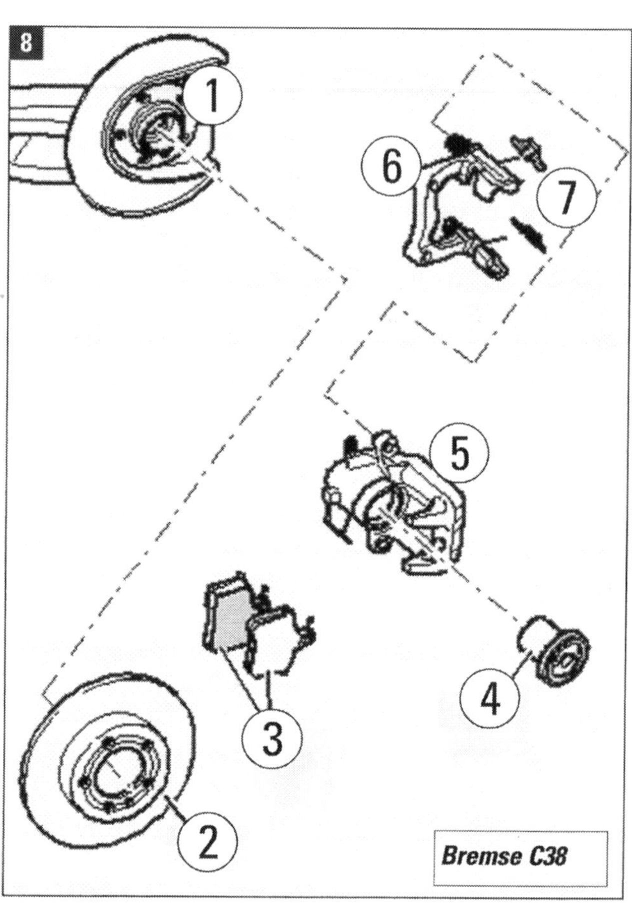

Komponenten der Scheibenbremse C 38: (1) Radnabe mit Radlager und Abdeckblech, (2) Bremsscheibe, (3) Bremsbeläge mit Rückenplatten, (4) Bremskolben, (5) Bremssattel, (6) Belaghalter, (7) Haltefedern.

Hinterrad-Trommelbremse

Pr.-Nr. (Motorisierung)	**1KM** (51 kW)
Radbremszylinder	19,05 mm
Bremsbelag, Breite	42 mm
Bremsbelag, Dicke	5,5 mm
Bremsbelag, Mindestdicke	2,5 mm

Bremstrommel

Durchmesser	230 mm
Verschleißgrenze	231 mm

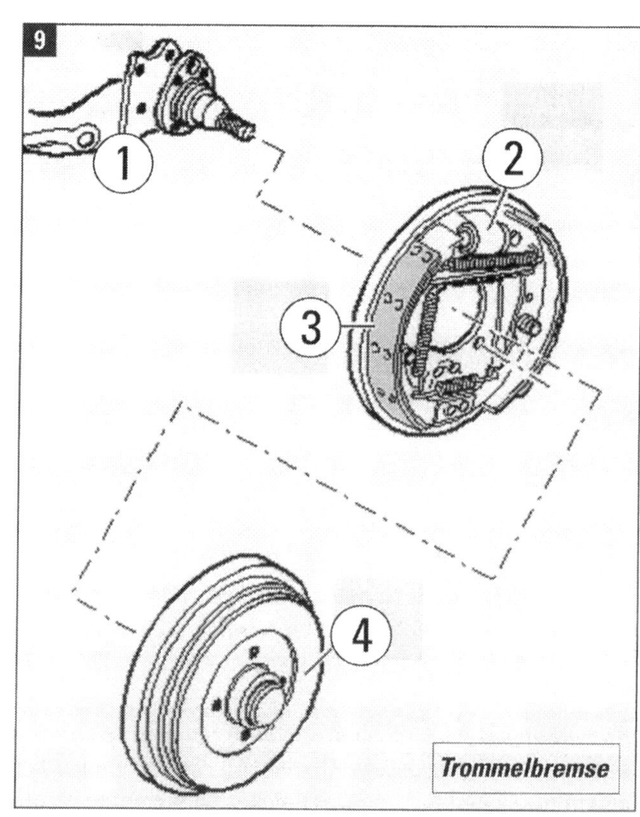

Komponenten der Trommelbremse: (1) Achszapfen am Achskörper, (2) Bremsträger mit (3) Bremsbacken, (4) Bremstrommel mit selbstsichernder Zwölfkantmutter 70 Nm+40° auf Radnabe/Radlager geschraubt und mit Kappe abgeschlossen.

Arbeiten an der Bremsanlage

Viele Arbeiten an der Bremsanlage, vor allem Wartungen, können Sie selbst ausführen. Auch bei einer intakten Bremsanlage kann zum Beispiel der Bremsflüssigkeits-Pegel sinken. Ursache ist der Verschleiß an den Bremsbelägen. Ein sinkender Pegel kann aber auch mit Defekten am Kupplungssystem zusammenhängen. Regelmäßige Kontrolle des Standes ist auf jeden Fall eine gute Wartungsarbeit.

Nach statistischen Erhebungen muss seit Jahren jedes fünfte Kraftfahrzeug auf deutschen Straßen wegen Mängeln an der Bremsanlage beanstandet werden. Die Sachverständigenorganisation DEKRA verweist immer wieder darauf, dass sehr viele Fahrzeuge mit Bremsflüssigkeit unzulänglicher Qualität unterwegs sind. Bei 20 Prozent der auf Bremsflüssigkeit überprüften Fahrzeuge wird der äußerst kritische Siedepunkt von 150 °C (neuwertige Bremsflüssigkeit: 270 bis 300 °C!) unterschritten. Das kann zum Versagen der Bremsen führen, weshalb der Wechsel aller zwei Jahre dringend zu empfehlen ist.

Sie benötigen dazu einen Liter frische Bremsflüssigkeit der Spezifikation FMVSS 116 DOT 4, bei VW die Norm 501 14 B 000 700 A. Beachten Sie die Einprägung auf dem Deckel des Bremsflüssigkeitsbehälters und die Markierungen zum Füllstand an der Behälteraußenseite (Bild 10).

Kontrollieren Sie regelmäßig die Stärke der Bremsbeläge, mindestens jedoch alle 15.000 km oder einmal im Jahr. Bei einer Belagdicke von 7 mm einschließlich Rückenplatte haben die Beläge ihre Verschleißgrenze erreicht und müssen unbedingt ersetzt werden. Zur Prüfung von Scheiben und Bremsbelägen können Sie durch einen Raddurchbruch schauen. Dabei sind Handlampe, Spiegel und Messschieber hilfreich. Die exakte Messung der Belagdicke verlangt allerdings meist den Ausbau der Räder (Bild 14). Kontrollieren Sie den Zustand der Bremsscheiben stets gemeinsam mit dem der Beläge.

Beim Erneuern von Bremsbelägen beachten: grundsätzlich immer auf beiden Seiten austauschen! Mit neuen Bremsbelägen sollten Sie auf den ersten 200 Kilometern häufige Vollbremsungen vermeiden. Der Belag kann verhärten (»verglasen«) und erreicht dann nicht mehr seine beste Bremswirkung.

Bremsbeläge, die Sie weiter verwenden können, sollten Sie beim Ausbau kennzeichnen. Sie müssen an gleicher Stelle wieder eingebaut werden. Wenn Sie zur Arbeit an den Bremsen die Räder ausbauen, beachten Sie unbedingt die Schutzkappen über den Radschrauben! Sie müssen mit dem Ringhaken des Bord-

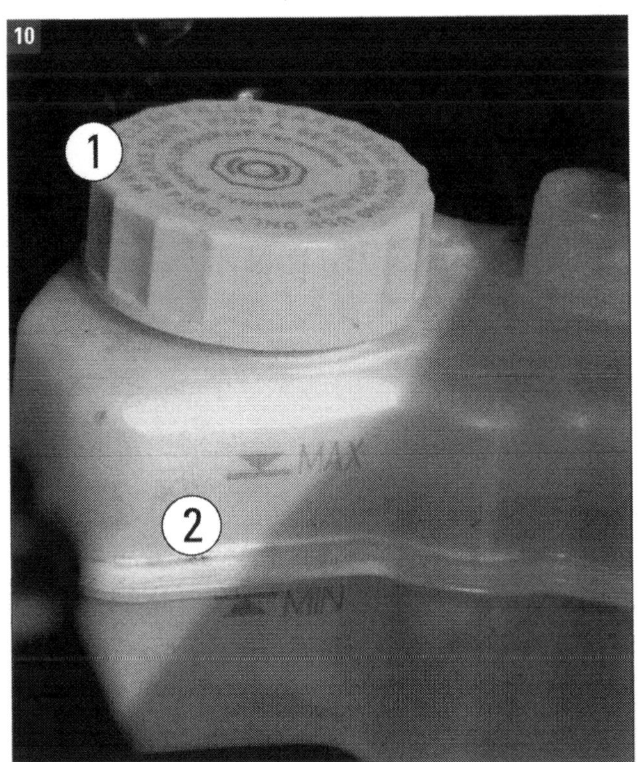

Bremsflüssigkeit: (1) Spezifikation und (2) Stand beachten.

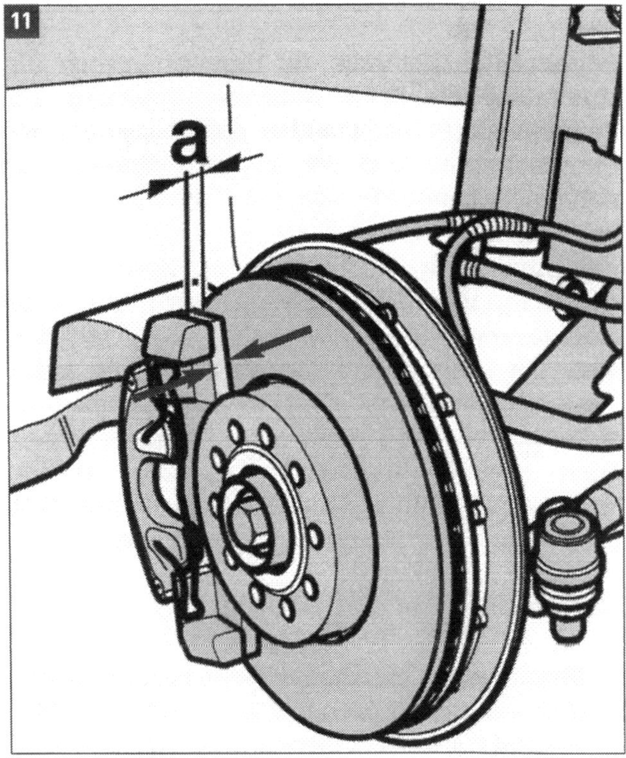

Bremsbelagdicke: »a« darf 2 mm nicht unterschreiten.

werkzeugs aus den Radschraubenlöchern herausgezogen werden (siehe zum Radausbau das Kapitel »Fahrwerk / Räder und Reifen«).
Gelangt Luft ins Bremssystem, müssen Sie die Anlage entlüften. Das gilt für alle Arbeiten, bei denen Sie die Bremsschläuche abnehmen oder die Bremsleitungen öffnen. Meist genügt es, wenn Sie nur den Bremskreis entlüften, an dem Sie gearbeitet haben. Beim professionellen Entlüften wird ein spezielles Gerät verwendet (bei VW ein Bremsenfüll- und -entlüftungsgerät VAS 5234 oder V.A.G 1869). Wir beschreiben später das Vorgehen mit und ohne Gerät.
Wirkt die Bremse an den Rädern ungleichmäßig, kann das an Korrosion an den Gleitflächen von Bremssattel und Bremszange liegen. Denn der Bremssattel wird dadurch schwergängig. Es können aber auch Schmutz und Feuchtigkeit in das Bremssattelgehäuse eingedrungen sein. Wenn die Funktion des Kolbens durch solche Verunreinigungen gestört ist, muss er gründlich gereinigt werden. Dann ist der Ausbau des Kolbens (Bild 12) angesagt (Buchreihe »Reparaturanleitung« oder Werkstattarbeit).

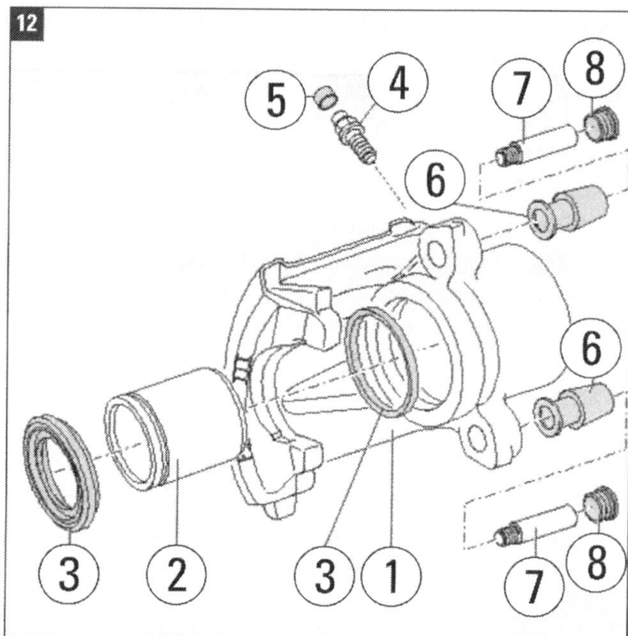

Kolben der FS-III-Bremse: (1) Bremssattel, (2) Kolben, (3) Dichtringe, (4) Entlüftungsschraube mit (5) Staubkappe, (6) Lagerbuchsen, (7) Führungsbolzen, (8) Abdeckkappen.

Funktion und Dichtheit der Bremsen kontrollieren

Regelmäßige Kontrolle der Bremsanlage ist für Autofahrer die beste Lebensversicherung. Im Straßenverkehr entscheiden die Bremsen über Ihre Sicherheit und die anderer Verkehrsteilnehmer. Scheuen Sie sich nicht, die Räder abzunehmen und den Zustand von Bremsscheiben und Bremsbelägen gründlich zu prüfen!
Ans Schrauben sollten Sie sich aber nur dann wagen, wenn Sie sich wirklich auskennen. Suchen Sie sonst besser die Werkstatt auf. Beim Reinigen der Anlage fällt Bremsstaub an, der zu schweren gesundheitlichen Schäden führen kann. Niemals Bremsstaub einatmen! Immer strikt darauf achten, dass Mineralöl, Schmierfett o. Ä. nicht in die Bremsanlage gelangen.

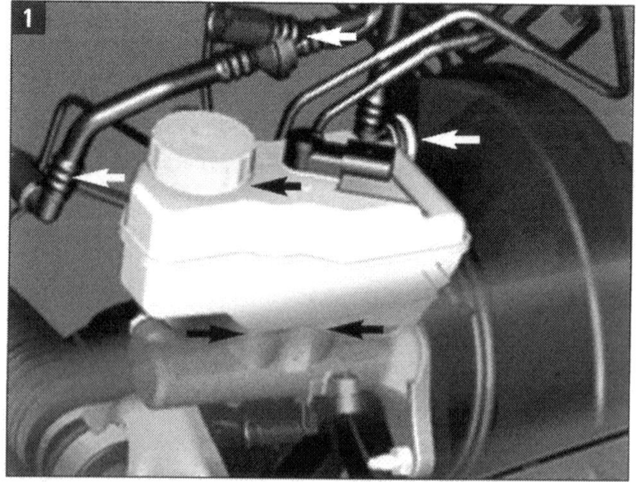

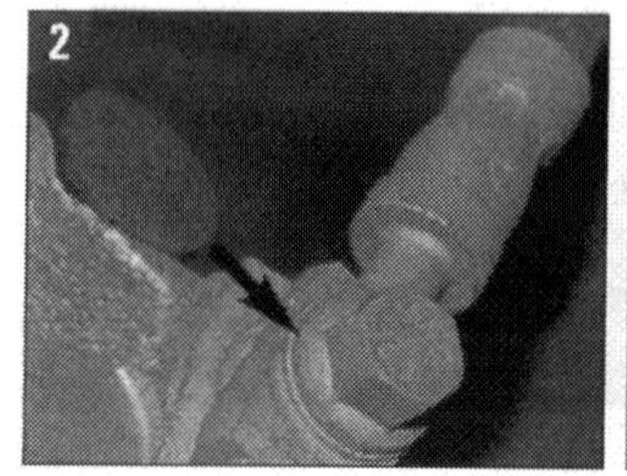

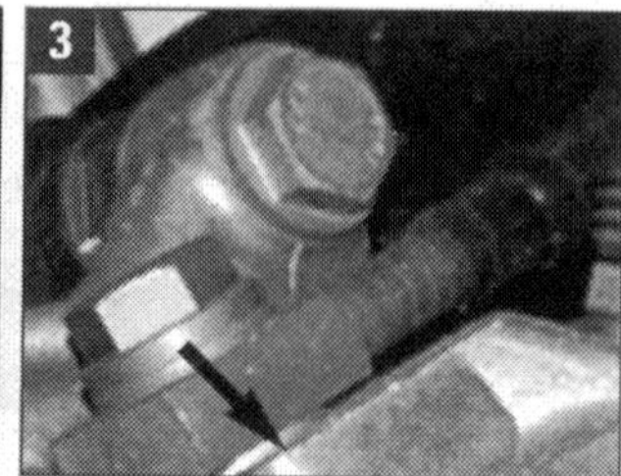

Die einzelnen Prüfungen:

■ **Sichtprüfung 1:** Bremskraftverstärker, Hauptbremszylinder (Einheit mit Bremsflüssigkeitsbehälter links hinten im Motorraum; Bild 1) und Bremssättel vorn (Bild 2) und hinten (Bild 3) auf Beschädigungen und Undichtigkeiten an den An-

schlüssen prüfen. Verbindungen von Schläuchen und Rohrleitungen (Pfeile) auf richtigen Sitz, Undichtigkeiten und Korrosion untersuchen. Dunkle und feuchte Flecken beachten!

■ **Sichtprüfung 2:** Kontrollieren Sie, ob Hydraulikleitungen geknickt oder Anschlüsse (2 und 3) an der Hydraulikeinheit (1) undicht sind (Bild 4). Undichtigkeiten und Schmutznester am Hydrauliksystem müssen beseitigt werden.

■ **Sichtprüfung 3:** Bremsschläuche dürfen nicht in sich verdreht und nirgendwo porös und brüchig sein. Bei maximalem Lenkeinschlag muss ihr Abstand zu anderen Achsteilen mindestens 15 mm betragen. Die Rastnasen der Leitungen müssen einwandfrei in den Haltern sitzen.

■ **Sichtprüfung 4:** Wenn Bremsschläuche, elektrische Leitungen und Steckkupplungen Scheuerstellen aufweisen und Schläuche feucht oder aufgequollen sind: auswechseln!

■ **Funktionsprüfung 1:** Eine Minute lang mit voller Kraft aufs Bremspedal treten. Das Pedal darf nicht nachgeben. Eine exakte Druckprüfung ist allerdings Sache der Werkstatt mit Spezialgerät und Diagnosesystem (Bild 5).

■ **Funktionsprüfung:** Auf 50 km/h beschleunigen, Lenkrad loslassen, Hände griffbereit halten. Zuerst sanft, dann scharf bis zum Stillstand bremsen. Fahrzeug soll die Spur halten. Nach dem Test auf leicht abschüssiger Strecke Fahrzeug aus dem Stand losrollen lassen. Drehen die Räder frei?

■ **Wärmeprobe / kalt:** Räder anfassen. Alle vier Felgen müssen gleich warm sein. Eine einzelne kalte Felge weist auf mangelhafte Bremsfunktion an diesem Rad hin.

■ **Wärmeprobe / warm:** Wenn eine Felge ungewöhnlich warm ist (oder wenn Ihnen das bei allen Felgen so scheint), muss weiter gesucht werden. Ursache für zu hohe Temperatur können schleifende Bremsen oder defekte Radlager sein.

PRAXISTIPP

Kein Öl in die Bremsanlage!

■ Wird Mineralöl in der Bremsanlage festgestellt, müssen Hauptbremszylinder und Ausgleichsbehälter für Bremsflüssigkeit erneuert, die gesamte Bremsanlage mit neuer Bremsflüssigkeit durchgespült, alle Baugruppen mit Bestandteilen aus Gummi ausgewechselt und die Bremsanlage entlüftet werden.

■ Bremsbeläge sind Bestandteil der Allgemeinen Betriebserlaubnis (ABE) und vom Werk auf das Fahrzeug abgestimmt. Deshalb dürfen nur vom Hersteller und vom Kraftfahrtbundesamt (KBA-Freigabenummer) freigegebene oder ECE-genehmigte (E- und e-Zeichen) Bremsbeläge verwendet werden.

■ **Professionelle Bremsenprüfung:** Erfolgt auf 1-Achs-Rollenprüfstand. Von Volkswagen freigegebene Anlagen erfüllen die Bedingung, dass die Prüfgeschwindigkeit 6 km/h nicht überschreitet, da sonst beim zeitversetzten Anlaufen der Rollen Bremseingriffe durch das EDS (elektronische Differenzialsperre, Bestandteil des ABS/ESP-Systems) erfolgen. Für Prüfstand-Kontrollen ist ein diagnosefähiges Werkstattsystem erforderlich.

■ **Auswertung:** Ratsam ist es, die Bremsentests von DEKRA, TÜV oder ADAC in Anspruch zu nehmen. Alle dabei (oder auch ohne Geräte von Ihnen) festgestellten Mängel müssen unverzüglich in eigener Arbeit oder durch die Werkstatt beseitigt werden.

Bremsscheiben und Bremsbeläge kontrollieren

Zur wirkungsvollen Kontrolle müssen Sie die Räder abschrauben und die Bremsscheiben genau ansehen (Beispielbilder 1 und 2). Eine bläuliche Verfärbung der Scheibe ist normal. Regelmäßig, mindestens jedoch alle 15.000 Kilometer oder einmal im Jahr sollte die Stärke der Bremsbeläge kontrolliert werden. Wenn es ans Austauschen geht: Bremsbeläge grundsätzlich immer auf beiden Seiten erneuern. Mit neuen Bremsbelägen auf den ersten 200 Kilometern häufige Vollbremsungen vermeiden, der Belag verändert sonst seine Struktur. Er verhärtet (»verglast«) und erreicht dadurch nicht seine beste Bremswirkung.

■ ***Bremsscheiben kontrollieren:*** Sind Risse oder Riefen in den Scheiben? Sie dürfen nicht tiefer als 0,5 mm sein (Pfeile in Bild 2). Die Länge von Haarrissen durch hohe Belastung darf nicht mehr als 25 mm betragen. Bei Rissen, Riefen, sehr starken Verschleißspuren, starkem Rost oder/und Grat am Rand die Bremsscheiben paarweise austauschen, niemals nachbearbeiten!
Anmerkung: Einige Bremsscheiben haben eine etwa 5 mm breite Markierung zur Kennzeichnung des maximalen Felgenschlags.

■ Die Dicke der Bremsscheiben messen Sie am besten, indem Sie zwischen Messschieber und Bremsscheibe eine Münze legen. Die Dicke der Münze müssen Sie dann natürlich vom gemessenen Wert abziehen. Messen Sie die Bremsscheibe an mehreren Punkten. Es gilt der jeweils schlechteste Wert.

■ Zu dünne Bremsscheiben (zu den Grenzwerten in mm siehe die Tabellen zu den Skizzen auf den Seiten 101/102) müssen immer paarweise (also für jeweils eine Achse) ausgetauscht werden.

■ ***Bremsbeläge kontrollieren:*** Bremsklötze (1 in Bild 2; Bild 3) ausbauen, auf Verschmutzung durch Bremsflüssigkeit oder Fett achten.

■ Mit dem Messschieber die Belagdicke der Bremsklötze prüfen (Sollwerte und Verschleißgrenzwerte siehe Tabellen).

■ Sind die Bremsklötze über die Verschleißgrenze abgefah-

Bilder 1 und 2 Bremsscheibe und -sattel: Die beiden Internet-Beispiele (Bild 1: »bremsscheibe.info«, Bild 2: »motortalk«) zeigen das Erscheinungsbild von Bremse und Sattel bei ausgebautem Rad (Bild 2 komplett ausgebaute Bremse). Während Bild 1 den absoluten Neuzustand ohne jede Abnutzungserscheinung an der Scheibe bietet, zeigt Bild 2 die Bremse nach längerem Fahrbetrieb. Die Bremsscheibe ist etwas abgefahren, aber noch einsatzfähig.

ren, kann der Steg zwischen Dichtungsnut und Staubkappe beschädigt sein. Dann die Bremsanlage mit einem Druckprüfgerät auf Dichtheit prüfen.

■ Die Prüfung kann auch von außen durch das Rad grob mit Taschenlampe und Spiegel oder präzise mit dem Prüfstift T40139 A (Škoda-Werkzeug) erfolgen.

■ Zur Ermittlung der Bremsbelagstärke mit dem T40139 A wird der Schleifer am Stift bis zum ringförmigen Anschlag in Richtung Messspitze geschoben. Dann die Prüfspitze durch einen Durchbruch in der Felge schieben und an der Bremsscheibe anlegen (weißer Pfeil in Bild 3).

■ Den Prüfstift so lange gleichmäßig in Richtung Bremsbelag schieben, bis seine Stirnseite bündig auf der Rückenplatte (roter Pfeil in Bild 3) des Bremsbelags aufliegt. Prüfstift abnehmen (Schleifer nicht verschieben!) und die Bremsbelagdicke (in mm) auf der Skala ablesen. Der gemessene Wert versteht sich als Belagdicke einschließlich Rückenplatte. Die Skala ist mit dem Bremsensymbol kenntlich gemacht. Eine zweite Skala dient zum Messen der Profiltiefe von Reifen.

■ Bei einigen Fahrzeugen (z. B. mit Stahlfelgen), bei denen der Prüfstift T40139 A nicht an Bremsscheibe oder Belagrückenplatte heranreicht, muss die Bremsbelagdicke von der Radinnenseite aus geprüft werden.

■ Wenn der gemessene Wert 7 mm nicht mehr übersteigt, ist das Verschleißmaß erreicht. Die verschlissenen Bremsklötze müssen satzweise erneuert werden, also stets links und rechts an jeder Achse. Dieses Prinzip muss unbedingt beachtet werden, weil sich sonst eine ungleiche Wirkung der beiden Bremsen einer Achse ergeben kann.

■ Das Prinzip des achsweisen Wechsels gilt natürlich auch für die Bremsscheiben, wie wir bereits im Abschnitt zur Kontrolle der Scheiben angemerkt haben.

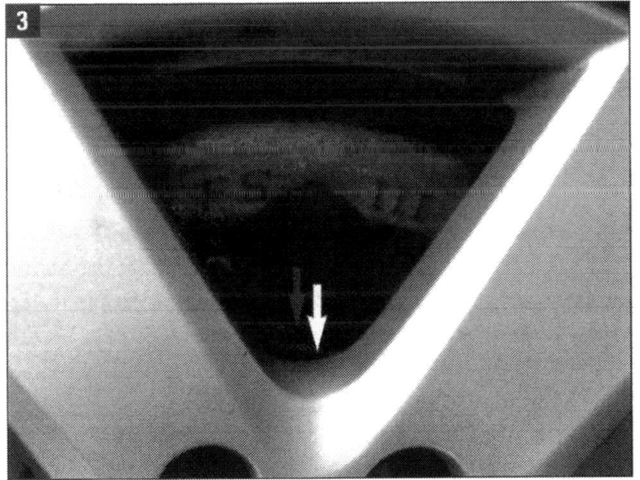

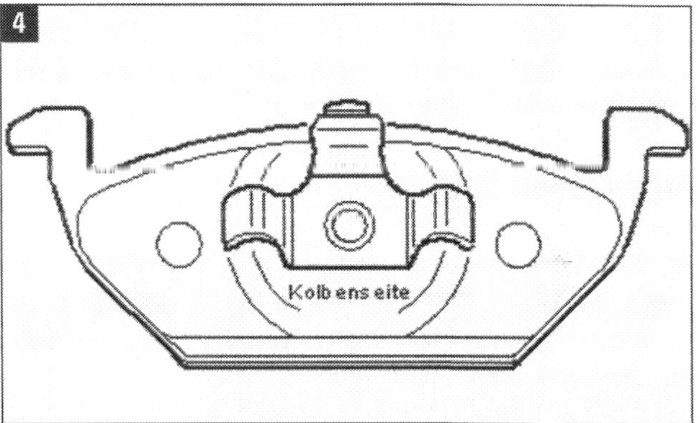

Bilder 3 und 4 Bremssattel und -belag: Die Bilder zeigen als Beispiel die Bremse FS III. An den Scheibenbremsen FN 3 und C 38 ist die Situation ähnlich.

Bremskraftverstärker prüfen

■ **Ohne Gerät:** Motor abstellen, das Bremspedal mehrmals durchtreten; in tiefster Stellung halten. Der Unterdruck wird abgebaut.

■ Bremspedal bei mittlerer Fußkraft in Bremsstellung halten und Motor starten. Bremskraftverstärkung wird wirksam, das Bremspedal gibt unter dem Fuß spürbar nach.

■ Senkt sich das Pedal nicht, liegt eine Störung vor. Meist muss der Bremskraftverstärker komplett ersetzt werden.

■ **Mit Gerät:** Eine genaue quantitative Prüfung ist nur mit Unterdruck- und Druckprüfgerät möglich. Das ist Sache der Werkstatt. Der Ablauf ist dann:

■ Bremspedal mehrmals betätigen; Unterdruckprüfgerät über Prüfanschluss zwischen Bremskraftverstärker und Unterdruckleitung einsetzen.

■ Laufrad abmontieren. Bremsanlage am Bremssattel entlüften (folgt später): Schlauch eines Auffangbehälters auf

Entlüftungsventil aufstecken und Ventil öffnen. Bremsflüssigkeit auslaufen lassen, bis sie blasenfrei und sauber austritt. Entlüftungsventil schließen.

■ Entlüfterschraube aus dem Bremssattel herausschrauben, Stutzen des Druckprüfers anschließen. Motor starten, Gas geben, Unterdruck von knapp 0,8 bar erzeugen.

■ Wird der geforderte Unterdruck nicht erreicht oder fällt er gleich wieder ab: Dichtung zwischen Bremskraftverstärker und Hauptbremszylinder und/oder Rückschlagventil in der Unterdruckleitung überprüfen. Schadhafte Bauteile umgehend erneuern.

■ Druckprüfgerät mit Anschlussstutzen vom Bremssattel abbauen, Entlüfterschraube eindrehen und festziehen.

■ Das Unterdruckprüfgerät wieder vom Bremskraftverstärker trennen. Bremsanlage am Bremssattel entlüften (siehe später), Laufrad wieder anschrauben.

Dichtheit der Bremsanlage per Bremspedal prüfen

Wir haben bereits beschrieben, wie Sie eine Sichtprüfung aller in Frage kommenden Teile der Bremsanlage auf Dichtheit vorzunehmen haben. Darüber hinaus empfiehlt sich aber noch die folgende Dichtheitsprüfung durch Betätigen der Bremse. Dazu muss die Bremshydraulik entlüftet sein (siehe später).

Dichtheit prüfen

■ Motor abstellen und den »Bremskraftverstärker leer pumpen«. Das geschieht, indem Sie das Bremspedal so oft betätigen, bis keine Bremskraftunterstützung mehr spürbar ist. Das Bremspedal »wird hart«.

■ Bremspedal etwa 20 mm aus der Ruhelage drücken und die Pedalkraft für 20 Sekunden konstant halten. Der Bremspedalweg darf dabei nicht länger werden.

■ Bremspedal lösen und dann mit sehr hoher Fußkraft wiederum drücken. Auch diese Pedalkraft wieder mindestens 20 Sekunden konstant halten. Der Bremspedalweg darf auch in diesem Fall nicht länger werden.

■ Wenn bei einer der beiden Prüfungen »das Bremspedal durchsackt«, wie die Kfz-Fachleute das nennen, muss die Systemprüfung durch Augenschein (Sichtprüfung) wiederholt werden.

■ Wenn bei der visuellen Prüfung erneut keinerlei feuchte Stellen und Leckagen festgestellt werden, ist mit hoher Wahrscheinlichkeit der Hauptbremszylinder undicht. Er muss dann ersetzt werden.

■ Beim Ersetzen des Hauptbremszylinders, das wir später erläutern, darf auf keinen Fall Bremsflüssigkeit in den Bremskraftverstärker gelangen!

Bremsflüssigkeit kontrollieren und nachfüllen

Zu Wartungen und Arbeiten, die Sie selbst an der Anlage vornehmen können, gehört die regelmäßige Kontrolle des Standes der Bremsflüssigkeit (Bild 1). Auch bei intakter Bremsanlage kann der Flüssigkeits-Pegel nämlich sinken. Ursache können der Verschleiß an den Bremsbelägen oder bei Fahrzeugen mit Handschaltgetriebe Defekte am Kupplungssystem sein. Denn die Kupplungshydraulik ist am System der Bremshydraulik angeschlossen.

Ebenfalls wichtig ist die Kontrolle des Wassergehalts der Bremsflüssigkeit. Untersuchungen haben gezeigt, dass bei vielen in Deutschland rollenden Fahrzeugen die Bremsflüssigkeit infolge Wasseraufnahme den kritischen Siedepunkt von 150 °C unterschreitet. Das kann zum Versagen der Bremsen führen.

Bremsflüssigkeit prüfen

■ Flüssigkeitsstand von außen am Behälter (Bilder 1 und 2) kontrollieren: Der Pegel muss zwischen den Markierungen »MIN« und »MAX« liegen. Die Pfeile in Bild 2 zeigen, dass dies im Beispiel der Fall ist.

■ Wenn die Bremsbeläge sehr abgefahren sind und bald erneuert werden müssen, ist ein Pegelstand nur leicht über »MIN« noch zulässig. Beim Einbau neuer Beläge werden die Bremskolben wieder zurückgedrückt, wodurch der Stand im Bremsflüssigkeitsbehälter wieder ansteigt.

■ Sind aber die Bremsbeläge noch neuwertig und hat die vorangegangene Prüfung keine Undichtigkeit im Bremssystem ergeben, muss zur Überbrückung bis zum nächsten Wechsel der Bremsflüssigkeit etwas nachgefüllt werden. Nachfüllen nur die schon erwähnte Bremsflüssigkeit nach Norm DOT 4 (VW: 501 14 , Teilenummer B 000 750).

■ Deckel (1, Bild 2) abschrauben und Bremsflüssigkeit nachfüllen. Der Füllstand muss stets ausreichend sein, damit keine Luft ins Bremssystem gelangen kann. Gelegentlich trifft man auch Behälter, bei denen die Steckverbindung (2, Bild 2) für den Füllstandswarner F34 in den Deckel integriert ist (Bild 3). Dann muss vor dem Öffnen der Stecker (Pfeil in Bild 3) abgezogen werden. Bei dieser Bauform hat der Deckel innen den Fühlereinsatz mit Schwimmer (1, Bild 4). Deckel mit Einsatz herausnehmen. In beiden Fällen bleibt jedenfalls das Sieb (Pfeil in Bild 4) im Behälter.

2

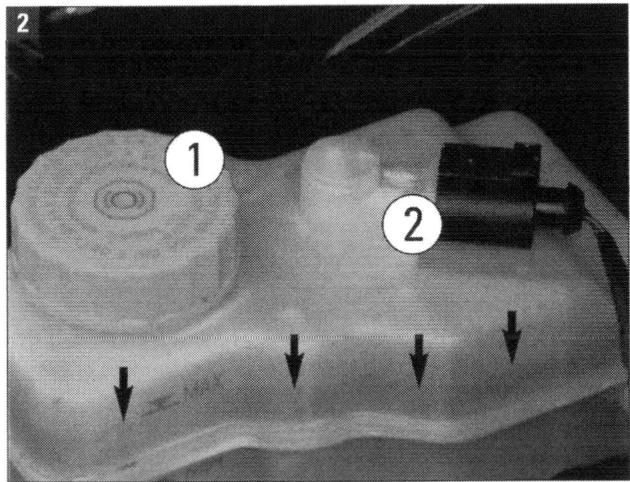

3

4

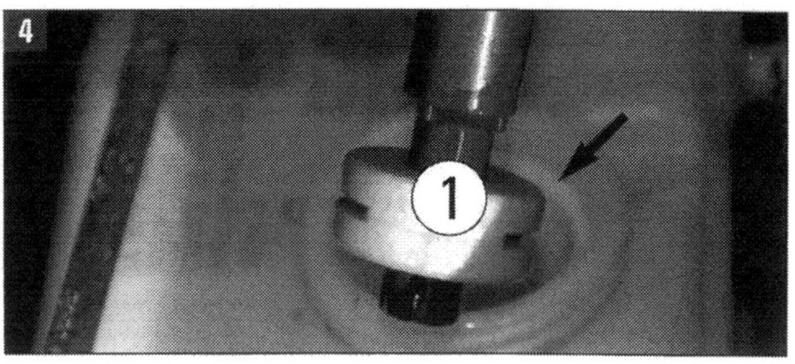

■ Dass Bremsflüssigkeit infolge zu hohen Wassergehalts (Kasten Seite 102) versagt, signalisiert der Warner nicht. Daher sind kurze Tests auf Siedepunkt und Wassergehalt innerhalb des Wechselintervalls nicht verkehrt. Liegt der Siedepunkt (DOT 4 neu: 230 °C) zu niedrig, muss die Bremsflüssigkeit gewechselt werden. TÜV-Servicestationen erledigen den Test für wenige Euro.

■ Für solche Tests gibt es Geräte verschiedener Hersteller (Secorüt, »producte24.com«, »fluidonline.de«), die sich wie der »BFT 320« von ATE (Bild 5) einfach auf den Brems-

5

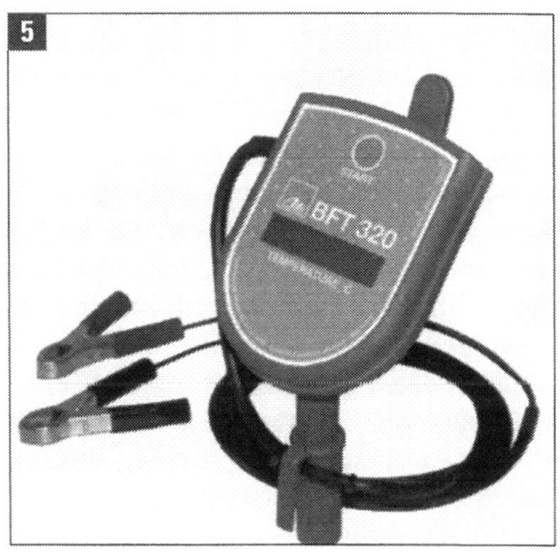

flüssigkeitsbehälter aufsetzen und über Kabel mit der Bordbatterie verbinden lassen oder selbst Batterien haben. Sie erhitzen per Glühspindel die Bremsflüssigkeit bis zum Sieden. Im Display wird der Nass-Siedepunkt ausgewiesen. Solche Geräte haben allerdings ihren Preis (um 200 Euro oder darüber) und sind eher etwas für die Werkstatt.

■ Auch für Selbstschrauber erschwinglich sind »Schnelltester« wie der von RC Rodcraft (Bild 6), der »Testboy50« oder Geräte von Secorüt, die zwischen 20 und 50 Euro kosten. Die Schnelltester zeigen mit Leuchtdioden (Pfeile in Bild 7) über Leitfähigkeitsmessung den Wassergehalt der Bremsflüssigkeit an, der 3,5% nicht überschreiten darf.

■ **Aber Vorsicht:** Der Schnelltest auf Feuchtigkeitsgehalt wird jedenfalls langfristig nicht hinreichen, Ihnen sichere Informationen über die Bremsenfunktion zu geben. Das leisten nur Geräte, die den Nass-Siedepunkt bestimmen.

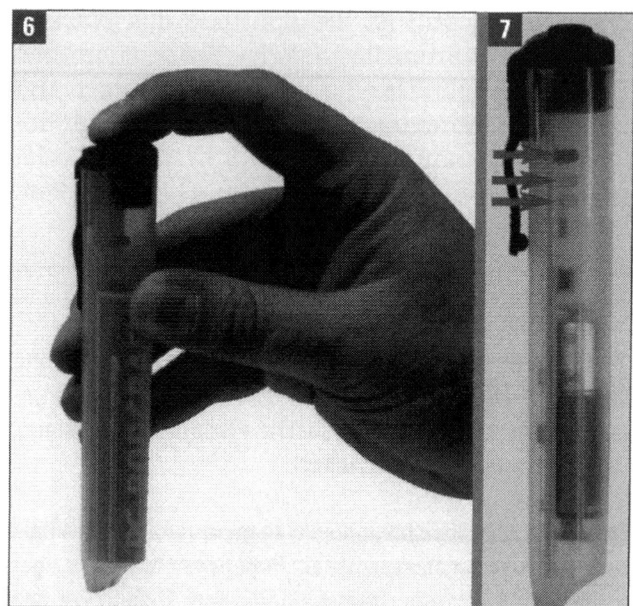

Ausbau: Trommel und Backen, Beläge und Scheiben

Im Roomster sind die Scheibenbremsen FS-III und FN3 (vorne) sowie C38 (hinten) verbaut (Übersicht Seiten 101/102). Die Modelle mit den 51 kW-Motoren (CGPA) haben Trommelbremsen an den Hinterrädern. Wir zeigen Aus- und Einbau von Bremstrommel und Bremsbacken. Den Aus- und Einbau von Bremsscheiben und Bremsbelägen demonstrieren wir am Beispiel der am häufigsten verbauten FN3 als allgemeines Prinzip, das sich jeweils konkret auf Ihr Roomstermodell übertragen lässt.

Beim Ausbau sollten Sie Bremsbeläge, die noch verwendbar sind, kennzeichnen. Denn die Beläge müssen an gleicher Stelle wieder eingebaut werden, wenn es nicht zu ungleichmäßiger Bremswirkung kommen soll. Nach dem immer paarweisen Einsetzen von Bremsbelägen (oder Bremsbacken) muss das Bremspedal im Stand kräftig durchgetreten werden, damit Beläge oder Backen ihren dem Betriebszustand gemäßen Sitz einnehmen. Im Anschluss stets den Bremsflüssigkeitsstand prüfen, ggf. nachfüllen.

Auch Bremsscheiben müssen grundsätzlich achsweise, also stets links und rechts, ersetzt werden. Sie lassen sich nur ausbauen, wenn der Bremssattel abgebaut ist.

Empfehlenswerte Spezialwerkzeuge

■ Drehmomentschlüssel mit Knarre und Einsteckwerkzeug (V.A.G 1331/2/3, 1410),

■ Bremspedalbelaster und Kolbenrücksetzvorrichtung,

■ Haken »3438« und Demontagekeil »3409«.

Bremstrommel und -backen ausbauen

■ **Bremstrommel:** Bremspedalbelaster (V.A.G 1869/2) einsetzen (Druck abbauen). Fahrzeug anheben und Rad abbauen. Trommel mit Bremsträger und -backen sitzt am Radlager auf der Nabe (Bild 9, Seite 102).

■ Trommelbremse zurückstellen: Durch eine Bohrung der Radschrauben den Keil an der Druckstange mit einem Schraubendreher nach oben drücken (Bild 1). Schraube (blauer Pfeil Bild 2) herausdrehen, Trommel abnehmen.

■ Dichtheit prüfen: Im oberen Teil des Bremsträgers sitzt der Radbremszylinder (Bilder 1 und 2). Mit einem Kunststoffkeil (Demontagekeil 3409; siehe Seite 143) die seitliche Staubmanschette abheben (Bild 2). Wenn Bremsflüssigkeit darin steht, muss der Radbremszylinder ersetzt werden.

■ **Bremsbacken:** Die beiden Bremsbacken (3 in Bild 2) werden von je einer Druckfeder in der Trommel gehalten.

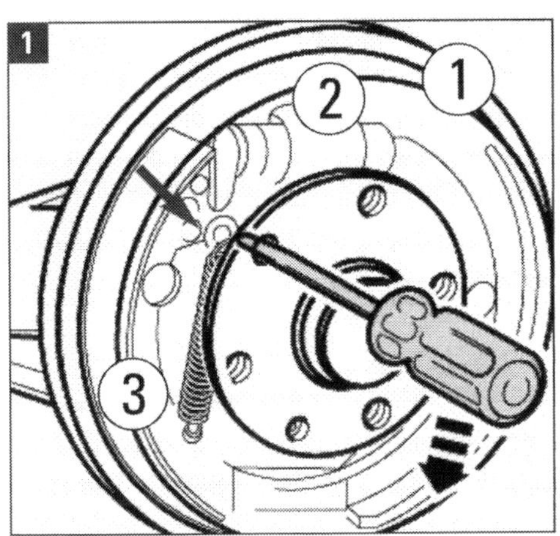

Trommelbremse zurückstellen:
(1) Bremstrommel,
(2) Radbremszylinder im Bremsträger,
(3) Zugfeder für Keil.
Pfeil: Keil an der Druckstange.

Zum Ausbau die Federteller gegen diese Federn drücken und um 90° verdrehen. Teller und Federn herausnehmen.

■ Mit einem Schraubendreher die Bremsbacken hinter dem Abstützblech heraushebeln und unten auf dem Abstützblech ablegen.

■ Untere Rückzugfeder (4, Bild 2) aus den beiden Bremsbacken (3) aushängen. Das Seil (Bowdenzug) der Handbremse aus dem Bremshebel (blauer Pfeil in Bild 3) an der rechten Bremsbacke aushängen. Bremsbacken zwischen Radnabe und Bremsträger ausfädeln und herausnehmen.

■ Bremsbacken in einen Schraubstock (1) einspannen (Bild 3) und die einzelnen Federn in folgender Reihenfolge ausbauen: zuerst die Zugfeder (2) für den Keil (3), dann mit geeignetem Haken (4; Spezialwerkzeug 3438) die obere Rückzugfeder (5) und zum Schluss die ebenfalls oben auf der Druckstange (roter Pfeil) eingehängte Anlagefeder. Damit ist die in den Bildern 2 und 3 rechte Bremsbacke frei.

■ Druckstange und Keil von der in den Bildern linken Bremsbacke abnehmen. Alle Bremsenteile reinigen, und zwar nur mit Spiritus; nicht mit Druckluft ausblasen!

■ **Einbau:** Im Prinzip umgekehrt vorgehen und erst die Anlagefeder oben mit dem Haken in die Druckstange einhängen und gleichzeitig den Keil so einsetzen, dass die Erhöhung sichtbar bleibt. Die (rechte) Bremsbacke mit dem Hebel für Handbremsseil in die Druckstange einsetzen .

■ Rückzugfeder oben und Zugfeder für den Keil einhängen (Haken 3438), Bremsbacken zwischen Radnabe und Bremsträger einfädeln, Bremsbacken auf die Kolben des Radbremszylinders setzen. Handbremsseil am Bremshebel einhängen, Rückzugfeder unten einsetzen, Bremsbacke hinter die untere Abstützung hebeln. Druckfeder mit Federteller einsetzen und Bremstrommel einbauen.

Bremsträger: (1) Demontagekeil 3409, (2) Radbremszylinder, (3) Bremsbacken mit Bremsbelägen, (4) untere Rückzugfeder, (5) Radnabe. Pfeile: Staubmanschetten.

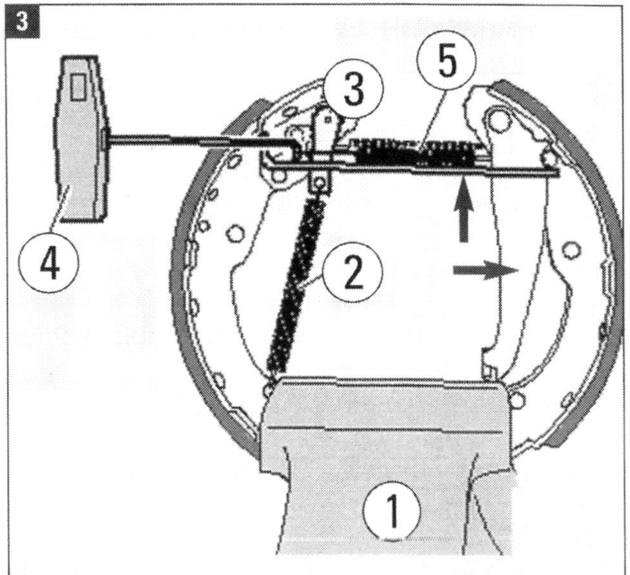

Bremsbacken: (1) Schraubstock, (2) Zugfeder für (3) Keil, (4) Montagehaken (3438), (5) Rückzugfeder oben.
Pfeile: (rot) Druckstange mit Keil, (blau) Bremshebel.

■ Räder montieren und die Radschrauben mit 120 Nm festziehen, einmal kräftig die Fußbremse betätigen.

■ Zum Schluss die Handbremse einstellen (siehe später).

Bremsbeläge ausbauen

■ Fahrzeug anheben, Räder abbauen.

■ Die straff sitzende Haltefeder (2) für die Bremsbeläge mit einem Schraubendreher (3) aushebeln und aus dem Bremssattelgehäuse (1) ausbauen (Bild 4). Bremsen anderer Bauformen (FS-III, C38) erfordern kein Werkzeug zum Ausbau der Bremsbeläge. Bei der Hinterrad-Scheibenbremse C-38 muss vor dem Ausbau das Handbremsseil aus dem Bremshebel am Sattel ausgehängt werden.

■ Die Abdeckkappen von den Führungsbolzen (2 in Bild 5) abziehen und die beiden Bolzen aus den Bremssätteln herausnehmen. Am besten einen Drehmomentschlüssel mit Knarre und Steckeinsatz benutzen. Bei der Hinterradbremse C38 sind Befestigungsschrauben vom Bremssattelgehäuse abzuschrauben, wozu am Führungsbolzen gegengehalten werden muss.

■ Bremssattel abnehmen und so mit Draht oder Kabelbinder an Fahrwerk oder Karosserie befestigen, dass der Bremsschlauch nicht belastet bzw. beschädigt wird.

■ Bremsbeläge aus dem Bremssattel heraus- oder vom Bremsträger abnehmen, bei der Bremse C38 zusammen mit den Belaghalteblechen. Auflageflächen für Beläge am Bremsträger gründlich reinigen, Korrosion entfernen. Bremssattel ebenfalls reinigen, besonders die Klebefläche für den Bremsbelag. Sie muss frei von Kleberesten und Fett sein. Nur Spiritus für die Reinigung benutzen. Bremsanlage nicht mit Druckluft ausblasen, der entstehende Staub ist gesundheitsschädlich!

Bremsbeläge einbauen

■ Vor dem Einsetzen neuer Bremsbeläge wird der Kolben mit einer Rücksetzvorrichtung in den Zylinder gedrückt. Dazu muss Bremsflüssigkeit aus dem Vorratsbehälter abgesaugt werden (Pipette oder Bremsenfüll- und Entlüftungsgerät), damit (vor allem, wenn vorher nachgefüllt wurde) nichts überlaufen kann. Das würde zu Schäden an der Anlage führen.

■ Den Kolben mit der Rücksetzvorrichtung (bei Volkswagen heißt das passende Werkzeug T10145) zurückdrücken. Der Bremskolben darf dabei keinesfalls verkanten.

■ Schutzfolie von der Rückenplatte des äußeren Bremsbelags abziehen und den Belag auf den Bremsträger aufsetzen. Den inneren Bremsbelag mit Haltefeder ins Bremssattelgehäuse (Bremskolben) einsetzen. Falls Markierung vorhanden, diese beachten (vermeidet spätere Geräusche).

■ Beim Ansetzen des Bremssattels darauf achten, dass der Belag nicht mit dem Sattel verklebt, bevor die richtige Einbaulage erreicht ist. Klebefläche nicht beschädigen!

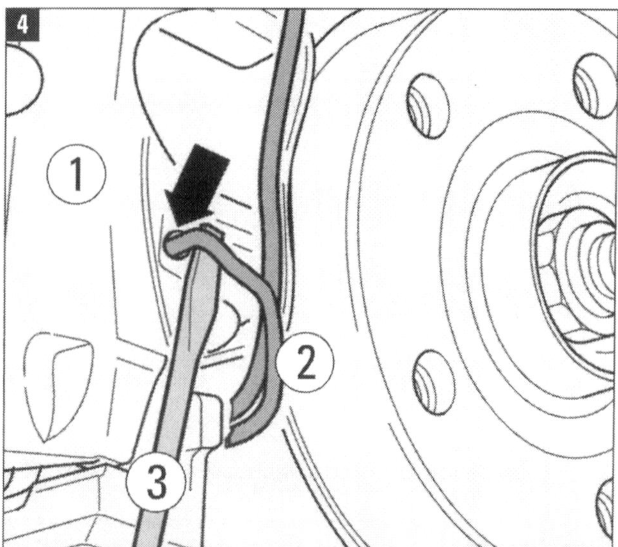

Haltefeder für Bremsbelag: (1) Bremssattel FN3, (2) Haltefeder, in Sattel eingehängt (Pfeil), (3) Schraubendreher.

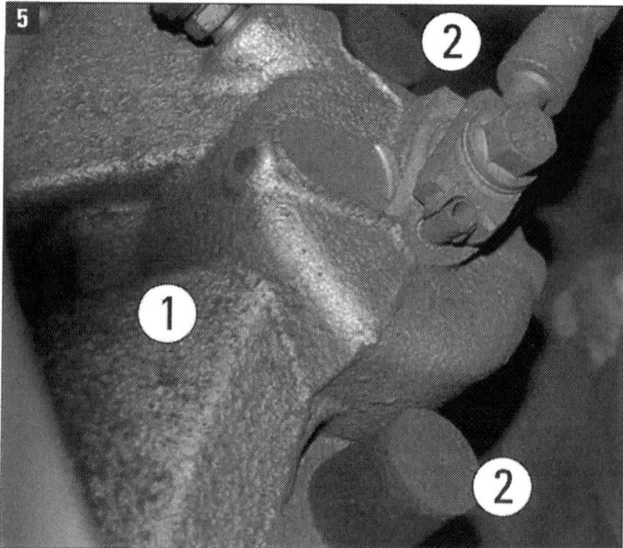

Bremssattel-Innenseite: (1) Bremssattel FN3 mit Radbremszylinder, (2) Abdeckkappen auf Führungsbolzen.

■ Bremssattel mit beiden Führungsbolzen an den Bremsträger schrauben und die Abdeckkappen einsetzen. In den anderen Fällen die Schrauben für Führungsbolzen eindrehen und festziehen. Anzugsdrehmoment beachten: Führungsbolzen der FN3 = 30 Nm.

■ Bremspedal mehrmals treten, Bremsflüssigkeitsstand überprüfen.

Bremssattel ausbauen

■ Fahrzeug anheben, Räder abbauen, Belaghaltefedern ausbauen.

■ Entlüfterschlauch der Entlüfterflasche (siehe auch spätere Anleitung) auf das Entlüftungsventil eines Bremssattels (Bild 5, Seite 117) stecken und Ventil öffnen. Bremspedalbelaster (V.A.G 1869/2) einsetzen. Ventil wieder schließen und Flasche abnehmen.

■ Bremsschlauch abschrauben. Abdeckkappen aus den Lagerbuchsen des Bremssattels ziehen, Führungsbolzen lösen und aus dem Sattel herausnehmen. Bremssattel vom Bremsträger abziehen und Bremsbeläge herausnehmen.

Bremssattel einbauen

■ Sinngemäß umgekehrt, orientiert auch am Arbeitsablauf zum Einbau der Bremsbeläge. Bremsschlauch mit 35 Nm an den Sattel schrauben (bei FN3). Bremspedalbelaster herausnehmen. Bremsanlage entlüften (siehe später).

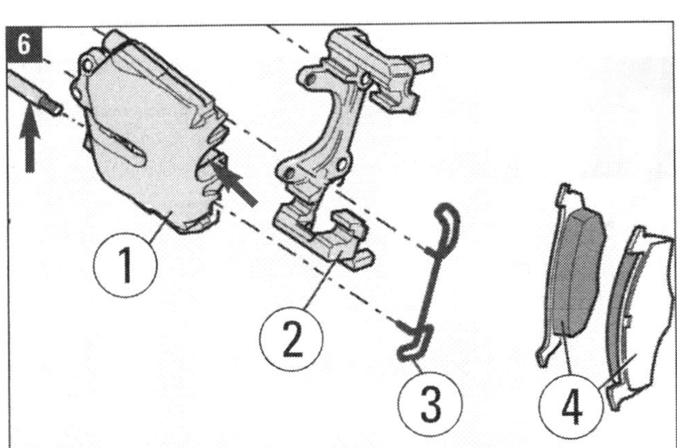

Komponenten der Bremse FN3: (1) Bremssattel, (2) Bremsträger, (3) Belaghaltefeder, (4) Bremsbeläge mit Rückenplatte. Roter Pfeil: einer der beiden Führungsbolzen.
Der Aufbau ist bei den Bremsentypen FS-III und C38 sehr ähnlich. Nicht im Bild sichtbar ist der Bremskolben, dessen Position durch den blauen Pfeil angedeutet wird.

Bremsscheibe ausbauen

■ Bremssattel mit Bremsbelägen und Bremsträger wie beschrieben ausbauen. Auch wenn nur die Bremsscheibe ausgebaut werden soll, muss man zuvor den Bremssattel demontieren.

■ Die Fixierschraube (Pfeil) an der Bremsscheibe (1) herausschrauben (Bild 7), dabei die Scheibe festhalten.

■ Die Bremsscheibe von der Radnabe/Radlagereinheit abschrauben und abnehmen, ohne sie zu verkanten. Bremsscheiben nicht durch Gewaltanwendung von der Radnabe trennen, ggf. Rostlöser anwenden, andernfalls könnte es zu-Schäden an den Bremsscheiben kommen.

■ Die herausgenommene Bremsscheibe, die Radnabe und die Auflageflächen reinigen.

Bremsscheibe einbauen

■ Bremsscheibe auf die Nabe setzen, ohne die Scheibe zu verkanten. Schrauben eindrehen und bei den vorderen Bremsscheiben mit 4,5 Nm, bei den hinteren Bremsscheiben mit 4 Nm festziehen.

■ Die Fixierschraube eindrehen und festziehen. Bremssattel einbauen. Räder montieren.

■ Nach Abschluss aller Arbeiten mit einem Werkstattsystem (VAS 5052) die Anpassung vornehmen.

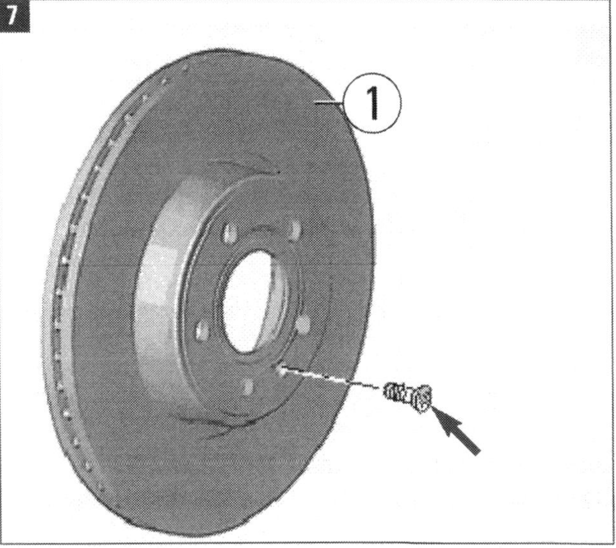

Vorderradbremse vom Typ FN3: (1) Bremsscheibe. Pfeil: Fixierschraube.

Handbremse (Scheibe / Trommel) einstellen

■ **Achtung:** Die Neueinstellung der Handbremse ist nur bei Ersatz der Handbremsseile, der Bremssättel und Bremsscheiben (Scheibenbremse) oder der Bremsträger und Bremsbeläge (Trommelbremse) erforderlich.
Aus- und Einbau des Handbremsseils wie beim Einstellen: Hebel und Nachstellmutter lösen, Seil am Ausgleichbügel und an Bremssattel oder -trommel aus- oder einhängen.

■ Je nach Ausstattung der Mittelkonsole nur den Getränkehalter, die hintere Abdeckung oder die komplette Mittelkonsole ausbauen (Kapitel »Fahrzeugaufbau - Innenraum«). Die Nachstellmutter (Pfeil A, Bild 1) am Ausgleichbügel (roter Pfeil) des Handbremshebels liegt dann frei.

■ Fußbremse (sie muss funktionsfähig und entlüftet sein) dreimal kräftig betätigen .

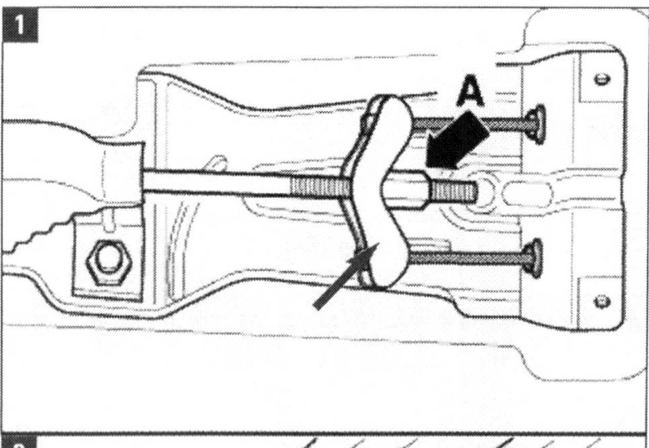

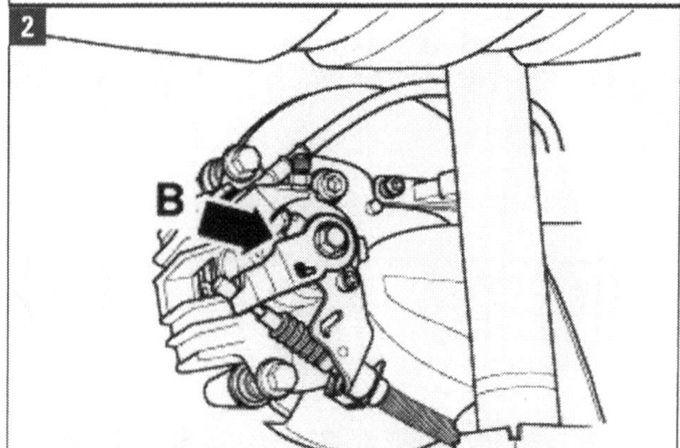

Handbremse an der Nachstellmutter einstellen:
Bild 1 Trommelbremse, Bilder 1 und 2 Scheibenbremse

Pfeil A = Nachstellmutter am Ausgleichbügel (roter Pfeil),
Pfeil B = Hebel am Bremssattel.

■ **Scheibenbremse:** Handbremshebel in Ruhestellung. Nachstellmutter (Pfeil A, Bild 1) so weit anziehen, bis sich die Hebel (Pfeil B, Bild 2) an den Bremssätteln vom Anschlag abheben. Die Nachstellmutter muss über das Ende der Zugstange (1, Bild 1) geschraubt sein.

■ Der Abstand (a) vom Hebel für Handbremsseil (1) zum Anschlag (2) am linken und rechten Bremssattel darf zusammen 1,5 mm nicht überschreiten (Bild 3).

■ **Trommelbremse:** Handbremshebel 4 Zähne anziehen und Nachstellmutter (Pfeil A, Bild 1) so weit anziehen, bis sich beide Räder von Hand schwer durchdrehen lassen. Die Nachstellmutter muss über das Ende der Zugstange geschraubt sein.

■ **Scheiben- und Trommelbremse:** Handbremse fest anziehen und anschließend wieder lösen.

■ Prüfen, ob beide Räder frei durchdrehen. Wenn nötig, mit Nachstellmutter etwas korrigieren.

■ Je nach Ausstattung den Getränkehalter, die hintere Abdeckung oder die komplette Mittelkonsole ausbauen.

■ Nach der Neueinstellung ist durch die automatische Nachstellung der Hinterradbremse ein späteres Nachstellen der Handbremse nicht mehr erforderlich.

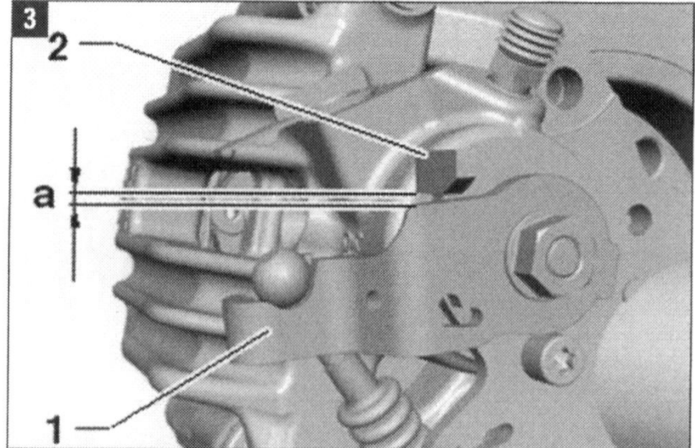

Handbremse am Bremssattel einstellen:
(1) Hebel für Handbremsseil,
(2) Anschlag am Bremssattel,
(a) erforderliches Abstandsmaß »a« = 1,5 mm).
Das Bild zeigt den Bremssattel der Scheibenbremse C38.

Behälter und Hauptbremszylinder aus-/einbauen

An der Bremsanlage gibt es wenig zu »tunen« oder zu verbessern. Sie ist optimiert, und zur Wahrung von Betriebssicherheit und Gewährleistungsschutz dürfen weitgehend nur Originalteile verbaut werden. Das Steuergerät für ABS/ESP realisiert viele Funktionen, Ansprüche an die Anlage bleiben also kaum offen.
Durch Unfall oder anderweitige Beschädigung kann es allerdings nötig werden, den Tandem-Bremskraftverstärker (eine Baueinheit mit dem Hauptbremszylinder) und/oder den Bremsflüssigkeitsbehälter auszuwechseln. Wir beschreiben deshalb Aus- und Einbau.

Empfehlenswerte Spezialwerkzeuge

■ Bremsenfüll- und Entlüftungsgerät mit Adapter für Bremsflüssigkeitsbehälter (VAS 5234 mit VAS 5234/1),

■ Verschlussstopfen, Drehmomentschlüssel.

■ **Ausbau:** Batterie abklemmen, Luftfiltergehäuse ausbauen (»Antrieb«).

■ Zum Schutz vor auslaufender Bremsflüssigkeit reichlich fusselfreie Lappen in den Bereich unter dem Hauptbremszylinder auslegen. Die ätzende Flüssigkeit kann Korrosion und Lackschäden hervorrufen!

■ Verschlussdeckel (4) des Bremsflüssigkeitsbehälters (3) öffnen (Bild 1) und so viel Bremsflüssigkeit wie möglich absaugen. Dazu möglichst ein Befüll- und Entlüftungsgerät (Anleitung »Entlüften«) verwenden.

■ Elektrische Steckverbindung zum Warnkontakt (5) für Bremsflüssigkeitsstand trennen. Bei Handschaltgetriebe die Hydraulikleitung (Nachlaufschlauch) für den Kupplungsgeberzylinder abziehen und mit einem Stopfen verschließen.

■ Unteren Verriegelungsstift aus dem Bremsflüssigkeitsbehälter (3) durch Haltelaschen und Hauptbremszylinder (2) drücken. Behälter aus dem Bremszylinder herausziehen, Anschlussstutzen immer mit Stopfen verschliessen!

■ Bremsleitungen am Hauptbremszylinder (2) abschrauben (14 Nm), kennzeichnen und mit Verschlussstopfen z. B. aus dem VW-Satz »1 H0 698 311 A« verschließen.

■ Die Befestigungsmuttern für Hauptbremszylinder von den Bolzen (blaue Pfeile in Bild 1) abdrehen (25 Nm). Hauptbremszylinder (2) vom Bremskraftverstärker (1) abziehen und aus dem Fahrzeug herausnehmen. Dabei keine Bremsflüssigkeit in den Bremskraftverstärker gelangen lassen!

■ Der **Einbau** aller Komponenten erfolgt in umgekehrter Reihenfolge zum Ausbau. Neue Befestigungsmuttern verwenden und den Dichtring zwischen Hauptbremszylinder und Bremskraftverstärker erneuern.

■ Beim Einsetzen des Hauptbremszylinders auf richtigen Sitz der Druckstange (roter Pfeil in Bild 1) im Bremskraftverstärker achten. Wenn ein Helfer das Bremspedal etwas niederdrückt, lässt sich die Druckstange besser in den Hauptbremszylinder einführen.

■ Neue Muttern auf Bolzen (Pfeile) aufsetzen und festziehen, Bremsleitungen anschrauben (Stopfen entfernen!).

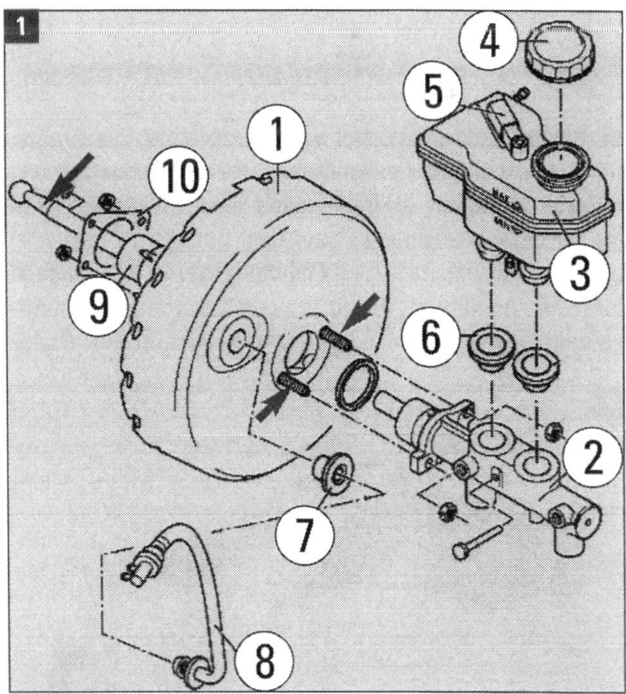

Bremshydraulik: (1) Bremskraftverstärker, (2) Hauptbremszylinder, (3) Bremsflüssigkeitsbehälter, (4) Deckel, (5) Warnkontakt für Flüssigkeitsstand, (6) Dichtungsstopfen Behälter/Hauptbremszylinder, (7) Dichtstopfen für den (8) Unterdruckschlauch, (9) Verschlusskappe, (10) Dichtung.

■ Bremsflüssigkeitsbehälter (3) in die Anschlussstutzen mit Stopfbuchsen (6) einsetzen und mit Stift verriegeln.

■ Weiterer **Einbau** umgekehrt zum Ausbau. Befüllen und entlüften. Zum Prüfen des Bremskraftverstärkers Bremspedal mit mittlerer Fußkraft in Bremsstellung halten und Motor starten. Bei einwandfreier Funktion gibt jetzt das Bremspedal unter dem Fuß spürbar nach. Bei Einbau eines neuen Bremsflüssigkeitsbehälters den Staubschutz erst zur Befüllung entfernen!

Bremsanlage entlüften, Bremsflüssigkeit wechseln

Nach Aus- und Einbau von Bremsbelägen und Bremsscheiben, nach dem Erneuern von Bremsschläuchen oder dem Öffnen von Bremsleitungen müssen die Bremsanlage oder im Einzelfall Teile von ihr entlüftet werden. Wird die Bremsflüssigkeit gewechselt, wird dabei die gesamte Anlage entlüftet. Beim Entlüftungsvorgang darf der Bremsflüssigkeitspegel im Vorratsbehälter niemals unter die MIN-Markierung fallen, weil ansonsten wieder Luft ins System gelangt.
Für das Entlüften wird an den Radbremszylindern/Bremssätteln von Škoda verbindlich die Reihenfolge 1. hinten rechts, 2. hinten links, 3. vorn rechts und 4. vorn links vorgeschrieben.

Entlüften und Flüssigkeit wechseln

■ Motorhaube öffnen und Verschlussdeckel des Bremsflüssigkeitsbehälters abschrauben. So viel Flüssigkeit wie möglich absaugen, um dann später neue Bremsflüssigkeit bis zur MAX-Markierung einzufüllen. Günstig für diese Arbeit ist ein Bremsenfüll- und Entlüftungsgerät, wie wir es in einfacher Ausführung in Bild 1 zeigen. Das Prinzip: Zum Absaugen Saugschlauch (2) des Gerätes in den Bremsflüssigkeitsbehälter einführen, Pumpe (3) betätigen, Bremsflüssigkeit im Auffangbehälter (1) des Gerätes sammeln. Bei Flüssigkeitswechsel sind es insgesamt 1,15 Liter.

■ Wird ein Befüll-/Entlüftungsgerät (wie das VAS 5234) verwendet, Verschlussdeckel des Bremsflüssigkeitsbehälters abschrauben, Sieb im Behälter lassen und Adapter (1 in Bild 2) aufschrauben. Druck einstellen und Befüllschlauch (2) an den Adapter anschließen. Bei Set nach Bild 1 den Flüssigkeitsstand beobachten und durch Nachfüllen von Hand immer über »MIN« halten. Fahrzeug anheben und aufbocken oder mit einer Hebebühne arbeiten.

■ Abdeckkappen (Bild 3) von den Entlüftungsschrauben aller vier Bremssättel abziehen. Das Entlüften am Bremssattel hinten rechts beginnen. Einen straff sitzenden Ablaufschlauch aufstecken und in einen geeigneten Auffangbehälter für Bremsflüssigkeit hängen (Set nach Bild 1 oder Anordnung entsprechend Bilder 2 und 5).

■ Entlüftungsschraube (Entlüftungsventil) mit passendem Schlüssel (VAS 5519) öffnen und Flüssigkeit ablaufen lassen, bis sie völlig blasenfrei und sauber ist. Bei Wechsel der Bremsflüssigkeit 300 ml ablaufen lassen.

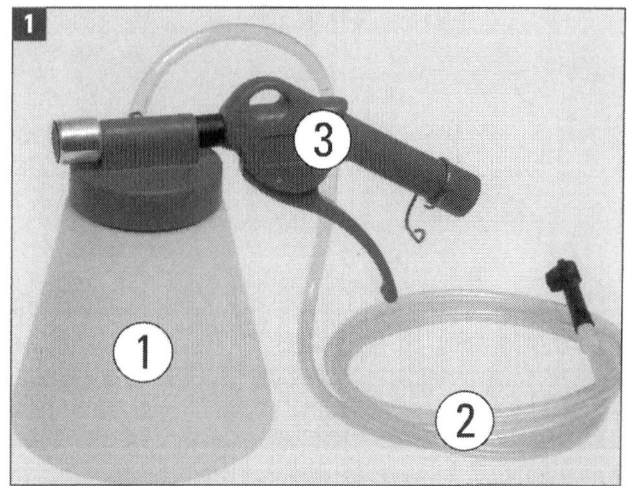

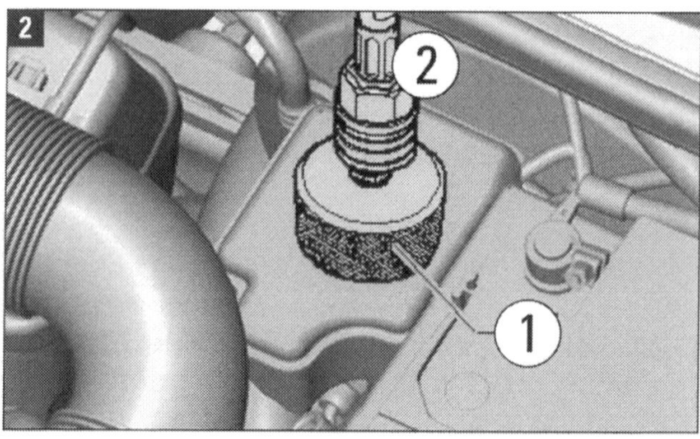

Absaugset: (1) Behälter, (2) Saugschlauch, (3) Pumpe.
Füllgerät-Adapter: (1) auf den Bremsflüssigkeitsbehälter geschraubter Adapter, (2) Schlauchanschluss.

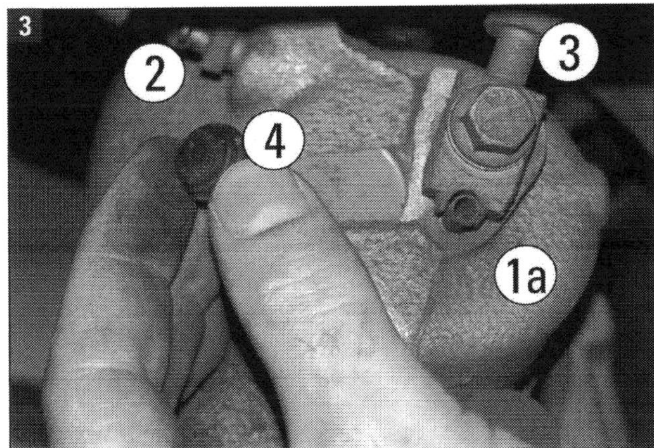

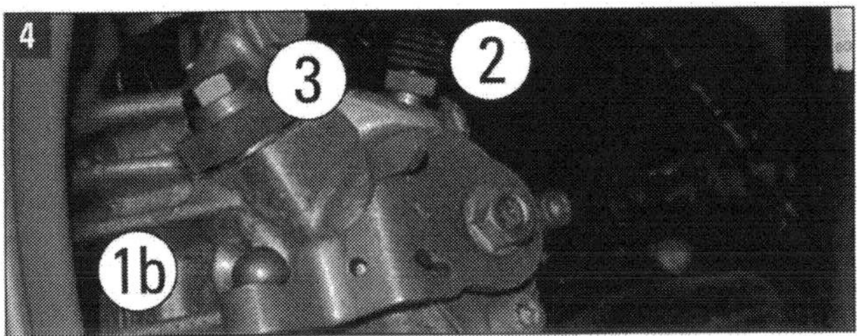

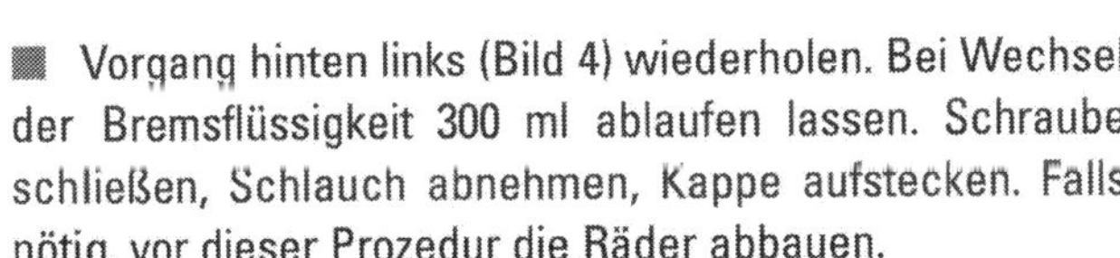

■ Vorgang hinten links (Bild 4) wiederholen. Bei Wechsel der Bremsflüssigkeit 300 ml ablaufen lassen. Schraube schließen, Schlauch abnehmen, Kappe aufstecken. Falls nötig, vor dieser Prozedur die Räder abbauen.

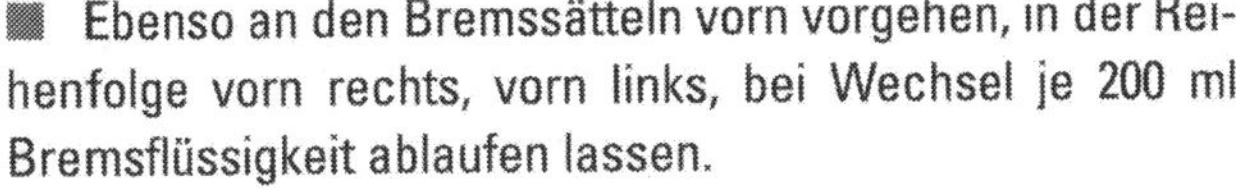

■ Ebenso an den Bremssätteln vorn vorgehen, in der Reihenfolge vorn rechts, vorn links, bei Wechsel je 200 ml Bremsflüssigkeit ablaufen lassen.

■ Fahrzeuge mit Schaltgetriebe: Luftfiltergehäuse ausbauen (Kapitel »Antrieb«), Abdeckkappe vom Entlüftungsventil (Pfeil) des Kupplungsnehmerzylinders (1) abnehmen

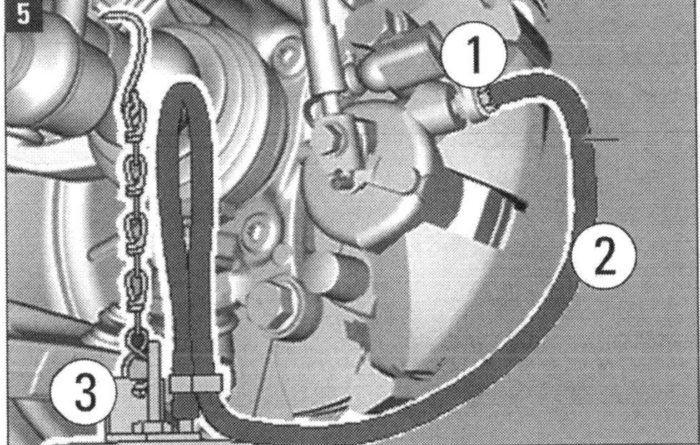

Bremssattel entlüften: (1) Entlüftungsventil, (2) aufgesteckter Schlauch, (3) mit Kette angehängtes Auffanggefäß.

Bei Schaltgetriebe: Kupplungsnehmerzylinder (1) ebenfalls entlüften. Pfeil: Entlüftungsventil mit Abdeckkappe.

Bilder 3/4 Entlüftungsventile:
(1) Bremssattel (a = vorn, b = hinten),
(2) Entlüftungsschraube, (3) Bremsleitung zum Radbremszylinder, (4) Schutzkappe der Entlüftungsschraube.

(Bild 6). Entlüfterschlauch aufstecken, Schraubventil öffnen. 100 ml Flüssigkeit ablaufen lassen, Ventil schließen. 10 bis 15 Mal schnell das Kupplungspedal betätigen. Ventil öffnen, 50 ml Flüssigkeit ablaufen lassen, wieder zudrehen. Schlauch abnehmen, die Abdeckkappe aufstecken.

■ ***Anmerkung:*** Das lästige Entlüften beschäftigt viele innovative Schrauber. In Internetforen werden diverse Lösungen zur Vereinfachung angeboten. Sehr professionell scheint die »Stahlbus-Doppelhohlschraube mit Entlüftungsventil« (Bild 7; rund 35 Euro) zu sein. Wenn man den Entlüftungsnippel am Bremssattel durch diese Schraube ersetzt, sei sauberes, sicheres und einfaches Entlüften möglich, lautet das Angebot. Möglich sei »einfache Einmannbedienung durch das integrierte Rückschlagventil«. Damit entfalle das fehleranfällige synchrone Auf- und Zudrehen der üblichen Entlüftungsnippel. Zudem werde das Gewinde im Bremssattel spürbar geschont.

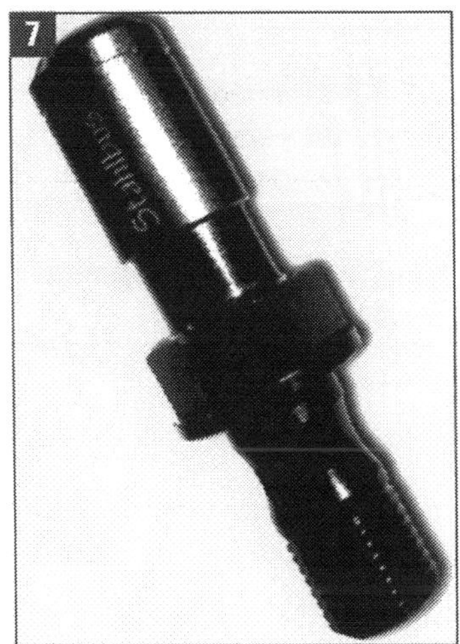

Bremsanlage

Störung	Was kann das sein?	Was kann oder muss ich tun?
A Bremsen quietschen	**1** Hochfrequente Schwingungen	Längskanten der Beläge mit einer Feile anschrägen, dazu Anti-Quietsch-Paste auf Rückseite der Beläge
	2 Verglaste Beläge nach extremer Überhitzung	Die Bremsklötze müssen ersetzt werden; dabei die Scheiben genau prüfen
	3 Beläge verschlissen, der Verschleißanzeiger liegt an	Die Bremsklötze müssen ersetzt werden, dabei die Scheiben genau prüfen
B Schwache Bremswirkung	**1** Ungünstige Materialpaarung zwischen Scheiben und Belägen	Scheiben und Beläge ersetzen und dabei zumindest Teile vom gleichen Hersteller, am besten die original verbauten Teile verwenden
... bei zu hartem Bremspedal	**2** Bremskraftverstärker ausgefallen	Unterdruckanschluss prüfen. Evtl. ein Marderbiss?
... bei zu weichem Bremspedal	**3** Bremse überhitzt	Bei langsamer Fahrt abkühlen lassen
	4 Luft im System	Mit speziellem Gerät entlüften lassen und dabei die Bremsflüssigkeit erneuern
C Übermäßiger Verschleiß	**1** Überstrapazieren der Bremse	Lieber etwas stärker und dafür weniger lang bremsen
... an einer Bremse	**2** Schwergängiger Sattel oder Belag verklemmt	Zerlegen und reinigen. Etwas stärkerer Verschleiß an der Kolbenseite ist jedoch normal
... nur vorne	**3** Ungünstige Materialpaarung	Scheiben und Beläge ersetzen und dabei Originalteile verwenden. Evtl. größere Bremsanlage verwenden
... nur hinten	**4** Luftspiel zu gering	Park- und Feststellbremse überprüfen. Sie sollte erst nach der ersten Tastung greifen
D Park- und Feststellbremse reagiert träge oder gar nicht	**1** Die Elektromechanik funktioniert nicht einwandfrei	Steuergerät für elektrische Park- und Handbremse überprüfen und ggf. austauschen. Wenn das Steuergerät in Ordnung ist: Stellmotor prüfen und ggf. austauschen
	2 Beläge hinten abgenutzt oder »verglast«	Bremsbeläge tauschen und dabei die Bremsscheibe genau inspizieren. Bei Riefen austauschen

Bremsanlage

Störung	Was kann das sein?	Was kann oder muss ich tun?
E Bremsflüssigkeitsstand zu niedrig	**1** Starker Verschleiß an den Bremsbelägen	Alle Bremsen auf Verschleiß prüfen und ggf. ersetzen. Beim Zurücksetzen der Kolben steigt der Stand an
	2 Flüssigkeitsverlust	Undichte Stelle lokalisieren (Bremsleitungen?). Bei deutlichem Leck: Auto abschleppen lassen
F Warnleuchte geht an	**1** Bremsflüssigkeitsstand prüfen	Wenn nötig, etwas nachfüllen
	2 ABS- und/oder ESP-Ausfall	Wagen neu starten. Den Fehlerspeicher auslesen lassen. Manchmal ist der Bremslichtschalter schuld
G Schiefziehen beim Bremsen	**1** Reifenzustand fehlerhaft	Reifenprofil und Luftdruck überprüfen
	2 Eine Bremse ist defekt	An den Felgen die Temperatur erfühlen. Ist eine heißer als die anderen, hängt der Bremssattel; ist eine zu kalt, kommt hier kein Bremsdruck an
H Hässliche Schleifgeräusche beim Bremsen	**1** Bremsscheiben angerostet	Vor und nach längeren Standphasen die Bremsanlage freibremsen
	2 Bremsbeläge verschlissen	Prüfen, ob der Verschleißanzeiger bereits an der Bremsscheibe kratzt
	3 Fremdkörper in der Bremsanlage	Fahren Sie ein paarmal rückwärts und bremsen sie dann
I Vibrationen beim Bremsen	**1** Bremsscheiben verzogen	Scheiben genau anschauen! Blaue Verfärbung deutet auf thermische Überlastung hin, dabei können sich die Scheiben verzogen haben
	2 Bremsscheiben verschmiert	Auf den Scheiben können Spuren von Fremdmaterial verblieben sein, die für ein Rubbeln sorgen
	3 Spiel in der Radaufhängung	Querlenker und andere Bauteile prüfen
	4 Ungünstige Materialpaarung	Scheiben und Beläge ersetzen und dabei Originalteile verwenden. Falsche Fahrwerk- und Lenkungsteile können zu Bremsflattern führen

Fahrzeugaufbau: Die Karosserie

Statische und dynamische Steifigkeit des Roomster sorgen für Qualität, Sicherheit, gute Fahrdynamik und Schwingungskomfort. Die Akustik dieser Karosserie ist ausbalanciert. Was man im Bedarfsfall an ihr selbst warten und reparieren kann, zeigen wir in diesem Kapitel.

Kein alltägliches Gesicht

Der Roomster erweitert das Modellprogramm von Škoda über die klassischen Limousinen-Formate hinaus. Der Wagen folgt den Linien eines MPVs, hebt sich jedoch mit seiner unkonventionellen Design-Lösung von den Wettbewerbern in diesem Segment ab. Als Scout (Auftaktbild) wartet er obendrein mit seitlicher Beplankung und markanten Stoßfängern auf.
Die dynamische Frontpartie des Roomster wird vom verbreiterten Kühlergrill mit der wirkungsvollen Chromspange geprägt (Pfeil Bild 1). Die deutliche Betonung der horizontalen Frontlinien und die Radhäuser vorn geben dem Wagen eine solide Statur und vermitteln Eleganz.

Die ausdrucksstarken Klarglasscheinwerfer ziehen sich weit in die Kotflügel hinein. Ihre Form folgt der bis zur B-Säule verlaufenden Lichtkante und sorgt für stimmige Proportionen (Bild 2). Tagfahrlicht ist Ausstattungsstandard.
Die Türen im Fond sind vergleichsweise groß und sehr gerade geschnittenen (Bild 3). Sie ermöglichen ein komfortables Ein- und Aussteigen auch für hochgewachsene Personen. Die hohe Dachkante am Heck soll nachdrücklich auf das ausgeprägte Transportvermögen des Roomster hinweisen, und die schlanken Heckleuchten sind weit oben in den D-Säulen positioniert (Bild 4). Durch die beiden C-förmigen Leuchtflächen gibt sich auch der Roomster als Mitglied der Škoda Familie zu erkennen.

Markante Chromspange: Der breite Kühlergrill prägt das Bild von Solidität und Eleganz.

Große Fondtüren: Das Ein- und Aussteigen für die Passagiere hinten ist sehr bequem.

Ausdrucksstarke Scheinwerfer: Die Form folgt der Lichtkante bis hinein in die B-Säule.

C-förmige Schlussleuchten: Die für Škoda typische Gestaltung findet sich auch beim Roomster.

Bestwerte bezüglich Steifigkeit

Die Verbindung von perfekter Linienführung, Fahrkomfort und Sicherheit ist deutliches Merkmal der Roomster-Karosserie. Sie erreicht in Bezug auf statische Steifigkeit einen ausgezeichneten Wert. Die statische Steifigkeit ist ein zentraler technischer Kennwert, der maßgeblich das subjektive Empfinden von Sicherheit, Qualität und Fahrkomfort bestimmt.
Auch die dynamische Steifigkeit, wesentliche Voraussetzung für beste Fahrdynamik, guten Schwingungskomfort und ideal ausbalancierte Akustik, ist sehr hoch. Optimal ausgelegte Karosseriestruktur, klug gewähltes Material sowie innovative Schweiß- und Klebeverfahren resultieren in Spitzenwerten für Torsions- und Biegeeigenfrequenz.

Optimiert für den Crashfall

Der Roomster ist darauf abgestimmt, gute Werte nach der neuen strengen und umfassenden Euro-NCAP-Wertung zu erreichen. Dazu trägt die hohe Strukturfestigkeit der Karosserie bei (wie Bilder 5 und 6). Beim Offsetcrash zwischen zwei Fahrzeugen (mit jeweils halber Überdeckung) stellt die steife Fahrgastzelle des Roomster den Überlebensraum für Fahrer- und Mitfahrer sicher. Der sehr feste Stoßfängerquerträger sorgt speziell im Offsetcrash dafür, dass die Aufprallenergie auch auf die nicht direkt vom Crash betroffene Seite gelenkt wird. Der untere Querträger im Fußraum ist als formgehärtetes Bauteil ausgeführt.
Wichtig ist auch stets ein effektiver Seitenschutz, da die Knautschzone im Türbereich naturgemäß besonders klein ist. Trifft der Roomster seitlich auf ein Hindernis, wird die Energie über die speziell formgehärtete B-Säule und die diagonal in der Tür angeordneten profilierten Aufprallträger abgeleitet. Der Heckbereich ist durch besonders starke Längsträger geschützt. Ebenso geschützt untergebracht ist die Kraftstoffanlage.
Durch alle diese Maßnahmen konnte der Roomster die stringenten Crashtests mit Bestnoten absolvieren. Fünf Sterne beim Insassenschutz folgen vier Sterne bei der Kindersicherheit und zwei Sterne beim Fußgängerschutz. Diese Top-Wertung wird durch das Zusammenspiel vieler Maßnahmen erreicht, wozu im Bereich der

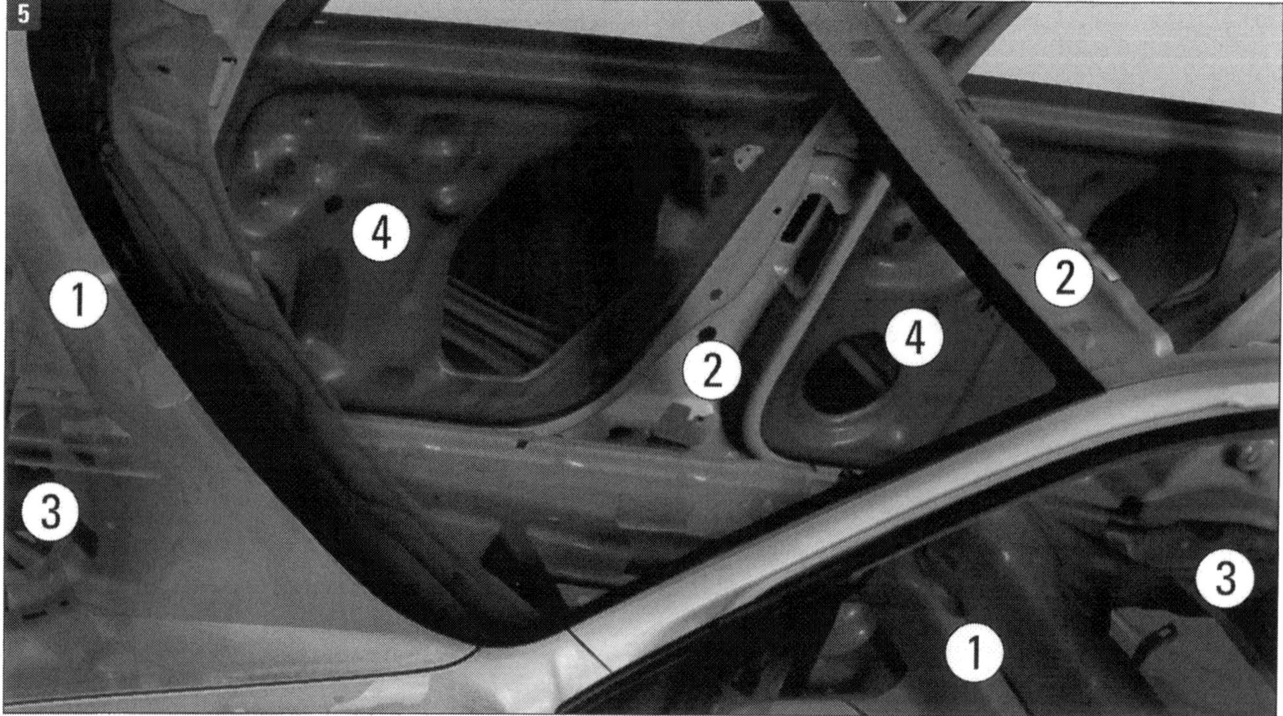

Verschiedene Festigkeiten: (1 - grau) weiche, (2 - gelb) hochfeste, (3 - blau) moderne hochfeste und ultrahochfeste, (4 - rot) ultrahochfeste, warmumgeformte Stähle. Leichte Unterschiede zwischen Roomster und Scout.

6

Fronthaube durch die Gestaltung des Innenblechs maximaler Deformationsraum geschaffen wurde. Für den Fußgängerschutz erhielten die Kotflügel Deformationselemente. Die Stoßfänger wurden ebenfalls einbezogen.
Karosserie und Bodenanlage werden in der Serienfertigung aus kaltverformten Tiefziehblechen hergestellt. Wenn ein Unfallschaden also rückverformt werden soll, muss sinngemäß in gleicher Weise vorgegangen werden.

Leichtbau in Schalenbauweise

Die hohe Steifigkeit wird über hoch- und höchstfeste Stähle und die belastungsgerechte Gestaltung und Verstärkung der Karosserie-Knotenpunkte erzielt (Pfeile Bild 6). Einige besonders steife Knotenbauteile haben ein Profil in Schalenbauweise. An bestimmten Stellen werden Klebeverbindungen eingesetzt.
Der gesamte Karosserie-Aufbau optimiert die Wirkungsweise der Knotensteifigkeit. Im oberen Bereich der Karosserie wird eine homogene Verteilung der Steifigkeit erzielt. Überall in der Karosseriestruktur finden sich Beispiele für profilintensiven Leichtbau in Schalenbauweise.

PRAXISTIPP: Arbeiten an der Karosserie

■ Die meisten von uns behandelten Reparaturen können Sie mit einer Werkzeug-Grundausstattung selbst erledigen. Zunehmend sind Fahrzeugteile allerdings mit Torx-Schrauben befestigt, weshalb Sie unbedingt solche Innenvielzahn-Werkzeuge benötigen. Ein Torx-Schrauber ist Teil des Bordwerkzeugs.

■ Teile wie Motorhaube, Heckklappe und Türen sind ziemlich sperrig. Sie können beim Ausbau nur schwer gesichert werden. Um Kratzer oder Beulen zu vermeiden, lassen Sie sich von einem Helfer unterstützen. Den Wiedereinbau von Motorhaube und Heckklappe erleichtern Sie sich, wenn Sie die Lage der Scharniere vor der Demontage mit einem wasserfesten Filzstift anzeichnen.

■ Bei der Montage von verschraubten Karosserieteilen müssen die vorgeschriebenen Spaltmaße (siehe S. 125/126) eingehalten werden. Es kann sonst zu Klapper- und Windgeräuschen kommen.

PRAXISTIPP: Kontaktkorrosion vermeiden

■ Hinsichtlich aller Reparaturarbeiten warnt VW vor Montagefehlern, die zu Kontaktkorrosion führen können. Kontaktkorrosion kann entstehen, wenn nicht geeignete Verbindungselemente wie Schrauben, Muttern oder Scheiben verwendet werden.

■ Škoda folgt der Volkswagen-Empfehlung, nur Verbindungselemente mit einer speziellen Oberflächenbeschichtung zu verbauen. Keine Gefahr besteht bei Gummi- oder Kunststoffteilen und Klebstoffen aus elektrisch nichtleitenden Materialien.

■ Falls Sie bei der Montagearbeit zu bestimmten Teilen Zweifel haben, richten Sie sich am besten nach dem Teilekatalog. Die geprüften Original-Ersatzteile werden vom Hersteller auch deshalb empfohlen, weil sie aluminiumverträglich sind. Die Roomster-Karosserie ist zwar kein Verbund mit Aluminium, Vorsicht aber ist doch ratsam, weil Schäden durch Kontaktkorrosion nicht unter die Gewährleistung fallen.

Die hohe statische Steifigkeit wird dadurch nicht auf Kosten des Gewichts erzielt. Die Leichtbaugüte hat einen ausgezeichneten Wert. Effizient werden in dieser Karosseriestruktur Leichtigkeit und Steifigkeit umgesetzt.

Erfolg durch Laserschweißen

Einige Karosserieteile sind Laser-verschweißt. Bei diesem Verfahren wird ein Lichtstrahl hoher Energie über optische Linsen bzw. Lichtleitfasern auf den Schweißpunkt gelenkt. Beim Schweißvorgang wird das obere Blech durch- und das untere Blech angeschmolzen und ohne Zusatzwerkstoff eine Verschweißung erreicht. Im Reparaturfall werden die Laserschweißnähte (außer bei Dachreparaturen) durch SG-Lochnähte bzw. RP-Punktnähte ersetzt.

Ausschäumungen für Akustik

Einige Karosseriehohlräume des Roomster sind ausgeschäumt (Bild 7), um die Übertragung von Fahrgeräuschen in den Innenraum zu verringern. Die Ausschäumung erfolgt durch Kunststoff-Formteile (Dämpfungen). Diese werden in der Rohbaufertigung montiert und vergrößern ihr Volumen nach dem Grundieren im Trockenofen der Lackiererei ab ca. 180 °C.
Eine Temperatur ab 180 °C ist unter Werkstattbedingungen nicht zu erreichen. Daher soll bei nötiger Reparatur so vorgegangen werden:

- Blechteil einbaufertig vorbereiten (zuschneiden); nicht mit funkenerzeugenden Geräten trennen (Entwicklung schädlicher Gase!).
- Einpassen, Korrosionsschutz vornehmen.
- Schaumreste am Fahrzeug entfernen.
- Lackaufbau wiederherstellen, ggf. zweimal (nass in nass) mit Lackprimer »D 009 200 02« überstreichen. Wirkungszeit ca.10 Minuten.
- Dämpfung umlaufend mit Dichtschnur »AKD 497 010 04 R10« belegen.
- Dämpfung am Fahrzeug montieren.
- Neuteil (z. B. Säule A) fixieren, dabei im Bereich der Dämpfung durch sanften Druck Neuteil zur Anlage bringen und einschweißen.
- 15 mm neben der Dämpfung (beidseitig) nicht Schutzgas schweißen!
- Nach Lackierung des Fahrzeugs Reparaturbereich hohlraumkonservieren.

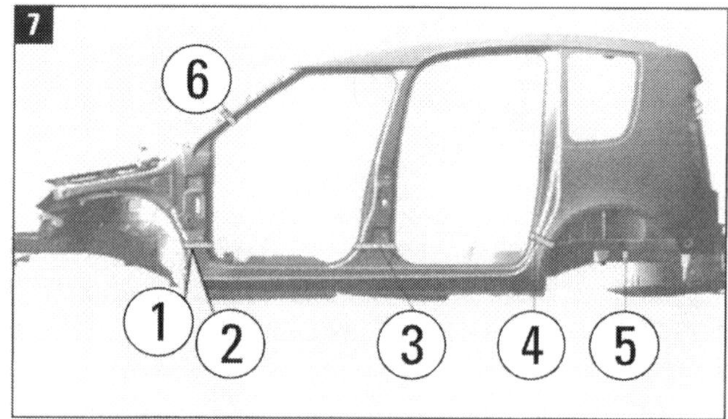

Codierung der Ausschäumungen: (1) 5J0 864 627, (2) 5J0 864 627 A, (3) 5J7 864 649, (4) 5J7 864 621, (5) 1J0 864 625 C, (6) 5J0 864 623 A.

GEFAHRHINWEISE

Gurt, Klimaanlage, Elektrik

- Die Gurtstraffer des Roomster, die bei einem Crash die Sicherheitsgurte schlagartig anziehen, zwingen zu besonderer Vorsicht bei Arbeiten außen und innen an der Karosserie. Aktiviert werden die Gurtstraffer von elektrisch gezündeten Gasgeneratoren. An diesen Rückhaltesystemen ist jedes Do-it-yourself untersagt. Montage und Demontage der Gurtstraffer sind Sache der Werkstatt.
- Wenn Sie an der Karosserie werken: In der Umgebung der Gurtrolle nicht mit Schlagschrauber oder Hammer arbeiten! Die Gurtstraffer reagieren empfindlich auf Vibrationen und harte Schläge und können auslösen. Ziehen Sie auch vor allen Arbeiten unter dem Fahrzeug die Sicherung für die Gurtstraffer ab und warten Sie fünf Minuten, bis sich die Kondensatoren entladen haben.
- Eine zweite Gefahrenquelle bei Karosseriearbeiten ist die Verzinkung. Die Karosserie ist außen elektrolytisch und innen feuerverzinkt. Bei Schweißarbeiten entsteht giftiges Zinkoxid. Sorgen Sie für gute Belüftung am Arbeitsplatz.
- Ein weiteres Tabu betrifft die Klimaanlage. Es dürfen keine Schweiß- oder Lötarbeiten durchgeführt werden, bei denen sich Teile der Anlage erwärmen könnten. Der Kältemittelkreislauf darf auch keinesfalls geöffnet werden!
- Die empfindliche und nicht ungefährliche elektrische Anlage fordert ebenfalls Vorsicht. Soweit Schweißarbeiten oder andere Funken erzeugende Arbeiten durchgeführt werden, müssen grundsätzlich die Batterie abgeklemmt und beide Batterieklemmen (Plus und Minus) sorgfältig isoliert werden.

Spalt- oder Fugenmaße prüfen und einhalten

Ein Qualitätsmerkmal des Karosseriebaus bei jedem Auto sind möglichst geringe Maße des Spalts oder der Fugen zwischen beweglichen Teilen wie Klappen und Türen und den festen Strukturen der Karosserie (Bilder 1 und 2). Die Einhaltung dieser Spalt- oder Fugenmaße ist auch ein Gradmesser für die Güte von Reparaturen an der Karosserie. Nach jedem Austausch oder Aus- und Wiedereinbau von Scheinwerfer, Motorhaube, Gepäckraumklappe oder einer einzelnen Tür muss dieses Prüfmaß so stimmen, wie es der Hersteller bei Fahrzeugauslieferung vorgibt.

Verlaufen die beiden Grenzkanten der Fuge nicht parallel, ist das schon mit bloßem Auge recht leicht zu erkennen. Nicht fachgerecht ausgeführte Reparaturen sind damit schnell zu »entlarven«. Dabei ist beim Roomster meist eine Toleranz von ±0,5 mm bei der Fugenbreite gestattet. Diese 0,5-mm-Toleranz ist fertigungstechnisch bedingt und kann in der Produktion auf wirtschaftliche Weise kaum unterboten werden.

Letzter Arbeitsschritt an Türen und Klappen ist stets die Kontrolle der Spaltmaße. Überprüft werden sie mit einer Einstelllehre, Škoda emp-

Bild 1: Spalt-/Fugenmaße Karosserie vorn

Fuge		Spaltmaß	Toleranz
1	(Grill unten)	6,7 mm	±1,0 mm
2	(Grill oben)	0,8 mm	±0,5 mm
3	(Licht innen)	3,0 mm	±0,5 mm
4	(Licht unten)	3,0 mm	±0,5 mm
5	(Licht oben)	3,5 mm	±0,5 mm
6	(Licht außen)	3,0 mm	±0,5 mm
7	(Kotflügel)	1,0 mm	±0,2 mm
8	(Klappe)	3,5 mm	±0,5 mm
9	(Kotflügel unten)	2,9 mm	±0,5 mm
10	(Tür vorn)	4,0 mm	±0,5 mm
11	(Tür unten)	5,5 mm	±0,8 mm

Bild 2: Spalt-/Fugenmaße Karosserie Mitte/hinten

Fuge		Spaltmaß	Toleranz
1	(Fondtür vorn)	4,5 mm	±0,5 mm
2	(F-tür vorn unten)	4,5 mm	±0,5 mm
3	(Fondtür oben)	4,0 mm	±0,5 mm
4	(Fondtür hinten)	4,0 mm	±0,5 mm
5	(Fenster hinten)	3,5 mm	±0,5 mm
6	(Stoßfäng. Seite)	1,0 mm	±0,2 mm
7	(Rücklicht Seite)	2,0 mm	±0,5 mm
8	(Rücklicht hinten)	4,5 mm	±0,5 mm
9	(Klappe/Seite)	4,5 mm	±0,5 mm
10	(Klappe/Dach)	7,5 mm	±1,0 mm
11	(Klappe/Fenster)	3,0 mm	±0,5 mm
12	(Klappe/Stoßf.)	5,0 mm	±1,0mm

fiehlt die im Volkswagen-Werkzeugkatalog angegebene Lehre 3371 (Bild 3). Das ist ein Fächer von Messplättchen exakt der jeweiligen Dicke von 0,5 bis 5 mm in 0,5 mm-Schritten.
Die »Prüfspaltmaße« sind nicht zu verwechseln mit den »Karosseriemaßen«. Diese werden relevant bei eigentlichen Karosseriereparaturen, die wir hier nicht behandeln. Das sind vorn z. B. die Maße zwischen den Längsträgern, das Diagonalmaß zwischen Längsträger oben und Aufnahmepunkt für das vordere Klappenscharnier oder das Maß zwischen den Federbeinaufnahmen und zwischen den Scharnieraufnahmen der Motorhaube.

3

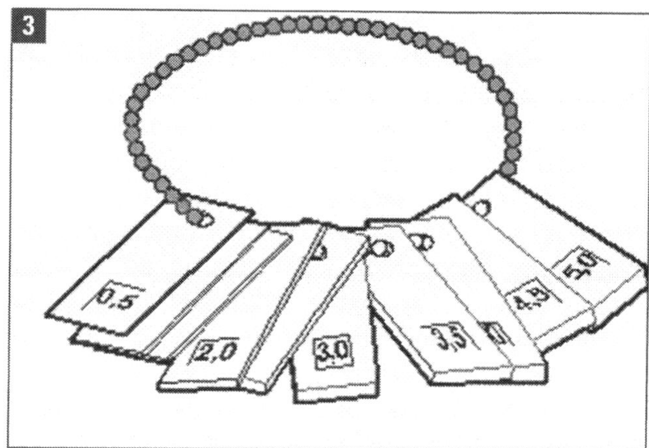

Fühlerblattlehre: Das VW-Prüfwerkzeug 3371.

Rückblickspiegel, Glas und Abdeckung ausbauen

Werkzeuge

■ Drehmomentschlüssel (V.A.G 1783), Demontagewerkzeug »MP8-602/1« für Türinnenverkleidung.

Rückblickspiegel außen

■ **Ausbau:** Türverkleidung gemäß Bild 2 ausbauen (siehe auch unter »Innenraum«): Zündung und elektrische Verbraucher ausschalten, Abdeckung (4) für Türhandgriff (3) von unten nach oben mit Demontagewerkzeug (z. B. »MP8-602/1« für Türinnenverkleidung) aushebeln, die beiden Befestigungsschrauben (6) ganz unten an der Verkleidung und die ebenfalls zwei Schrauben oben (5) im Bereich der Türbetätigung ausbauen. Wenn so ausgestattet,

1

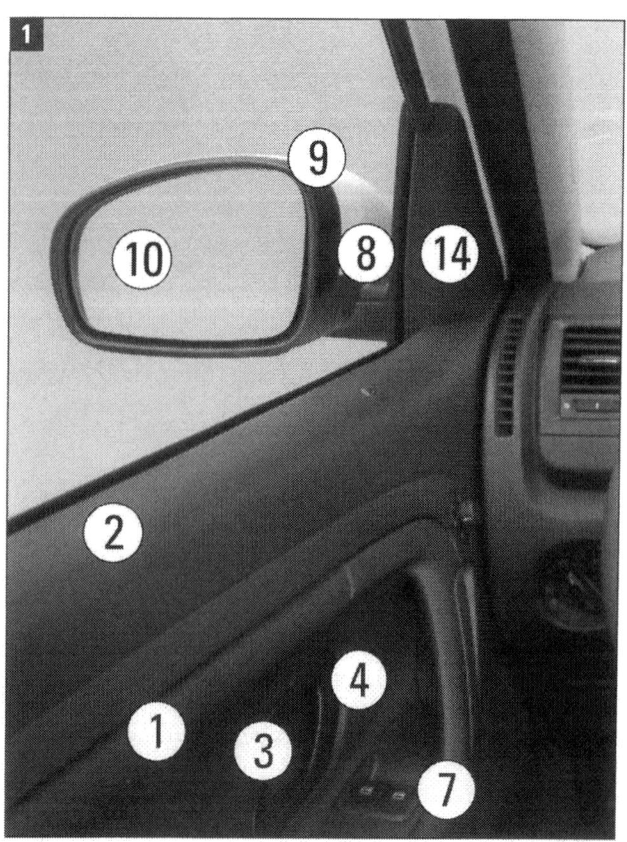

2

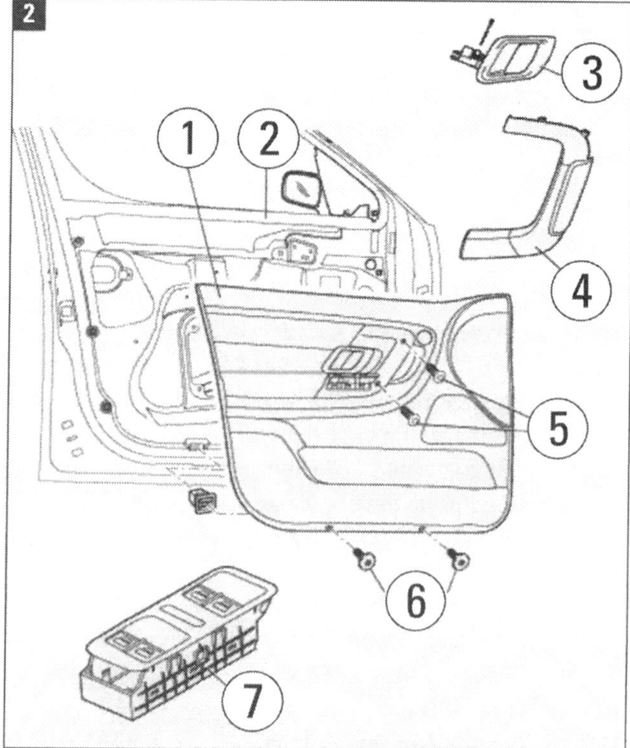

Bilder 1/2 Tür: (1) Türverkleidung, (2) Tür links, (3) Innengriff, (4) Abdeckung, (5/6) Schrauben, (7) Heberschalter.

Schaltereinheit (7) für elektrischen Fensterheber aushebeln und Steckverbindung trennen. Verkleidung ausclipsen (Demontagewerkzeug MP8-02/1), Betätigungsseilzug aus dem Türinnengriff aushängen, Steckverbindungen für Lautsprecher und - wenn so ausgestattet - für Spiegelverstellung trennen. Verkleidung leicht nach oben anheben und abnehmen (Einbau in umgekehrter Reihenfolge; beschädigte Clips ersetzen).

■ Falls so ausgestattet, Steckverbindung (11) für Rückblickspiegel (8) trennen (Bild 3).

■ Geräuschdämmung (12) herausnehmen.

■ Die drei Schrauben (13) ausbauen und den Rückblickspiegel vom Fahrzeug abnehmen.

■ Der **Einbau** erfolgt in umgekehrter Reihenfolge.

Spiegelglas

■ **Ausbau:** Spiegelrahmen (4) und obere Abdeckung (1) heraushebeln (Bild 4).

■ Clips am Spiegelglas hinten entsichern und das Glas herausnehmen.

■ Wenn Fahrzeug damit ausgestattet ist: Stecker für Spiegelheizung (5) abziehen (Bild 4).

■ Der **Einbau** erfolgt in umgekehrter Reihenfolge.
Anmerkung: Die elektrische Anschlussleitung findet sich nur bei Fahrzeugen mit elektrischer Spiegelbetätigung. In Fahrzeugen mit mechanischer Spiegelbetätigung sind anstelle der elektrischen Leitung Betätigungsseilzüge eingebaut. Diese Fahrzeuge haben auch keine elektrische Spiegelheizung.

Untere Spiegelabdeckung

■ **Ausbau:** Spiegelrahmen (4) und obere Abdeckung (1) ausbauen (Bild 4).

■ Spiegelglas (3) wie beschrieben ausbauen (Bild 4).

■ Steckverbindungen für Spiegelheizung (5; je nach Fahrzeugausstattung) trennen (Bild 4).

■ Steckverbindung für elektrisches Spiegelkippen oder Seilzug für mechanisches Spiegelkippen (je nach Fahrzeugausstattung) trennen. Die elektrische Leitung oder die Seilzüge für Spiegelkippen dazu durch das Spiegelgelenk durchziehen.

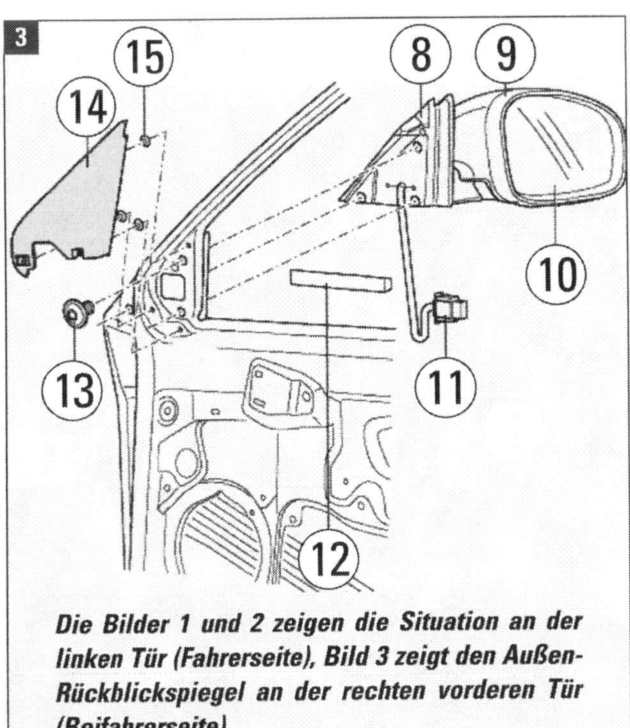

Bilder 1/3 Spiegel (8): (9) Rahmen, (10) Glas, (11) Stecker, (12) Dämmung, (13) Schrauben, (14) Abdeckung, (15) Clip.

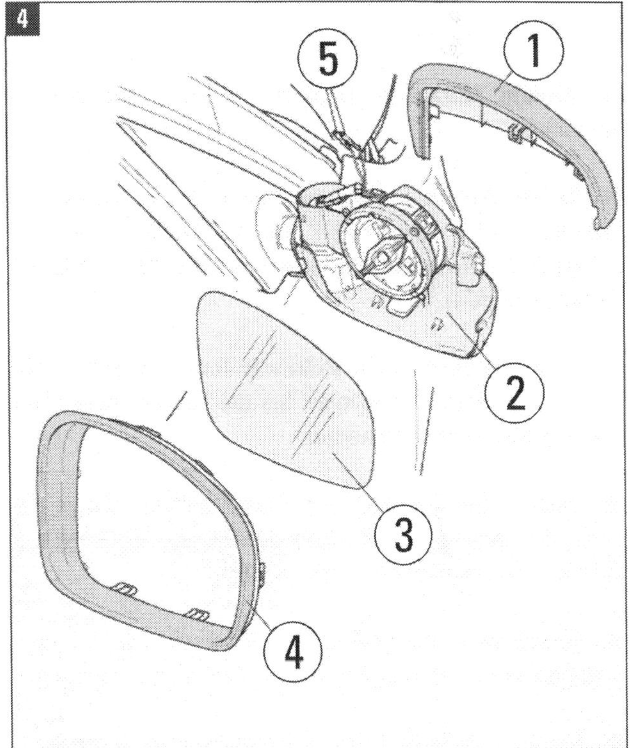

Glasausbau: (1) obere und (2) untere Abdeckung, (3) Spiegelglas, (4) Spiegelrahmen, (5) elektrische Leitung.

■ Einbaulage der Sicherungsscheibe (4) über der Feder kennzeichnen und diese vorsichtig ausbauen (Bild 5).

■ Feder entnehmen und Geräuschdämpfung ausbauen.

■ **Einbau:** Untere Abdeckung auf Gelenk aufsetzen.

■ Schraube M8 (1) von unten in das Gelenk (3) mit der Durchführung für die Schraube einstecken, Feder (2), Sicherungsscheibe (4), Vorrichtung (5; z. B. »MP3-465/30-206« oder »T30087/3367«), flache Scheibe (6), Mutter (7) wie abgebildet aufsetzen.

■ Durch stufenweises Anziehen der Mutter die Sicherungsscheibe auf den Bolzen bis in die Ausgangslage aufstecken.
Anmerkung: Dabei die vor dem Ausbau auf der Sicherungsscheibe angebrachte Kennzeichnung zur Einbaulage beachten!

■ Der weitere Einbau erfolgt sinngemäß in umgekehrter Reihenfolge zum Ausbau.

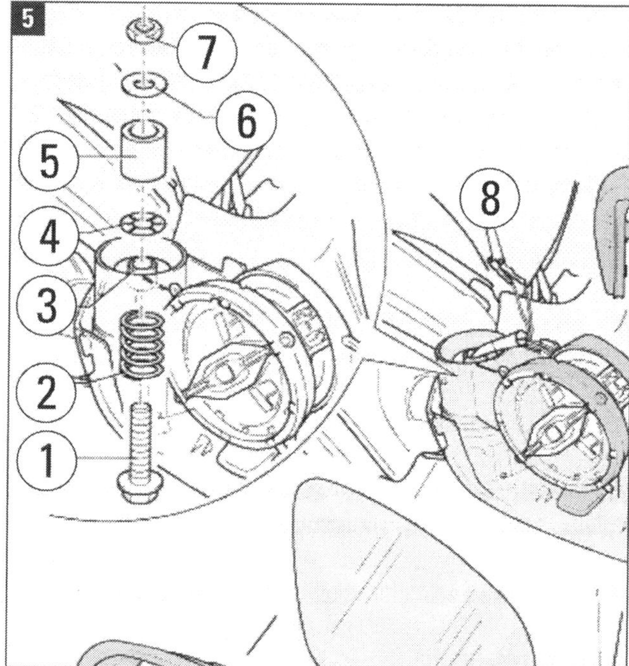

Untere Abdeckung: (1) Schraube M8x90, (2) Feder, (3) Gelenk, (4) Sicherungsscheibe, (5) Werkzeug (6) flache Scheibe, (7) Mutter M8, (8) elektrische Leitung.

Tankklappeneinheit aus- und einbauen

■ **Ausbau:** Tankklappe (1) öffnen und den Tankdeckel abschrauben.

■ Ziehen Sie die Tankklappeneinheit (2) mit Wasserablaufschlauch (3) nach hinten aus den Verrastungen und schwenken Sie die Tankklappeneinheit aus dem Seitenteil (5) heraus (Bild 1).

■ Krempeln Sie die Gummitülle vom Tankeinfüllstutzen (4), ziehen Sie sie ab und nehmen Sie die Tankklappeneinheit mit dem Ablaufschlauch heraus.

■ **Einbau:** Stecken Sie den Wasserablaufschlauch (3) durch die Öffnung in der Tankklappeneinheit und ziehen Sie ihn bis zum Anschlag hinter das Seitenteil durch.

■ Tankklappeneinheit mit der Scharnierseite zuerst in das Seitenteil einschieben und hineindrücken, bis sie verrastet.

■ Die Gummitülle über den Tankeinfüllstutzen nachziehen. Den Tankverschluss wieder einbauen und die Tankklappe schließen.

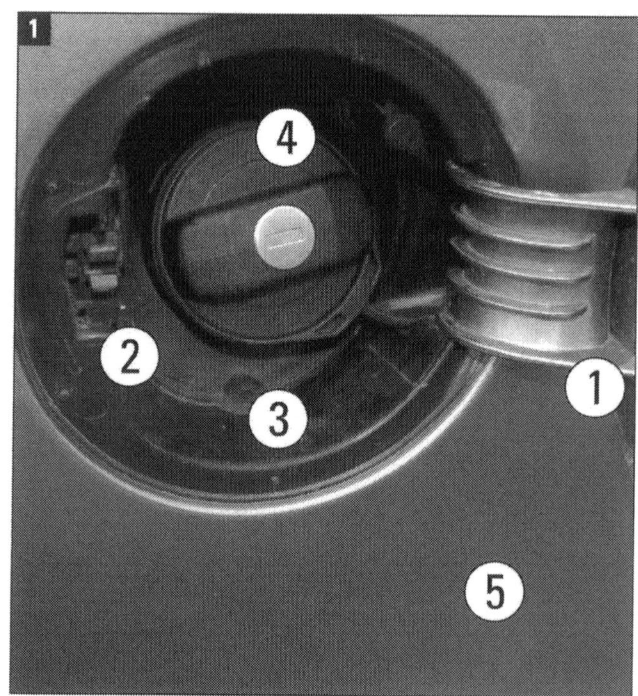

Hinter der (1) Tankklappe: (2) Klappeneinheit, (3) Öffnung zum Ablaufschlauch, (4) Einfüllstutzen, (5) Seitenteil.

Stoßfänger und Radhausschalen ausbauen

Stoßfänger vorn

■ **Ausbau:** Stoßfänger bestehen aus Träger und Abdeckung; wir bezeichnen im Folgenden die Abdeckung als »Stoßfänger«. Aus- und Einbau (auch hinten) werden vor allem bei Beschädigungen erforderlich. Bevor man ans Auswechseln denkt, genau die Möglichkeit einer Kunststoffreparatur (Verbundkunststoff PP/EPDM) prüfen.

■ *Beachten:* Es gibt erhebliche Unterschiede zwischen dem hier von uns behandelten vorderen Stoßfänger, wie er seit März 2010 eingebaut wird (Bild 1), und dem der ersten Roomster-Generation.
Zum Ausbau die Zündung und alle elektrischen Verbraucher ausschalten. Abdeckteile (5 und 9, Bild 1) vorsichtig mit einem Demontagekeil aus Kunststoff (Werkzeug 3409) heraushebeln. Radhausschale vorn ausbauen.

Radhausschale vorn

■ **Ausbau:** Es genügt das Abschrauben im vorderen Bereich, damit die Schale von der Karosserie etwas weggebogen werden kann.

■ So viele Schrauben (2) herausdrehen, bis sich die vordere Radhausschale (1) im nötigen Umfang von der Karosserie abheben lässt. Es ist ausreichend, die sechs Schrauben von unten nach oben und die beiden nach vorn gerichteten Schrauben heraus zu drehen (Bild 2). Zum vollständigen Ausbau der Radhausschale vorn alle Schrauben (2) herausdrehen.

■ Nach dem Lösen der unteren Schrauben das Rad ausbauen, die erforderlichen restlichen Schrauben herausdrehen und die Radhausschale zurückdrücken, um an die Schrauben (2) gemäß Bild 1 heran zu kommen.

■ **Einbau** der Radhausschale sinngemäß umgekehrt. Erst nach Einbau der Schrauben (2, Bild 1) für Stoßfänger!

■ **Weiterer Ausbau Stoßfänger:** Jetzt die Schrauben (2), dann Schrauben (3) und (4) ausbauen.

■ Spreiznieten (6) ausbauen.

■ Spoiler (7) mit einem Schraubendreher aus dem Stoßfänger (von der Stoßfänger-Rückseite) ausclipsen und nach vorn schieben.

1

Stoßfänger vorn: (1) Stoßfänger, (2/3/4/8/10) Schrauben, (5/9) linkes/rechtes Abdeckteil, (6) Spreiznieten, (7) Spoiler.

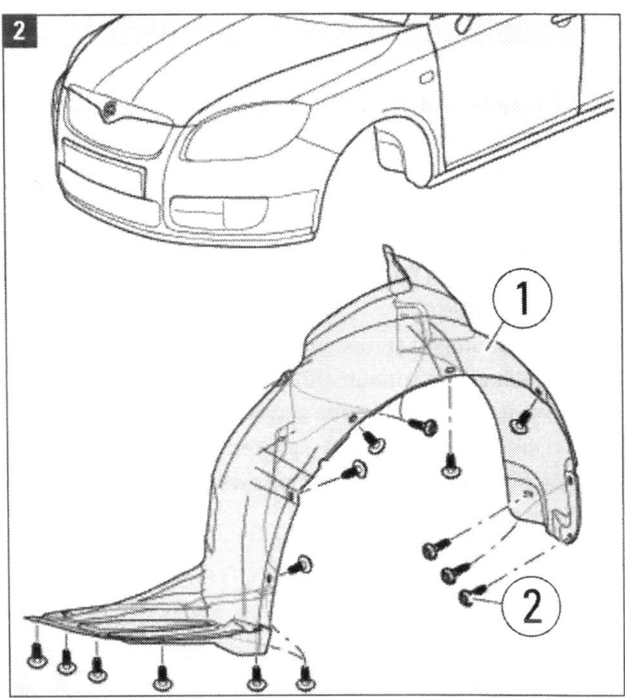

Radhausschale vorn: (1) linke Radhausschale, (2) insgesamt 15 Schrauben mit 1 Nm Anzugsdrehmoment.

■ Die weiteren Schrauben in der Reihenfolge (4), (8) und (10) ausbauen.

■ Stoßfänger (1) parallel zu den Führungen nach vorn abnehmen. Günstig ist die Mithilfe einer zweiten Person.

■ Der **Einbau** erfolgt in umgekehrter Reihenfolge. Abdeckteile und Spoiler wieder in den Stoßfänger einrasten oder einclipsen.

■ Schrauben (2/10) mit 3,5 Nm; Schrauben (3) mit 1 Nm und Schrauben (4/8) mit 1,5 Nm festziehen.

Teile am Stoßfänger vorn

■ **Ausbau:** Die Anbauteile am Stoßfänger (Bild 3) lassen sich ausclipsen und ebenso wieder verrasten. Wichtig wird oft der Ausbau des Ziergitters (2): Mit einem geeigneten Werkzeug den je nach Fahrzeugausstattung vorhandenen Rahmen (3) heraushebeln.

■ Dann mit dem geeigneten Werkzeug, einem Flachschraubendreher oder einem Kunststoff-Demontagekeil, das Ziergitter (2) aus dem Stoßfänger (1) heraushebeln.

■ **Einbau:** Zuerst das Ziergitter (2) in den Stoßfänger (1)

Bild 3 Teile am vorderen Stoßfänger: (1) Stoßfänger vorn, (2) Ziergitter (Kühlergrill), (3) Rahmen je nach Fahrzeugausstattung, in unserem Beispiel vorhanden, (4) Gitter unten, (5) Nebelscheinwerfer, (6) Abdeckkappen für Spritzdüsen der Scheinwerferreinigungsanlage, (7) Abdeckkappe für die Gewindeaufnahme der Abschleppöse, (8) Spoiler unten.

Zu den Anbauteilen an der Motorhaube (Klappe vorn) gehören noch die erst nach Öffnen der Klappe sichtbaren Komponenten Lüftungsgitter sowie links und rechts die Halter mit der linken und rechten Scheinwerferreinigungsanlage. Diese ist jeweils mit zwei Schrauben 1,5 Nm an diesem Halter befestigt.

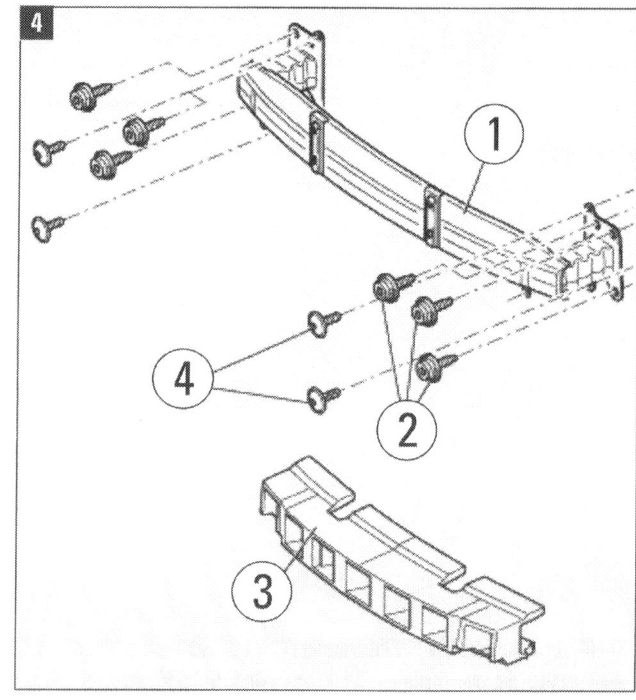

Bild 4 vorderer Träger: (1) Stoßfängerträger, (2) Schrauben 20 Nm, (3) Pralldämpfer, (4) Schrauben 9 Nm.

einrasten. Erst dann den Rahmen (3) in den vorderen Stoßfänger einclipsen und verrasten.

Stoßfängerträger vorn

■ **Ausbau:** Stoßfänger vorn wie beschrieben ausbauen.

■ Die Luftführung rechts vorn unten neben dem Kühler, unter dem rechten Scheinwerfer, ausbauen.

■ Erst die Schrauben (4), dann die Schrauben (2) ausbauen. Den Stoßfängerträger vorn (1) ggf. mit einem Helfer) nach vorn abnehmen (Bild 4).

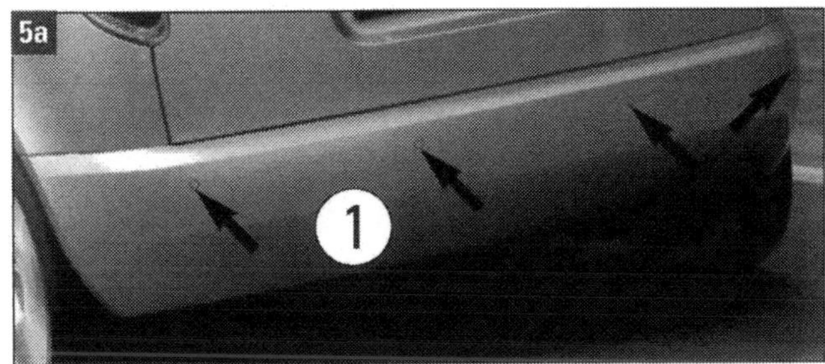

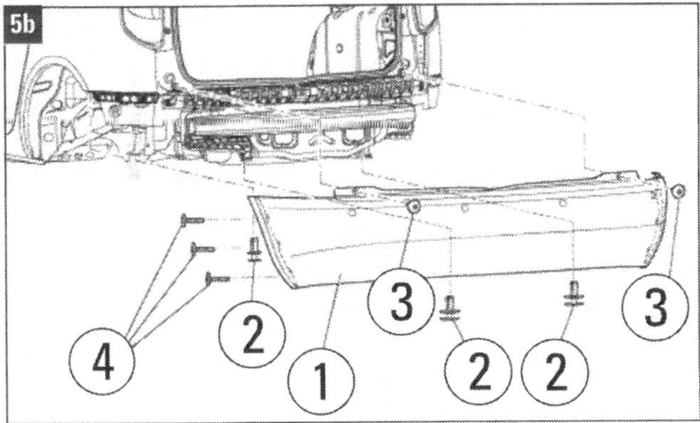

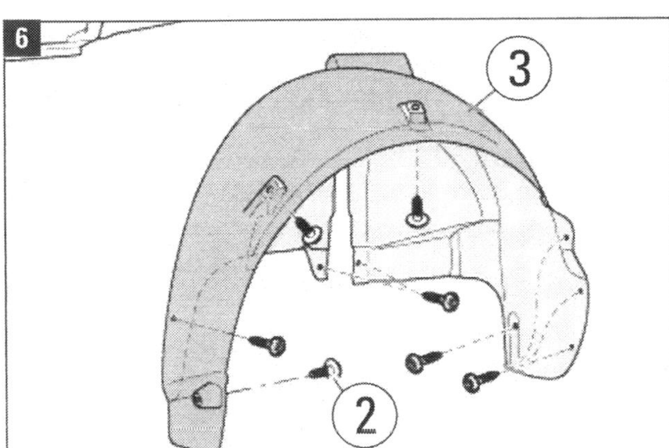

Bilder 5a/b Stoßfänger hinten: (1) Stoßfänger, (2) Spreiznieten, (3) Schrauben 3,5 Nm, (4) Schrauben 1 Nm. Pfeile in Bild 5a: Sensoren für Einparkhilfe.
Bild 6 Rad hinten: (1) Radhausschale, (2) Schrauben 1 Nm.

■ Der **Einbau** erfolgt in umgekehrter Reihenfolge. Schrauben (4) mit 9 Nm, Schrauben (2) mit 20 Nm festziehen.

Stoßfänger hinten

■ **Ausbau:** Bei Stoßfängern mit Parksensoren (Bild 5a, Pfeile) muss beachtet werden, die Steckverbindungen zu trennen und ggf. die Sensoren auszuclipsen.
Dann erst die Schrauben (4), dann (3) und dann die Spreiznieten (2) ausbauen. Stoßfänger hinten (1) aus den Führungsteilen nach hinten schieben (Bild 5b).

■ Der **Einbau** erfolgt in umgekehrter Reihenfolge. Schrauben (3) mit 3,5 Nm, Schrauben (4) mit 1 Nm festziehen.

Löcher für Parksensoren

■ Sind auf dem Stoßfänger (meist hinten; aber auch vorn möglich) Markierungen für unterschiedliche Varianten der Sensorenanordnung zur Einparkhilfe vorhanden (gilt für Fahrzeuge ab 01/2010), dann müssen die Öffnungen stets im Bereich der gestrichelten Kreisvertiefung (nicht im Bereich der »FL«-Markierung) eingebracht werden.

■ Zum Herausschneiden der Öffnungen, die einen Durchmesser von 18 mm haben sollen, kann zwar ein Schnittwerkzeug verwendet werden (Werkzeug BEA 000 001). Es genügt ein Stufenbohrer.

■ Bei Verwendung eines Stufenbohrers die Öffnungen zuerst von der Stoßfängeraußenseite herstellen. Den Arbeitsschritt dann von der Stoßfängerinnenseite vollenden.
■ Öffnungen in geeigneter Weise entgraten, um Lackschäden zu vermeiden.
Anmerkung: Zum Einbringen der Öffnung für den Anhängerarm im hinteren Stoßfänger sollte allerdings ein Schnittwerkzeug allen anderen Vorgehensweisen vorgezogen werden.
Es handelt sich dabei um das Schnittwerkzeug XEA 770 002, das wir nachfolgend im Abschnitt zur Anhängerkupplung vorstellen und in der Anwendung beschreiben.

Radhausschale hinten

■ **Ausbau:** Zum Ausbau des hinteren Stoßfängers ist es, im Gegensatz zu vorn, nicht erforderlich, die Radhausschale auszubauen.

■ Schrauben (2) ausbauen. Dann das Rad abbauen und die Radhausschale (1) herausnehmen (Bild 6).

■ Der **Einbau** erfolgt in umgekehrter Reihenfolge. Die Schrauben (2) mit 1 Nm festziehen.

Schlossträger in Servicestellung und zurück bringen

Servicestellung herstellen

■ Für viele Arbeiten im Motorraum ist es günstig, etwas mehr Bewegungsraum nach vorn zu haben. Dazu kann der Schlossträger horizontal etwa um 100 mm nach vorn verschoben werden (Bild 1). Erforderlich sind etwas Montagearbeit und zwei Spezialwerkzeuge, die bei Škoda die Teile-Nummer T30092 haben. Diese »Führungsstangen« können Sie aus 180 mm langen Stehbolzen mit passendem Gewinde auch selbst herstellen.

■ Wie beschrieben den Stoßfänger vorn ausbauen. Geräuschdämpfung unter dem Motor ausbauen (folgt). Luftführungsrohr trennen. Scheinwerfer ausbauen und Schlauch zur Scheinwerferreinigungsanlage trennen (»Fahrzeugelektrik«). Den Bowdenzug zur Klappenbetätigung aus den Kunststoffführungen ausclipsen. Die Schrauben (3) links und rechts ausbauen (Bild 1).

■ Bei Fahrzeugen mit Ladeluftkühler die Druckschläuche von der Schnellkupplung abziehen: Halteklammer (1) in Pfeilrichtung »a« entriegeln, Druckschlauch (2) in Pfeilrichtung »b« aus der Kupplung (3) ziehen (Bild 2). Beim Wiederverrasten muss die Klammer (2) in oberer Position (Bild 2) sein.

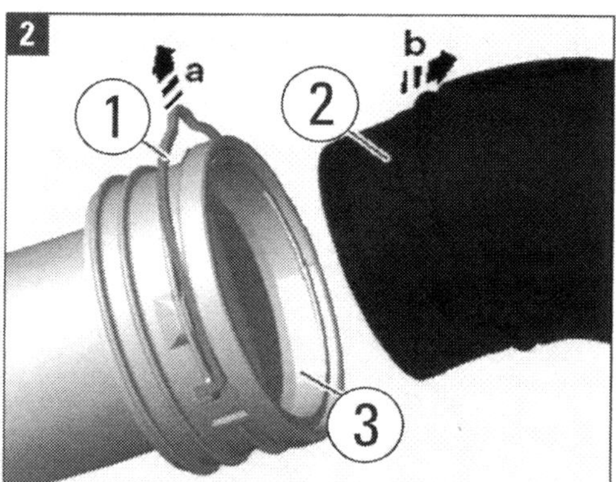

1

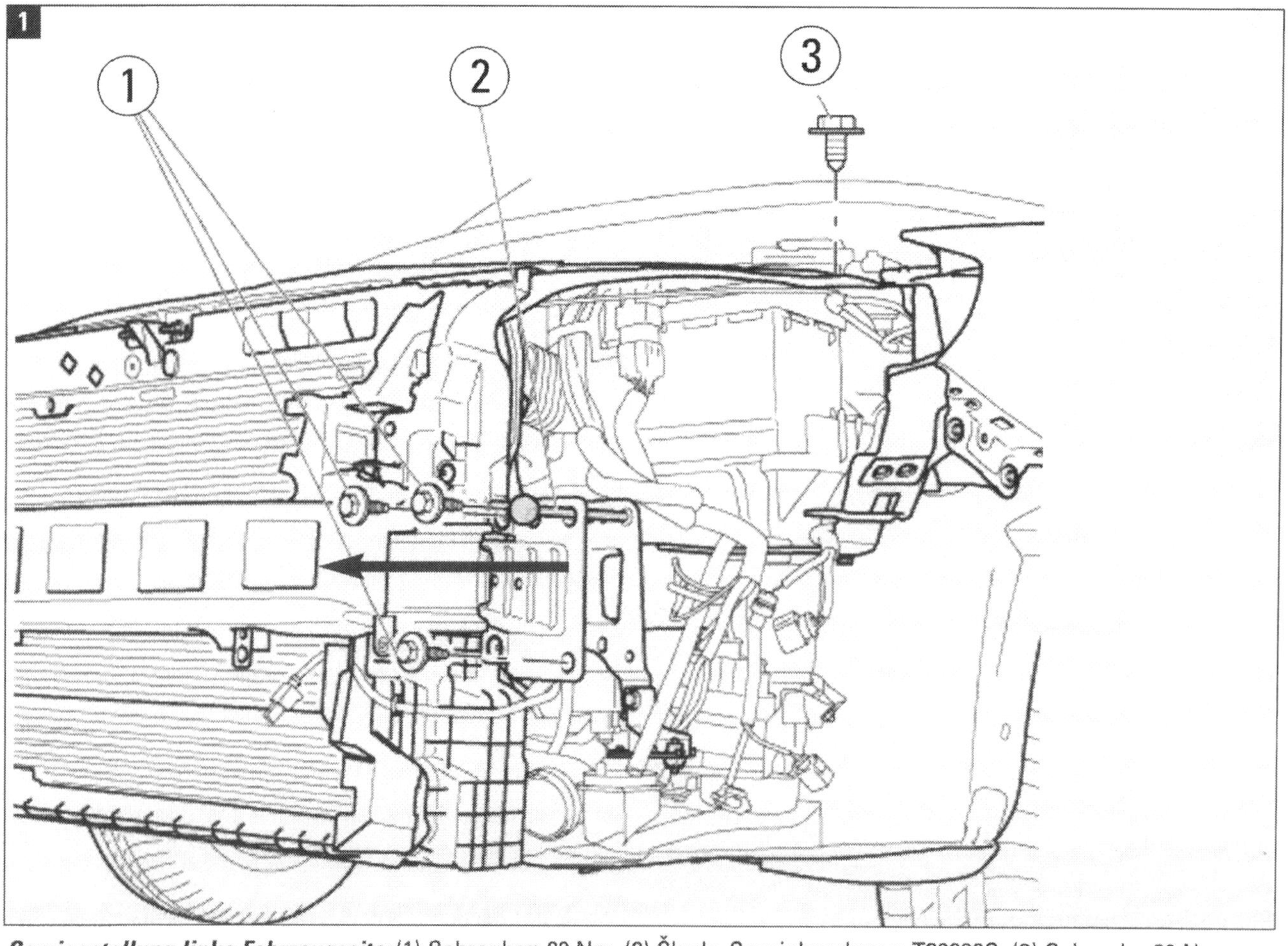

Servicestellung linke Fahrzeugseite: (1) Schrauben 20 Nm, (2) Škoda-Spezialwerkzeug T30092S, (3) Schraube 20 Nm.

■ Jeweils eine Schraube (1) links und rechts ausbauen und stattdessen das Werkzeug »T30092« einbauen. Dann die restlichen Schrauben (1) ausbauen (Bild 1).

■ Schlossträger mit Anbauteilen ca. 100 mm nach vorn herausziehen.

■ Das **Zurücksetzen** des Schlossträgers mit Anbauteilen erfolgt in umgekehrter Reihenfolge. Schrauben (1) und (3) mit 20 Nm festziehen. Schlossträger an den Längsträgern und zwischen den Kotflügeln ausmitteln. An der Karosserie vorn müssen nach dem Zurücksetzen der Servicestellung die vorgegebenen Spaltmaße wieder stimmen.

■ Die Luftführungsschläuche zum Ladeluftkühler wieder fest verbinden. Wenn sie mit Schnellkupplungen nach Bild 2 ausgestattet sind: Den Druckschlauch ausreichend weit in die Kupplung stecken und nochmals nachdrücken, dann die Halteklammer verriegeln. Prüfen Sie zur Sicherheit die Steckkupplung durch Gegenziehen.

Geräuschdämpfung unter dem Motor aus-/einbauen

Die Geräuschdämpfung unter dem Motorraum tritt in zwei Größen und Formen auf: Die größere Ausführung (Bild 1) bei Diesel-, die kleinere (Bild 2) bei den Benzinmotoren. Die Abdeckung ist mit Laschen in den Stoßfänger eingesteckt und von unten an die Karosserie geschraubt.

■ **Ausbau:** In beiden Fällen die Schrauben (Diesel 2 und 3, Benziner 2) herausdrehen.

■ Geräuschdämpfung aus dem Stoßfänger herausziehen und nach unten entnehmen.

■ **Einbau:** Die Geräuschdämpfung in den Stoßfänger einschieben. Die jeweils vier breiten Laschen kommen nach oben, die jeweils fünf schmalen Laschen nach unten.

■ Die Schrauben einbauen und in allen Fällen mit einem Anzugsdrehmoment von 2 Nm festziehen..

Diesel: (1) Dämpfung, (2) Schrauben, (3) Schrauben 2 Nm.

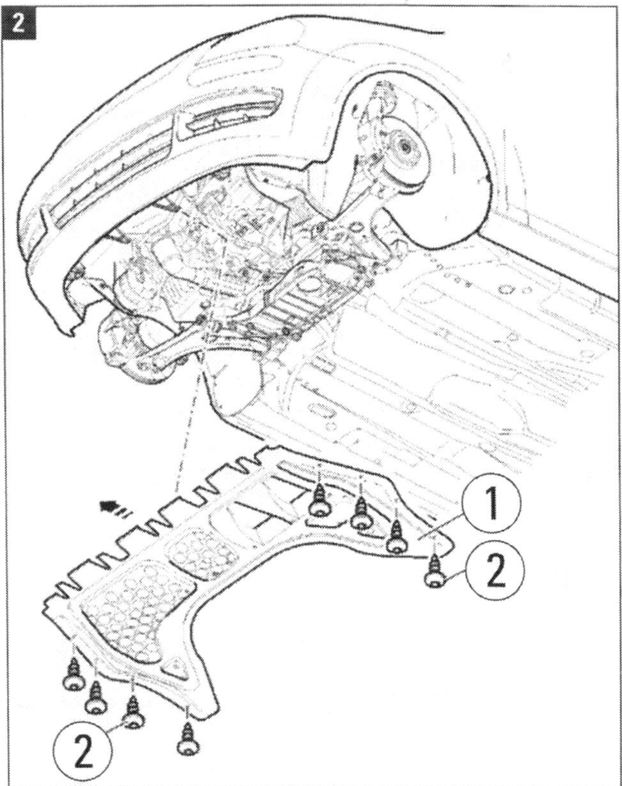

Benziner: (1) Dämpfung, (2) Schrauben 2 Nm.

Anhängevorrichtung einbauen

Wenn werkseitig eine Anhängerkupplung eingebaut ist, besteht sie aus den in Bild 1 gezeigten Komponenten und ist so zu demontieren wie im Bild gezeigt. Der abgenommene Kugelkopf ist in der Gepäckraumablage unterzubringen. Wenn sie nicht werkseitig eingebaut ist, muss und kann sie nachgerüstet werden, geeignete Bausätze sind am Markt.
Im Kapitel »Große Fahrt...« (Seite 63) sind wir ausführlich auf den Nutzen des zusätzlichen Einbaus und die dabei zu berücksichtigenden Einzelheiten (Originalteile, Anschlusskabel, Steckdose) eingegangen. Wir ergänzen diese Ausführungen hier mit einer Anleitung zum Einbau des erforderlichen Trägers (»Rahmen«). Denn ein Stoßfängerträger ohne Anhängerkupplung (Bild 2) muss ausgebaut und durch die Anhängevorrichtung mit Kupplung (Kugelkopf) ersetzt werden.

Eine auf den Skoda Roomster (max. 1.200 kg Anhängelast, gebremst) abgestimmte Anhängerkupplung bietet die Westfalia-Automotive GmbH mit ihrem hochwertigen Produkt A40V an (Bild 3). Diese Anhängerkupplung ist für die Montage in Eigenleistung vorgesehen und bedarf keiner Eintragung und Abnahme durch den TÜV, was durch die Zertifizierungs-Nummer »EG-2305« bescheinigt wird.
Durch den eigenen Anbau und den Wegfall der Eintragungspflicht können beträchtliche Kosten gespart werden. Die Anhängerkupplung mit allen Befestigungskomponenten und Montageanleitung kostet rund 340 Euro, komplett mit Elektrosatz rund 400 Euro.
Am Markt sind zwar auch Kupplungen für den halben Preis, dabei handelt es sich dann allerdings um solche mit feststehendem, nicht abnehmbarem Anhängearm.

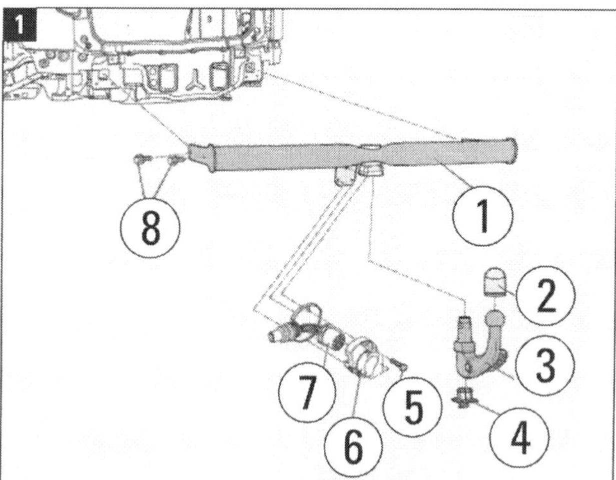

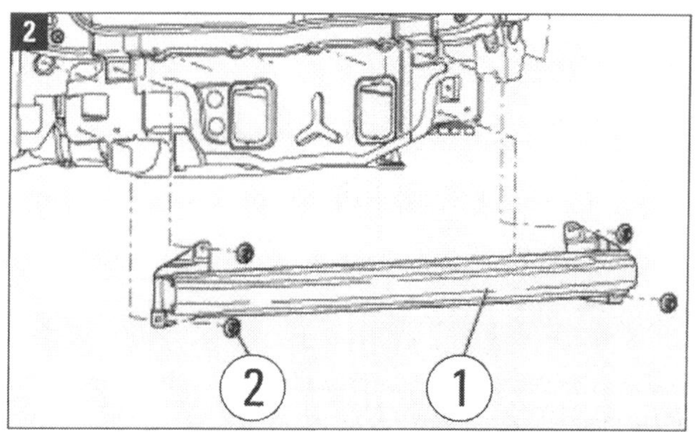

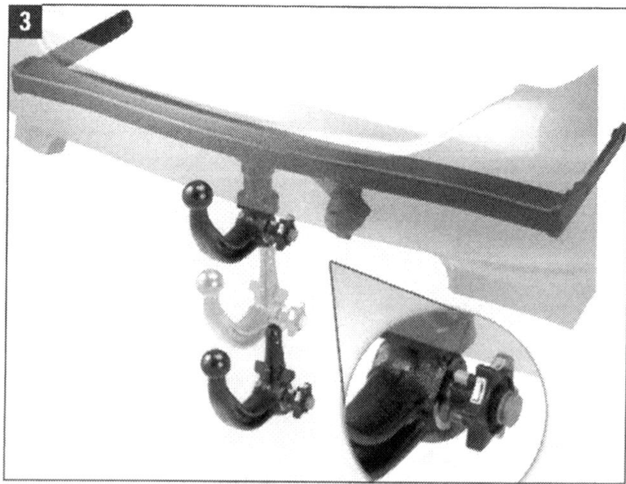

Bild 1 werkseitige Anhängerkupplung: (1) Kupplungsrahmen, (2) Abdeckkappe, (3) Anhängerarm, (4) nach Abnehmen des Anhängerarms in die Bohrung einzusetzender Blindverschluss, (5) Schrauben 2,5 Nm, (6) elektrische Steckdose mit (7) Leitung, (8) Schrauben 70 Nm.

Bild 2 Stoßfängerträger: (1) Träger ohne Anhängevorrichtung, (2) je Seite zwei Muttern 20 Nm.

Bild 3 Anhängevorrichtung : Die Anhängevorrichtung A40V als ausdrücklich für den Roomster deklariertes Produkt von Westfalia Automotive entspricht dem werkseitigen Einbau.

Anhängerkupplung einbauen

■ Hinteren Stoßfänger wie beschrieben ausbauen. Den (1) Stoßfängerträger hinten gemäß Bild 2 abbauen. Der Träger ist an jeder Seite mit zwei Schrauben befestigt.

■ Anhängerkupplungsrahmen auf die Seitenteile schieben. Die an jeder Seite zwei Schrauben (8, Bild 1) einbauen und mit 70 Nm festziehen.

■ Die (13polige) Steckdose (6) mit drei Schrauben (5) mit 2,5 Nm am Kupplungsträger (1) festschrauben und das Kabel (7) nach Einbauvorschrift anschließen (Bild 1).

■ Wie im Folgenden beschrieben Öffnung in den Stoßfänger hinten einbringen, Stoßfänger wieder anbauen.

Öffnung in Stoßfänger schneiden

■ Zum Einbringen der Öffnung für den Anhängerarm im hinteren Stoßfänger sollte nach Möglichkeit ein Schnittwerkzeug allen anderen Vorgehensweisen vorgezogen werden. Die Škoda-Werkstatt verwendet das Schnittwerkzeug XEA 770 002, dass wir hier in der Anwendung beschreiben.

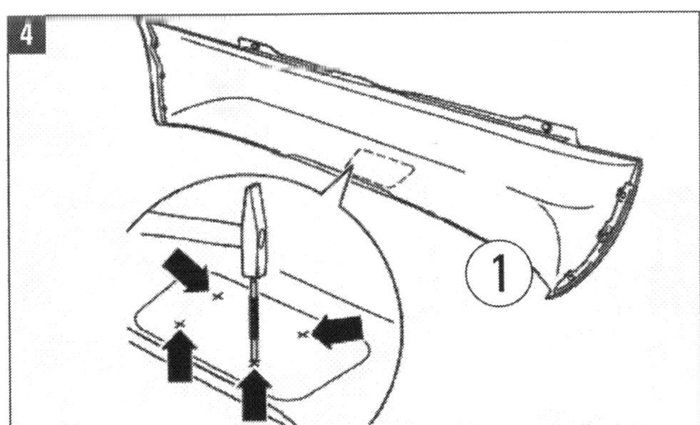

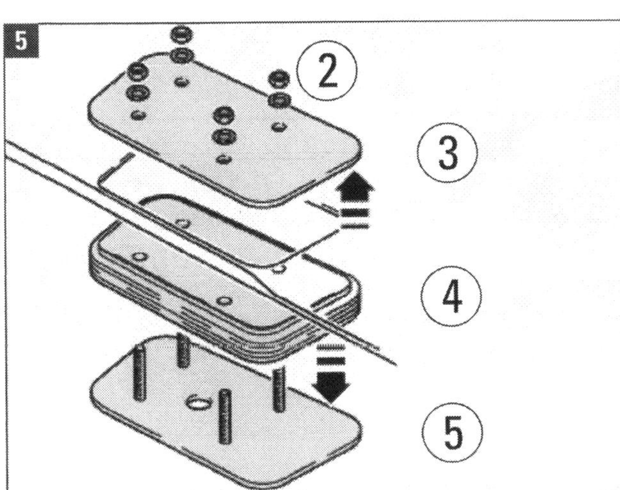

■ Stoßfänger mit der Innenseite nach oben auf eine weiche Filzunterlage legen (1, Bild 4) . Im Bereich der vorgezeichneten Achskreuze (Pfeile) die Mitten für das Bohren von vier Öffnungen mit einem geeigneten Werkzeug (Körner) kennzeichnen.

■ Öffnungen mit einem Durchmesser von 10,5 mm im gekennzeichneten Bereich bohren. Einen Bohrer für Bleche (Winkel der Hauptschneide 180°) verwenden.

■ Auf die Stützplatte unten (5) die Schnittplatte (4) mit der Schneide nach oben (in Richtung Stoßfänger) setzen. Diese Werkzeuggruppe von der Außenseite (lackiert) des Stoßfängers so anlegen, dass die Schrauben durch die hergestellten Öffnungen durchgehen. Druckplatte (3) von der Innenseite des Stoßfängers auf die herausragenden Schraubenschäfte schieben. Die ganze Gruppe leicht mit Muttern mit Scheibe (2) anziehen. Vorsichtig vorgehen, um Beschädigungen der lackierten Stoßfängerseite zu vermeiden (Bild 5).

■ Lage des Schnittwerkzeugs kontrollieren und ggf. im Rahmen des Spiels zwischen Schrauben und Bohrungen im Stoßfänger leicht anpassen.

■ Muttern (2) nacheinander über Kreuz maximal um je einen Gewindegang anziehen. Das maximale Anzugsdrehmoment beträgt 45 Nm! Diesen Arbeitsablauf so lange wiederholen, bis die Schneide der Schnittplatte an der oberen Druckplatte anliegt.

■ Nach dem Herausschneiden das Schnittwerkzeug zerlegen und die Schnittplatte vorsichtig herausnehmen. Den herausgeschnittenen Teil aus der Platte drücken. Die Öffnung umlaufend mit Feile oder Schleifpapier fein entgraten.

■ Rahmen für die Befestigung der Abdeckkappe nach der Einbau-Anleitung von Westfalia um die Öffnung kleben.

■ Funktion der Steckdose am Bordnetz prüfen.

Bilder 4/5 Arbeit mit dem Schnittwerkzeug:
Im ausgebauten Stoßfänger (1, Bild 4) werden im Bereich der vorgezeichneten Achskreuze (Pfeile) die Mitten angekörnt.
Das Schnittwerkzeug XEA 770 002 (Bild 5) besteht aus der Druckplatte oben (3) mit (2) vier Muttern 45 Nm plus jeweiliger Scheibe sowie Schnittplatte (4) und Stützplatte unten (5) mit vier Schrauben.

Unterboden prüfen, Verkleidungen aus-/einbauen

Unterboden prüfen

■ Eine empfehlenswerte Wartungsarbeit ist die Kontrolle von Fahrzeugunterboden und Karosserielack. Dazu Unterbodenschutz und Unterbodenverkleidung, Radhäuser und alle Unterholme, Leitungsverlegung und Stopfen sorgfältig auf etwaige Schäden untersuchen. Sind alle Leitungen in ihren Halterungen befestigt? Sind alle Stopfen vorhanden und keine Beschädigungen des Unterbodens zu sehen?

■ Im Zusammenhang damit auch alle Karosserieverbindungen, Rahmen der Front- und der Heckscheibe sowie die Bördel der Innenflächen der Motorhaube prüfen. Waagerechte und senkrechte lackierte Flächen sowie Dachanschluss im Heckklappenbereich ansehen.

■ Alle Mängel sofort beseitigen, um Korrosion und Rostschäden zu vermeiden. Holen Sie fachmännischen Rat ein und verwenden Sie nur die empfohlenen chemischen Materialien und Lacke (Siehe auch »Praxistipp«).

Unterbodenverkleidung ausbauen

■ Die zwei Teile der Unterbodenverkleidung (1 und 3, Bild 1) können zu etwaiger Reparatur oder zum nötigen Austausch **ausgebaut** werden. Sie sind mit jeweils neun Sechskantmuttern an Gewindebolzen geschraubt, die ans Bodenblech geschweißt sind. Muttern abdrehen.

■ Beim **Einbau** der Platten links und rechts die Muttern mit einem Anzugsdrehmoment von 2 Nm festziehen.

Tunnelbrücke ausbauen

■ Ausbau: Die Muttern (Bild 2, schwarze Pfeile) ausbauen und die Tunnelbrücke abnehmen. Wenn das Abgasrohr ausgehängt werden muss, sind die Schrauben an der Dop-

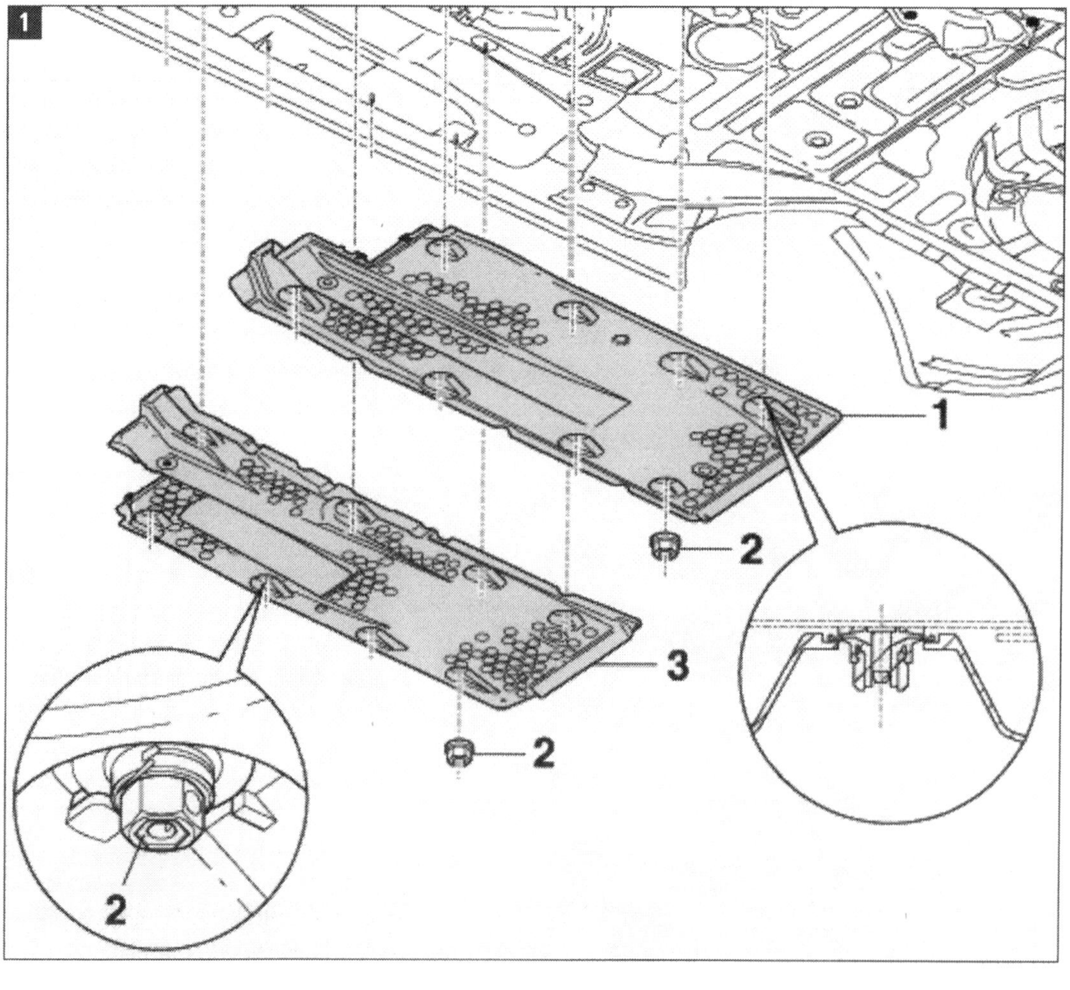

Bild 1 Verkleidungen am Fahrzeugboden: (1) Verkleidung links, (2) Sechskantmuttern, (3) Verkleidung rechts. Die Lupenbilder zeigen, wie die Muttern vertieft in den Verkleidungen an die Stehbolzen geschraubt sind.

Bild 2 Tunnelbrücke (A): Die Pfeile zeigen die Verschraubungen.

Bild 3 konservierte Bereiche: Alle Hohlräume im Karosserieboden.

pelschelle (roter Pfeil) zu lösen. Das ist z. B. erforderlich, wenn der **Tunnel-Wärmeschutz** (blauer Pfeil) ausgebaut werden muss. Dann die Abdeckungen für Fahrzeugboden links und rechts wie beschrieben ausbauen, dieTunnelbrücke ausbauen, die Befestigungsmuttern für Abgasrohraufhängung vorn und hinten lösen, das Abgasrohr trennen und nach unten aushängen (Kapitel »Antrieb«). Die Muttern lösen (sie werden mit 1,5 Nm wieder festgeschraubt) und den Wärmeschutz von den Bolzen abnehmen (Einbau in umgekehrter Reihenfolge).

■ Der **Einbau** erfolgt in umgekehrter Reihenfolge. Die Muttern an den Verschraubungen der Tunnelbrücke mit 20 Nm festziehen.

Lackschäden und Konservierung

■ Für Lackschäden im nicht sichtbaren Bereich empfiehlt sich zweimaliges Überstreichen (nass in nass) mit einem Glas-/Lackprimer, einer Grundierung.

■ Alle Hohlräume im Reparaturbereich nach der Decklackierung konservieren. Nach Abtrocknen des Hohlraumkonservierungmaterials sind die Wasserabläufe zu öffnen.In Spraydosen gibt es Langzeitkorrosionsschutz für Hohl- und Halbhohlräume im Spritzwasserbereich: Einstiegsschweller, Türen, Radkästen-Seitenwand, Seitenteile über Radlaufbereichen, Scheinwerfergehäuse, Kotflügel (vergl. auch Bild 3).

■ Karosseriefugen, Blechüberlappungen und Schweißnähte dichten Sie erfolgreich mit einer dauerelastischen Einkomponenten-Polyurethan-Dichtungsmasse ab. Nach 15 Minuten mit Zweikomponenten-Acryllacken, nach 45 Minuten mit Wasserbasislacken überlackieren.

■ Durch Reparaturarbeiten beschädigter/beseitigter Unterbodenschutz ist mit Langzeit-Unterbodenschutzmaterial wieder herzustellen.

■ Zum Thema Lack- und Kunststoffreparatur gibt es viele Internetangebote. Unter www.sikkenscr.de z. B. finden Sie das reichhaltige Angebot von Sikkens mit Hinweisen.

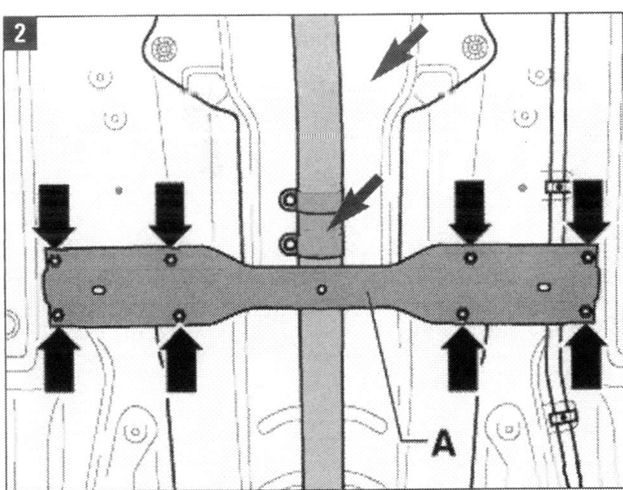

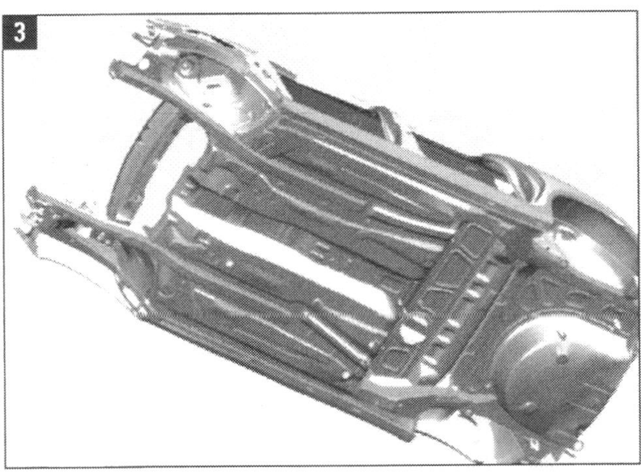

Kunststoff / Korrosionsschutz

PRAXISTIPP

Lackieren von Kunststoffteilen:
Bei groben Beschädigungen wie Rissen und tiefen Kratzern im Material von Kunststoffteilen müssen die Teile erneuert werden. Bei kleineren Schäden wie Abschürfungen oder nicht sehr tiefen Rissen und Löchern erlauben spezielle Kunststoff-Reparatur-Sets erfolgreiche Reparaturen. Gearbeitet wird im Prinzip mit Spachtel und Lack:

■ Lackieren nur im ausgebauten Zustand.

■ Kunststoffanbauteile derart legen oder hängen, dass ihre Form erhalten bleibt.

■ Bei ungeeigneter Auflage und Trocknungstemperaturen über 60 °C kann es zu bleibenden Formveränderungen kommen.

Schutz vor Korrosion:
Die Karosserie besteht aus beidseitig verzinkten Blechen. Nach einer Instandsetzung muss serienmäßiger Korrosionsschutz mit den vorgegebenen Materialien hergestellt werden, da dies eine Voraussetzung für die Gewährleistung auf Korrosionsfreiheit ist:

■ Blanke Blechstellen nach Reparatur sofort mit Korrosionsschutzgrundierung »ALN 002 003 10« oder »ALK 007 003 10« behandeln.

■ Auf Punkt-Schweißflansche grundsätzlich beidseitig Zinkspray »D 007 500 A2« auftragen.

Klappen ausbauen und einstellen / Gasdruckfedern

Frontklappe (Motorhaube) ausbauen

■ **Ausbau:** Als Werkzeuge zur Arbeit an den Klappen und deren Anbauteilen benötigen Sie einen Drehmomentschlüssel (»V.A.G 1331«) und ein Demontagewerkzeug »MP8-506«.

■ Orientieren Sie sich an den Bildern 1 bis 3. Links und rechts die je zwei Muttern (8; Bild 3), mit denen das Scharnier (5) an der Klappe befestigt ist, herausdrehen.

■ Mit einem Helfer die Frontklappe herausheben.

■ **Einbau:** sinngemäß in umgekehrter Reihenfolge. Die Muttern (8) mit 20 Nm festziehen. Die Klappe so einrichten, dass die geforderten Fugenmaße stimmen.

Frontklappe einstellen

■ Das Fahrzeug muss auf dem Boden stehen. Die Frontklappe ist richtig eingestellt, wenn sie im geschlossenen Zustand überall ein gleichmäßiges Spaltmaß hat. Sie darf nicht zu weit nach innen oder außen stehen, die Konturen müssen fluchten. Die Klappe muss ohne größeren Kraftaufwand im Klappenschloss einrasten.

■ Nach Einstellarbeiten müssen Korrosionsschutzmaßnahmen an Scharnier und Schrauben erfolgen (Kupferpaste, Fett).

■ Anschlagpuffer (2/3) durch Drehen einstellen (Bild 2). Die Frontlappe auf einwandfreies Öffnen und Schließen prüfen.

Scharnier und Abdeckleiste ausbauen

■ Wenn die Klappe vorn ((1) abgenommen ist, können das Scharnier (5) und die Abdeckleiste (9) ausgebaut werden.

■ **Aus-/Einbau Scharnier:** Die jeweils zwei Schrauben (4) an den Scharnieren (5) links und rechts aus der Karosserie

1

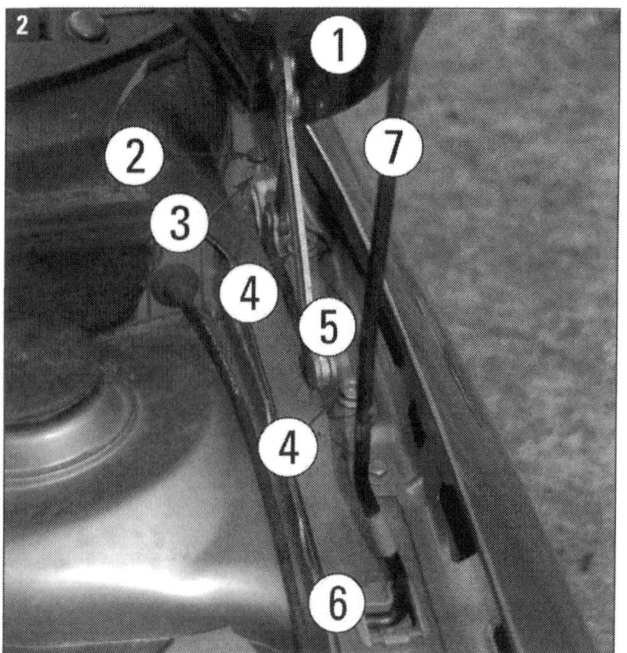

Bilder 1 bis 3 an der Motorraumklappe: (1) Klappe, (2) Kappe, (3) Anschlag, (4) Schraube 20 Nm, (5) Scharnier, (6) Halteclip für (7) Stütze, (8) Schraube 20 Nm, (9) Abdeckleiste. Nicht im Bild: Haltewinkel und Gummilager für die Stütze.

Anmerkung:

Die Abdeckleiste (9) ist mit einer Schraube (3 Nm) und vier Clips am vorderen Rand der Motorhaube befestigt.

herausdrehen und die Scharniere abnehmen. Beim Anschrauben der Scharniere die Schrauben (4) mit 40 Nm festziehen.

■ **Aus-/Einbau Abdeckleiste:** Die Abdeckleiste (9) ist mit einer Schraube und vier Clips am vorderen Rand der Motorhaube befestigt. Die Schraube herausdrehen, die Clips an der Abdeckleiste mit z. B. Demontagewerkzeug »MP8-506« in Richtung von der Motorraumklappe weg ausclipsen. Einbau in umgekehrter Reihenfolge, Schraube mit 3 Nm festziehen. Die Abdeckleiste muss nach dem Einbau mit der Motorraumklappe bündig abschließen.

Heckklappe und Gasdruckfeder ausbauen

■ **Ausbau:** Für diese Arbeit ist ein Helfer erforderlich. Zuerst muss die Verkleidung der Heckklappe ausgebaut werden (siehe unter »Scout«). Zum Ausbau der aus zwei Teilen bestehenden Verkleidung ist das Demontagewerkzeug für Türinnenverkleidung »MP8-602/1« vorteilhaft.

■ Alle Steckverbindungen sowie die Schläuche der Heckscheibenwaschanlage trennen und aus der Heckklappe (3; Bilder 4 und 5) innen herausziehen.

■ Aufhängschnüre der Hutablage aushängen, Gasdruckfedern ausbauen wie folgt.

■ **Ausbau Gasdruckfeder:** Wird eine Gasdruckfeder ausgebaut, muss die Heckklappe abgestützt werden. Eine einzige Gasdruckfeder allein hält die Heckklappe nicht offen. Klappe öffnen und abstützen. Orientieren Sie sich an den einzelnen Bildern 5 und 6.

■ Greifen Sie mit einem kleinen Schraubendreher (14) unter die Federklammern (13 in Bild 5d, 2 in den Bildern 6). Heben Sie die Federklammern gerade so weit an, dass sie sich über die Kugelpfannen verschieben lassen. Ziehen Sie die Gasdruckfeder (7 bzw. 1) von den Kugelzapfen (8 bzw. 3) ab. Nach der Demontage der Gasdruckfeder die Federklammern sofort wieder zurückschieben.

Achtung: Wenn die Gasdruckfeder nicht entsorgt, sondern wieder verwendet werden soll, vorsichtig vorgehen. Die Federklammer darf nicht ganz aus der Kugelpfanne herausgehebelt werden, sonst wird die Klammer beschädigt. Die Gasdruckfeder springt dann aus der Aufnahme, es gibt Schäden und eventuell sogar Verletzungen des Bedieners.

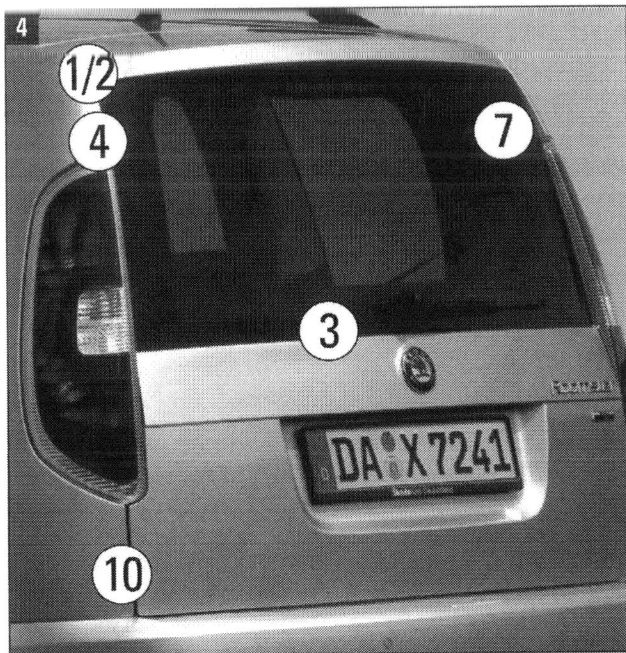

Lage der Komponenten an der Klappeninnenseite: (1/2) Keilpuffer mit Schraube, (4) Gummipuffer, (7) Gasdruckfeder rechts (auch links), (10) Einstellpuffer mit drei Schrauben (vergl. Bild 5).

Unbedingt beachten: Defekte Gasdruckfedern, die entsorgt werden sollen, müssen vorher entgast werden. Entsprechende Anleitung befolgen!

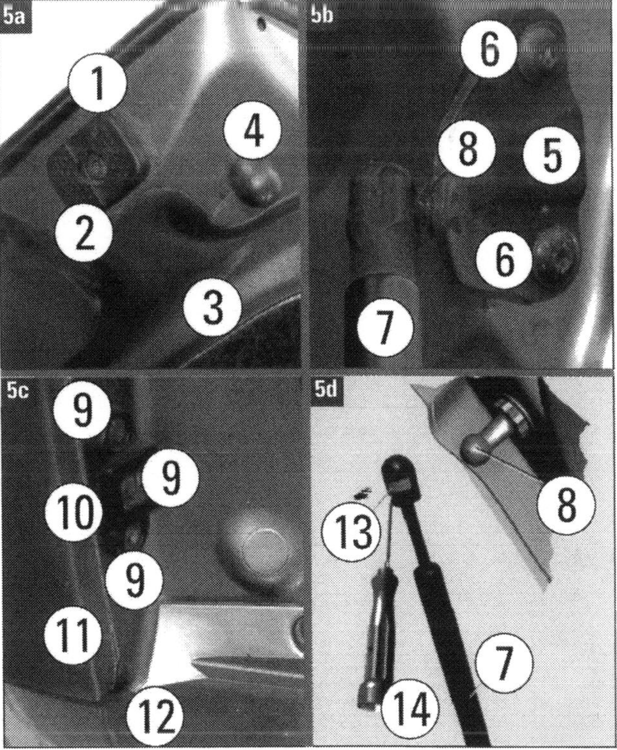

Klappe hinten: (1) Schraube, (2) Keilpuffer, (3) Heckklappe, (4) Gummipuffer, (5) Halter, (6) Schraube, (7) Gasfeder, (8) Kugelzapfen, (9) Schrauben, (10) Einstellpuffer, (11) linke Seite, (12) Stoßfänger, (13) Federklammer, (14) Werkzeug.

■ **Weiterer Ausbau der Heckklappe:** Klappe vom Helfer festhalten lassen.

■ Befestigungsschrauben (3) der beiden Scharniere (1) herausschrauben und Heckklappe (2) abnehmen (Bild 7).

■ Der **Einbau** erfolgt in umgekehrter Reihenfolge. Die Scharnierschrauben (3) mit 10 Nm anziehen. Heckklappe einpassen, Anschlagpuffer (Einstellpuffer; Position 10 in Bild 5c, Einbauort 10 in Bild 4) einstellen und das Öffnen und Schließen der Klappe prüfen. Die Spaltmaße müssen stimmen, die Klappe muss einwandfrei schließen.

■ Zum genauen Einstellen die drei Schrauben (9) etwas lösen und den Anschlagpuffer (10) vorsichtig verschieben. Die Heckklappe ist richtig eingestellt, wenn sie geschlossen überall ein gleichmäßiges Spaltmaß hat, nicht zu weit nach innen oder außen steht und wenn die Konturen fluchten. Sie muss ohne größeren Kraftaufwand im Schließbügel einrasten. Zum Einstellen und Kontrollieren der Spaltmaße eine Einstelllehre (3371) verwenden.

■ Die drei Schrauben (9) mit 8 Nm festziehen.

Gasdruckfeder entgasen

■ Defekte Gasdruckfedern müssen vor dem Entsorgen entgast werden.

■ Dazu die Gasdruckfeder im Bereich bis maximal 50 mm vom Kolbenaustritt entfernt in den Schraubstock einspannen. Das Einspannen darf nur in diesem Bereich erfolgen, sonst besteht Unfallgefahr!

■ Zylinder der Gasdruckfeder im ersten Drittel der Zylindergesamtlänge aufsägen. Gehen Sie dabei von der Bezugskante auf der Kolbenstangenseite aus.

■ Sägen mit Schutzbrille! Bereich des Trennschnittes mit Putzlappen abdecken. Öl und Putzlappen vorschriftsmäßig entsorgen! Die Kugelzapfen werden mit 20 Nm, die Schrauben (6) am Halter (5) mit 10 Nm angezogen (Bild 5).

Heckklappe beim »Scout« ausbauen

■ **Ausbau:** Die Heckklappe der Roomster-Ausstattung »Scout« unterscheidet sich äußerlich nicht von der normalen Ausführung (Bilder 6 und 8). Allerdings müssen die Teile der Türverkleidung etwas anders ausgebaut werden.

■ Bei der Normalausführung werden rings an den Rändern der beiden Verkleidungsteile entlang die Clipse mit dem Demontagewerkzeug für Türinnenverkleidung »MP8-602/1« ausgehebelt. Dann können obere und untere Verkleidung von der Klappe abgenommen werden. An der unteren Verkleidung muss die Schraube (1,5 Nm) für den Heckklappenhandgriff ausgebaut werden. Will man den Scheibenwischermotor ausbauen, muss dessen Extra-Verkleidung abgeschraubt werden (2 Schrauben 1,5 Nm). Beim Wiedereinbau die obere Verkleidung unter die Abdeckung der Zusatzleuchte schieben.

■ Bei der so genannten PH-Hybridheckklappe des Scout sind spezielle Clips (Bild 9) auszubauen. Dann werden die Verkleidungsteile entweder nach oben oder nach unten aus der Klappe heraus geschoben, in Ausbaurichtung ausgehakt und von der Klappe abgenommen.

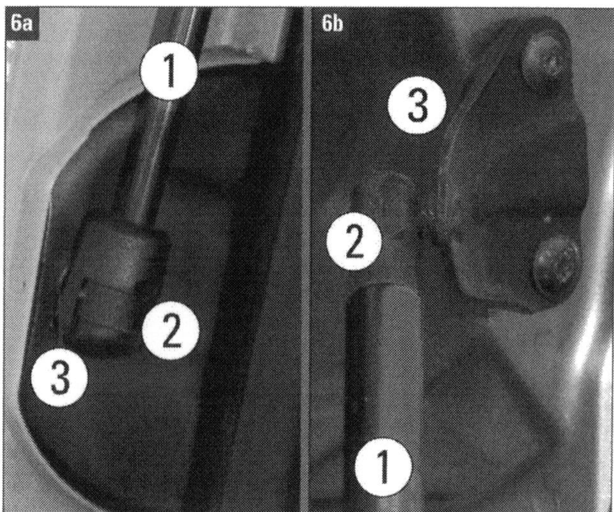

Gasdruckfeder ausbauen: (1) Gasdruckfeder, (2) Federklammern, (3) Kugelzapfen.

Scharnier an Klappe hinten: (1) Scharnier rechte Seite, (2) Klappe, (3) Schrauben 10 Nm.

Bild 9 zeigt die an der oberen Klappenverkleidung sechs und an der unteren Verkleidung 12 Einbauorte der (3) Spreiz- und (4) Sicherungsclips.

Zum Ausbau werden die Sicherungsclips (4) mit einem schmalen Schraubendreher leicht angehebelt und aus den Spreizclips (3) herausgeschoben. Dann die Spreizclips mit einem Schraubendreher aufhebeln und herausschieben.

Zum **Einbau** wird erst der Spreizclip in die Öffnung in der Klappe eingeclipst, dann der Sicherungsclip in den Spreizclip.

Heckklappe des Scout: Wie bei der Normalausführung. Nur Stoßfänger und Unterfahrschutz sind anders.

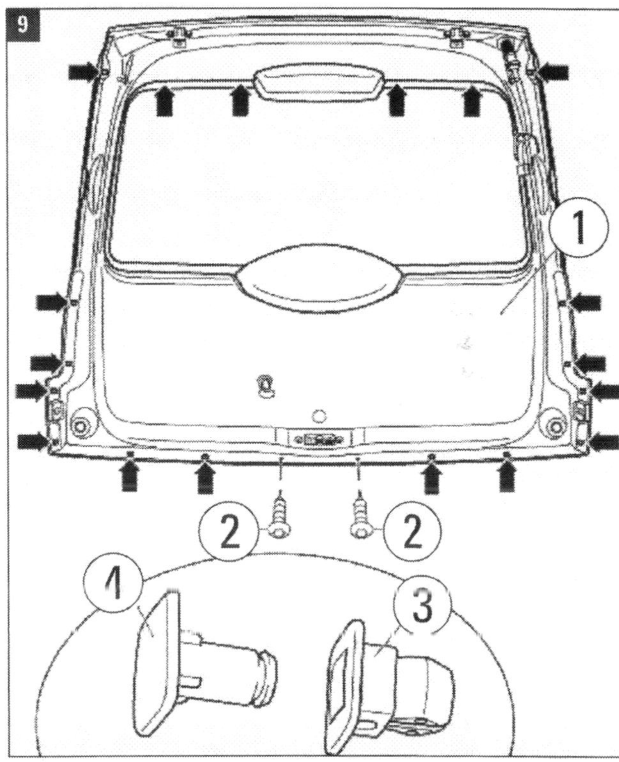

Heckklappe innen: (1) geteilte Verkleidung, (2) Schrauben, (3) Spreizclip, (4) Sicherheitsclip.

Türen vorn und hinten ausbauen

Aus- und Einbau der Türen vorn wie hinten sowie das genaue Einstellen der Türen erfolgen an den Scharnieren. Die Scharniere sind an allen Türen gleich. Es gibt jeweils das obere und das untere Scharnier. Wir stellen allen anderen Erläuterungen zu den Türen die Montageübersichten zu diesen Scharnieren voran. Weitere wesentliche Komponenten sind die Türaußengriffe mit der Türbetätigung.

Türscharnier oben: (1) Scharnier, (2) Scharnierschraube Sechskant 20 Nm, (3) vier Schrauben Torx 20 Nm.

Türscharnier unten: (1) Scharnier, (2) Sechskantschraube 20 Nm, (3) Schraube 30 Nm am Türfeststeller, (4) vier Schrauben 20 Nm Karosserie/Tür, (5) Türfeststeller.

Türen vorn/hinten ausbauen

■ **Ausbau:** Zündung und alle elektrischen Verbraucher ausschalten. Bei den Vordertüren den Faltenbalg (1; Bild 3a) von Säule A, bei den Fondtüren (2; Bild 3b) von Säule B abziehen. An B-Säule die Verkleidung unten ausbauen.

■ Vorn wie hinten die Steckverbindung Säule-Tür (im Faltenbalg) trennen. Am oberen und am unteren Scharnier (4) in den Bildern 3a und 3b die Schrauben (3 bzw. 4 gemäß den Bildern 1 und 2) ausbauen.

■ Schraube (3; Bild 2 bzw. Pfeil in Bild 3b) aus dem Türfeststeller (5 in Bild 2, 3 in Bild 3b) ausbauen.

■ Die jeweilige Tür nach oben aushaken.

■ Der **Einbau** erfolgt in umgekehrter Reihenfolge. Dann muss die Tür eingestellt werden.

Türen vorn/hinten einstellen

■ Für eine korrekte Türeinstellung müssen Sie die Türscharniere an der Säule und an der Tür lösen. Einstellungsmaßnahmen wie das Richten der Türen nach oben sind wirkungslos. Beim nachfolgenden Überdrücken sackt die Tür dann nämlich wieder ab.

■ Die Schrauben an den Scharnieren entsprechend Bild 1 und Bild 2 müssen so weit gelöst sein, dass sich die Tür verschieben lässt.

■ Türen so einstellen, dass sie im geschlossenen Zustand überall einen gleichmäßigen Spalt zum Türrahmen haben (siehe »Spaltmaße«). Schrauben (3/4) mit 20 Nm festziehen.

■ **Aggregateträger** mit Fensterheber (Bild 4) ausbauen!.

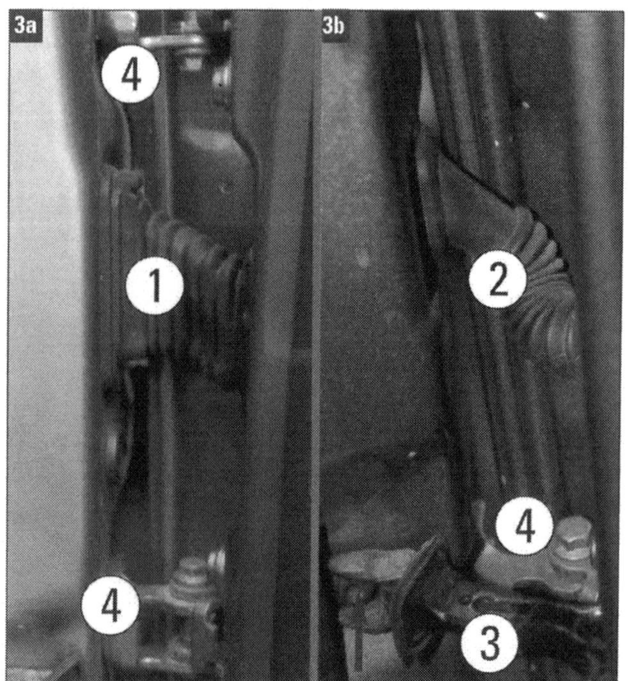

Türausbau: (1) Faltenbalg A-Säule (Vordertür), (2) Faltenbalg B-Säule (Fondtür), (3) Türfeststeller, (4) Scharniere.

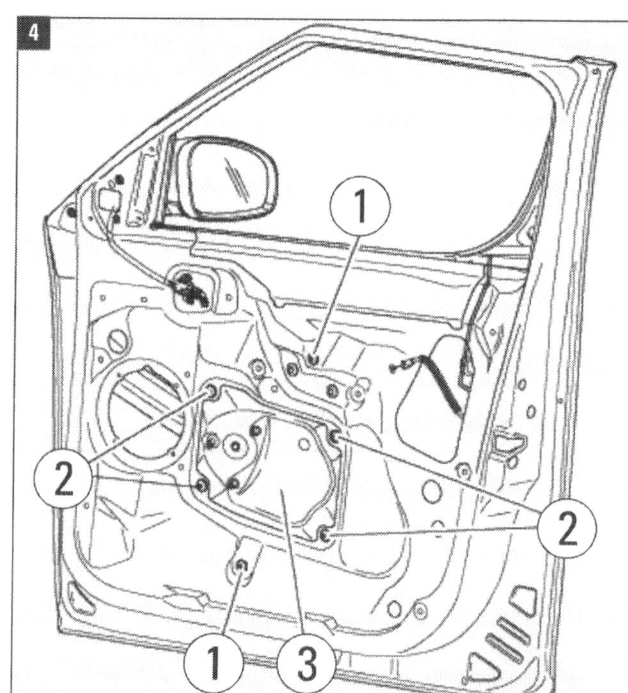

Aggregateträger (3) ausbauen: Schrauben 10 Nm (1) und (2) ausbauen. Aggregateträger/Fensterheber abnehmen.

Fahrzeugaufbau: Der Innenraum

Wertigkeit kennzeichnet auch den Innenraum des neuen Roomster in allen Ausstattungsvarianten. Woran Sie in diesem Bereich oft recht empfindlicher Oberflächen tätig werden können, wollen wir hier zeigen. Oberstes Gebot: Größte Vorsicht an Kunststoff-Verkleidungen!

Der vordere Teil des Roomster-Passagierraums ist ein »Driving Room« mit klarer Cockpit-Orientierung (Bilder 1 und 2). Das Auto bietet hier den sich selbst erklärenden Bedienungsstandard mit übersichtlichem Armaturenbrett, ergonomisch korrekt angeordneten Instrumenten und Bedienungselementen sowie passgenau einstellbaren und komfortablen Sitzen. Das Lenkrad ist höhen- und längeneinstellbar. Ein Multifunktions-Lenkrad mit Bedienfeld in der linken Speiche steht ebenfalls zur Verfügung. Verchromte Details an Schalthebeln, Schalthebelrahmen und Handbremse schaffen in Verbindung mit dem edlen Armaturenbrett eine sportlich-elegante Atmosphäre.

Der hintere Teil des Innenraums ist der bequeme, variable und großzügige »Wohnraum« des Wagens (Auftaktbild). Große Seitenscheiben, eine im Vergleich zu den vorderen Plätzen um 46 mm erhöhte Sitzposition und das innovative Varioflex-System erlauben eine bedarfsgerechte Konfiguration. Die Lehne des Mittelsitzes kann nach vorne geklappt und als Ablage oder Armlehne genutzt werden. Wird der Mittelsitz herausgenommen, lassen sich die äußeren Sitze um 110 mm nach innen schieben.

Komfortabler Raum unterm Panoramadach: Die Schalttafel strahlt Wertigkeit aus. Türfächer mit Platz für 1,5-Liter-Getränkeflaschen und Mulden in der Mittelkonsole bieten gute Ablagemöglichkeiten. Verschieb- und ausbaubare Varioflex-Rücksitze lassen bei fünf Passagieren 560 Liter (ohne Reserverad), bei ausgebauten Rücksitzen 1.810 Liter Staukapazität zu.

Arbeiten im Innenraum

Ablagen und Fächer, Blenden und Spiegel, Abdeckungen und Verkleidungen, Haltegriffe und Sitze lassen sich recht problemlos aus- und einbauen. Vor Arbeiten an Komponenten mit Sicherheitstechnik müssen wir allerdings warnen. Hier sollte es bei der Gurtprüfung bleiben. Gurtstraffer sowie Sitze und Lenkrad mit den Airbags sind tabu. In Werkstätten darf nur speziell geschultes Personal daran tätig werden. Vermeiden Sie, bei der Reparatur verletzt zu werden und bei Unfall keinen ordnungsgemäß funktionierenden Insassenschutz zu haben!
Besondere Vorsicht ist geraten beim Umgang mit Kunststoff-Verkleidungen. Clipselemente können schnell beschädigt werden, Oberflächen sind oft kratzempfindlich. Arbeiten Sie beim Ausheben nicht mit metallenem Schraubendreher, sondern mit Hartholz- oder Kunststoffkeil! Im VW-Konzern sind folgende Spezialwerkzeuge üblich (Bilder 3 bis 10):

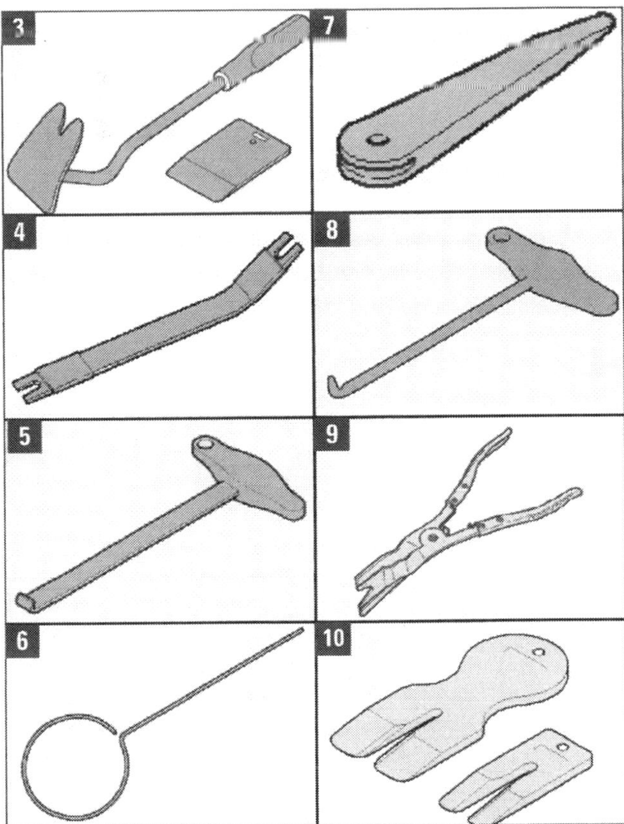

Bilder 3 bis 10: Lösehebel, Abdrückhebel, Frontend-Haken, Absteckstift, Demontagekeil, Demontagehaken, Demontagezange, geschlitzte Demontagekeile.

- Lösehebel T10039 mit Unterlegkeil T10039/1
- Abdrückhebel 80-200
- Haken für Frontend 3370
- Absteckstift T40011
- Demontagekeil 3409
- Demontagehaken 3438
- Demontagezange 3392
- Demontagekeile T10383

Im Bedarfsfall können Sie dafür Ersatzlösungen finden: Handelsübliche Kunststoffkeile, zu passenden Haken gebogene Nägel oder einen Winkelschraubendreher, Hebelwerkzeuge aus zugebogenem Metallstreifen oder Plastikmaterial, Stahldrahtstifte von 0,8 bis 1,5 mm Durchmesser mit Griffring.

Einbaulage und Festsitz beachten

Alle Clips, Verschraubungen und elektrischen Steckverbindungen müssen in logischer Reihenfolge getrennt und wieder zusammengebracht werden. Machen Sie sich in komplizierteren Fällen oder bei einer Abfolge mehrerer Ausbauvorgänge eine Zeichnung oder einige Fotos! Beim Einbau von Dichtungen muss stets der richtige Sitz hergestellt werden.
Wenn immer nötig, ersetzen Sie beschädigte Befestigungselemente unbedingt, sonst halten später Abdeckungen und Blenden nicht. Das ist besonders beim Aus- und Einbau der Säulenverkleidungen zu beachten. Wenn aus unumgänglichem Grund der Umlenkbeschlag für Sicherheitsgurte abgeschraubt wurde, muss beim Wiedereinbau die Funktion der Gurthöhenverstellung geprüft werden.
In den folgenden Arbeitsbeschreibungen gehen wir auf alle »klassischen« Reparaturen im Fahrzeuginnenraum ein.

PRAXISTIPP: Sicherheitstechnik entsorgen

Vor einer Verschrottung des Fahrzeugs etwa nach Unfall müssen die Airbageinheiten und Gurtstraffer nach bestimmten Vorschriften entsorgt werden. Auf keinen Fall dürfen Sie diese Komponenten wie üblichen Abfall behandeln. Das gilt auch für gezündete Einheiten und Gurtstraffer, denn es ist immer möglich, dass nicht alle ihre pyrotechnischen Ladungen wirklich gezündet wurden.

Innenspiegel aus-/einbauen, Halteplatte kleben

Spiegel aus- und einbauen

■ **Ausbau:** Orientieren Sie sich an den Bildern 1 und 2. Innenspiegel (2) mit Spiegelfuß (1; Bild 1) gegen den Uhrzeigersinn um 90° drehen (Pfeil B; Bild 2) und von der Klebeplatte (roter Pfeil; Bild 1) abnehmen.

■ Diese Halteplatte verbleibt an der Frontscheibe, an der sie mit Spezialkleber befestigt ist.

■ Der **Einbau** erfolgt sinngemäß in umgekehrter Reihenfolge: Spiegel mit Fuß an der Halteplatte ansetzen und mit 90°-Drehung im Uhrzeigersinn (Pfeil A in Bild 2) einrasten.

Halteplatte an die Scheibe kleben

■ Wenn der Spiegel wegen Beschädigung ausgewechselt werden muss oder wenn sich die angeklebte Halteplatte von der Frontscheibe gelöst hat, kann nach entsprechender Vorbereitung die Halteplatte erneut (oder eine neue Klebeplatte) in der wie folgt beschriebenen Weise an die Frontscheibe geklebt werden. Ein Ersatz der Frontscheibe ist nicht erforderlich (neue Scheiben werden mit Halteplatte geliefert).

■ **Werkzeug und Material:** Handelsüblicher Glasschaber (Bild 3), Drahtbürste und feines Schleifpapier, Klebemittelentferner und PUR-Kleber mit Primer. Volkswagen bietet dafür das komplette Glas-Metall-Klebe-Set »D 000 703 A1« an.

■ **Vorbereitung der Frontscheibe:** Alle Kleberrückstände und Primerreste müssen bis auf die Keramikvorbeschichtung entfernt werden. Vorsichtig arbeiten und die Keramikschicht nicht beschädigen! Kratzer bleiben immer sichtbar. Klebefläche mit Klebstoffentferner D 002 000 10 oder Reinigungslösung D 009 401 04 reinigen. Mindestens 10 Minuten ablüften.

■ Halteplatte aus dem Spiegelfuß herausnehmen.

■ PUR-Klebematerial mit Drahtbürste von der Halteplatte entfernen. Schleifpapier (Körnung 360...400) auf eine plane Fläche legen und die drei Abstandsnoppen der Klebefläche abschleifen. Geschliffene Fläche schmutz- und fettfrei halten.

■ Klebefläche mit Klebstoffentferner (Set: D 002 000 10 oder Reinigungslösung D 009 401 04) säubern.

■ Nylonmaschengewebe genau auf die Größe des Spiegelfußes zuschneiden.

■ Mit Handschutz (es müssen Gummihandschuhe getragen werden!) Klebstoff gleichmäßig auf die Halteplatte satt auftragen.

■ Nylonmaschengewebe auf die Halteplatte auflegen.

■ Mit der Tube unter weiterem Auftrag von Kleber das Gewebe antupfen. Bis zum Andrücken an die Windschutzscheibe stehen 30 Sekunden zur Verfügung.

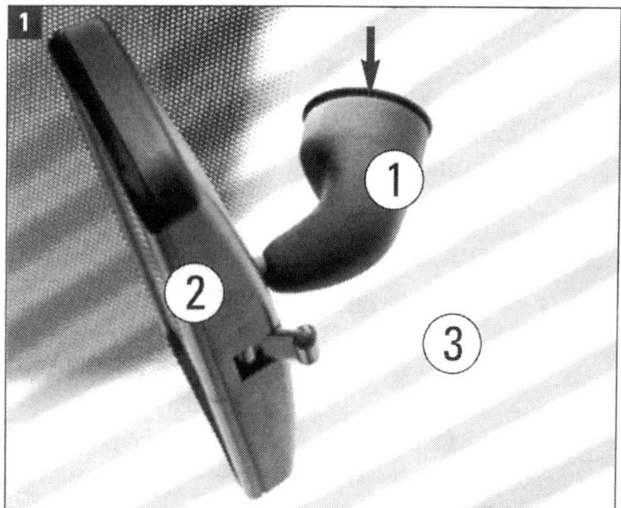

Innenspiegel: (1) Spiegelfuß mit Klebeplatte (roter Pfeil), (2) Spiegel, (3) Frontscheibe.

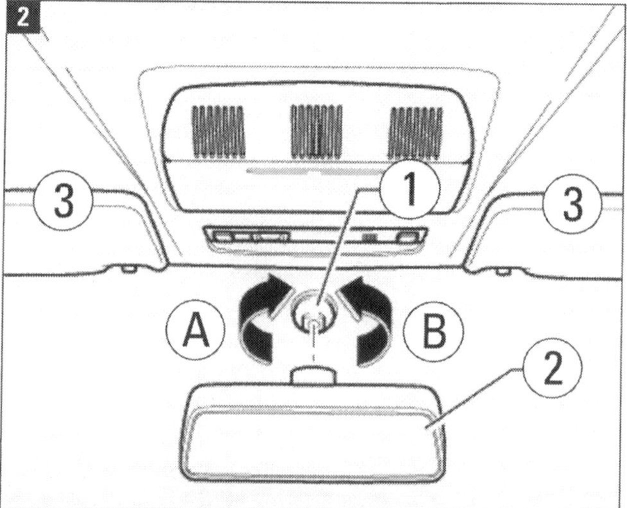

Montage: (1) Klebeplatte, (2) Spiegel mit Fuß, (3) Sonnenblenden. Pfeil A: Einbau; Pfeil B: Ausbau.

■ Halteplatte 15 Sekunden fest (nicht mit Gewalt) an die Windschutzscheibe drücken und dann den überschüssigen Klebstoff mit einem Lappen entfernen.

■ Der Innenspiegel kann nach 15 Minuten mit dem Spiegelfuß an die Halteplatte montiert werden.

Zur Säuberung von Kleberresten nötiges Werkzeug: (1) Glasschaber, (2) auswechselbare Klinge.

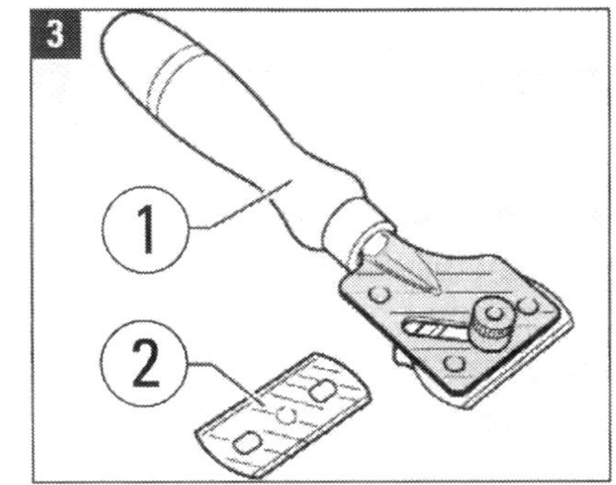

Zierverkleidung der A-Säule außen aus-/einbauen

Streng genommen gehören die äußere Verkleidung der Säule A und die Schutzleisten natürlich nicht zum Innenraum, sondern zur Außenausstattung des Roomster. Wir behandeln sie hier zum einen wegen der Übergangsstellung außen-innen und zum anderen wegen des Klebevorgangs im Komplex mit dem Innenspiegel.

■ **Ausbau:** Bild 1 zeigt die Zierverkleidung der A-Säule (hier an der linken Seite). Sie verbindet als schwarz glänzender Kunststoffstreifen Tür und Frontscheibe. Die Verkleidung ist mit vier Schrauben (Bild 3) in Kunststoffclips (Bild 2) befestigt, die in der Säule sitzen.

■ Vordertür öffnen. Dann sind die Schrauben (Bild 3) zugänglich. Sie müssen herausgedreht werden.

■ Verkleidung von den darunter liegenden, in die Säule eingebauten Kunststoffclips (Bild 2) abhebeln.

■ Verkleidung aus der Säule aushaken und abnehmen.

■ Der **Einbau** erfolgt in umgekehrter Reihenfolge. Die vier Schrauben mit 1,8 Nm festziehen.

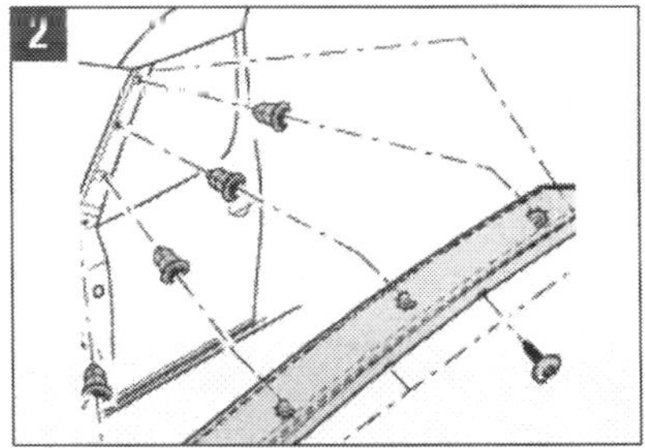

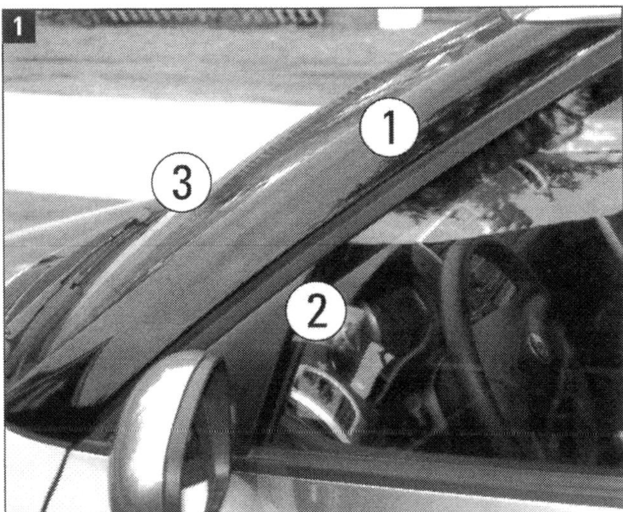

A-Säule: (1) Verkleidung, (2) Vordertür, (3) Frontscheibe. Bild 2: Vier Spreizclips. Pfeile Bild 3: Vier Schrauben.

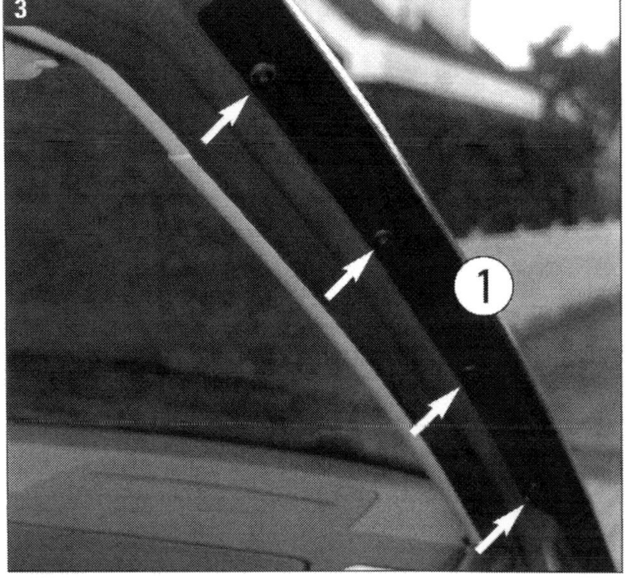

Seitliche Schutzleisten aus- und einbauen

Für diese Arbeit benötigen Sie ein Heißluftgebläse und Reinigungslösung (z. B. »D 009 401 04« von VW).

■ **Ausbau:** Schutzleiste (Detail Bild 1) mit heißer Luft aus dem Heißluftgebläse auf ca.100 °C erwärmen.

■ Schutzleiste von der Tür trennen.

■ Der **Einbau** Orientieren Sie sich zunächst an Bild 2. Vordertür (1) und Hintertür (2) mit der Reinigungslösung (»D 009 401 04«) gründlich säubern.

■ Schutzfolie von den als Ersatzteil gelieferten Schutzleisten abziehen, aber erst unmittelbar vor dem Einbau.

■ Schutzleisten (4) an der Vordertür (1) aufkleben. Die Temperatur der Außenbleche und Leisten sollte ca. 20 - 40 °C betragen. Dabei sind die Maße am Türspalt einzuhalten:
a = 0,8 – 0,5 mm; b = 2,4 + 0,5 mm.

■ Jetzt an den Bildern 3 und 4 orientieren und jeweils die Maße a, b, c und d einhalten. Vordertür: a = 249,5 ± 0,2 mm; b = 800 ± 0,2 mm; c = 266,4 ± 0,2 mm; d = 100 ± 0,2 mm. Hintertür: a = 270,6 ± 0,2 mm; b = 100 ± 0,2 mm; c = 600 ± 0,2 mm; d = 279,4 ± 0,2 mm.

Seitliche Schutzleisten: Positionen in den Bildern 1 und 2: (1) Vordertür, (2) Fondtür, (3) Leiste an der hinteren Tür, (4) Leiste an der Vordertür. Maße am Spalt zwischen den Leisten vorn und hinten: a = 0,8 – 0,5 mm; b = 2,4 + 0,5 mm. Maße an den Türen (Bilder 3 und 4): Vorn a = 249,5 ± 0,2 mm; b = 800 ± 0,2 mm; c = 266,4 ± 0,2 mm; d = 100 ± 0,2 mm. hinten: a = 270,6 ± 0,2 mm; b = 100 ± 0,2 mm; c = 600 ± 0,2 mm; d = 279,4 ± 0,2 mm.

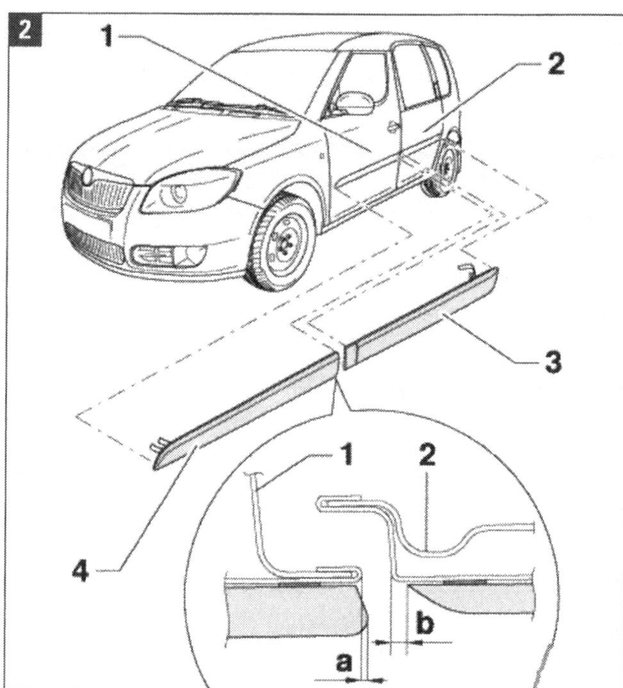

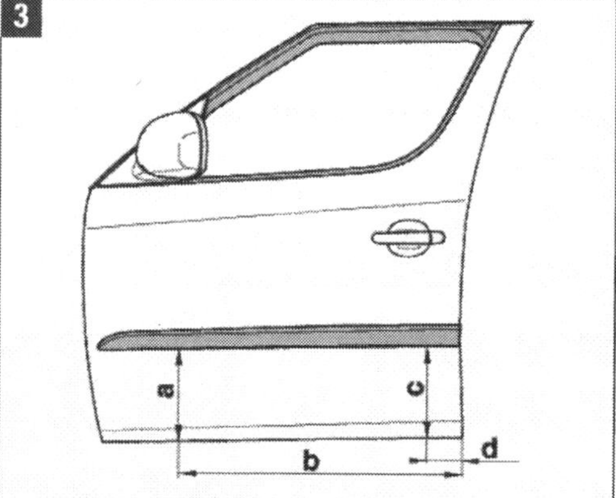

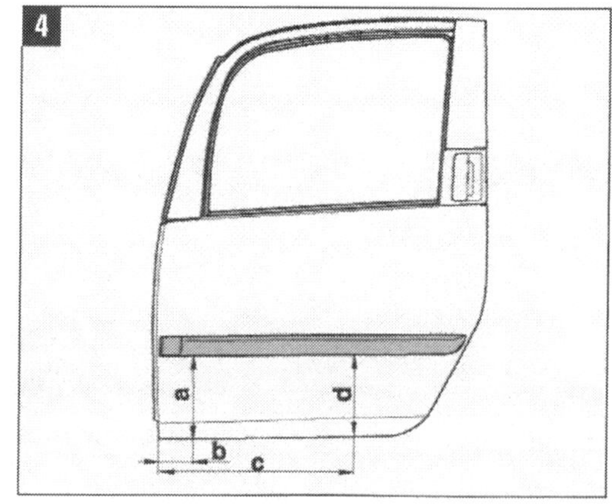

Säulenverkleidungen aus- und einbauen

■ **Ausbau:** Wir demonstrieren die Arbeiten an der linken Fahrzeugseite; auf der rechten Seite sind die Arbeitsgänge im Wesentlichen gleich. Zum Ausbau einen Abdrückhebel oder einen Demontagekeil (siehe Seite 145) oder das spezielle Škoda-Werkzeug für Türinnenverkleidungen MP8-602/1 einsetzen.

■ **A-Säulen oben:** Verkleidung (1; Bild 1), oben beginnend, von der Säule abhebeln. Bei Fahrzeugen mit Kopfairbag das Batteriemasseband abklemmen (»Fahrzeugelektrik«). Falls vorhanden, Stecker für Lautsprecher abziehen und die Verkleidung abnehmen.

■ **A-Säule unten:** Verkleidung Säule B unten wie nachfolgend beschrieben ausbauen. Den Hebel für Motorraumklappenentriegelung (nur links, Fahrerseite) ausbauen: Sicherung am Hebel zur Seite entsichern und den Hebel ausschieben. Die frei werdende Schraube (1,5 Nm) ausbauen. Dann die Verkleidung (2; Bild 1) von der Säule abziehen.

■ **B-Säule oben:** Bei Fahrzeugen mit Kopfairbag das Batteriemasseband abklemmen. Blende »Airbag« (schwarzer Pfeil in Bild 2) ausclipsen. Die darunter frei werdende Schraube (3,5 Nm) ausbauen. Abdeckung vom Umlenkbeschlag (roter Pfeil in Bild 2) abnehmen und Schraube (35 Nm) für Sicher-

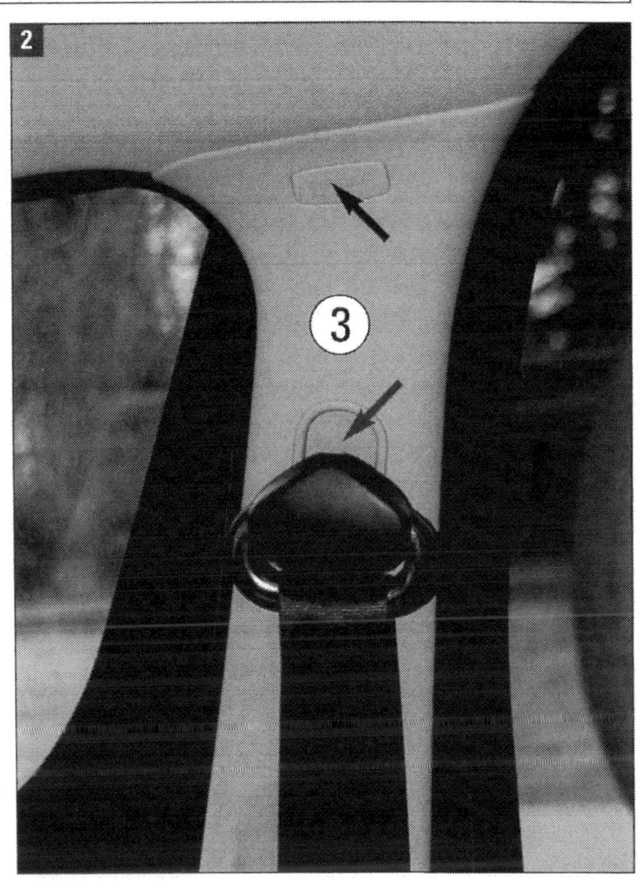

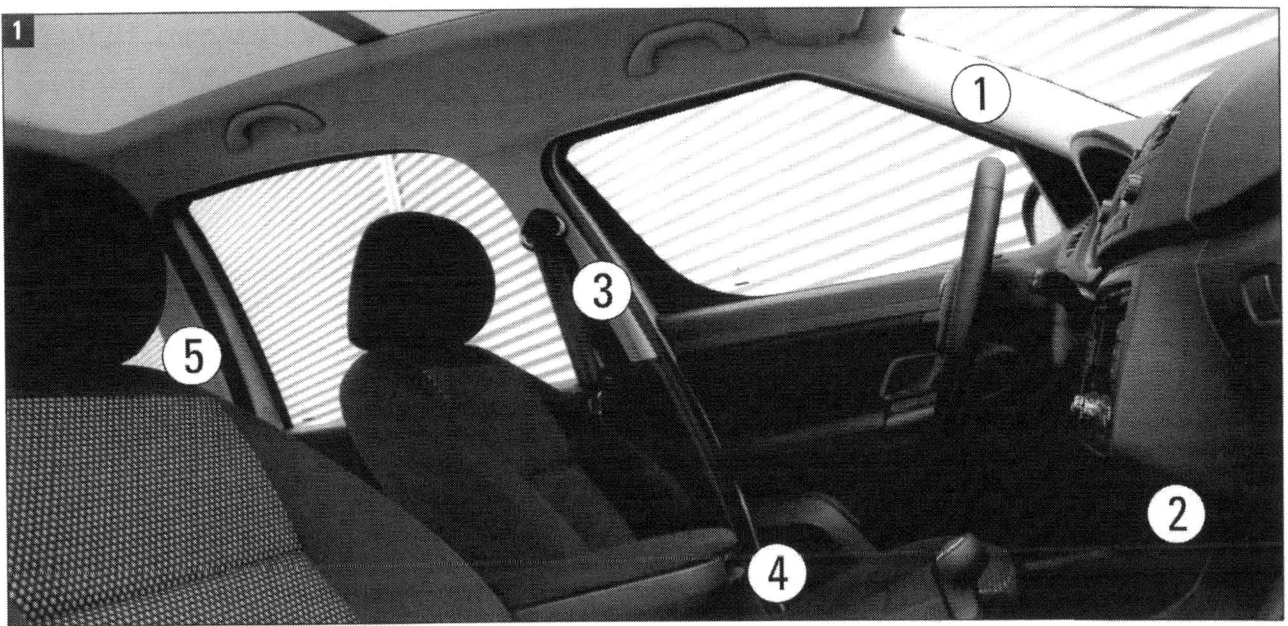

Die Säulen mit ihren Verkleidungen: Positc = 600 ± 0,2 mm; d = 279,4 ± 0,2 mm.

heitsgurt ausbauen. Verkleidung (3; Bilder 1 und 2) zuerst an den Seiten von der Türdichtung lösen und erst danach (mit z. B. Demontagewerkzeug für Türinnenverkleidung MP8-602/1) schrittweise von den Clips von unten nach oben abbauen. Das obere Teil der Verkleidung befindet sich unter dem Formhimmel und rastet in Vertiefungen der Karosserie.

■ **B-Säule unten:** Obere Verkleidung der Säule B, insbesondere ihren über der Verkleidung unten liegenden unteren Teil, wie beschrieben ausbauen. Die vier Clips der Verkleidung (4; Bild 1) nacheinander (mit z. B. Montagewerkzeug für Türinnenverkleidung »MP8-602/1«) von oben beginnend lösen. Untere Verkleidung der B-Säule nach oben abnehmen. Steckverbindung vom Schalter für Innenraumüberwachung trennen (nur Fahrerseite).

■ **C-Säule oben:** Die Blende »Airbag« (1; Bild 3) ausclipsen und die Schraube (2,5 Nm) darunter ausbauen. Mit einem geeigneten Demontagewerkzeug (z. B. für Türinnenverkleidung »MP8-602/1«) die Verkleidung (5; Bild 1) nacheinander von den beiden Clips von unten nach oben abbauen. Der Oberteil der Verkleidung befindet sich unter dem Formhimmel und rastet in Vertiefungen der Karosserie. Verkleidung nach unten abnehmen. Im Falle von Kopfairbags wieder vorher das Batteriemasseband abklemmen.

■ **C-Säule unten:** Diese Arbeit verlangt umfangreichen Montageaufwand. Zunächst Verkleidungen von Säule B unten und Säule C oben wie beschrieben ausbauen. Dann **Seitenverkleidung Säule D im Kofferraum ausbauen** (2; Bild 4):
Zündung und alle elektrischen Verbraucher ausschalten. Kofferraum-Bodenbelag anheben, Reserverad herausnehmen, die beiden Muttern (2,2 Nm) an der Ladekante lösen, die Abdeckung der Ladekante von den Clips abhebeln (Werkzeug MP8-602/1) und die Abdeckung der Kofferraum-Ladekante herausnehmen. Die Schrauben (1,5 Nm) an der seitlichen Abdeckung herausdrehen; Abdeckkappe, Schraube (1,5 Nm) und Befestigungsclip am aufklappbaren Kleiderhaken (3; Bild 4) ausbauen; dann die Schraube (10 Nm) für diesen Haken ausbauen. Mit dem Demontagewerkzeug die seitliche Kofferraumverkleidung Säule D ausclipsen. Den aufklappbaren Kleiderhaken herausnehmen. Stecker für elektrische Steckdose (Verkleidung links; 4 in Bild 4) oder für Kof-

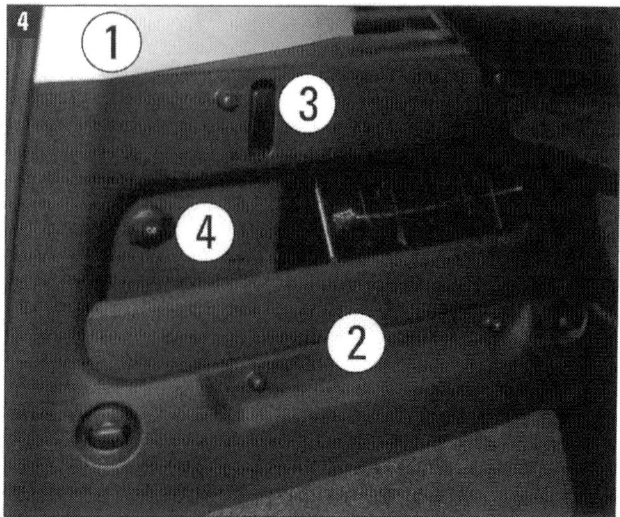

Seitenteil im Kofferraum: (1) D-Säule oben, (2) Seitenverkleidung, (3) Klapphaken, (4) Steckdose.

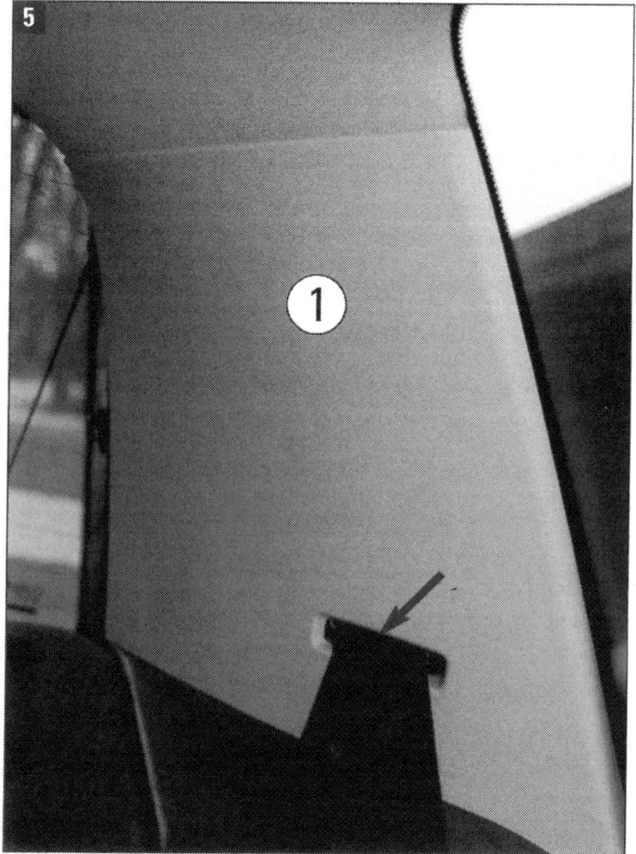

Säulen-Oberteile: Bild 3 zeigt C-Säule oben, Bild 5 zeigt den oberen Teil der D-Säule.

ferraumleuchte (Verkleidung rechts) abziehen. Jetzt die Seitenverkleidung aus dem Fahrzeug herausnehmen. Rücksitz ausbauen (Bedienungsanleitung), Schraube (1,5 Nm) herausdrehen und Verkleidung der Säule C schrittweise von den Clips nach oben abbauen (Demontagewerkzeug).

■ **D-Säule oben:** Seitenverkleidung im Kofferraum wie beschrieben ausbauen. Die Schraube (2 Nm) unter der Verkleidung der unteren D-Säule ausbauen. Schraube (35 Nm) für Umlenkbeschlag unten ausbauen. Verkleidung Säule D oben (Bild 5) von den Clips der Säule (mit Demontagewerkzeug) abbauen. Den Sicherheitsgurt durch die Öffnung (Pfeil in Bild 5) in der oberen Verkleidung der Säule D ziehen. Verkleidung aus dem Fahrzeug herausnehmen.

■ **Einbau (alle):** Vor der Montage sind die Befestigungselemente auf Beschädigungen zu prüfen und ggf. zu erneuern. Der Einbau erfolgt sinngemäß in umgekehrter Reihenfolge. Alle Schrauben mit den angegebenen Anzugsdrehmomenten festziehen. Eventuell abgeklemmtes Batterie-Masseband anklemmen, ggf. Steckanschlüsse für Lautsprecher wieder verbinden.

Sonnenblenden und Dachhaltegriffe aus-/einbauen

Sonnenblenden

■ **Ausbau:** Links und rechts gleich. Zündung ausschalten, Sonnenblende (1) aus der Aufnahme (2) aushängen (Bilder 1 und 2).

■ Am Lager (4) die Abdeckkappe (5) mit kleinem Schraubendreher aufhebeln und aufklappen (Bild 2). Schraube (2 Nm, Pfeil in Bild 2) herausdrehen. Den Halter (6) aushängen und die Sonnenblende (1) herausnehmen.

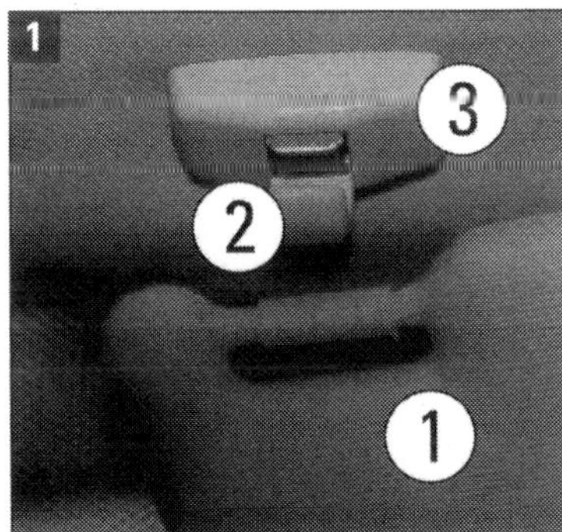

■ Abdeckkappe (3) abhebeln, die beiden Schrauben (2 Nm) links und rechts darunter herausdrehen und die Halterung abnehmen.

■ **Einbau:** Sinngemäß umgekehrt. Abdeckkappe (3) bis zum Einrasten andrücken. Befestigungen prüfen.

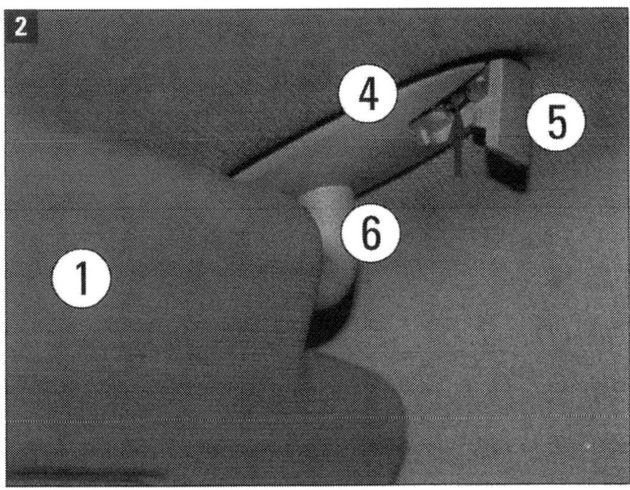

Sonnenblende: (1) Blende, (2) Aufnahme, (3) Abdeckkappe, (4) Lager, (5) Abdeckung, (6) Halter. Pfeil: Schraube.

Haltegriffe am Dach

■ **Ausbau:** Griff (1) herunterklappen und mit einem kleinen Schraubendreher die zwei Abdeckkappen (schwarze Pfeile in Bild 3) erst aufhebeln, dann aufklappen.

■ Die beiden Schrauben (3,8 Nm) unter den Abdeckkappen herausdrehen und den Haltegriff abnehmen.

■ **Einbau** in sinngemäß umgekehrter Reihenfolge. Den Griff mit Anzugsdrehmoment 3,8 Nm festschrauben.

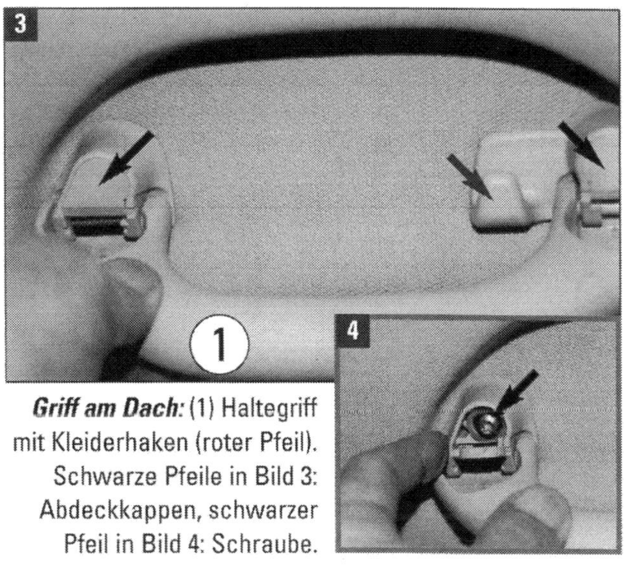

Griff am Dach: (1) Haltegriff mit Kleiderhaken (roter Pfeil). Schwarze Pfeile in Bild 3: Abdeckkappen, schwarzer Pfeil in Bild 4: Schraube.

Brillenablage, Einsatzrahmen, Handschuhfach

■ **Ausbau Brillenablage:** Brillenablage (1; Bild 1) öffnen.

■ Brillenablage (1; Bild 2) nach unten (roter Pfeil) herausnehmen. Die gesamte Ablage aus verrastetem Teil (blauer Pfeil in den Bildern 1 und 2) und herausklappbarem Teil lässt sich herausnehmen.

■ Die elektrische Steckverbindung hinter dem verrasteten Teil (blauer Pfeil) trennen.

■ Der **Einbau** erfolgt in umgekehrter Reihenfolge.

■ **Ausbau Einsatzrahmen:** Für Ausbauten an der Schalttafel Mitte es ist erforderlich, den Einsatzrahmen (1; Bild 3) auszubauen. Dazu ist das Lenkrad zu demontieren, was mit dem Ausbau der Airbag-Einheit verbunden ist. Solche Arbeiten empfehlen wir hier nicht. Für den Fall eines ausgebauten Lenkrads zeigen wir hier kurz den weiteren Blendenausbau:

■ Obere Verkleidungen beider A-Säulen ausbauen. Obere Verkleidung für die Lenksäule mit einemDemontagewerkzeug wie dem Keil 3409 ausbauen.

■ Jetzt lässt sich der Schalttafeleinsatzrahmen (1, Bild 3) ebenfalls mit einem Demontagekeil (3409) abhebeln.

■ **Ausbau Handschuhfach:** Seitenabdeckung (weißer Pfeil, Bild 4) für Schalttafel vorsichtig mit flachem Schraubendreher abhebeln. Äußeren Schalttafelausströmer (3) mit Demontagekeil (3409) oben und unten vorsichtig heraushebeln.

■ Am Bremselement (1) rechts unter der rechtsseitigen Schalttafelabdeckung den Bolzen mit einem Schraubendreher ausbauen (Bild 5).

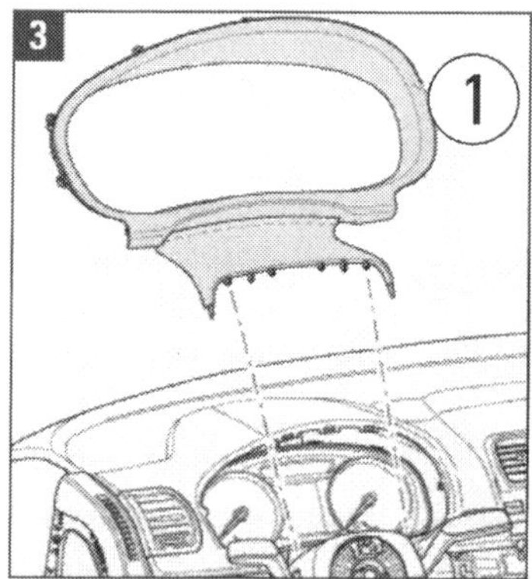

■ Das hebelartige Bremselement um 90° in Fahrtrichtung (also nach vorn) drehen und aus der Nut (2) herausschieben.

■ Zuerst oberes Ablagefach (1, Bild 4; 3 Bild 5) ausbauen: Befestigungsschrauben (1,5

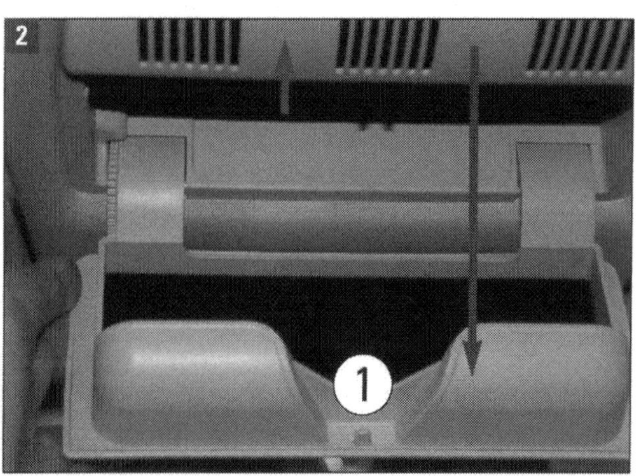

Brillenablage: (1) Ablage, (2) Leuchte, (3) Sonnenblende. Pfeile: schwarz = Fahrtrichtung, rot = Ausbaurichtung.

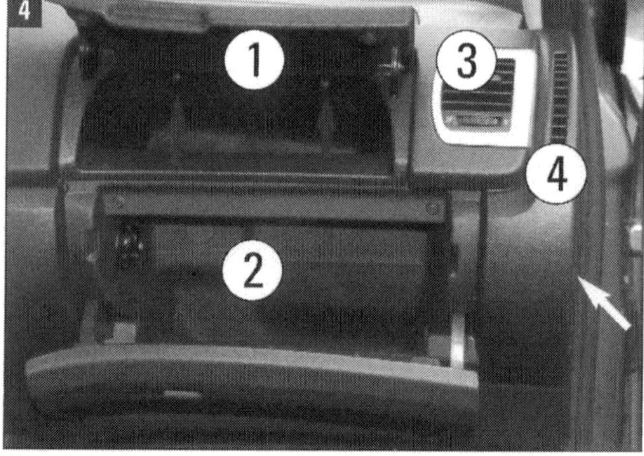

Schalttafel rechts: (1) oberes und (2) unteres Fach, (3/4) Ausströmer. Pfeile: rot = Schrauben, weiß = Verkleidung.

Nm; rote Pfeile Bild 4) ausbauen und Fach herausnehmen.

■ Scharnierbolzen auf der linken Seite z. B. mit einem Schraubendreher entriegeln und das Handschuhfach aus der Schalttafel aushaken.

■ **Einbau alles:** In sinngemäß umgekehrter Reihenfolge.

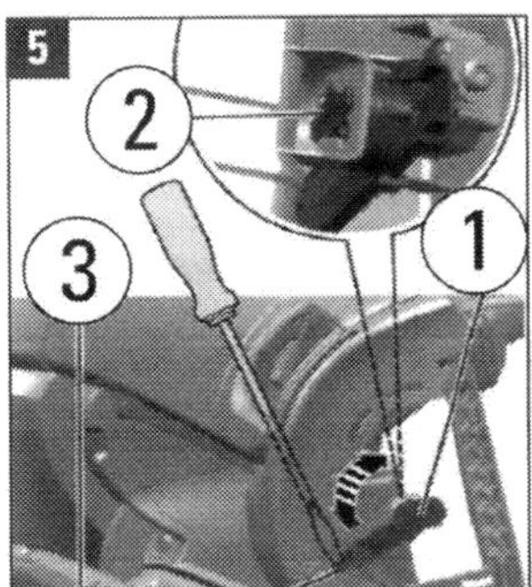

Bremselement rechts: (1) Bremselement seitlich am Handschuhkasten, (2) Nut, (3) oberes Fach.

Komponenten und Mittelkonsole aus- und einbauen

Werkzeug: Flachschraubendreher, Drehmomentschlüssel und Demontagekeile (VW 3409 und der Satz T10383).

Vorbereitende Arbeiten: Zur Vorbereitung des späteren Ausbaus der Mittelkonsole (1, Bild 1) zunächst das Masseband der Batterie abklemmen. Dann die

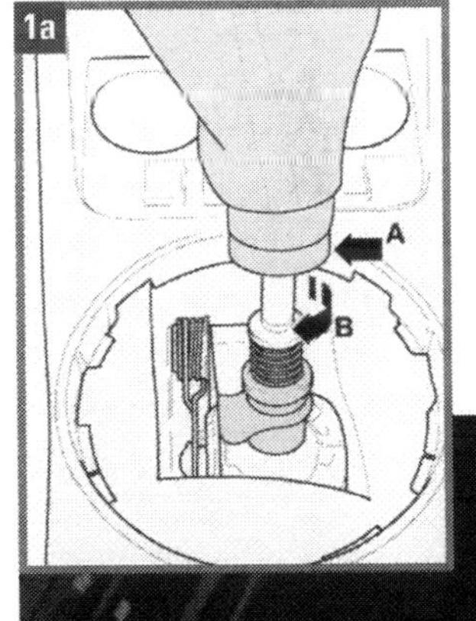

■ **Schalthebel-Abdeckung ausbauen:** Schaltknopf und Manschette können nicht voneinander getrennt werden, sie sind stets gemeinsam aus- und einzubauen sowie zu ersetzen. Die Plakette des Schalthebels kann jedoch vom Schaltknopf mit einem Schraubendreher getrennt werden.

■ Die Manschette (mit Knopf) vom Schalthebel trennen, indem sie mit einem Demontagekeil (3409) aus dem Rahmen für die Mittelkonsole abgehebelt wird. Dann die Manschette nach oben über den Schaltknopf stülpen (Bild 1a).

■ Sicherung (Pfeil A) in Richtung Pfeil B (Bild 1a) drehen und Schaltknopf zusammen mit der Manschette abziehen.

■ **Einbau:** Innenseite der Manschette nach außen wenden, den Schaltknopf zusammen mit der Manschette aufsetzen und mit der Sicherung (A) gegen die Pfeilrichtung (B) sichern.

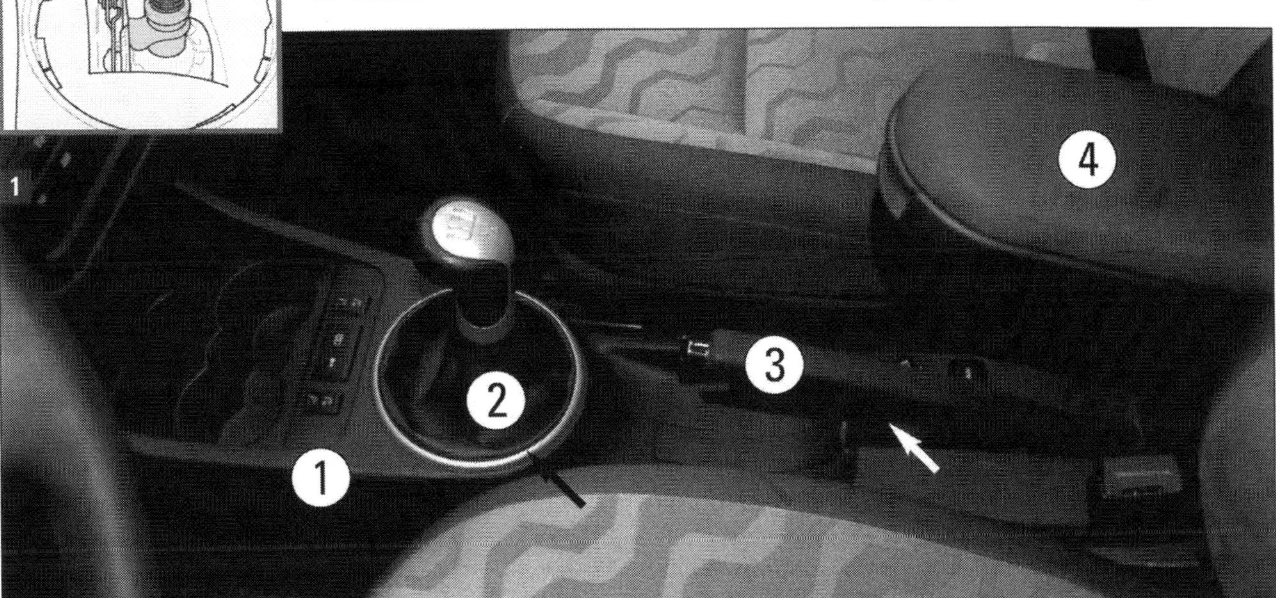

Komponenten an der Mittelkonsole: (1) Mittelkonsole vorn, (2) Abdeckung des Schalthebels, (3) Handbremshebel, (4) Armlehne. Pfeile: schwarz = Rahmen, rot = Ausbau Griff, blau = Abdeckung am Bremshebel, weiß = Sicherungsriegel.

Beim Aufstecken auf den Schalthebel muss der Schaltknopf in die umlaufende Nut des Schalthebels einrasten.

■ **Ausbau Bremshebelgriff:** Hebel (1; Bild 1) anziehen, einen Schlitzschraubendreher in die Aussparung des Griffs (weißer Pfeil) einsetzen und die Sicherung entriegeln. Dann den Handbremshebelgriff in Fahrtrichtung herausschieben. An Fahrzeugen mit Lederpaket ist der Riegel von Leder verdeckt. Deshalb zur Entriegelung eine dünne Reißnadel verwenden, durch welche nach dem Durchstechen des Leders der Riegel auf die gleiche Weise entsichert wird wie an Fahrzeugen mit klassischem Griff.

■ **Griff einbauen:** Auf den Handbremshebel stecken und bis zum Einrasten des Sicherungsriegels drücken.

■ **Ausbau Armlehne:** Linke Abdeckung (3, Bild 2) für den Stützfuß (9, Bild 2; 2, Bild 3) abnehmen. Bild 3 zeigt den Stützfuß mit abgenommener linker Abdeckung.

■ Befestigungsschraube 14 Nm (8, Bild 2; roter Pfeil, Bild 3) für Armlehne (4, Bild 2; 1, Bild 3) ausbauen.

■ Armlehne nach oben herausnehmen.

■ **Armlehne einbauen:** Sinngemäß umgekehrt.

■ **Ausbau Mittelkonsole:** Abdeckkappe (blauer Pfeil, Bild 1; 2, Bild 2) ausclipsen.

■ Die Abdeckungen (6) vorn und hinten für die vorn 2 und hinten 1 Schrauben (7) der Mittelkonsole herausnehmen und die Befestigungsschrauben (7) ausbauen.

■ Handbremse anziehen und Mittelkonsole teilweise nach oben schieben.

■ Steckverbindungen für Schalter und Anzünder trennen und Mittelkonsole aus dem Fahrzeug herausnehmen.

■ **Einbau** sinngemäß in umgekehrter Ausbaureihenfolge. Alle Schrauben mit angegebenem Drehmoment anziehen.

Anmerkung: Stützfuß und Armlehne von Ausstattung abhängig. Stützfuß mit vier Schrauben 7 Nm angeschraubt.

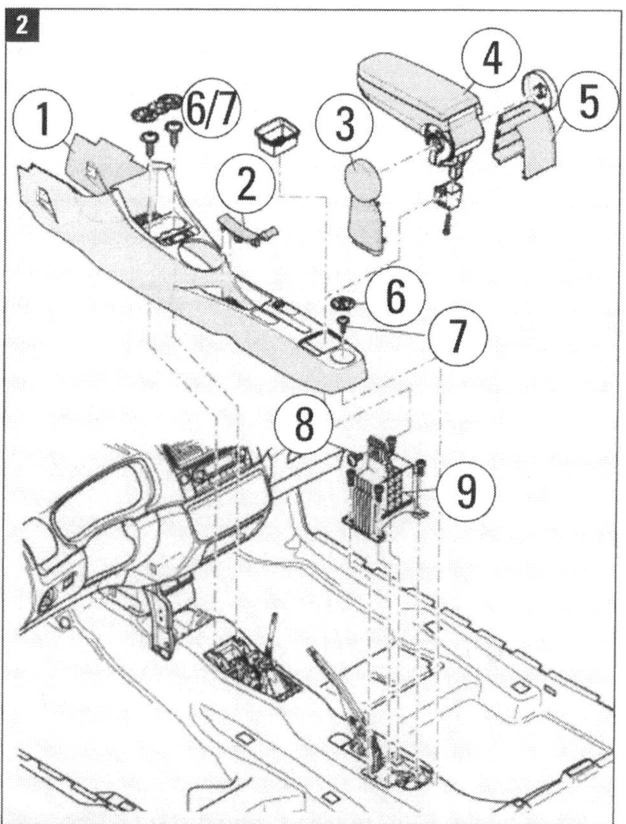

Mittelkonsole (1): (2) Abdeckung Bremshebel, (3/5) Abdeckungen Stützfuß, (4) Armlehne, (6/7) Abdeckungen und Schrauben 1,5 Nm, (8) Schraube für Armlehne, (9) Stützfuß.

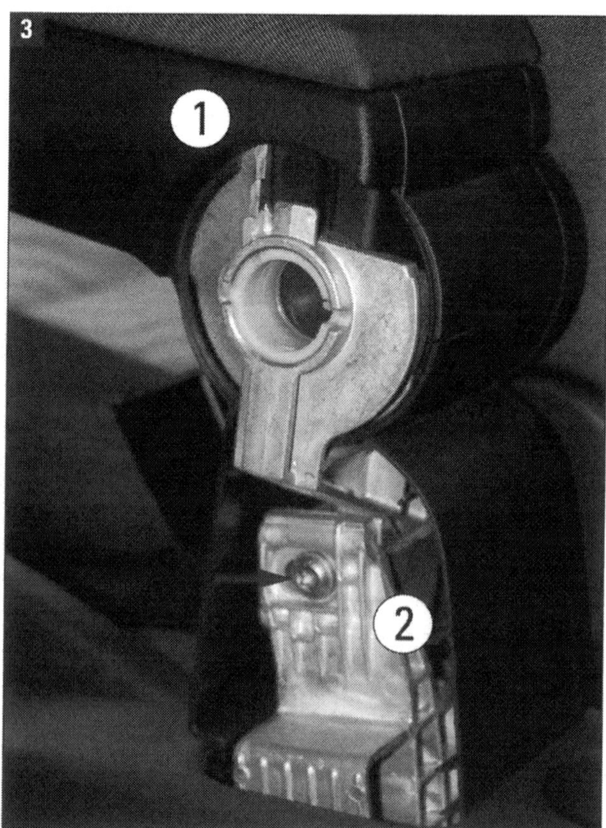

Stützfuß: (1) Armlehne, (2) der metallene Stützfuß, mit vier Schrauben 7 Nm an der Karosserie befestigt. Roter Pfeil: Schraube zur Befestigung der Armlehne.

Verkleidungen der Heckklappe aus- und einbauen

■ **Ausbau obere Verkleidung:** Clips (2) mit z. B. Demontagewerkzeug für Türinnenverkleidung »MP8-602/1« abbauen.

■ Obere Verkleidung für Heckklappe (1) von der Heckklappe abnehmen (Bilder 1 und 2).

■ **Einbau:** Obere Verkleidung für Heckklappe unter die Abdeckung der Zusatzleuchte (3) einschieben.

■ Verkleidung an der Heckklappe nacheinander mit Clips befestigen.

■ Der **Einbau** erfolgt sinngemäß in umgekehrter Reihenfolge. Vor der Montage sind die Befestigungselemente auf Beschädigungen zu prüfen und ggf. zu erneuern.

■ **Ausbau untere Verkleidung:** Schraube (4) für Heckklappenhandgriff (5) ausbauen. Clips (6) mit z. B. Demontagewerkzeug für Türinnenverkleidung »MP8-602/1« abbauen. Anstelle des Spezialwerkzeugs ist auch ein üblicher Demontagehebel oder mit viel Vorsicht ein Schlitzschraubendreher zu verwenden. Dann aber Achtung: Lack in der Umgebung nicht zerkratzen!

■ Die untere Verkleidung für Heckklappe (1) abnehmen und vorsichtig (Bruchgefahr) zur Seite legen.

■ Wenn der Scheibenwischermotor ausgebaut werden soll, muss die Abdeckung (3) abgenommen werden (vorsichtig ausclipsen). Dann die beiden Schrauben (2) mit 1,5 Nm Anzugsdrehmoment ausbauen.

■ Der **Einbau** erfolgt in umgekehrter Reihenfolge. Die Schrauben mit 1,5 Nm festziehen. Vor der Montage sind die Befestigungselemente auf Beschädigungen zu prüfen und ggf. zu erneuern.

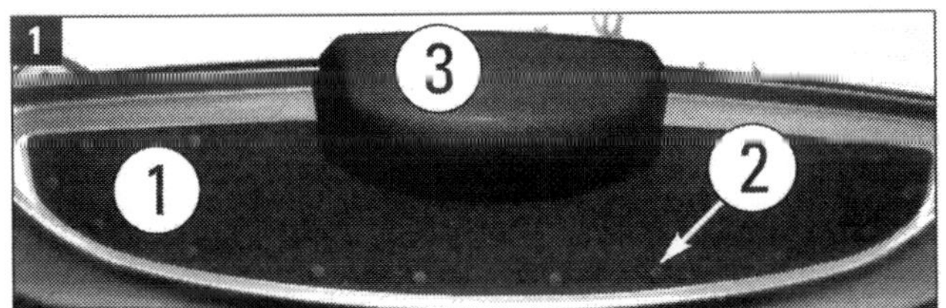

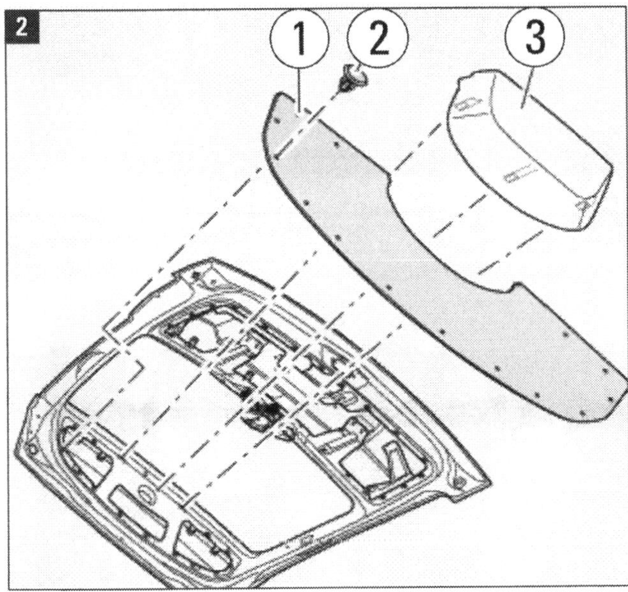

Verkleidung ausbauen 1: (1) oberer Teil der Heckklappenverkleidung, (2) insgesamt 14 Befestigungsclips, (3) Abdeckung für die Zusatzleuchte.

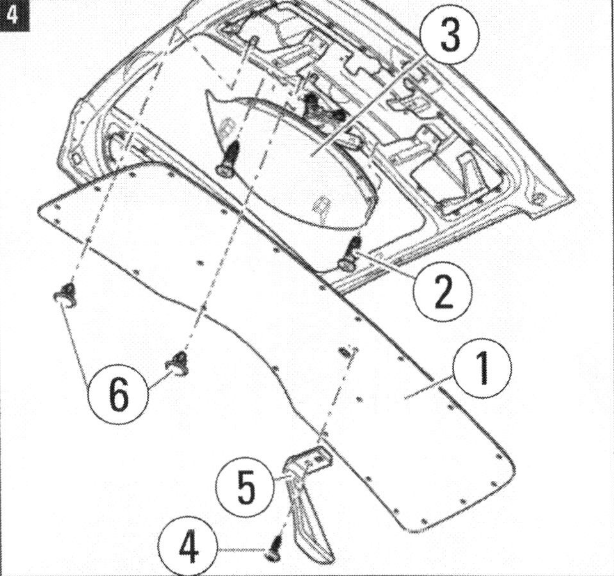

Verkleidung ausbauen 2: (1) unterer Teil, (2) Schrauben, (3) Abdeckung für Heckwischermotor, (4) Schrauben, (5) Klappenhandgriff, (6) insgesamt 24 Befestigungsclips.

Türverkleidungen und Fensterkurbel aus-/einbauen

Viele elektronische, elektrische und mechanische Baugruppen sind unter den Kunststoffverkleidungen von Türen, hinteren Seitenteilen und Heckklappe platziert. Bei zahlreichen Reparaturen ist es erforderlich, die Verkleidungen oder zumindest Teile davon auszubauen. Wir demonstrieren den Ausbau ausführlich an linker Vordertür (Fahrertür) und einer der hinteren Türen. Situation und Vorgehensweise sind bei allen Türen ähnlich.
Folgende Fälle sind möglich:
Als Werkzeuge gebraucht werden Schraubendreher, passende (Drehmoment-)Schlüssel und Demontagehebel. Bei Škoda heißen die Spezialwerkzeuge

- Drehmomentschlüssel V.A.G 1783 sowie
- Demontagewerkzeug für Türinnenverkleidung »MP8-602/1«.

■ **Ausbau Verkleidung Fahrertür:** Zündung und alle elektrischen Verbraucher ausschalten. An den Bildern 1 bis 3 orientieren. Abdeckung für Türhandgriff (5) von unten nach oben möglichst mit Demontagewerkzeug für Türinnenverkleidung (MP8-602/1) aushebeln.

■ Die beiden Befestigungsschrauben (7) für Türverkleidung und die Schrauben (6) ausbauen.

■ Bei Fahrzeugen mit elektrischem Fensterheber die Schaltereinheit (9) aushebeln und die Steckverbindung trennen. Ansonsten Fensterkurbel ausbauen (folgt).

■ Verkleidung mit dem Demontagewerkzeug MP8-602/1 ausclipsen.

■ Betätigungsseilzug aus dem Türinnengriff (4) aushängen.

■ Steckverbindungen für Lautsprecher, Spiegelverstellung (je nach Ausstattung) trennen. Verkleidung (1) leicht nach oben anheben und abnehmen.

■ Der **Einbau** erfolgt in umgekehrter Reihenfolge. Anzugsdrehmomente der Schrauben beachten!

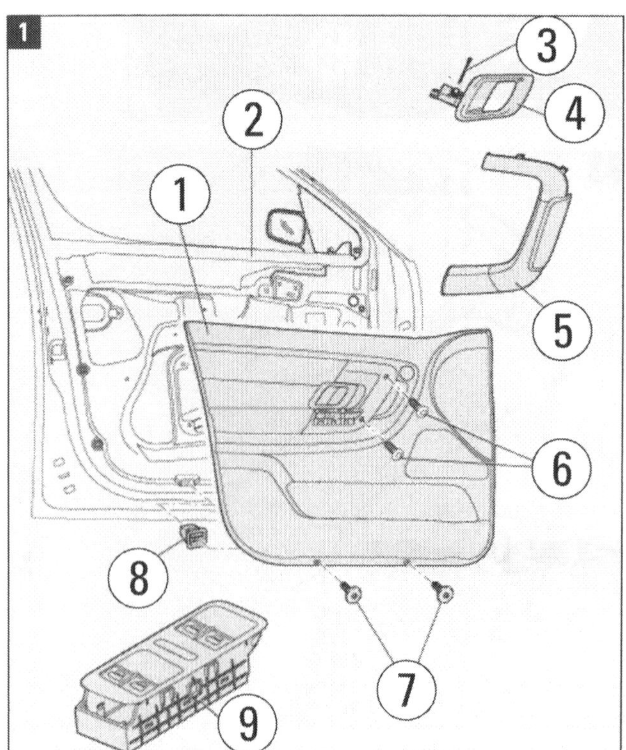

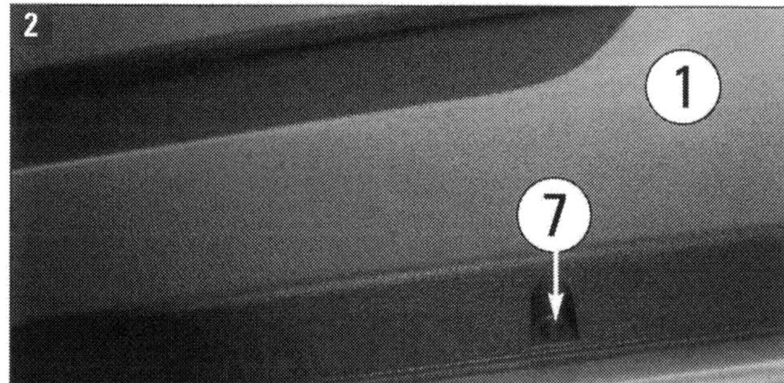

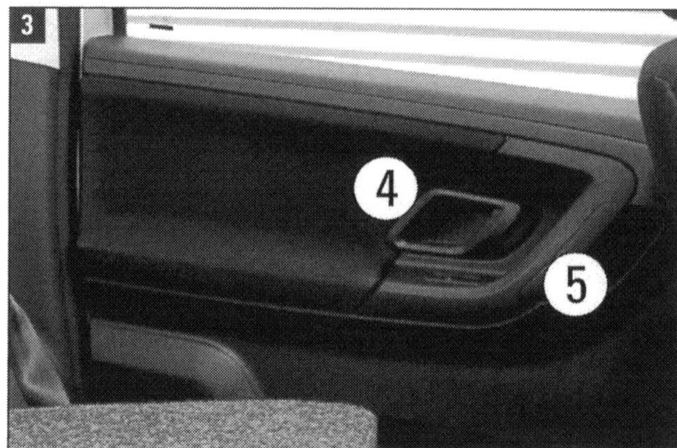

Vordertür links: (1) Verkleidung, (2) Tür, (3) Bolzen, (4) Türinnengriff, (5) Abdeckung für Türhandgriff, (6/7) je zwei Schrauben 4 Nm und 0,7 Nm, (8) Einlegemutter, (9) Schaltereinheit für Fensterheber.

Ausbau Verkleidung Fondtür: An den Bildern 4 bis 6 orientieren. Zündung und alle elektrischen Verbraucher ausschalten. Abdeckung für Türhandgriff (7) von unten nach oben mit einem geeigneten Demontagewerkzeug (z. B. für Türinnenverkleidung »MP8-602/1«) aushebeln. Bei Fahrzeugen mit Fensterkurbel (folgt) den Distanzring in Fahrtrichtung schieben und die Kurbel vom Antrieb abziehen.

Befestigungsschraube (5) für Türverkleidung und die beiden Schrauben (6) ausbauen.

Bei Fahrzeugen mit elektrischem Fensterheber (Bilder 4 und 5) die Schaltereinheit für den elektrischen Fensterheber (4) aushebeln und die Steckverbindung trennen.

Verkleidung (1) mit z. B. Demontagewerkzeug für Türinnenverkleidung »P8-602/1« ausclipsen.

Betätigungsseilzug aus dem Türinnengriff (8) aushängen.

Stecker für Lautsprecher (je nach Ausstattung) abziehen.

Verkleidung (1) leicht nach oben anheben und abnehmen. Beim Herausnehmen aus dem Fahrzeug darauf achten, dass alle Steckverbindungen abgezogen sind.

Einbau: Ablauf sinngemäß umgekehrt zum Ausbau. Vor der Montage sind die Befestigungselemente (Clipse, Schrauben) auf Beschädigungen zu überprüfen und ggf. zu erneuern. Die Schraube 5 mit 0,7 Nm, die beiden Schrauben 6 mit 4 Nm anziehen.

Ausbau Fensterkurbel: Abstandsring (11) durch Druck in Pfeilrichtung entsichern (Bild 6). Kräftiger Druck mit dem Finger genügt, kein Werkzeug benutzen!

Die Fensterkurbel (10) in gerader Richtung ins Wageninnere hinein von der Fensterheberwelle abziehen. Auch dazu ist kein Werkzeug erforderlich.

Der **Einbau** erfolgt in umgekehrter Reihenfolge. Dabei muss die im Folgenden beschriebene Einbaulage der Kurbeln beachtet werden.

Achtung: Die Fensterkurbeln müssen
an den Türen vorn bei geschlossenen Fenstern links
in »2 Uhr«-Stellung und rechts in »10 Uhr«-Stellung stehen;
an den hinteren Türen bei geschlossenem Fenster links
in »5 Uhr«-Stellung und rechts in »7 Uhr«-Stellung stehen.
Zu beachten ist, dass der Abstandsring (11) beim Abziehen der Kurbel (10) ebenfalls entnommen werden muss.

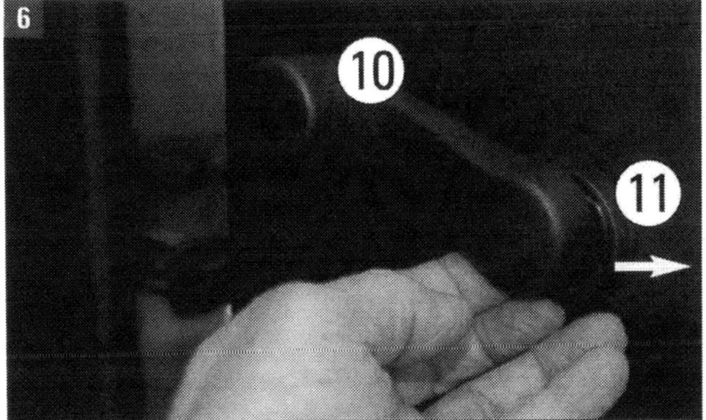

Hintere Tür links: (1) Türverkleidung, (2) Kunststoffclip, (3) Einlegemutter, (4) Schalter für Fensterheber, (5) Schraube 0,7 Nm, (6) Schrauben 4 Nm, (7) Türhandgriff-Abdeckung, (8) Innengriff, (9) Bolzen, (10) Fensterkurbel mit (11) Abstandsring.

Formhimmel aus- und einbauen

■ **Ausbau:** Die oberen Verkleidungen der Säulen A, B, C und D (A-D in Bild 1) wie zuvor beschrieben ausbauen.

■ Die Seitenverkleidung der Säule D im Kofferraum (S in Bild 1) wie beschrieben teilweise ausbauen.

■ Die Dach-Innenleuchten (2, Bild 1) vorn und hinten ausbauen (wird später im Kapitel Fahrzeugelektrik erwähnt).

■ Brillenablage, Dach-Haltegriffe und die Sonnenblenden (3-5, Bild 1) wie beschrieben ausbauen.

■ Clips im Formhimmel (Pfeil, Bild 1) hinten mit einem Demontagewerkzeug (z. B. Demontagewerkzeug für Türinnenverkleidung »MP8-602/1«) ausclipsen. Bild 1 zeigt nur einen der 3 Clipse hinten am Formhimmel.

■ Schraubenabdeckungen an der Abdeckung für den mittleren Sicherheitsgurt (6, Bild 1) am Dach aufklappen und die Schrauben ausbauen (4 Nm).

■ Abdeckung abnehmen und Sicherheitsgurt durchziehen.

■ Sitze vorn und hinten umklappen und Kofferraumabdeckung herausnehmen.

■ Türinnendichtung von oben teilweise ausbauen.

■ Formhimmel (1) absenken (Pfeile in Bild 2).

■ Gemeinsam mit einem Helfer, weil sonst Bruchgefahr besteht, den Formhimmel nach hinten aus dem Fahrzeug herausnehmen.

■ **Einbau** in sinngemäß umgekehrter Reihenfolge. Beschä-

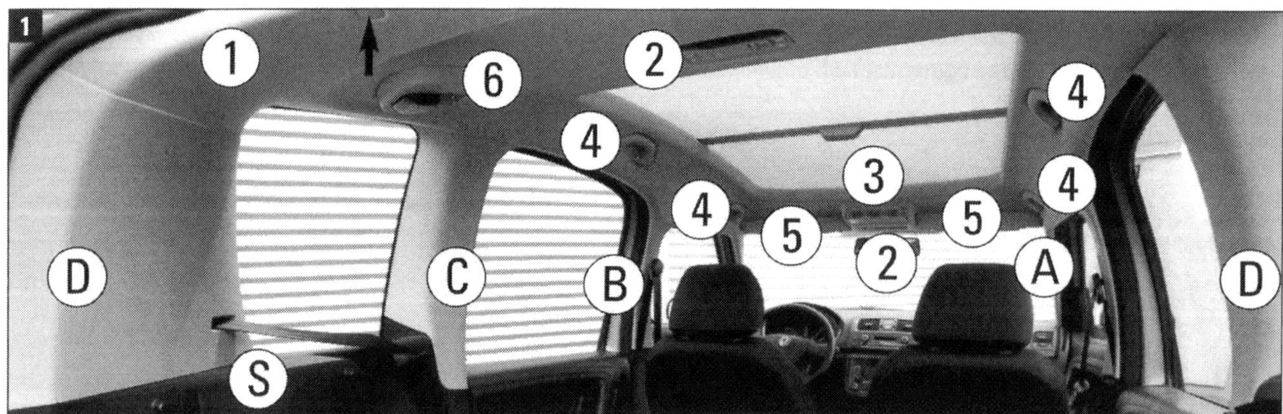

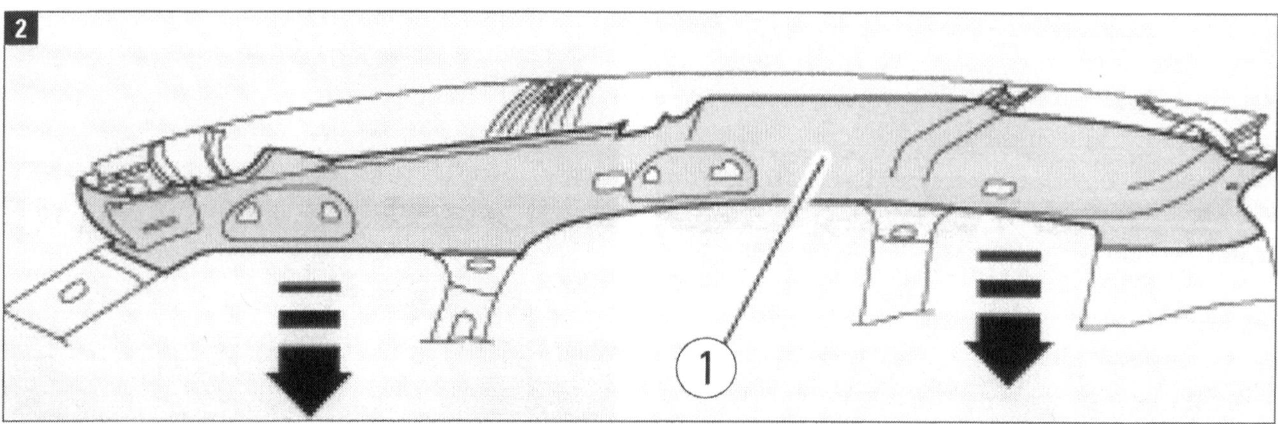

Roomster-Dach: (1) Formhimmel, (2) Innenleuchten, (3) Brillenablage, (4) Haltegriffe, (5) Sonnenblenden, (6) Abdeckung für mittleren Sicherheitsgurt. (A-D) obere Säulenverkleidungen, (S) Seitenteil der D-Säule im Kofferraum. Pfeil: Clip.

Sitze vorn, Verstellhebel, Gestell, Sitze hinten ausbauen

Beim Ausbau der Vordersitze müssen wegen der Airbags in den Lehnen strikt die Sicherheitsmaßnahmen für Arbeiten am Airbag eingehalten werden. Erforderliches Werkzeug: Drehmomentschlüssel (V.A.G 1331), Schraubendreher, Seitenschneider.

■ **Ausbau Vordersitze:** Klemmen Sie die Fahrzeugbatterie ab (Kapitel »Fahrzeugelektrik«).

■ Den Sitz (1) über die Längsverstellung (2) in der vordersten Position verrasten und die hinteren Schrauben links und rechts (Pfeile) herausschrauben (Bild 1).

■ Den Sitz (1) dann ganz hinten positionieren und die vorderen Schrauben (Pfeil) herausschrauben (Bild 2).

■ Den Sitz nach hinten kippen, bis die Steckverbindungen zugänglich sind. Die je nach Fahrzeugausstattung bis zu zwei oder drei Steckverbindungen unter dem Sitz (für Seitenairbag, Sitzheizung) trennen. Die Bilder 1 und 3 zeigen die Leitungsführung zu den Steckern. Kabelbinder der elektrischen Leitung an der Sitzunterseite lösen und durchschneiden.

■ Sitz aus dem Fahrzeug herausnehmen.

■ **Einbau** in sinngemäß umgekehrter Reihenfolge. Je nach Fahrzeugausstattung die Steckverbindungen der Leitungsstränge verrasten. Die Gestellschrauben mit Kitt (empfohlen Loctite 270) sichern. Sitzgestelle mit 24 Nm festschrauben.

■ **Ausbau Griff Sitzhöhenverstellung:** Abdeckkappen (3) abnehmen (Bild 4).

■ Schrauben (2)ausbauen und den Griff (1) abnehmen.

■ **Einbau** in umgekehrter Reihenfolge. Die beiden Schrau-

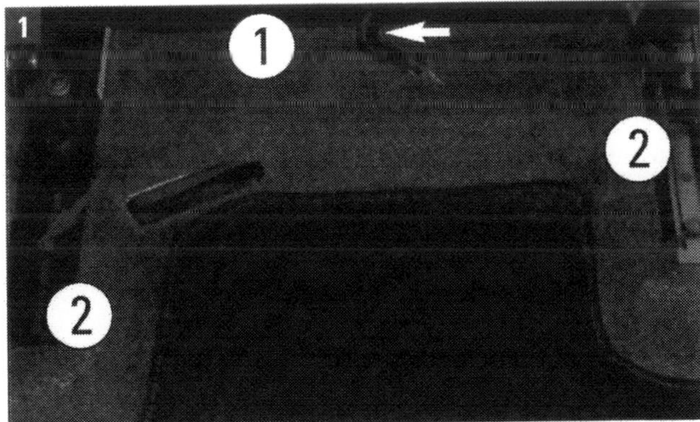

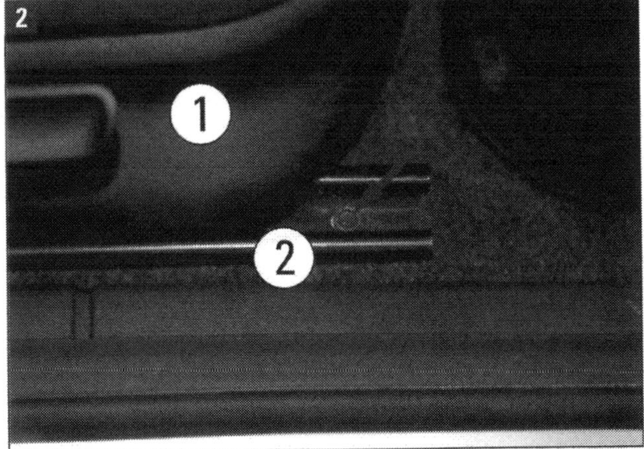

Sitzgestell vorn links: (1) Sitz, (2) Schiene für die Längsverstellung. Rote Pfeile: Befestigungsschrauben am Boden.

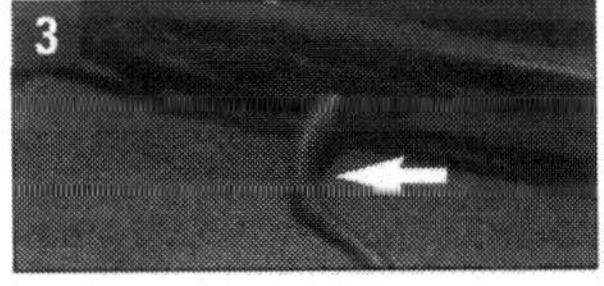

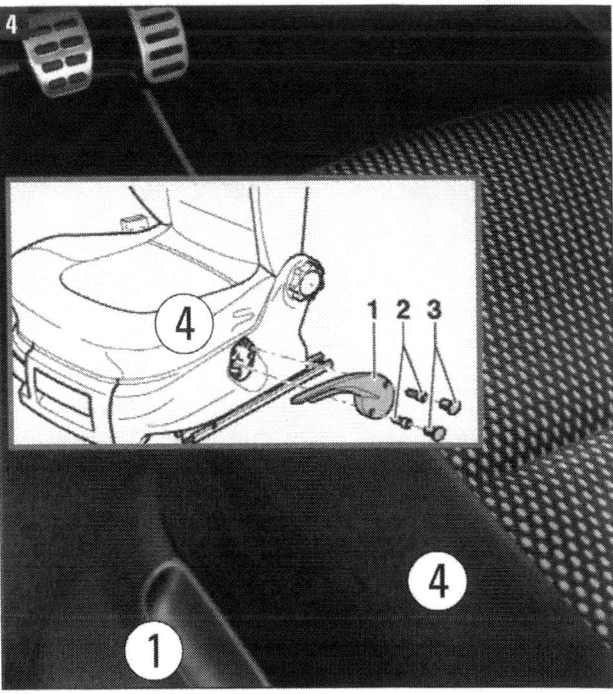

Sitze vorn: (1) Griff zur Höhenverstellung, (2) Schrauben (5,5 Nm), (3) Abdeckkappen, (4) Sitz. Weiße Pfeile: Kabel.

ben (2) mit 5,5 Nm anziehen und die Abdeckkappen festrastend aufstecken.

■ **Ausbau Lehnengestell:** Sitz vorn und Griff für Sitzhöhenverstellung wie beschrieben ausbauen.

■ Handrad (1) für Lehnenneigung abziehen. Schrauben (2) ausbauen, Abdeckkappen (3 und 5) sowie den Ablagekasten (4) vom Sitzgestell abbauen (Bild 5).

■ Bei Fahrzeugen mit Seitenairbags und/oder Sitzheizung Batterie-Masseband abklemmen und die Steckverbindungen für Sitzheizung (6 und 7) sowie falls vorhanden des Heizungsreglers und Stecker für Seitenairbag (8) an der Sitzunterseite vom Steckerhalter trennen (Bild 6).

■ Kabelbinder des Leitungsstrangs (9) an der Sitzunterseite und sodann an der Sitzseite lösen und durchschneiden.

■ Schrauben 18 Nm auf beiden Sitzseiten ausbauen und Lehnengestell vom Sitzgestell abnehmen.

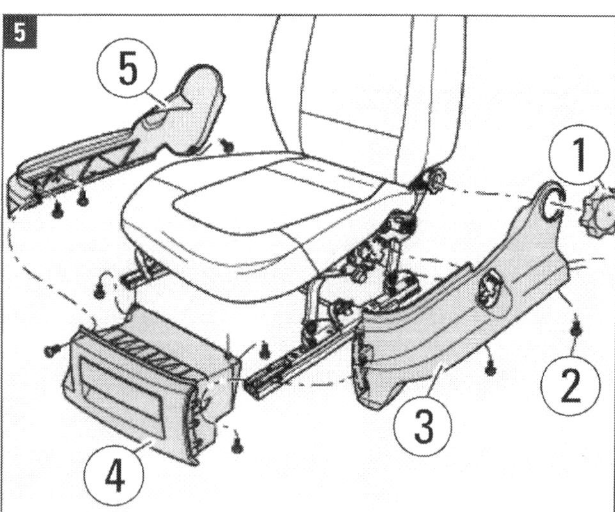

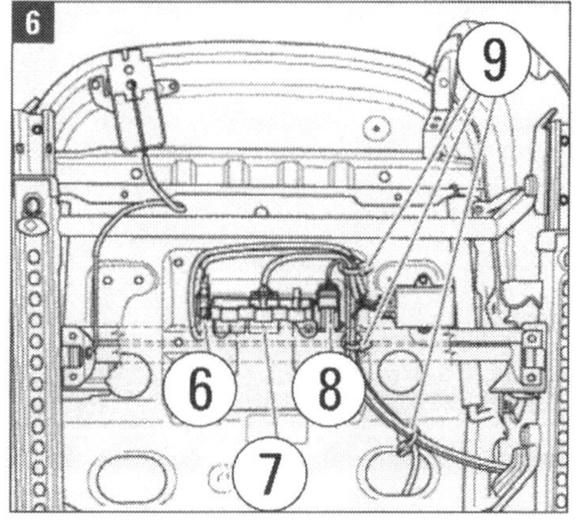

Gestelle trennen: (1) Handrad, (2) Schrauben, (3/5) Kappen, (4) Ablage, (6/7) Stecker für Heizung, (8) Stecker für Airbag, (9) Binder.

■ **Einbau** in umgekehrter Reihenfolge. Einbaulage der Kabelbinder einhalten und Gestelle mit 18 Nm verschrauben.

Bei Seitenairbags: Vor dem Trennen der Zünd- und Masseleitung kurz an Karosserie oder Schließkeil der Tür anfassen (elektrostatisch entladen) Ferner:

■ Nach Abklemmen der Batterie eine Minute warten.

■ Beim Wiederanklemmen des Airbag-Systems an die Batterie muss die Zündung eingeschaltet sein. Es darf sich keine Person im Innenraum des Fahrzeugs aufhalten.

■ Nur Sitzbezüge verwenden, die von Škoda für Sitze mit Seitenairbags freigegeben sind. Keine Schonbezüge benutzen, sie beeinträchtigen die Funktion des Seitenairbags.

■ Bezugklammern nur durch neue Originalteile ersetzen. Bei Rissen, Brandlöchern usw. im Bereich des Seitenairbags aus Sicherheitsgründen den Bezug ersetzen.

■ **Ausbau Sitze hinten:** Nach Bedienungsanleitung vorgehen: Seitliche Sicherung für Rücksitzlehne entriegeln (Bild 7), Lehne nach vorn umklappen (Bild 8), Sitz-Sicherung hinten entriegeln und Sitz mit Lehne nach oben umklappen (Bild 9). Zweite Sitz-Sicherung entriegeln und Sitz in senkrechte Stellung anheben. Sitz im hinteren Bereich am Griff fassen, anheben und aus dem Fahrzeug herausnehmen (Bild 10).

■ **Einbau:** sinngemäß in umgekehrter Reihenfolge.

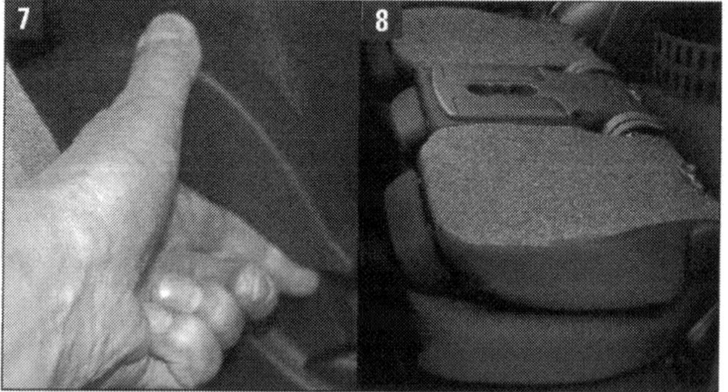

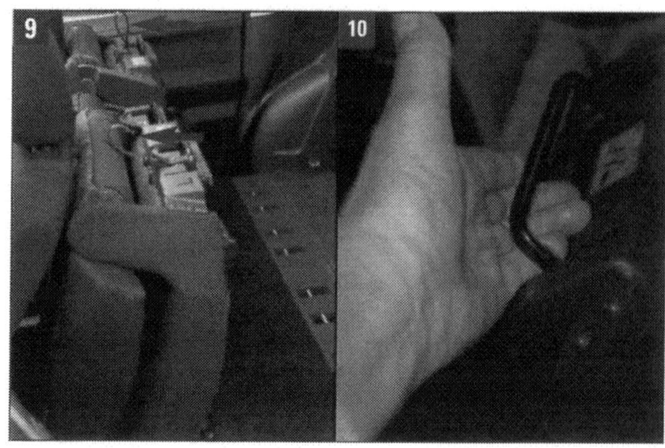

Fensterheber

Störung	Was kann das sein?	Was kann oder muss ich tun?
A Fensterscheibe wird nur in eine Richtung verstellt	**1** Schalter defekt; weniger wahrscheinlich: Fehler im Türsteuergerät	Schalter auswechseln Türsteuergerät mit Diagnosesystem überprüfen lassen (Fehler auslesen)
B Fensterscheibe wird in keine Richtung verstellt	**1** Fensterscheibe schwergängig; Sicherung wegen Motorüberlastung defekt	Fensterscheibe in den Führungen gängig machen Evtl. Sicherung erneuern
	2 Motor läuft nicht, obwohl die Sicherung in Ordnung ist	Spannung direkt an die Motoranschlüsse legen. Wenn der Motor jetzt läuft, liegt der Fehler in der Zuleitung. Läuft der Motor nicht: auswechseln!
	3 Seilführungen ausgerissen	Reparatursatz Fensterheber verbauen
C Fensterscheibe wird im gesamten Verstellbereich zu langsam verstellt	**1** Fensterscheibe in den Führungen verklemmt, Führungen gebrochen	Reparatursatz Fensterheber verbauen
	2 zu hohe Reibung in der gesamten Mechanik	Mechanik ohne Scheibe auf Reibungsverluste überprüfen; ggf. erneuern
	3 Kabelverbindungen defekt oder oxidiert	Überprüfen, reinigen, ggf. auswechseln
	4 Schalter defekt oder oxidiert	Überprüfen; ggf. auswechseln
D Fensterscheibe wird an der oberen Grenze des Verstellbereichs zu langsam verstellt	**1** Fensterscheibe in den Führungen verklemmt. In seltenen Fällen Schaden an den Aufnahmen	Reparatursatz Fensterheber verbauen
E Fensterscheibe fällt in die Tür	**1** seltener Fehler: Mitnehmer gebrochen oder verrutscht	Reparatursatz Fensterheber verbauen Ratsam: Fehlerspeicher auslesen lassen

Zentralverriegelung

Störung	Was kann das sein?	Was kann oder muss ich tun?
A Verriegelung funktioniert nicht	**1** Sicherung durchgebrannt	Erneuern
	2 Motor der Fahrer- oder Beifahrertür defekt	Funktion überprüfen, ggf. auswechseln
	3 Verkabelung unterbrochen	Überprüfen, ggf. erneuern
B Schlösser werden entriegelt, aber nicht verriegelt	**1** Verkabelung unterbrochen	Überprüfen, ggf. erneuern
	2 Mehrfachstecker an Motor und Türkasten locker oder oxidiert	Festen Sitz kontrollieren, ggf. reinigen
	3 Schalter in Servomotor defekt	Durchgangsprüfung an den entsprechenden Motorklemmen durchführen
C Schlösser werden verriegelt, aber nicht entriegelt	**1** Motor der Fahrer- oder Beifahrertür defekt	Funktion überprüfen, ggf. auswechseln
	2 Mehrfachstecker an Motor und Türkasten locker oder oxidiert	Festen Sitz kontrollieren, ggf. reinigen
	3 Schalter in Servomotor defekt	Durchgangsprüfung an den entsprechenden Motorklemmen durchführen
D Eines der Schlösser funktioniert nicht	**1** Motor defekt	Funktion überprüfen, ggf. auswechseln
	2 Kabel- oder Steckerverbindung am Servomotor oder Türkasten defekt	Überprüfen und ggf. instand setzen
	3 Mechanische Übertragungsteile klemmen	Teile auf Funktion überprüfen und festen Sitz kontrollieren. Ggf. Teile etwas fetten; verschlissene Teile auswechseln
E Öffnen und Schließen funktionieren mit mechanischem, aber nicht mit Funkschlüssel	**1** Schlüsselbatterie erschöpft oder Fehler in der Schlüsselelektronik	Neue Batterie einsetzen; ggf. muss Schlüssel ersetzt werden

Fahrzeugaufbau: Media und Kommunikation

Navigationsgeräte zeugen eindrucksvoll von den Möglichkeiten moderner Kommunikationsmittel. An die Frontscheibe geklebt oder fest eingebaut, sind sie inzwischen fast unentbehrlich. Kann man an solcher Technik noch selbst etwas tun? Wir zeigen wo und wie.

Das Roomster-Multimedia-System

Das Bedienteil des Radio-Navigationssystems sitzt oben in der Mittelkonsole. Bild 1 zeigt die Einbauorte des gesamten Systems. Bei Arbeiten daran muss berücksichtigt werden, dass es in der Übergangszeit vom Roomster der I. zu dem der II. Generation fließende Veränderungen gab. Sie betreffen folgende Positionen:

- Die Antenne für Navigation GPS unter der Schalttafel Mitte (2, Bild 1), die bis zum Modelljahr (MJ) 2010 eingebaut war. Sie entfiel ab MJ 2011 mit dem Einbau einer kombinierten Dachantenne (8, Bild 1 und 1, Bild 2) für Radio, Telefon und Navigation GPS, erkennbar an ihrer »Flossenform«. Sie enthält auch einen Antennenverstärker. Bild 3 zeigt die auch häufig eingebaute, nicht kombinierte Antenne.
- Das Multifunktionsmodul »J527« (5, Bild 1), bis MJ 2010 eingebaut, wurde ab MJ 2011 durch das Multifunktionslenkrad (10) ersetzt.
- In Position 13 unter dem Handschuhfach Beifahrerseite (Achtung: das herausziehbare Ablagefach unter dem Fahrersitz wird auch als Handschuhfach bezeichnet!) war bis MJ 2010 nur ein CD-Wechsler verbaut. Ab MJ 2011 ist dort als »Eingang MDI« auch die Multimedia-Steckdose mit zugehörigem Steuergerät »J650« zu finden.

Anti-Diebstahl-Codierung

Navi und/oder Radio haben eine über die Schalttafel wirkende elektronische Komfortdiebstahlsicherung. Bei ab Werk montierten Anlagen muss zur erstmaligen Inbetriebnahme ein Sicherheitscode eingegeben werden. Beim Ab- und Wiederanklemmen der Batterie oder beim Aus- und Wiedereinbau der Anlage in dasselbe Fahrzeug braucht man den Code nicht mehr einzugeben. Werden Navi oder Radio aber in ein anderes Fahrzeug montiert oder wird der Schalttafeleinsatz ersetzt, muss der Code erneut eingegeben werden. Er kann bei Vorliegen einer Berechtigung zur Programmnutzung online mit dem Diagnosetester eingelesen werden.

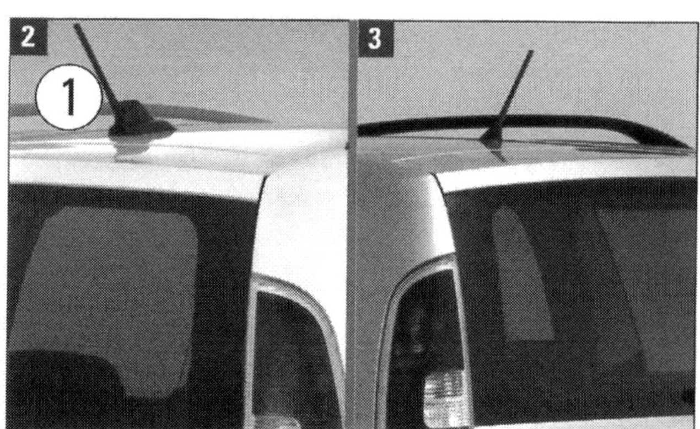

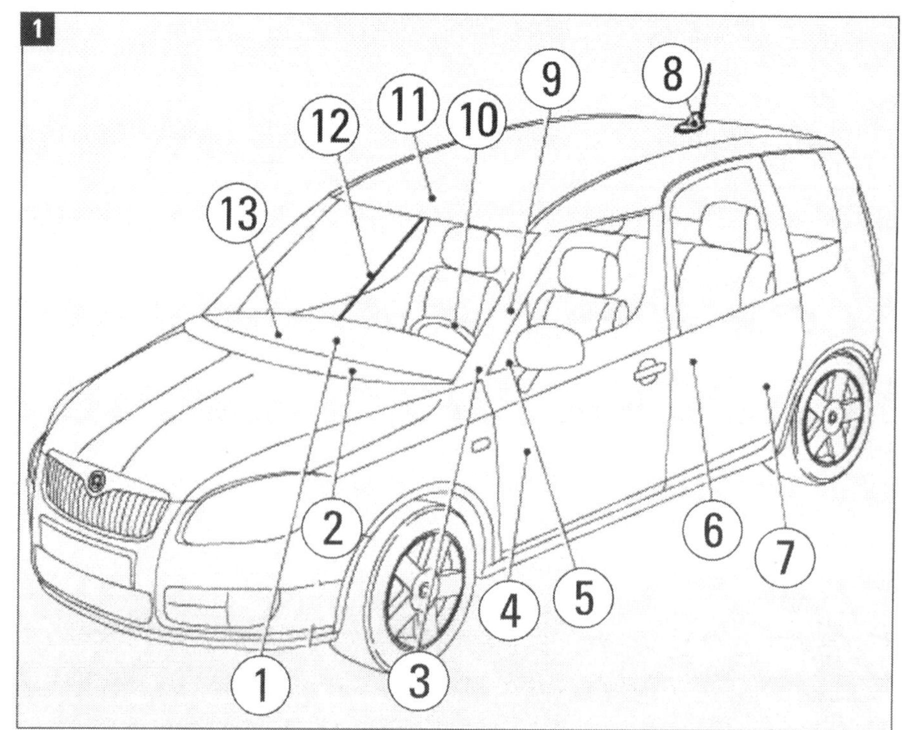

Die Media-Einbauorte:
(1) Radio/Navigationssystem in der Mittelkonsole,
(2) Antenne für Navigation GPS unter der Schalttafel Mitte,
(3) Steckdose für externe Tonquelle in der Mittelkonsole,
(4) Tieftonlautsprecher vorn,
(5) Multifunktionsmodul »J527«,
(6) Hochtonlautsprecher hinten in der Türverkleidung oben,
(7) Tieftonlautsprecher hinten,
(8) Dachantenne für Radio und Telefon (Flossenform),
(9) Hochtonlautsprecher vorn in der A-Säulen-Verkleidung,
(10) Multifunktionslenkrad,
(11) Antennenmodul »R254«,
(12) Frontscheibenantenne »R11«,
(13) CD-Wechsler/Eingang MDI unter dem Handschuhfach.

Radio-Navigations-System und Radios ausbauen

Bis MJ 2010 wurde das Navigationssystem »Cruise« montiert, ab MJ 2011 wird das System »Amundsen« (Bild 1) eingebaut. Beide Systeme verbinden die Funktionen von Radio mit CD-Wechsler und Navigation. Im Doppel-DIN-Gehäuse des Systems befinden sich:

- ein RDS-Radio,
- eine TMC-Box für den Empfang von Verkehrsmeldungen,
- das Navigationssystem Cruise schwarz-weiß oder Amundsen mit Farbanzeige,
- ein Navigationssystem mit GPS-Satelliten-empfänger und
- ein CD-Laufwerk für Navigationssystem, das auch Audio-CDs abspielt.

Ab Mai 2011 ist im Navigationssystem Amundsen ein Bluetooth-Modul integriert, das die Funktion der GSM II Handyvorbereitung erfüllt. Das bis dahin unter dem Beifahrersitz eingebaute Steuergerät für Bedienungselektronik des Handys »J412« entfällt seitdem.

Noch weiter geht das System »Amundsen+« mit berührungssensitivem Farbmonitor, SD-Kartenleser und »Mobile Device Interface« zum Anschließen von iPod, Aux-In-, USB- und Mini-USB-Geräten.

Sämtliche Infotainmentsysteme, wie Musikanlage, Telefonfreisprecheinrichtungen oder Multimediaanschluss, wurden zum Modelljahr 2012 überarbeitet und um neue, kompatible Geräte, Funktionen und Menüsprachen ergänzt. Beim Radio-Navigationssystem Amundsen+ ist das serienmäßig auf Westeuropa ausgeweitete Kartenmaterial nun im Flashspeicher hinterlegt. Die Fahrzeuge werden direkt ab Werk mit dem entsprechenden Kartenmaterial ausgeliefert.

■ **Ausbau Radios und Navi:** Navi »Amundsen« und die Radios »Dance« (Bild 7), »Swing« (Bild 8) und «Blues« werden gleich ausgebaut. Die Teilenummer für das komplette System befindet sich auf einem Aufkleber am Gehäuse. Alle elektrischen Verbraucher ausschalten und Zündschlüssel abziehen. Beim Radioausbau im Gerät verbliebene CDs gemäß Bedienungsanleitung herausnehmen.

■ Abdeckrahmen von Navigationssystem oder Radio der angegebenen Typen mit einem Demontagekeil (empfohlen 3409) vorsichtig heraushebeln (Pfeile Bild 1).

Radios und Navigationssystem: Mit einem Kunststoffkeil wird die Blende (Abdeckrahmen) herausgehebelt (Pfeile).

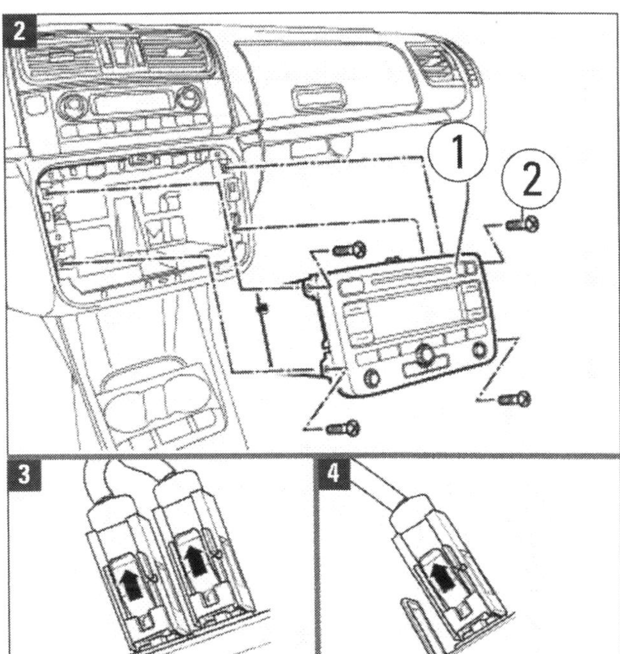

Ausbau: (1) Navi-System oder Radio, (2) Schrauben 1,5 Nm. Bilder 3 und 4 zeigen die Antennenstecker.

■ Die vier Schrauben (2, Bild 2) herausdrehen.

■ Navigationssystem oder Radio (die Geräte unterscheiden sich in der Frontansicht) aus der Schalttafel herausziehen, die Steckerarretierung an der Rückseite zusammendrücken, Arretierungsbügel öffnen und Stecker abziehen.

■ Stecker der Antennenbuchsen (Bilder 3 und 4) entriegeln und und abziehen. Navigationssystem und Radio Swing haben zwei Stecker entsprechend Bild 3, die Radios Dance und Blues haben den einzelnen Stecker nach Bild 4. Falls vorhanden, auch den Stecker von der Halterung für Handy abziehen.

■ **Einbau Radios und Navi:** Erfolgt in umgekehrter Reihenfolge. Beim Einschieben in die Schalttafel nicht auf Display oder Bedientasten drücken, das System könnte dabei beschädigt werden. Die vier Schrauben mit 1,5 Nm festziehen. Wurden die Geräte ersetzt, muss der Sicherheitscode eingegeben werden.

■ **Ausbau Radio »Beat«:** : Zum Ausbau dieses Radiotyps brauchen Sie das Entriegelungswerkzeug »T10057«. Das Radio und alle anderen elektrischen Verbraucher ausschalten und Zündschlüssel abziehen.

■ Das Entriegelungswerkzeug in die Entriegelungsschlitze (Bild 5) stecken, bis es einrastet.

■ Radio an den Griffösen des Entriegelungswerkzeugs aus der Schalttafel herausziehen. Das Entriegelungswerkzeug darf beim Ausbau nicht zur Seite gedrückt oder verkantet werden. Um es wieder abzuziehen, müssen die seitlichen Rastnasen am Radio nach innen gedrückt werden.

■ Stecker (nach Bild 4) und Antennenkabel abziehen.

■ **Einbau Radio »Beat«:** Antennenkabel und Stecker anschließen.

■ Radio vorsichtig in die Schalttafel einschieben, bis es im Einbaurahmen einrastet.

■ Wenn das Radio ersetzt und ein neues eingebaut werden musste, ist der veränderte Sicherheitscode einzugeben (Fahrzeugdiagnosetester!).

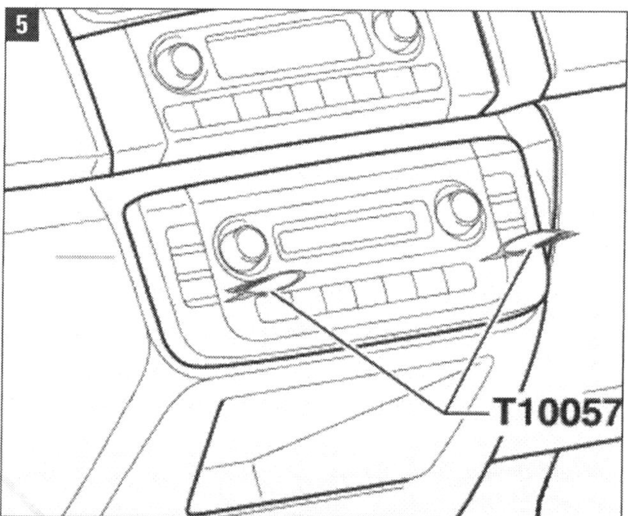

Steckerbelegung von Navigationssystem und Radio

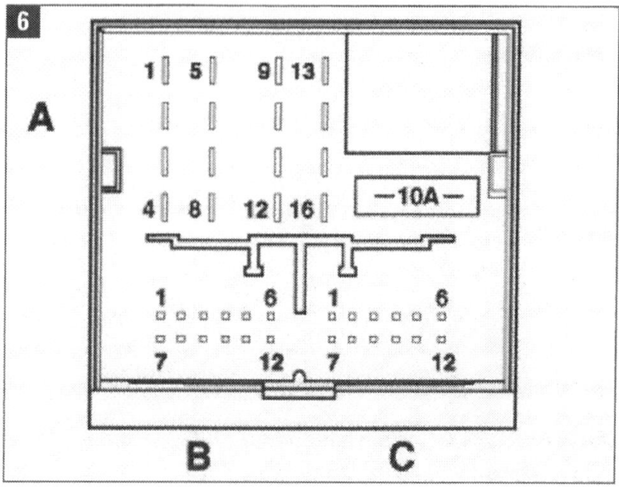

Mehrfachsteckverbindung »A«, 16-fach, zweiteilig:

1 - Lautsprecher + hinten rechts
2 - Lautsprecher + vorn rechts
3 - Lautsprecher + vorn links
4 - Lautsprecher + hinten links
5 - Lautsprecher - hinten rechts
6 - Lautsprecher - vorn rechts
7 - Lautsprecher - vorn links
8 - Lautsprecher - hinten links
9 - CAN-Bus Komfort (high)
10 - CAN-Bus Komfort (low)
12 - Klemme 31
13 - Steuersignal
14 - Außenbetätigung

15 - Klemme 30
16 - Klemme 30 - (Steuersignal für Anti-Diebstahl-Codierung »SAFE«)

Mehrfachsteckverbindung »B«, 12-fach
1 - MDI - Eingang Audio, linker Kanal (ab Modelljahr 2011, vorher AUX)
2 - MDI - Audio Masse (Modelljahr 2011, vorher AUX)
3 - CD-Wechsler, Audio Masse
4 - CD-Wechsler, Spannungsversorgung Klemme 30
6 - CD-Wechsler, DATA Ausg.
7 - MDI - Eingang Audio, rechter Kanal (Jahr 2011, vorher AUX)

7

8 - CD-Wechsler, linker Kanal, CD/L
9 - CD-Wechsler, rechter Kanal, CD/R
10 - CD-Wechsler, Steuersignal
11 - CD-Wechsler, DATA Eingang
12 - CD-Wechsler, CLOCK

Mehrfachsteckverbindung »C«, 12-fach
6 - Telefoneingangssign. TEL -
10 - Stummschaltung (Telefon)
12 - Telefoneingangssign. TEL +
■ Nicht aufgeführte Steckerkontakte sind nicht belegt.
■ Die Belegung der Steckerkontakte hängt von Radiotyp und Fahrzeugausstattung ab.

8

Multifunktions-Modul und Multifunktionslenkrad

Bis MJ 2010 wurde im Roomster ein Multifunktionsmodul auf der linken Seite vor dem Lenkstockschalter montiert. Ab MJ 2011 wurde dieses Modul (Bild 1) durch das Multifunktionslenkrad (Bild 2/3) ersetzt. In der Betriebsanleitung des Roomster werden Funktion und Bedienung des Multifunktionsmoduls erläutert. Das Modul (auch das Lenkrad-Tastenmodul) ist in zwei Varianten verfügbar:
1. Bedienung für Audio,
2. Bedienung für Audio + Telefon.
Im Modul ist ein Steuergerät integriert. Wenn das Modul ersetzt wurde, sind Funktionsprüfung und ggf. Codierung mit dem Fahrzeugdiagnosetester erforderlich.

■ **Ausbau Modul:** Lenkrad ausbauen; wegen der Airbag-Einheit ist kompetente und befugte Hilfe erforderlich.

■ Obere und untere Verkleidung für Lenksäule (2; Bild 1) ausbauen und Steckverbindung trennen.

■ Schrauben (Pfeile) herausdrehen (0,9 Nm).

■ Multifunktionsmodul (1) aus dem Halter (3) ausclipsen.

■ **Einbau Modul:** Erfolgt in umgekehrter Reihenfolge. Schrauben mit 0,9 Nm festziehen.

■ **Ausbau Tastenmodul:** Airbageinheit (A; Bilder 2 und 3) im Lenkrad ausbauen. Dazu ist kompetente und vor allem

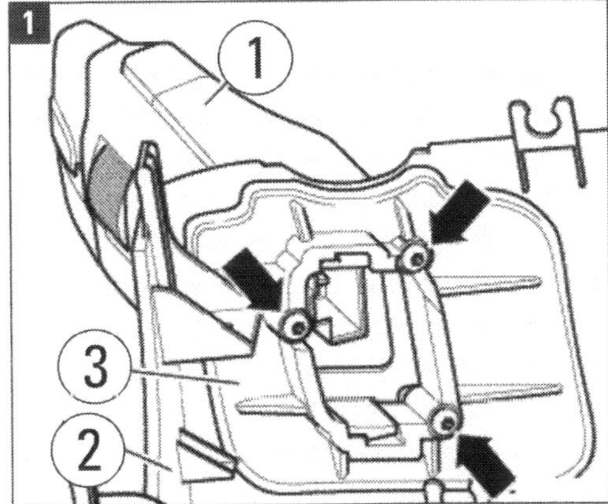

Multifunktionsmodul (1): (2) Lenksäule, (3) Halter. Pfeile: Schrauben 0,9 Nm.

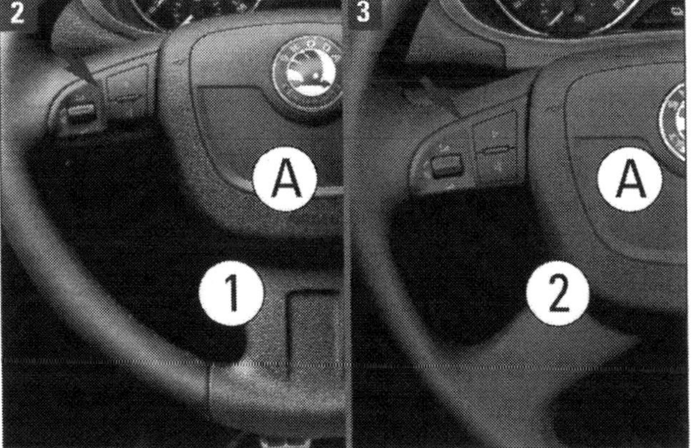

Multifunktionslenkrad: (1) drei Speichen, (2) vier Speichen. (A) Airbag-Einheit, Pfeil = Tastenmodul.

fachlich befugte Hilfe erforderlich. Leitungsstrang freilegen und Steckverbindung vom Tastenmodul (Pfeil) trennen.

■ Tastenmodul in Richtung Wageninneres auskippen, bis die Arretierbolzen gelöst werden. Modul ein wenig zur Lenkradmitte schieben und herausnehmen.

■ Der Einbau erfolgt in umgekehrter Reihenfolge. Bevor der Airbag eingebaut wird, muss geprüft werden, ob alle Verkabelungen richtig zurück in die Führungsnuten im Lenkradschaum eingedrückt sind. Herausragende Verkabelung kann durch die rückseitigen Teile des Airbags beschädigt werden.

■ Wenn das Tastenmodul mit integriertem Steuergerät ersetzt wurde, dann ist die Codierung mit dem Fahrzeugdiagnosetester durchzuführen.

Halterung für Mobiltelefon aus- und einbauen

■ **Ausbau:** Zündung und alle elektrischen Verbraucher ausschalten.

■ Handy aus der Halterung herausnehmen.

■ Mit einem kleinen Schraubendreher die obere Abdeckung (4) der Handykonsole mit Handyträger (3) aus den Verrastungen (Pfeile) entrasten und etwas zur Seite klappen (Bild 1).

■ Stecker (1) und Antennenleitung (2) abziehen.

■ Befestigungsschrauben (5) lösen und die Handykonsole herausnehmen.

■ Der **Einbau** erfolgt in umgekehrter Reihenfolge. Die Schrauben mit 1,5 Nm festziehen.

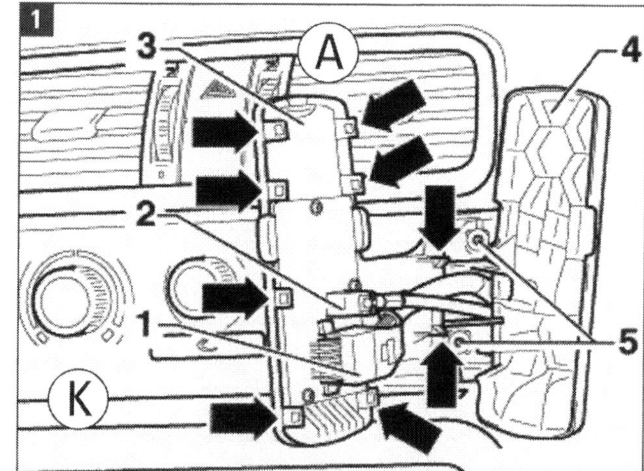

Handyhalter ausbauen: (1) Stecker, (2) Antennenleitung, (3) Handyträger, (4) obere Konsolenabdeckung, (5) Befestigungsschrauben. (A) Mittenausströmer, (K) Klimaanlage.

Lautsprecher aus- und einbauen

■ **Ausbau Tieftonlautsprecher vorn/hinten:** Zündung und alle elektrischen Verbraucher ausschalten.
■ Türverkleidung mit dem jeweiligen Lautsprecher ausbauen und Steckverbindung am Lautsprecher trennen.
■ Die vier Haltenieten mit einem geeigneten Bohrer abbohren und den (defekten) Lautsprecher herausnehmen. Alle Bohrspäne aus der Tür entfernen, sonst können Korrosionsschäden auftreten. Wenn durch das Ausbohren der Nieten Lackschäden entstanden sind, diese sofort fachmännisch (wie weiter vorn beschrieben) beseitigen.
■ **Ausbau Hochtonlautsprecher vorn:** Diese Lautsprecher sind mit der oberen A-Säulen-Verkleidung fest verbunden. Radio ausschalten und die A-Säulen-Verkleidung oben wie im Kapitel »Innenraum« beschrieben vorsichtig ausbauen.
■ Steckverbindung am Lautsprecher trennen. Ersatz nur zusammen mit der Säulenverkleidung.
■ **Ausbau Hochtonlautsprecher hinten:** Zündung und alle elektrischen Verbraucher ausschalten.
■ Verkleidung der Tür hinten ausbauen und die Steckverbindung am Lautsprecher trennen.
■ Rastnasen am Lautsprecher nach außen drücken und den Hochtonlautsprecher nach innen herausnehmen.
■ Der **Einbau** erfolgt bei allen Lautsprechern in umgekehrter Reihenfolge.
■ Neue Tieftonlautsprecher mit entsprechenden Blindnieten befestigen.

Fahrzeugelektrik: Licht, Wischer, Instrumente

Elektrik im Auto leistet erheblich mehr, als man an Beleuchtung, Scheibenwischern und Antenne erkennen kann. Mit etwas Kenntnis und geeignetem Werkzeug kann man auch in diesem sehr komplexen Bereich über den Sicherungswechsel hinaus viele Probleme selbst beheben.

Das Bordnetz

Ihr Roomster ist in allen Versionen vom Start an auf elektrischen Strom angewiesen. Motorsteuerung und Kraftstoffeinspritzung müssen mit Elektroenergie versorgt werden. Alle für Fahrbetrieb, Sicherheit und Bequemlichkeit eingebauten Systeme und die gesamte Lichtanlage sind ohne sie arbeitsunfähig.

Bus-Systeme CAN und MOST

Das dezentrale Bordnetz des Roomster mit verteilten Steuergeräten, Relaisplätzen, Sicherungsboxen und Kupplungsstationen für die Kabel ermöglicht eine schnelle und genaue Fehlerdiagnose. Es beruht auf dem Bus-System, bei dem auf einer Gruppe von Leitungen viele Informationen parallel übertragen werden. Zahlreiche Funktionen sind über »CAN-Bus« miteinander vernetzt, dem »Controller Area Network«, das aus mehreren Bussystemen aufgebaut ist. Wegen der CAN-Technik darf bei allen Reparaturen an der Fahrzeugelektrik keinesfalls gelötet werden. Erlaubt sind nur Quetschverbindungen, worauf wir später noch näher eingehen.

Batterie

Startenergie bereitzustellen, ist die wichtigste Aufgabe der Batterie links im Roomster-Motorraum. Defekte Verbraucher, Selbstentladung (lange Standzeiten) oder Tiefentladung (nicht ausgeschaltete starke Stromverbraucher) können Ausfälle verursachen. Fehler zu finden, ist eine knifflige Sache. Eine ausgebaute Batterie oder den Akku in einem vorübergehend stillgelegten Fahrzeug aufzuladen, ist hingegen zu schaffen. Das sollten Sie einmal im Monat tun. Denn zum Anfahren sind zwischen 400 W (warmer Motor) und 2.000 W (Kaltstart) erforderlich.

Generator

Der Drehstrom-Synchrongenerator (»Lichtmaschine«), vom Motor mit angetrieben, versorgt schon bei Motorleerlauf alle elektrischen Aggregate mit Strom und lädt ständig die Batterie auf. Er bringt es auf mehr als 2 kW Elektroenergie. Leistungsdioden besorgen die Gleichrichtung dieses Wechselstroms. Der Generator im Roomster ist wartungsfrei, die Schleifkohlen sind für 100.000 km gut.

Je schneller die Lichtmaschine dreht, umso höher steigt die Spannung. Ein Regler schützt vor Überspannungen und verhindert ein Überladen der Batterie. Er ist an die Lichtmaschine angeschraubt und reguliert die Betriebsspannung je nach Temperatur von Batterie und Umgebung auf Werte zwischen 13,8 und 14,5 Volt im 14-Volt-Toleranzfeld.

Anlasser

Der Roomster ist mit dem üblichen Schub-Schraubtrieb-Anlasser (Bild 1) ausgestattet, der sich vorn am Motor befindet. Sein Magnetschalter trägt die Anschlüsse Klemme 30 (Pluskabel der Batterie) und Klemme 50 (dünnes Kabel vom Zündanlassschalter).

Tut sich mal beim Starten gar nichts und könnte es der Anlasser sein: Kontakte überprüfen, durchmessen, vielleicht ausbauen und auswechseln. Magnetschalter, Schleifkohlen oder ein Lager-Verschleiß sind mögliche Ursachen.

Fehler an der Elektrik

Nötige Arbeiten an der elektrischen Anlage sind nicht immer von der komplizierten Elektronik verursacht. Pflege und Wartung der Batterie, Ersetzen von Lampen im ausgedehnten Beleuchtungssystem oder Austausch von Sicherungen können Sie durchaus bewältigen. Dazu geben wir Ihnen später einige Tipps.

Anlasser: (1) der Magnetschalter mit den Anschlüssen.

Beleuchtung, Wischer, Sicherungen

Die Fahrzeugbeleuchtung ist ein zentrales aktives Sicherheitselement. Auch das Fahren mit Licht am Tag hat sich inzwischen recht weit verbreitet. Der Roomster ist entsprechend ausgestattet. Seine Lichttechnik ist schon über Steuergeräte in den Daten- und Kommunikationsverbund des Fahrzeugs integriert. Neue Funktionen werden realisiert und vernetzt.

Für Sicherheit auf der Straße

Ab Modelljahr 2011 wird der Roomster mit drei Scheinwerferarten angeboten:

- Fester Scheinwerfer mit Halogenreflektor und H4-Zweifadenglühlampe.
- Fester Halogenscheinwerfer (Projektorscheinwerfer) mit zwei H7-Einfadenglühlampen (bis 2010: Bi-Halogenscheinwerfer mit H7-Einfadenglühlampe).
- Kurvenlicht-Halogenscheinwerfer (Projektorscheinwerfer) mit zwei H7-Einfadenglühlampen (bis 2010: Bi-Halogenscheinwerfer mit H7-Einfadenglühlampe).

Die ersten beiden Varianten können nachgerüstet werden, die dritte Variante ist stets mit Nebelscheinwerfern mit der integrierten »Cornerlicht«-Funktion ausgestattet.

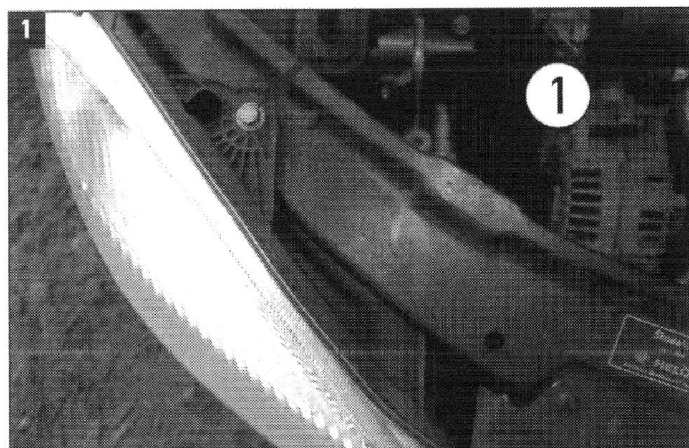

Roomster-Licht: Scheinwerfer und (1) Drehstromgenerator.

Diverse Wischerfunktionen

Über das Bordnetz wird auch die Steuerung der Scheibenwischer geregelt. Die Wischeranlage ermöglicht Wischen in den Geschwindigkeitsstufen 1 und 2, Intervallbetrieb (zwischen 2 und 24 Sekunden), Tippwischen, das Waschen von Scheiben und Scheinwerferglas sowie Service-Funktionen.

Die Anlage ist mit den Steuergeräten im Schalttafeleinsatz und für Wischermotor, für Bordnetz und für Lenksäulenelektronik vernetzt.

Der Stufenschalter auf dem Wischerhebel kann vier Intervallstufen einstellen. Das Frontwischersystem ist einmotorig mit mechanischer Verbindung zwischen den beiden Wischern. Der einmotorige Heckwischer beginnt bei eingeschalteten Frontwischern automatisch zu laufen, wenn im Fahrzeug der Rückwärtsgang eingelegt wird.

Schutz der Systeme

Damit Sie die Elektrik Ihres Autos einfach, zuverlässig und sicher nutzen können, gibt es Schaltstellen, Leitungsstränge und Sicherheitsvorkehrungen. Die zahlreichen Schalter und Taster können auch schon mal Ursache für Störungen sein. Der beste Weg ist dann, mit Prüflampe zu kontrollieren und defekte Schalter auszuwechseln. Dazu Zündung und Verbraucher ausschalten, Zündschlüssel abziehen.

Verbraucher, die einen hohen Strom aufnehmen, werden durch Schaltrelais in Betrieb genommen. Erst über das Schließen des Schaltstromkreises wird von ihnen der Arbeitsstromkreis hergestellt. Für den Schutz der elektrischen Systeme sorgen Schmelzsicherungen. Wo sich Relaisträger und Sicherungshalter befinden, zeigen wir weiter hinten. Für Sie am wichtigsten: Sicherungen im Halter links unten in der Schalttafel (Auftaktbild).

Bauteilkennung und Kabelfarben

In den Stromlaufplänen haben alle Bauteile Kennbuchstaben in Kombination mit Zahlen. Die Kabel sind mit Farben gekennzeichnet, und die meisten Anschlüsse an den Mehrfachsteckern wie an den Relais sind nummeriert.

Batterie: Sichtprüfung und richtige Behandlung

Um Gebrauchstüchtigkeit über lange Zeit zu gewährleisten, muss die Batterie, auch nach den Vorgaben im »Reparaturleitfaden« von Škoda, regelmäßig geprüft, gewartet und gepflegt werden. Denn neben der Funktion als Energieversorger für den Startvorgang dient die Batterie als Puffer und Lieferant elektrischer Energie für das gesamte elektrische Bordnetz im Fahrzeug. Geprüft werden soll in der Reihenfolge

- Sichtprüfung,
- Magisches Auge prüfen,
- Ruhespannung prüfen,
- Spannung unter Belastung prüfen und
- Stromentnahme beim Laden (abhängig vom Prüfergebnis unter Belastung) prüfen.

Wir gehen zunächst auf Sichtprüfung und Wartung/Pflege ein.

■ **Sichtprüfung:** Zündung ausschalten, Zündschlüssel abziehen, Motorhaube öffnen. Die Batterie (1; Bild 1)* links im Motorraum hat eine flexible Hülle. Der Sicherungskasten (4) ist direkt auf der Batterie montiert und deckt sie teilweise ab. Auf Schäden am Gehäuse untersuchen. Wenn Säure ausgelaufen ist: Stellen mit Säurewandler oder Seifenlauge reinigen. Undichte Batterien auswechseln!
** Bild 1 zeigt die Batterie im 1.2 TSI/77 kW*

■ Sind die Batteriepole beschädigt? Der nötige Kontakt der Klemmen muss gewährleistet sein. Oxidkristalle an Batterieklemmen mit warmem Sodawasser abwaschen oder mit Säurewandler Neutralon behandeln.

■ Die Batteriepolklemmen (Bild 2) müssen korrekt aufgesteckt sein: Pole mit den Klemmen in einer Ebene oder über die Klemmen herausragend. Sie müssen festgezogen sein, weil sonst der Funktionszustand nicht mehr gewährleistet ist und es sogar zu Leitungsbränden kommen kann.

■ Die Batterie muss fest in ihrer Halterung (6) sitzen. Lockerer Sitz verkürzt durch Erschütterungen die Batterielebensdauer, kann zu Schäden an den Batterieplatten führen und stellt eine Gefährdung durch Explosions-Möglichkeit dar.

■ **Batterie richtig behandeln:** Polklemmen stets gewaltfrei von Hand aufstecken, um das Gehäuse nicht zu beschädigen. Die Muttern (Pfeil, Bild 2) werden mit 6 Nm festgeschraubt. Nach dem Festziehen der Klemmen mit diesem vorgeschriebenen Anzugsdrehmoment dürfen die Schrauben nicht weiter festgezogen werden. Schraube der Klemmplatte (7) mit 20 Nm anziehen.

■ Hinweise (Piktogramme) auf der Batterie-Oberseite und in der Betriebsanleitung beachten!

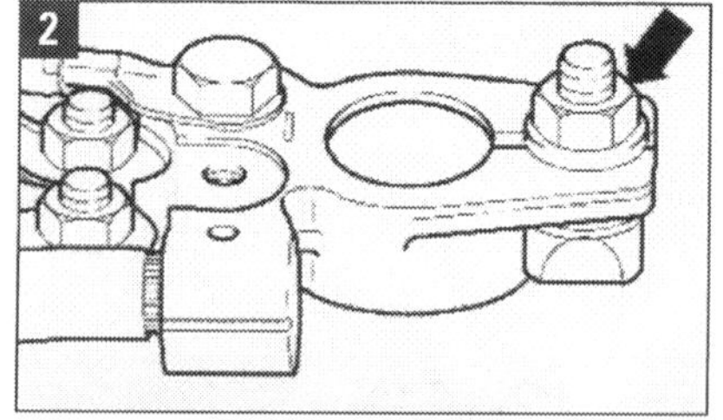

Batterie im Roomster:
(1) Batterie,
(2) Minusklemme (siehe auch Bild 2),
(3) Masseband zur Karosserie,
(4) Sicherungskasten auf der Batterie,
(5) Pluspolabdeckung,
(6) Batteriehalter,
(7) Klemmplatte mit Befestigungsschraube (M8x35; 20 Nm).
Roter Pfeil: Magisches Auge.

■ Reihenfolge beim Ab- und Anklemmen: Zuerst Minuspol, dann Pluspol abklemmen. Beim Anklemmen erst Plus-, dann Minusklemme (»Masseband«) aufstecken. Verpolung und Kurzschlüsse vermeiden!

■ Wenn die Batterie längere Zeit im abgestellten Fahrzeug verbleibt, sollte der Minuspol abgeklemmt werden.

■ Nach Wiederanklemmen der Batterie muss eine Grundprogrammierung mit dem Werkstattsystem (VAS 5052) vorgenommen werden.

■ Einige Funktionen »lernt« das Elektrik-System allerdings auch wieder selbst, dafür ist es programmiert. Funktionen (wie Fensterheber) mehrfach probieren!

Batterie: Magisches Auge

■ **Magisches Auge:** Die von Škoda verbauten Starter-Akkus (außer AGM-Akkus) sind wartungsfreie Batterien mit flüssiger Batteriesäure und »Magischem Auge« (Bilder 3 und 4). Das Magische Auge erlaubt die Prüfung von Säurestand und Ladezustand.

■ Das magische Auge kann sich an unterschiedlichen Positionen befinden, aber stets nur an einer Batteriezelle. Seine Anzeige ist genau genommen nur für diese Zelle gültig, aber auf die anderen übertragbar. Eine exakte Beurteilung der gesamten Batterie ist nicht ohne (nachfolgend beschriebene) Belastungsprüfung möglich.

■ Wenn eine Batterie nachgeladen wurde, also auch bei Aufladung während des Fahrbetriebs, können sich Luftblasen unter dem magischen Auge bilden, welche die Farbanzeige verfälschen. Daher vor der Prüfung stets leicht auf die Anzeige klopfen!

■ Škoda unterscheidet wie VW zwischen Batterien, die ein magisches Auge mit den lange Zeit üblich gewesenen drei oder mit nur noch zwei Farbanzeigen haben. Wenn Informationen über Säurestand und Ladezustand der Batterie gegeben werden, sind drei Farbanzeigen (grün, schwarz, hellgelb) üblich; wenn nur über den Säurestand informiert wird, sind nur die Anzeigen schwarz und hellgelb möglich. Die Einführung der neuen (zweifarbigen) Anzeige erfolgt schrittweise. Für eine Übergangszeit bleiben beide Varianten verfügbar. In Zukunft sollen dann nur noch die Farben »schwarz« oder »hellgelb« angezeigt werden.

■ ***Drei Farbanzeigen:*** Die ab Werk montierten Batterien mit der dreifarbigen Anzeige sind mit einem Code gekennzeichnet, der stets mit »1J0«, »7N0« oder »3B0« beginnt. Die konkrete Kennzeichnung ist dann z. B. »1J0 915 105 AC«. Aus dem Škoda-Originalzubehör gekaufte Ersatzbatterien mit der dreifarbigen Anzeige sind mit »000 915 105 Ax« gekennzeich-

Batterie-Typ 1: (1) »Magisches Auge«, (2) mit Plastikfolie überklebte Batteriestopfen.
Die genaue Position des Magischen Auges ist vom jeweiligen Batterietyp abhängig.

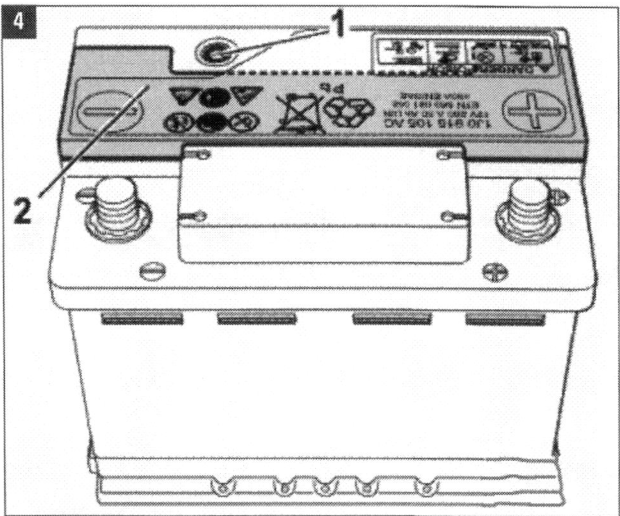

Batterie-Typ 2: (1) »Magisches Auge«, (2) Abdeckung für die Batteriestopfen.
Die genaue Position des Magischen Auges ist vom jeweiligen Batterietyp abhängig.

net, wobei »x« eine Variable ist. Die konkrete Kennzeichnung ist dann z. B. »000 915 105 AB«. Die Farben bedeuten:

– »grün« – Batterie ausreichend geladen;
– »schwarz« – Batterie teilentladen, Ladezustand < 65 % oder entladen;
– »farblos/hellgelb« – Batterie muss ersetzt werden.

■ ***Zwei Farbanzeigen:*** Die ab Werk montierten Batterien mit der zweifarbigen Anzeige sind mit einem Code gekennzeichnet, der stets mit »5K0« beginnt. Die konkrete Kennzeichnung ist z. B. »5K0 915 105 D«. Aus dem Škoda-Originalzubehör gekaufte Ersatzbatterien mit zweifarbiger Anzeige sind mit »000 915 105 Dx« gekennzeichnet, wobei »x« eine Variable ist. Die konkrete Kennzeichnung ist dann z. B.»000 915 105 DB«. Die Farben bedeuten:

– »schwarz« – Säurestand in Ordnung;
– »farblos/hellgelb« – Säurestand zu niedrig, Batterie muss ersetzt werden.

Achtung! Batterien, deren magisches Auge »farblos oder hellgelb« anzeigt, dürfen nicht geprüft, nicht geladen und nicht zur Starthilfe verwendet werden! Explosionsgefahr!

Batterie: testen, abklemmen, ausbauen, laden

■ **Batterietester benutzen:** Eine grobe Einschätzung des Ladezustands ist mit preisgünstigen Testern aus dem Zubehörhandel möglich. Solche Geräte verfügen über einen Anschlussstecker, der in die Buchse für den Zigarrenanzünder oder die 12 V-Steckdose passt. Elektrik einschalten, aber nicht den Motor, Licht für eine Minute ein- und dann wieder ausschalten. Leuchten LED in den grünen Sektoren, dann sollte der Ladezustand i. O. sein.

5

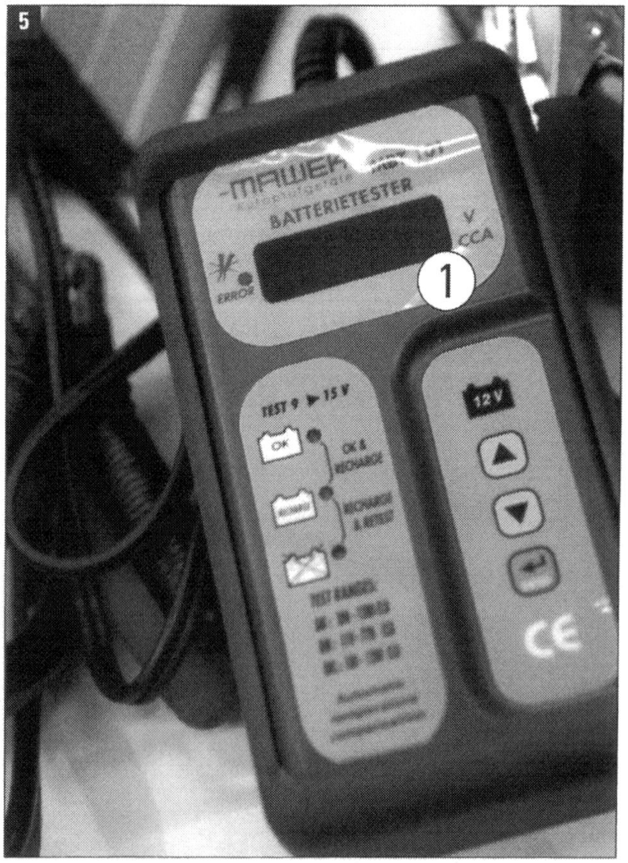

Batterie-Tester: Enthält Messtechnik und nicht lediglich Leuchtdioden. Individuell einzustellen, digitale Anzeige (1).

■ Eine präzise Bestimmung des Ladezustandes ist mit einem professionellen Tester möglich. Solche Geräte enthalten Messtechnik, sind mit Klemmen anzuschließen und individuell einzustellen und zeigen das Messergebnis digital an. Škoda-Werkstätten verwenden vielfach Tester mit Drucker VAS 5097 A oder 6161. Bild 5 zeigt einen auf der Fachmesse »Reed Exhibitions« gezeigten Tester.

■ **Säurestand-Prüfung an Markierungen:** Den Säurestand von Batterien mit Verschlussstopfen können Sie von außen prüfen, wenn MIN- und MAX-Markierungen am Gehäuse vorhanden sind. Die Säure muss über die MIN-Markierung reichen (Oberkanten der Platten gut bedeckt), darf aber auch nicht über der MAX-Marke liegen.

■ **Besonderheiten beachten:** Bei bestimmten Roomster-Modellen ist die Starterbatterie im Kofferraum verbaut. Wir beschreiben die allgemein übliche Situation mit Batterie links im Motorraum. Das Prinzip gilt aber auch für den Sonderfall Kofferraum.

■ **Batterie abklemmen:** Codierung von Navigationssystem/Radio abfragen. Zündung aus, Zündschlüssel abziehen, Motorhaube öffnen. Mutter (Pfeil in Bild 2) lösen, Polschuh der Masseleitung abziehen.

■ **Batterie anklemmen:** Alle elektrischen Verbraucher ausschalten und Zündschlüssel abziehen. Bei Fahrzeugen mit Start-Stopp-System vor dem Anklemmen der Batterie den Stecker vom Steuergerät für Batterieüberwachung (J367) abziehen. Polklemme (-) mit Steuergerät auf den »-«-Pol der

Batterie stecken und die Befestigungsmutter (Pfeil Bild 2) mit 6 Nm festziehen. Stecker wieder am Steuergerät aufstecken.

■ Fahrzeuge ohne Steuergerät für Batterieüberwachung: Batteriepolklemme der Masseleitung auf Batterie-Minuspol aufstecken und die Mutter mit 6 Nm festziehen.

■ Batteriepole nicht fetten und nicht ölen. Polklemmen nur gewaltfrei von Hand aufstecken. Wenn beide Klemmen abgeklemmt wurden, dann erst die Pluspolklemme (+) anklemmen. Nach Anklemmen der Batterie und Einschalten der Zündung leuchten ständig die Kontrollleuchten für Stabilitätsprogramm ASR/ESP und für Servolenkung. Sie erlöschen nach Vorwärtsfahrt von einigen Metern, wodurch der Lenkwinkelgeber (Bauteil G85) wieder aktiviert wird.

■ Nach Anklemmen der Batterie je nach vorhandener Fahrzeugausstattung
- Uhr einstellen,
- elektrische Fensterheber prüfen,
- Radio/Navigation mit Anti-Diebstahl-Codierung codieren (nicht für ab Werk montierte Radio-/Navigationssysteme),
- Fahrzeugdiagnosetester anschließen, Fehlerspeicher abfragen und evtl. Fehlereinträge löschen.

■ **Batterie ausbauen:** Batterie wie beschrieben abklemmen. Pluspolabdeckung (5 in Bild 1; Bild 6) öffnen, Mutter vom Plusanschluss am Sicherungskasten (4) abschrauben. Die beiden Halter lösen und den Sicherungskasten abnehmen und mit angeschlossenen Leitungen beiseite legen. Schraube an der Klemmplatte (7) abschrauben, Batterie herausheben (Bild 1).

■ **Einbau:** Umgekehrt vorgehen. Klemmplatte mit 20 Nm anschrauben. Erst Plusleitung, dann Minusleitung anklemmen!

■ **Laden:** Die Batterie kann ausgebaut werden, sie muss es aber nicht. Wird die Batterie in eingebautem und angeschlossenem Zustand geladen, wird der Ladestrom in die Kapazitätsrechnung eines eventuellen Steuergerätes für Batterieüberwachung mit Batteriesensor J367 einbezogen.

■ Batterie-Mindesttemperatur 10 °C. Schnellladen nur im Ausnahmefall (z. B. bei Starthilfe).

■ Wenn die Batterie im ausgebauten Zustand geladen wird, unbedingt beachten: Betreffenden Raum wegen des sich bildenden Gases nicht mit offenem Licht oder rauchend betreten! Funken beim An- oder Abklemmen könnten das Gas ebenfalls zur Explosion bringen. Stellen Sie auf jeden Fall Durchlüftung sicher!

■ Zündung und Verbraucher abschalten. Mit dem Allround-Ladegerät VAS 5095 A für alle im Volkswagenkonzern verbauten 12 V-Akkus erfolgt das Laden ohne Strom- und Spannungsspitzen, was die Bordelektronik spürbar schont.

■ Geladen werden kann aber mit allen vergleichbaren handelsüblichen Geräten. Wir demonstrieren in Bild 7 das Laden einer von VW verbauten Batterie (1) mit einem aktuell im Fachhandel erhältlichen modernen Gerät (2). Rote Ladeklemme (3) am Pluspol, Schwarze Ladeklemme (4) am Minuspol der Batterie anschließen.
Achtung: Für Fahrzeuge mit Start/Stopp-Funktion und mit Steuergerät für Batterieüberwachung (J367) schreibt Volkswagen zur Vermeidung von Störungen vor, die schwarze Ladeklemme an der Karosseriemasse anzuklemmen!

■ Ladegerät (im Beispielfall über 2 m Anschlusskabel) ans Netz, Motorhaube geöffnet lassen. Bei älteren Geräten war es erforderlich, den von der Batterie benötigten Ladestrom

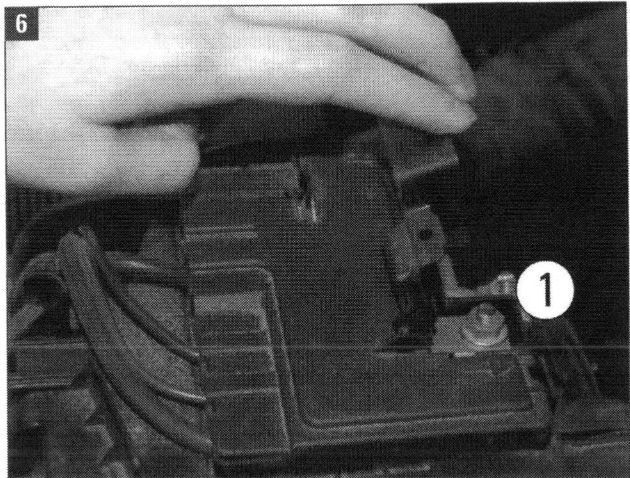

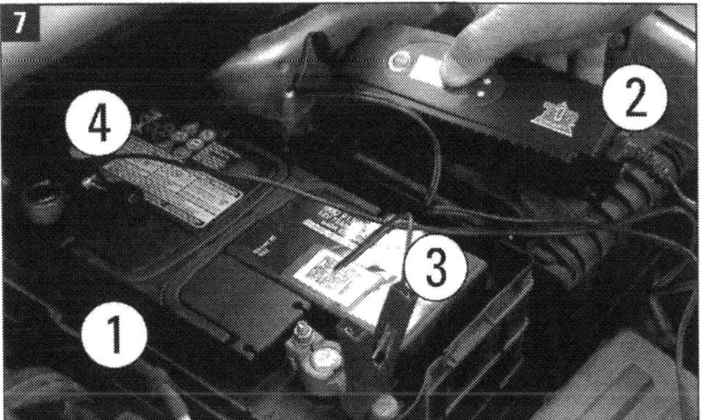

Bild 6: Pluspolabdeckung öffnen. (1) Plusanschluss.
Bild 7: (1) Batterie, (2) Ladegerät, (3) rote Klemmzange an den Pluspol, (4) schwarze an den Minuspol anklemmen.

einzustellen. Moderne Geräte (in unserem Fall »Top Craft«) steuern den Ladevorgang mit Mikroprozessor in mehreren Lademodi und zeigen die Vorgangsdaten per LCD-Display an. Das Gerät bestimmt die Akku-Kapazität im Bereich von 1,2 Ah bis 120 Ah und stellt für die 12 V-Batterie einen Ladestrom von 3,8 A ein. Es verfügt über Wiederbelebungsmodus, Erhaltungsfunktion und Verpolungsschutz.

■ **Vorsicht bei tiefentladenen Batterien!** Bei ihnen ist die Ruhespannung (volle Batterie: 12,6 V) unter 11,6 V abgesunken, ihre Batteriesäure besteht fast nur noch aus Wasser mit sehr wenig Schwefelsäure. Bei Tiefentladung »sulfatieren« Batterien, die Plattenoberflächen verhärten. Werden solche Batterien unmittelbar nach der Tiefentladung wieder geladen, bildet sich die Sulfatierung allerdings zurück. Werden sie nicht nachgeladen, verhärten die Platten weiter. Die Fähigkeit zur Ladungsaufnahme wird eingeschränkt, die Batterieleistung sinkt ab.

■ Die **Ladedauer** bestimmt sich nach den Angaben für das jeweilige Ladegerät. Beim VAS 5095 A und ähnlichen elektronischen »Battery Chargern«, welche die Tiefentladung automatisch erkennen, beträgt die Ladezeit 24 Stunden. LED-Anzeige rot während des Ladens, grün bei Ende des Ladens.

■ **Belastungsprüfung:** Nach dem Laden erfolgt die Belastungsprüfung, die den Batteriezustand eindeutig definiert. Sie gibt Aufschluss über den Zustand der Batterie. Erforderlich ist ein Batterieprüfgerät wie der VW-Tester 5097 A. Batterie-Temperatur mindestens 10 °C. Zündung und Verbraucher ausschalten. Der »Praxistipp« zeigt den Zusammenhang von Akku-Kapazität, Strom und Spannung.

PRAXISTIPP

Belastungsprüfung der Batterie

■ Den Kälteprüfstrom nach den Angaben auf der Batterie in Ampere (A) nach DIN feststellen oder anhand von Tabellen zum Kälteprüfstrom den Einstellbereich des Batterietesters ermitteln.

■ Kälteprüfstrom mit Wahlschalter, Messbereich (80 - 379 A bzw. 380 - 499 A) mit EIN/AUS-Funktionsschalter einstellen. Batterien mit einem Kälteprüfstrom über 499 A nach DIN (520, 580 oder 600 A) mit der Einstellung 499 A nach DIN prüfen.

■ Rote Klemme »+« des Prüfgeräts an den Pluspol, schwarze Klemme »-« an den Minuspol der Batterie anschließen:

Batterie-kapazität	Kälteprüf-strom	Belastungs-strom	Mindest-spannung
36 Ah	175 A	100 A	10,4 V
40 - 49 Ah	220 A	200 A	9,2 V
50 - 60 Ah	265 - 280 A	200 A	9,4 V
61 - 80 Ah	300 - 380 A	300 A	9,0 V
81 - 110 Ah	380 - 500 A	300 A	9,5 V

■ Bei einwandfreier Batterie sinkt die Spannung auf den Mindestwert, bei defekter oder schwach geladener Batterie sehr schnell unter den Mindestwert. Nach dem Test steigt die Spannung langsam wieder an. Falls die Batterie nachgeladen werden muss, danach erneut Belastungsprüfung. Wenn immer noch Nachladen nötig ist: Batterie auswechseln.

Generator und Anlasser ausbauen

Der Generator (Bild 1) sitzt mit anderen Nebenaggregaten auf einem Halter am Motor. Er wird über seine Riemenscheibe per Keilrippenriemen vom Motor angetrieben. Der Anlasser ist vorn unten am Getriebe angeschraubt. Zum Ausbau muss jeweils Baufreiheit entsprechend der jeweiligen Motorisierung geschaffen werden. Wir geben hier jeweils das Prinzip an.

■ **Ausbau Generator:** Benötigt werden Drehmomentschlüssel (V.A.G 1331 und 1332). Zündung ausschalten, Batterie-Masseband abklemmen, Motorabdeckung abziehen. Steckverbindung am Klimakompressor trennen, Kompressor abschrauben und bei angeschlossenen Schläuchen (Kältemittelkreislauf nicht öffnen!) mit Bindedraht aufhängen (nicht knicken!).

■ Laufrichtung des Keilrippenriemens markieren, da der Riemen ausgebaut und wieder in ursprünglicher Richtung eingebaut werden muss. Beim 1.2 TSI-Motor auch die Umlenkrolle ausbauen (Kapitel »Antrieb«).

■ Abschirmkappe von der Befestigungsmutter der B+ Leitung abziehen, Mutter (1) abschrauben und elektrische Leitung trennen. Stecker (2) abziehen. Befestigungsmutter (3,2 Nm) für Leitungshalter (3) herausschrauben und die Leitung seitlich ablegen (Bild 1).

■ Schrauben (23 Nm, Pfeile) herausdrehen (Bild 2).

■ Fahrzeuge mit 1,2 TSI und Common Rail Motoren: Drehstromgenerator nach unten herausnehmen. Fahrzeuge mit MPI- (SRE-)Motoren: Drehstromgenerator nach oben herausnehmen.

■ **Einbau:** Markierte Laufrichtung und Laufbild des Keilrippenriemens beachten. Riemen muss korrekt auf den Scheiben liegen. Zur leichteren Montage die Gewindebuchsen (roter Pfeil Bild 1) um rund 3 mm nach außen verschieben.

■ Die B+-Leitung mit 20 Nm befestigen. Wenn sie nicht mit dem vorgeschriebenen Drehmoment befestigt wird, könnte die Batterie nicht vollständig geladen werden, kann es zum Komplettausfall der Fahrzeugelektrik kommen, besteht Brandgefahr auf Grund von Funkenbildung und sind Schäden durch Überspannungen an elektronischen Bauteilen und Steuergeräten möglich.

■ **Ausbau Anlasser:** Benötigt werden wieder Drehmomentschlüssel (V.A.G 1331 und 1332). Batterie und Batterieträger wie beschrieben ausbauen

■ Bei Fahrzeugen mit an der Befestigungsschraube des Anlassers befestigtem Masseband (Bild 3) die Mutter (1) herausdrehen und das Masseband abklemmen. Stecker (2) ab-

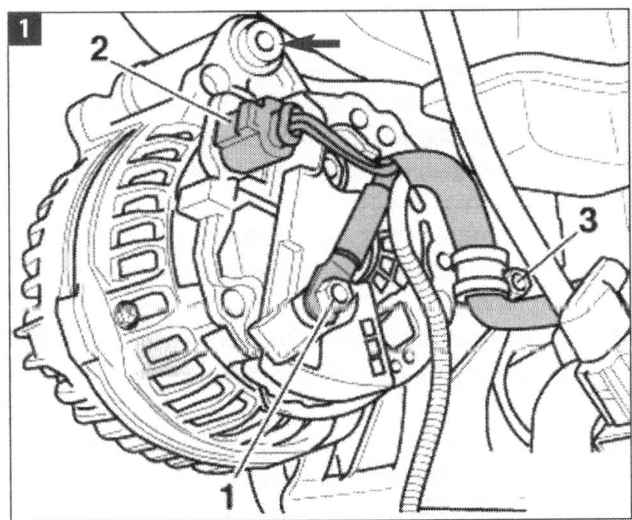

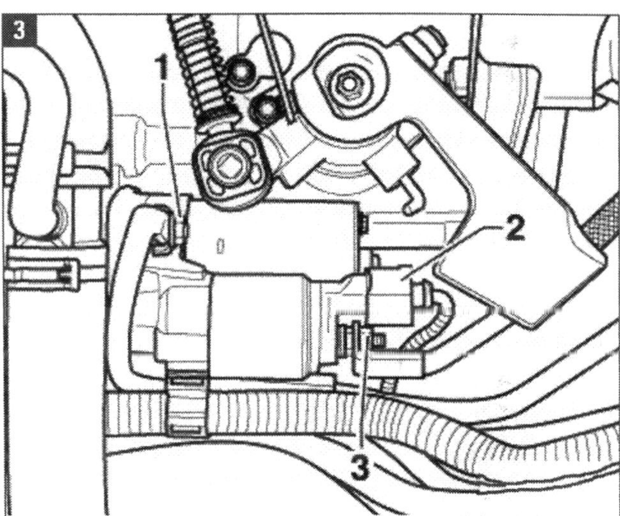

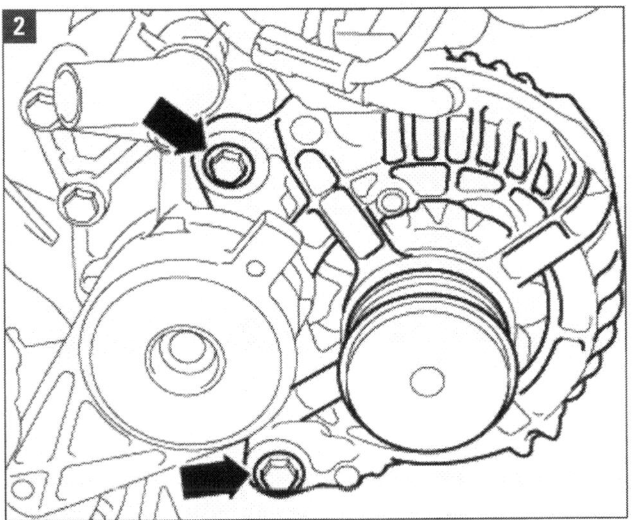

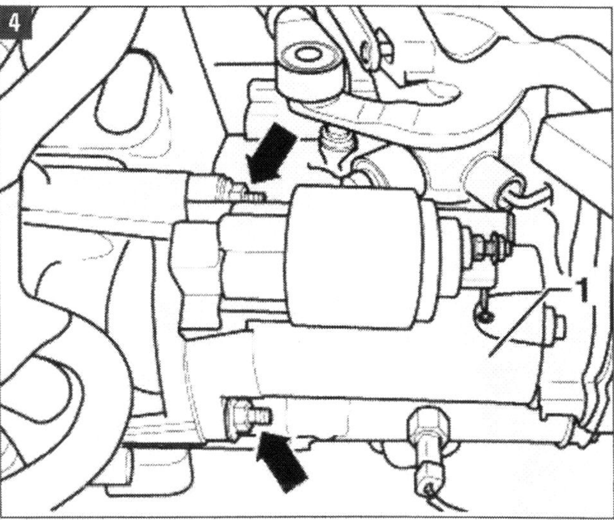

Bilder 1/2 Generator: (1) Mutter, (2) Stecker, (3) Leitungshalter. Pfeile in Bild 2: Schrauben 23 Nm. Der rote Pfeil in Bild 1 zeigt auf eine der beiden Gewindebuchsen.

Bilder 3/4 Anlasser: (1) Mutter zur Massebandbefestigung, (2) Stecker, (3) Leitung Klemme 30. Die Pfeile in Bild 4 zeigen die Befestigungsschrauben des Anlassers (1).

ziehen. Die Kunststoffkappe abnehmen und Leitung (3, Klemme 30) vom Magnetschalter abschrauben.

■ Bei Fahrzeugen mit Schaltgetriebe (02T) die Geräuschdämpfung ausbauen und die Mutter am Leitungshalter herausschrauben. Den Leitungshalter mit Leitung seitlich ablegen. Ggf. Stecker für Rückfahrleuchten abziehen.

■ Den Getriebeschalthebel lösen und leicht anheben.

■ Alle Fahrzeuge (Bild 4): Schrauben (Pfeile) herausdrehen und den Anlasser (1) ausbauen.

■ Der **Einbau** erfolgt in umgekehrter Reihenfolge. Folgendes beachten: Zur Befestigung von Masseband und Plusleitung immer neue selbstsichernde Muttern verwenden.

■ Die Mutter am Masseband mit 20 Nm festschrauben. Beim Befestigen der Plusleitung muss zwischen Anlasser mit Kupferschraube (16 Nm) und Anlasser mit Stahlschraube (20 Nm) unterschieden werden.

■ Befestigungsschrauben des Anlassers mit 80 Nm festziehen. Arbeitsablauf beim Anklemmen der Batterie beachten.

Spannungsregler ausbauen, Kohlebürsten prüfen

■ Der Spannungsregler mit Kontakt-Schleifkohlen (Kohlebürsten) ist an die Generatorrückseite geschraubt. Seine Abschirmkappe sieht bei den im Roomster verwendeten Spannungsregler-Typen Bosch (Bild 1) und Valeo etwas unterschiedlich aus. Ausbau und Prüfung zeigen wir am Bosch-Regler. Das Prinzip ist auf den von Valeo übertragbar.

■ **Ausbau:** Generator (1, Bild 1) ausbauen, B+-Leitung mit der 20 Nm-Mutter abschrauben.

■ Muttern (4) und Schraube (5) nach Bild 1 abschrauben, Kappe (3) abnehmen. Die drei 2 Nm-Schrauben (6) herausschrauben und den Regler (2) abnehmen.

1

Spannungsregler: (1) Drehstromgenerator, (2) Spannungsregler, (3) Abdeckkappe, (4) Muttern 4,5 Nm, (5) Schraube, (6) drei Schrauben 2 Nm.

■ **Prüfen des Spannungsreglers:** Bei etwaiger Fehlfunktion des Generators, bei Aussetzern usw. müssen die Schleifkohlen (Kohlebürsten) des Spannungsreglers überprüft werden. Sie dürfen eine minimale Länge »a« nicht unterschreiten.

■ Dieses Verschleißmaß »a« (Bild 2) beträgt 5 mm bei 1 mm Toleranz zwischen beiden Kohlebürsten.

■ Der **Einbau** erfolgt sinngemäß umgekehrt. Die Kohlebürsten müssen korrekt auf den Schleifbahnen liegen.

■ Zur Befestigung der B+ -Leitung immer eine neue selbstsichernde Mutter (20 Nm) verwenden!

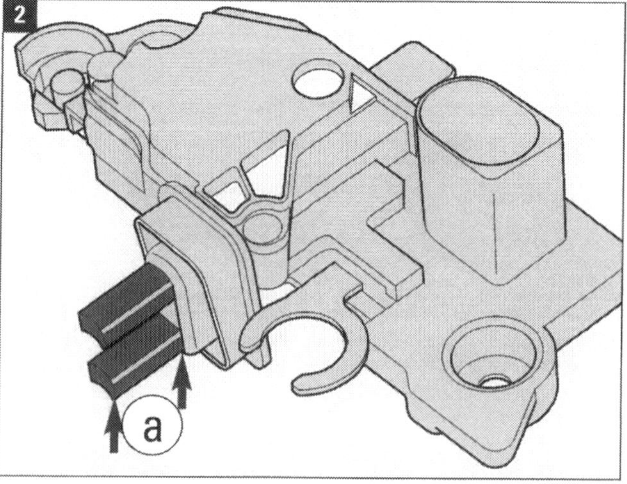

Kohlebürsten am Spannungsregler: Das Verschleißmaß »a« beträgt 5 mm bei 1 mm Toleranz zwischen beiden Kohlebürsten. Bei neuen Spannungsreglern sind die Bürsten 12 bis 15 mm lang. Im Bedarfsfall müssen die Kohlen erneuert oder der Regler ausgetauscht werden.

Scheinwerfer, Stellmotor, Lampen ausbauen

Vor allen Arbeiten an Scheinwerfern diese ausschalten und den Zündschlüssel abziehen. Das Batterie-Masseband muss nicht abgeklemmt werden. Wird ein Scheinwerfer ausgebaut, ist er nach dem Einbau immer einzustellen. Die Eigendiagnose vom Bordnetzsteuergerät erleichtert die Fehlersuche an den Scheinwerfern. Fehlersuche mit VAS 505x in der Betriebsart »Geführte Fehlersuche«.

■ Gebraucht werden Drehmomentschlüssel (V.A.G 1410) und Schraubendreher (Torx; es passt der Schraubendreher aus dem Bordwerkzeug).

■ **Scheinwerfer ausbauen:** Die Arbeiten links und rechts sind identisch. Vor dem Lösen der Schrauben die Einbaulage auf geeignete Weise (Filzstift, Klebeband) kennzeichnen, um den passgerechten Wiedereinbau zu erleichtern. Die Befestigungsschraube für Scheinwerfer im Radhaus ist durch den abnehmbaren Deckel in der Radhausschale zugänglich.

■ Zündung und Verbraucher ausschalten, Stoßfänger vorn ausbauen, die drei Schrauben am Scheinwerfer (1) herausdrehen: Erst die unten neben dem Kühler (2), dann die äußere unten, vom Radhaus her zugängliche (3), zum Schluss die Schraube oben (4; auch Pfeil in Bild 1, Seite 171). Bild 1 zeigt die Pratzen für die entsprechenden Schrauben.

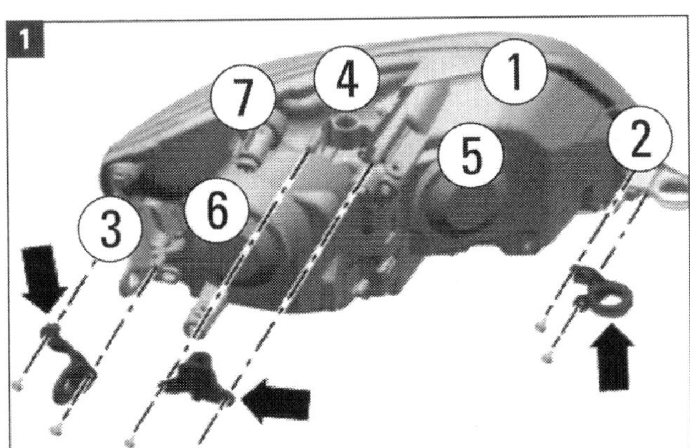

Rückseite des Projektorscheinwerfers: (1) Scheinwerfer, (2) Anschraubpratze kühlernahe Schraube, (3) Pratze für Schraube vom Radhaus her, (4) Pratze für Schraube oben, (5) Kammer für Standlicht/Fernlicht, (6) Kammer für Abblendlicht, (7) Kammer für Blinklicht. Die Pfeile zeigen die Ersatzpratzen für Reparaturen.

■ Die beiden Stecker (für Scheinwerferlicht und für Blinklicht) abziehen.

■ **Scheinwerfer einbauen:** In umgekehrter Reihenfolge. Scheinwerfer nach den Konturen der Karosserie (Spaltmaße!) ausrichten und leicht mit den Schrauben befestigen.

■ Stoßfänger einbauen. Im Umfeld beider unterer Schrauben gibt es Einstellelemente. Durch Drehen daran wird der Scheinwerfer verschoben und kann so in die Karosserieteile eingepasst werden.

■ Nachfolgend die Befestigungsschrauben unten am Kühler mit 3,5 Nm, vom Radhaus her mit 5 Nm und abschließend die Schraube oben mit 3,5 Nm festziehen. Beim Festziehen der Schraube oben wird das Einstellelement automatisch ausgerichtet.

■ **Pratzen wechseln:** Werden die Scheinwerferbefestigungspratzen abgebrochen oder beschädigt, können sie durch Reparaturteile ersetzt werden (Bild 1). Wenn keine anderen Beschädigungen vorliegen, muss nicht der ganze Scheinwerfer ersetzt werden.

■ Ersatzpratzen nach dem Elektronischen Katalog der Originalteile bestellen. Vor der Reparatur den Scheinwerfer ausbauen. Bei Ersatz der oberen Befestigungspratze müssen

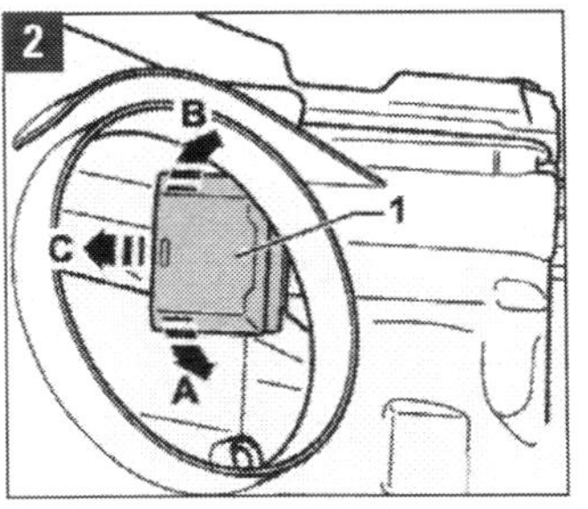

Stellmotor für Leuchtweitenregelung: (1) Stellmotor. Die Pfeile zeigen die Ausbaubewegungen.

H7-Lampe: (1) Lampe, (2) Aufhängeöse mit Stecker.

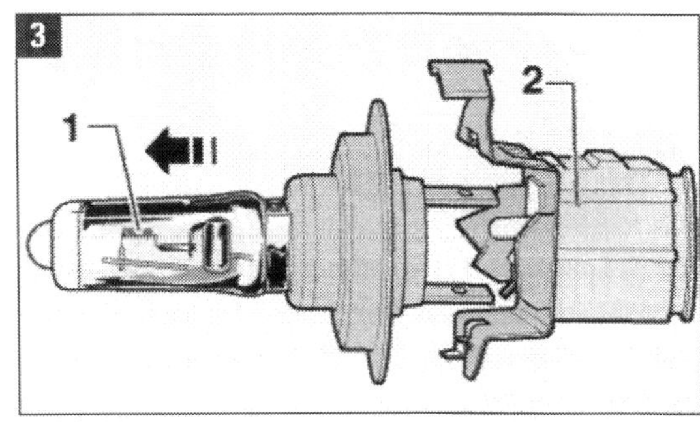

auch das im Reparatursatz vorhandene Einstellelement und die Schraube verwendet werden.

■ Die beschädigte Original-Befestigungspratze entfernen. Eine neue Pratze (Pfeile, Bild 1) formgerecht einsetzen und die Befestigungsschrauben mit 1,5 Nm festziehen. Nach dem Einbau den Scheinwerfer einstellen.

■ **Stellmotor für Leuchtweite ausbauen:** Scheinwerfer mit defektem Stellmotor wegen des schwierigen Zugangs ausbauen.

■ Gummiabdeckkappe für Fern- und Standlicht abnehmen. Stellmotor (1) durch Drehen, beim Scheinwerfer links nach unten (Pfeil A), beim Scheinwerfer rechts nach oben (Pfeil B) lösen und durch Ausschwenken das Druckelement aus der Lagerung herausschieben. Den Stellmotor herausnehmen (Pfeil C) und den Stecker abziehen (Bild 2).

■ **Stellmotor für Leuchtweite einbauen:** Neuen Stellmotor mit aufgestecktem Stecker wieder in den Scheinwerfer einsetzen und durch Drehen wieder in der Ausgangslage einrasten. Zum leichteren Drehen kann der Gummiring leicht mit einer Seife bestrichen werden. Durch Druck auf den Scheinwerferreflektor das Druckelement des Stellmotors wieder in die Lagerung einclipsen. Weiterer Einbau in umgekehrter Ausbaureihenfolge. Einwandfreie Funktion prüfen und Scheinwerfer einstellen.

■ **Lampen wechseln allgemein:** Beim H4-Scheinwerfer sitzen Abblendlicht-, Fernlicht- und Standlichtlampen in einer Kammer, H7-Scheinwerfer haben dafür zwei Kammern mit runden Abdeckkappen aus Gummi.
Zum Lampenwechsel Zündung und alle elektrischen Verbraucher ausschalten, den Zündschlüssel abziehen.
Beim Einbau einer Lampe nicht den Glaskolben berühren! Finger hinterlassen darauf Fettspuren, die beim Einschalten der Lampe verdampfen und den Glaskolben trüben.
Beim Einbau der Abdeckkappe auf richtigen Sitz achten, damit kein Wassereintritt möglich ist, wodurch der Scheinwerfer zerstört werden kann.
Nach Lampenwechsel die Funktionen des Scheinwerfers prüfen und ggf. den Scheinwerfer einstellen.
Spezifikation der einzelnen Lampen: **Tabelle** auf Seite 183.

■ **Lampen wechseln H4-Scheinwerfer (Bild 4):**
Abblendlicht/Fernlicht: Gummiabdeckkappe für Scheinwerfer abnehmen, Stecker abziehen, Federdrahtbügel entriegeln

H4-Scheinwerfer: (1) Scheinwerfer, (2) Blinklichtglühlampe, (3) Lampenfassung für Blinklicht, (4) Glühlampe für Abblend- und Blinklicht, (5) Glühlampe für Standlicht, (6) Gummiabdeckkappe.

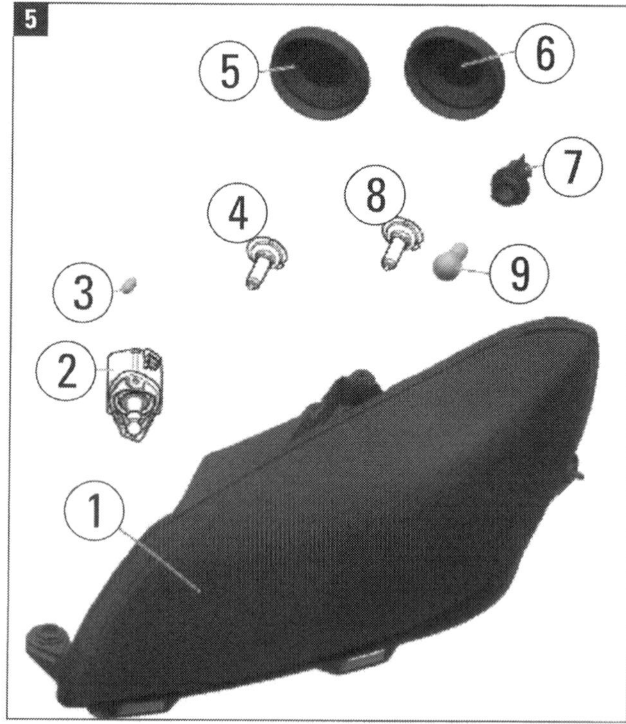

H7-Scheinwerfer: (1) Scheinwerfer, (2) Stellmotor, (3) Glühlampe für Standlicht, (4) Fernlichtglühlampe, (5/6) Gummiabdeckkappen, (7) Lampenfassung für Blinklicht, Abblendlicht-Glühlampe, (9) Blinklichtglühlampe.

und Glühlampe aus dem Scheinwerfergehäuse heraus nehmen. **Einbau** in umgekehrter Reihenfolge.
Standlicht: Gummiabdeckkappe für Scheinwerfer abnehmen. Fassung mit Lampe herausnehmen. Glühlampe aus der Fassung entfernen. **Einbau:** Fassung mit Lampe in den Scheinwerfer bis zum Anschlag eindrücken und Gummiabdeckkappe aufsetzen.
Blinklicht: Lampenfassung in der Kammer für Blinklicht (siehe 7; Bild 1) mit Lampe drehen und herausnehmen. Defekte Glühlampe ersetzen und in umgekehrter Reihenfolge **einbauen**.

■ **Lampen wechseln H7-Scheinwerfer (Bild 5):**
Abblendlicht: Um leichteren Zugang zur Lampe für Abblendlicht des rechten Scheinwerfers zu haben, sind bei Fahrzeugen mit Dieselmotoren der Kraftstofffilter und sein Halter auszubauen und zur Seite abzulegen (Schläuche nicht trennen). Zur besseren Handhabung kann auch die Kappe in der Radhausschale abgenommen werden. Gummiabdeckkappe der äußeren Scheinwerferkammer (6 in Bild 1) abnehmen. Aufhängeöse mit Stecker (Bild 3) drehen und Lampe mit Aufhängeöse und Stecker aus dem Scheinwerfer herausnehmen. Beim Lampenwechsel bleibt die Aufhängeöse über die Rastnasen mit dem Stecker verbunden.
Lampe (1) aus der Aufhängeöse mit Stecker (2) herausnehmen (Bild 3). **Einbau** in umgekehrter Reihenfolge.
Fernlicht: Gummiabdeckkappe der inneren Scheinwerferkammer (5 in Bild 1) abnehmen. Aufhängeöse mit Stecker drehen und Lampe mit Aufhängeöse und Stecker aus dem Scheinwerfer herausnehmen.
Lampe (1) aus der Aufhängeöse mit Stecker (2) herausnehmen (Bild 3). **Einbau** in umgekehrter Reihenfolge.
Standlicht: Gummiabdeckkappe für Lampen für Standlicht und Fernlicht (5 in Bild 1) abnehmen. Fassung mit Lampe herausnehmen. Glühlampe aus der Fassung entfernen. Nach Lampenwechsel Fassung mit Lampe in den Scheinwerfer bis zum Anschlag eindrücken. Gummiabdeckkappe aufsetzen.
Blinklicht: Lampenfassung in der Kammer für Blinklicht (siehe 7; Bild 1) mit Lampe drehen und herausnehmen. Defekte Glühlampe ersetzen. In umgekehrter Reihenfolge **einbauen**.

■ **Lampen wechseln Seitenblinkleuchten (Bild 6):** Zündung und Verbraucher ausschalten. Die 4 Schrauben (4) aus der Radhausschale herausschrauben. Blinkleuchte mit der Hand von innen herausdrücken. Gehäuse (1) aus der Fassung (3) herausziehen. Glühlampe (2) kann zum Wechseln ebenfalls herausgezogen werden. Die Rastnase (Pfeil) befindet sich an der rechten und linken Fahrzeugseite jeweils vorn.
Der Einbau erfolgt in umgekehrter Reihenfolge. Das Blinkleuchtengehäuse muss im Kotflügel einrasten. Schrauben mit 1 Nm anziehen.

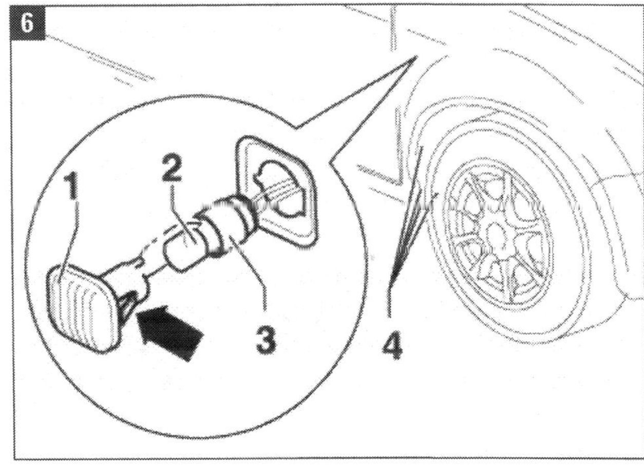

Seitlenblinkleuchte: (1) Gehäuse, (2) Lampe, (3) Fassung, (4) Schrauben. Pfeil: Rastnase.

Scheinwerfer provisorisch einstellen

■ **Scheinwerfer einstellen:** Eine präzise Einstellung ist nur mit dem Lichteinstellgerät (VAS 5046 oder 5047) in der Werkstatt möglich. Die provisorische Einstellung ist ein Notbehelf und auch sehr umständlich. Sie ist aber erforderlich und nützlich, wenn andere Mittel nicht verfügbar sind.
Fahrzeug gegenüber der Einstellwand auf ebener Fläche abstellen. Der Abstand zwischen Front und Wand muss exakt fünf Meter betragen. Fahrzeug vorn und hinten mehrmals kräftig durchdrücken, damit sich die Federn setzen.

■ Die Einstellung der H4-Scheinwerfer erfolgt bei Abblendlicht. Damit wird gleichzeitig der Fernscheinwerfer eingestellt. Das vorgeschriebene Neigungsmaß beträgt 10 cm auf 10 m Entfernung (Projektionsabstand). Das Neigungsverhältnis in Prozent (10 cm/10 m = 1%) ist oben auf dem Scheinwerfergehäuse eingeprägt. Ist das Fahrzeug mit getrenntem Abblend- und Fernlicht ausgestattet (H7-Scheinwerfer), so ist das Fernlicht extra einzustellen, aber nur in der Höhe. Das Neigungsmaß dafür beträgt 0%.

■ Den Abstand zwischen Boden und Mittelpunkt der beiden Scheinwerfer messen. Das Maß an der Wand markieren und die Punkte durch eine Linie (S 1) verbinden (Bild 1). Etwa 5 cm darunter eine parallele Linie E an der Wand anzeichnen. Das ist die Neigung des Abblendlichts auf 5 m Entfernung.

■ Durch das Heckfenster nach vorn peilen. Einem Helfer Hinweise geben, damit er eine zur Fahrzeugmitte orientierte senkrechte Linie M einzeichnen kann.

■ Abstand zwischen Fahrzeugmitte und Mittelpunkt des Scheinwerfers (rechts und links) messen. Diese Werte sind auf die Hilfslinie S1 (rechts und links vom Schnittpunkt der Linien M und S1) zu übertragen und mit einem Einstellkreuz (S2) zu markieren. 5 cm unter diesen Kreuzen müssen die Abknickpunkte des Abblendlichts auf Linie E justiert werden.

■ Scheinwerfer an den Innensechskantschrauben für Höhe und Seite einstellen. Erst Höhen-, dann Seiteneinstellschraube so lange drehen, bis die waagerechte Hell-Dunkel-Grenze des Lichtstrahls mit der Einstelllinie E übereinstimmt. Bild 2 zeigt als Beispiel die Roomster-Höheneinstellschraube.

■ Zur Korrektur der Seiteneinstellung die entsprechende Schraube in der Weise verdrehen, dass der Abknickpunkt im Lichtbild genau auf das Einstellkreuz ausgerichtet ist. Ein Streuanteil von 15 Prozent darf über der Linie liegen.

■ **Nebelscheinwerfer ausbauen und einstellen:** Abdeckung aus der vorderen Stoßfängerabdeckung ausclipsen, die beiden Befestigungsschrauben unten am Nebelscheinwerfergehäuse herausdrehen, die zwei Rastnasen oben entriegeln und Gehäuse (Leitungslänge!) aus dem Stoßfänger herausziehen. Steckverbindungen (bei integriertem Tagfahrlicht zwei) entriegeln und trennen. Lampe für **Nebelscheinwerfer** ist die fest mit der Fassung verbundene Glühlampe HB4, die Lampe für **Tagfahrlicht** ist HiPer PS 19 W 12 V.

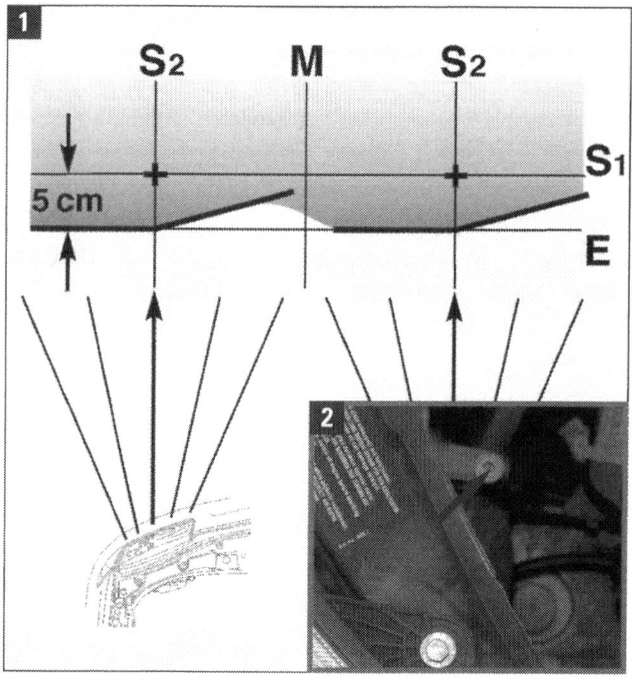

■ Das Neigungsmaß beträgt 20 cm (2%). Leuchtweite mit der Einstellschraube unter dem Scheinwerfergehäuse anpassen. Eine Seitenverstellung ist hier nicht vorgesehen.

Schlussleuchten ausbauen, Lampen wechseln

■ **Ausbau Leuchte:** Zündung und Verbraucher ausschalten, Zündschlüssel abziehen. Kofferraumklappe öffnen. Die beiden Schrauben (Pfeile in Bild 1) herausdrehen und Leuchte vom Fahrzeug abheben. Steckverbindung Fahrzeug-Schlussleuchte (Position 4 in Bild 3) trennen.

■ **Einbau Leuchte:** Steckverbindung herstellen. Die beiden Schrauben mit 2,5 Nm festziehen.

■ **Ausbau Lampenträger:** An der ausgebauten Leuchte die Steckverbindung Leuchte-Lampenträger (2) trennen. Die drei Schrauben (Pfeile) herausdrehen. Die Rastnase (3) abdrücken und den Lampenträger (1) herausnehmen (Alle Positionen Bild 3. Vergl. auch Übersicht Bild 2).

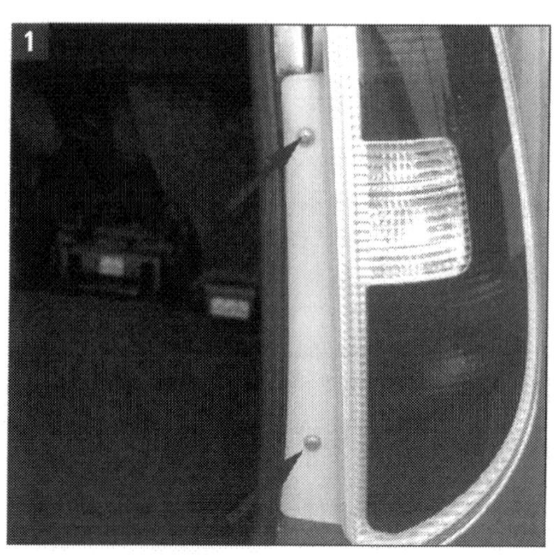

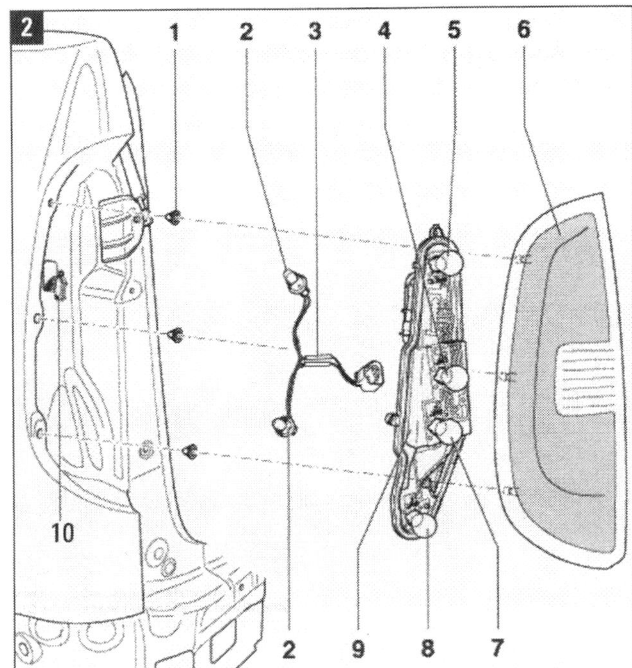

Montagebild Schlussleuchte: (1) Halteteil, (2) Standlichtlampen, (3) Kabel mit Fassungen und Stecker, (4) Blinklichtlampen, (5) Bremslichtlampe, (6) Gehäuse, (7) Rückfahrlampe, (8) Nebelschlusslampe, (9) Lampenträger, (10) Stecker.

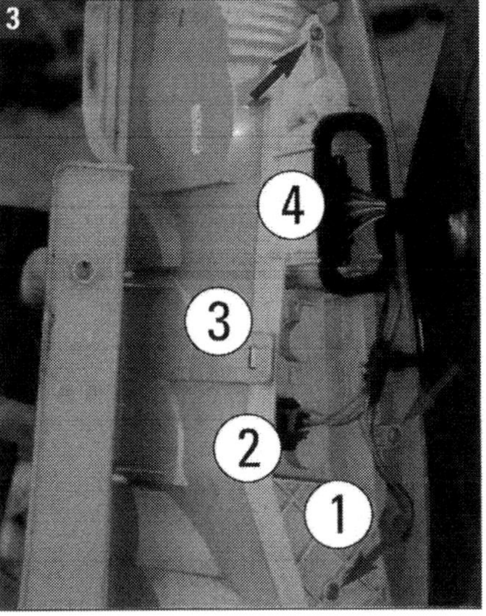

Schlussleuchte: (1) Lampenträger, (2) Stecker am Lampenträger, (3) Rastnase, (4) Steckverbindung an der Leuchte. Pfeile: Drei Schrauben 1 Nm.

■ **Lampen wechseln:** Bild 2 zeigt alle Lampen der Schlussleuchte und ihre Positionierung. Folgende 12 V-Lampen (siehe auch die nebenstehende Tabelle) sind verbaut:
Lampe für Bremslicht P 21 W,
Lampe für Schlusslicht W 5 W,
Lampe für Blinklicht hinten P 21 W,
Lampe für Nebelschlussleuchte oder Rückfahrlicht H 21 W,
Lampen für Standlicht W5W, 12V, 5W.
Glühlampen dürfen nur durch solche gleicher Ausführung ersetzt werden. Die Bezeichnung steht auf dem Lampensockel oder auf dem Glaskolben.

■ **Einbau Lampenträger:** In umgekehrter Reihenfolge. Die drei Schrauben mit 1 Nm festziehen.

Lampen der Roomster-Leuchten

Leuchte	Lampen 12 V	Daten
Abblendlicht / Fernlicht (Zweifadenlampe)	H4	60 W/55 W
Fernlicht	H7	55 W
Abblendlicht	H7	55 W
Standlicht	LongLife	W 5 W
Blinklicht vorn	PY LongLife	21 W
Bremslicht	P	21 W
Hochgesetzte Bremsleuchten	LED in einer Leuchtleiste	
Schlusslicht	Glassockellampe W	5 W
Blinklicht hinten	Glassockellampe PY	21 W
Tagfahrlicht	P	21 W
Nebelscheinwerfer (NS)/ NS mit Cornerfunktion	H8	35 W
Kennzeichenleuchte	Soffitte C	5 W
Innenleuchten vorn	Soffitte	C 10 W
Innenl. hinten / Lesel.	Glassockellampen	W 5 W
Handschuhfach etc.	Glassockellampen	W 5 W

Leuchten im Innenbereich ausbauen

■ **Das Prinzip:** Mit Flachschraubendreher, Abdrückhebel oder Montagekeil die Abdeckungen oder die komplette Leuchte aus dem Einbauort heraushebeln, Steckverbindung trennen. Lampen wechseln, wieder fest verrasten.

■ Beispielhaft für viele der kleinen Leuchten im Innenbereich steht die Kofferraumleuchte (Bild 1). In ihrer »klassischen« Ausführung sind die Lampen dazu Soffitten, in neueren Ausführungen vielfach Glassockellampen mit den

Kontakten nur am unteren Ende. Auch diese werden bereits wieder abgelöst: Die Entwicklung geht zu LED.

■ Schützen Sie beim Aus- und Einbau von Schaltern und Leuchten die Bereiche, an denen Hebel, Keil oder Schraubendreher angesetzt werden, mit Klebeband vor Kratzern.

Kofferraumleuchte: Mit Schraubendreher abhebeln.

■ Die Lampen der Innenleuchten vorn und hinten kann man ohne Ausbau der Leuchte wechseln. Wenn Ausbau der Leuchte nötig ist: Streuscheibe vorsichtig nach unten klappen und herausnehmen, zwei Schrauben (vorn 2 Nm, hinten 1 Nm) herausdrehen, Leuchte aus der Dachverkleidung nehmen und die Steckverbindung trennen.

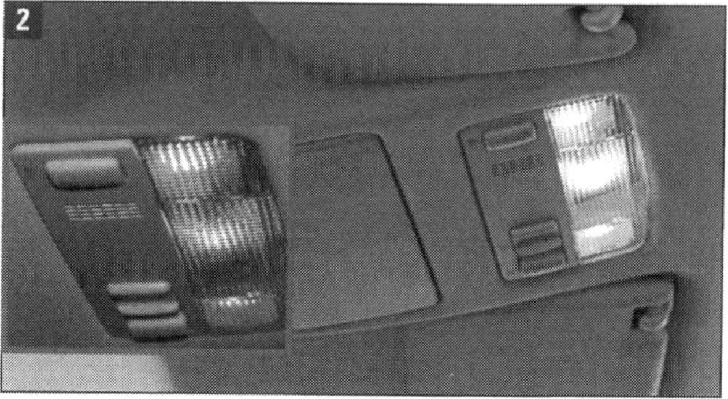

Innenleuchten: Zwei Schrauben unter der Streuscheibe.

Einbauorte der Relais- und Sicherungshalter

Für Reparatur- und Überprüfungsarbeiten relevante Einbauorte der Kabel-Kupplungsstationen, diversen Steckverbindungen und Sicherungs- und Relaishalter sind:

■ A- und B-Säulen, Dachrahmen, Box auf der Fahrzeugbatterie und Schalttafel.

■ Die Türen enthalten ebenfalls zahlreiche Einbauten unter der Verkleidung: Zentralverriegelung, Fensterheber, Lautsprechersysteme, Steuergeräte und diverse Steckverbindungen.

■ Die Schalttafel enthält in Kammern auf der Fahrerseite eine Reihe wesentlicher Baugruppen, darunter das Bordnetzsteuergerät J519. Diese »Schaltzentrale« bewältigt je nach Ausstattungsgrad bis zu 40 Fahrzeugfunktionen.

■ Die **E-Box im Motorraum**, abnehmbar und abgedeckt auf der Batterie, enthält die Halter A und C mit den Sicherungen SA und SC sowie eine Reihe von Relais.

■ In der **Schalttafel links** (Fahrerseite) ist der Sicherungshalter B (Sicherungen SB, Bild 1) für die erste Überprüfung bei Störungen der elektrischen Anlage besonders wichtig. Er enthält die meisten jener Stecksicherungen, die schnell zugänglich sein müssen. Dieser Sicherungshalter wird nach Abhebeln einer Abdeckung unterhalb des Lenkrades zugänglich. Kunststoff-Demontagekeil oder einen kleinen Flachschraubendreher verwenden!

■ Die **Sicherungsbelegung** ist von der Fahrzeugausstattung abhängig. Sie findet sich auf dem Aufkleber Innenseite Abdeckung und ist in der Bedienungsanleitung enthalten. Sicherungen sind nach Steckplätzen nummeriert. Angegeben sind abgesicherter Verbraucher und der Stromstärke-Wert (in A), durch Farbe markiert.

■ Die **Sicherungsfarben** bedeuten: hellrot = 50 A; orange = 40 A; hellgrün = 30 A; natur (weiß) = 25 A; gelb = 20 A; hellblau = 15 A; rot = 10 A; braun = 7,5 A; hellbraun = 5 A; lila = 3 A.

Signalgeber prüfen, Signalhorn ausbauen

■ **Warnblinkanlage:** Zündung aus, Druckschalter mit rot umrandetem Dreieck betätigen. Alle vier Blinklampen und Kontrollleuchte/Schalter leuchten im gleichen Rhythmus.

■ **Richtungsblinker:** Zündung einschalten, Blinkerhebel drücken. Alle Blinker einer Fahrzeugseite müssen blinken, auch die Blinkerkontrolle in der Schalttafel.

■ **Bremsleuchten:** Fahrzeug mit dem Heck zur Wand stellen, Bremspedal drücken: Wand muss rot aufleuchten. Oder ein Helfer gibt Bescheid. Funktionieren beide Lampen nicht: Sicherung und Bremslichtschalter prüfen.

■ **Lichthupe:** Funktioniert die Lichthupe nicht, obwohl die Scheinwerfer brennen, zuerst prüfen, ob an den beiden roten Klemme-30-Kabeln zum Lenkstockschalter Spannung anliegt. Ist dies der Fall, dürfte der Lichtumschalter im Hebelschalter defekt sein.

■ **Signalhorn:** Betätigen Sie die Druckplatte auf dem Lenkrad. Die Hupe muss ertönen.

■ **Signalhornausbau:** Das Signalhorn (Doppeltonhorn) ist am linken Längsträger vorn verbaut. Kunststoffabdeckung am Stoßfänger ausclipsen, Nebelscheinwerfer von innen aus der Verrastung drücken, ausschwenken und herausnehmen, Steckverbindung trennen. Steckverbindung am Horn trennen, Befestigungsschraube (16 Nm) herausdrehen, Horn nach vorn herausnehmen. Beim Scout Radhausschale vorn links lösen, Horn abschrauben (16 Nm) und nach unten ausbauen.
■ **Signalhorneinbau** sinngemäß umgekehrt.

Anmerkung: Wegen der Steuergeräte muss bei Störungen und Fehleranzeigen oftmals auch der Fehlerspeicher ausgelesen werden (Werkstattsystem). Die elektronische Wegfahrsperre funktioniert nur online mit Download.

Quetschverbindungen herstellen

■ Bei Ergänzungen und zusätzlichen Einbauten sind Eingriffe ins und Arbeiten am Leitungsnetz nötig. Das Verlegen und Verbinden von Leitungen ist durchgängig nur mit Quetschverbindungen erlaubt. Gelötet darf nichts werden.

■ Nötige Werkzeuge sind Crimpzange zum Zusammenquetschen der Leitungen mit einem Quetschverbinder (1) und das Heißluftgebläse (2) mit »Schrumpfaufsatz« (3) zum Schrumpfen der Verbinder, damit keinerlei Feuchtigkeit eindringen kann (Bild 1). Der Verbinder wird mit dem Gebläse von der Mitte nach außen in Längsrichtung erhitzt, bis er vollständig abgedichtet ist und der Kleber an den Enden austritt. Bei mehreren so verbundenen Leitungen nebeneinander müssen die Quetschverbinder versetzt angeordnet werden!

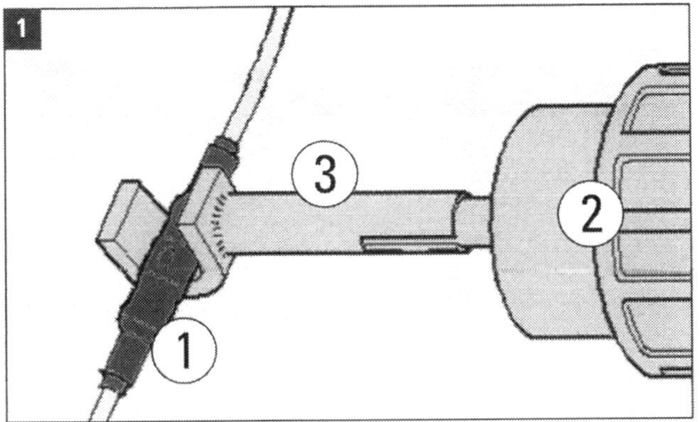

■ Optimale Reparaturqualität an der Fahrzeugelektrik wird bei Verwendung des Leitungsstrang-Reparatursets VAS 1978 oder seiner noch neueren Ausführung 1978A ermöglicht. Mit den Werkzeugen aus diesem Set (Reparaturleitungen, Zange, Heißluftgebläse) können Reparaturen an Steckverbindungen und schadhaften Leitungen durchgeführt werden.

■ Die kompletten Reparaturleitungen haben angecrimpte Kontakte. Sie können mit Hilfe solcher Quetschverbinder mit dem fahrzeugeigenen Leitungsstrang verbunden werden. Die Anschlagzange im VAS-Set hat drei unterschiedliche Quetschmulden, die neue Crimpzange im Set 1978A sogar auswechselbare Köpfe . Mit den Zangen und dem erwähnten Heißluftgebläse zum Schrumpfen der Quetschverbinder (Bild 1) werden einwandfreie elektrische Verbindungen hergestellt. Quetschverbinder selbst dürfen übrigens grundsätzlich nicht repariert werden.

Batterie und Lichtmaschine

Störung	Was kann das sein?	Was muss ich tun?
A Rote Ladekontrolle brennt nicht beim Einschalten der Zündung	**1** Batterie leer	Mit Starthilfekabel starten oder Wagen anschleppen
	2 Batteriekabel gebrochen. Kabelklemmen lose oder oxidert	Batteriekabel und -klemmen kontrollieren
	3 Kontrollleuchte defekt	ersetzen
	4 Kabelweg zwischen Zündschloss, Kontrollampe und Lichtmaschine unterbrochen	Stromweg mit Prüflampe kontrollieren
	5 Schleifkohlen abgenutzt	Regler tauschen
	6 Spannungsregler defekt	Regler austauschen
	7 Lichtmaschine schadhaft	Lichtmaschine überholen oder austauschen
	8 Feuchtigekit bildet einen isolierenden Schmierfilm zwischen den Schleifringen und Kohlen (z.B. nach Motorwäsche)	Lichtmaschine mit Druckluft ausblasen oder Schleifringe und Kohlen sauberreiben
B Ladekontrolle brennt oder glimmt bei laufendem Motor	**1** Keilrippenriemen lose bzw. ohne Spannung	Keilrippenriemenspannung kontrollieren
	2 Mangelnder Kontakt an Kabelanschlüssen der Lichtmaschine oder unterbrochene Kabel	Kabelanschlüsse und Kabel prüfen
C Batterieoberfläche feucht	**1** Zuviel destilliertes Wasser eingefüllt	Ausgasen lassen, keine Säure absaugen
	2 Batterieverschlüsse verstopft	Entlüftungslöcher säubern
	3 Spannungsregler defekt	austauschen
D Batterie gast stark	**1** Spannungsregler defekt	Regler austauschen

STÖRUNGSBEISTAND

Anlasser

Störung	Was kann das sein?	Was muss ich tun?
A Beim Drehen des Zündschlüssels in Startstellung dreht der Anlasser zu lange oder gar nicht	**1** Kontrollampen brennen schwach oder verlöschen **1a** Batterie entladen **1b** Kabelanschlüsse lose oder oxidiert **1c** Batterie entladen	Mit Starthilfekabel starten, Auto anschieben/anschleppen, Kabel befestigen, Anschlüsse säubern, Anlasser überholen lassen oder austauschen
	2 Kontrollampen brennen hell, Klicken aus Richtung Anlasser immer noch nicht: **2a** Kohlenbürsten bzw. deren Anschlüsse im Anlasser gelöst **2b** Kontakte im Magnetschalter verschmort **2c** Anlasserwicklung schadhaft	Anlasser überholen lassen oder austauschen
B Der Anlasser dreht, aber der Motor dreht nicht	**1** Ritzel verschmutzt	Ritzel reinigen
	2 Einrückvorrichtung klemmt	Anlasser überholen lassen
	3 Verzahnung des Ritzels oder der Motorschwungscheibe beschädigt	Wagen bei eingelegtem Gang durch Helfer ein Stück vorschieben lassen. Erneut starten. Beschädigte Teile ersetzen
C Magnetschalter schaltet schnell ein und aus. Anlasser läuft nicht an	**1** Batterie stark entladen, beim Einschalten des Magnetschalters fällt die Spannung ab und er schaltet wieder aus	Batterie laden
	2 Einrückvorrichtung klemmt	Anlasser überholen lassen
	3 Verzahnung des Ritzels oder der Motorschwungscheibe beschädigt	Wagen bei eingelegtem Gang durch Helfer ein Stück vorschieben lassen – Zündung aus! Erneut starten. Beschädigte Teile ersetzen
D Anlasser läuft weiter, obwohl der Zündschlüssel losgelassen wurde	**1** Magnetschalter hängt oder schaltet nicht ab	Zündung sofort abschalten, notfalls Batterie abklemmen. Magnetschalter reparieren oder Anlasser austauschen
	2 Zünd-/Anlassschalter defekt	Schalter ersetzen
E Ritzel spurt nach Anspringen des Motors nicht aus	**1** Rückstellfeder des Einrückhebels lahm oder gebrochen	Motor abstellen, Anlasser austauschen

STÖRUNGSBEISTAND

Hupe

Störung	Was kann das sein?	Was muss ich tun?
A Hupe tönt nicht	**1** Sicherung defekt	Ersetzen
	2 Kabel vom Lenkrad zur Hupe unterbrochen	Kabelverlauf kontrollieren, Steckkontakte der Hupe blankkratzen
	3 Hupe defekt	Prüfen, ggf. ersetzen
	4 Relais defekt	Prüfen, ggf. ersetzen
B Hupe tönt dauernd	**1** Hupenkontakt vom Lenkrad defekt. Kabel vom Hupenkontakt zur Hupe hat Dauerstrom	Schwarz/gelbes Kabel von der Hupe abziehen. Hupt es nicht mehr, Hupenkontakt bzw. Kabel reparieren lassen
	2 Hupe hat inneren Masseschluss	Hupe ersetzen. Unterwegs Kabel von der Hupe abziehen

STÖRUNGSBEISTAND

Bremslicht

Störung	Was kann das sein?	Was muss ich tun?
A Eine Bremsleuchte brennt nicht	**1** Glühlampe durchgebrannt	Austauschen
	2 Masseverbindung unterbrochen. Brennen alle übrigen Lampen in derselben Heckleuchte?	Kabel kontrollieren
	3 Unterbrechung in der Zuleitung	Kabel kontrollieren
B Beide bzw. alle drei Bremslichter brennen nicht	**1** Sicherung defekt	Ersetzen
	2 Bremslichtschalter defekt	Überprüfen, ggf. ersetzen
	3 siehe A1 und A3	
C Bremslicht brennt dauernd	**1** Kabel zum Bremslichtschalter haben direkten Kontakt	Kabel kontrollieren

Warnblink- und Blinkanlage

Störung	Was kann das sein?	Was muss ich tun?
A Kontrollampe für Richtungsblinker leuchtet in ganz kurzen Intervallen auf. Normaler Blinkrhythmus beim Warnblinken	**1** Eine Glühlampe defekt oder ohne Kontakt	Auswechseln
B Blinkleuchten und Kontrolleuchte brennen bei Richtungs- und Warnblinken dauernd oder gar nicht	**1** Blinkrelais defekt	Auswechseln
C Richtungsblinken funktioniert, aber kein Warnblinken	**1** Sicherung defekt	Auswechseln
	2 Kabel vom Steckkontakt am Warnblinkschalter zur Sicherung bzw. Blinkerrelais unterbrochen	Durchgang kontrollieren, ggf. erneuern
	3 Warnblinkschalter defekt	Auswechseln
D Warnblinken funktioniert, aber kein Richtungsblinken	**1** Kabel zwischen Blinkerschalter und Blinkerrelais unterbrochen	Durchgang kontrollieren, ggf. erneuern.
	2 Blinkerschalter defekt	Auswechseln (lassen)
	3 Sicherung defekt	Ersetzen
E Kein Richtungs- und kein Warnblinken	**1** Sicherung defekt	Auswechseln
	2 Warnblinkschalter defekt	Auswechseln

Antrieb: Motor und Öl, Kühlung und Getriebe

Der neue Roomster hat leistungsstarke und sparsame Motoren. Die Wartung der Triebwerke am Schmier- und am Kühlsystem sowie die Anbindung der Motoren ans Fahrwerk über das Getriebe sind Gegenstand dieses Kapitels.

Die Motoren des Roomster

Die fortgeschrittensten Triebwerke des Roomster MJ 2011 sind bei den Benzinern Direkteinspritzer nach dem FSI-Prinzip mit Turbocharger und bei den Dieselmotoren Direkteinspitzer mit Common-Rail-Technik und Abgasturbolader. Sie tragen das Erkennungszeichen »TSI« (Bild 1) bzw. »TDI« (Bild 2). Die einfacheren Triebwerke der Einstiegsmotorisierung sind Saugrohr-Einspritzmotoren (SRE) der Bauweise Multi-Point-Injection mit dem Kürzel MPI (Bild 3).

Sechs Motoren von 51 bis 77 kW

Drei Benziner und drei Diesel-Triebwerke stehen zur Wahl. Das Leistungsspektrum geht von 70 bis 105 PS (51 bis 77 kW). Alle sechs Motoren warten mit der Schadstoffklasse EU 5 auf.

1. CGPA: Der 1,2 Liter Dreizylinder (Bild 3), ein Saugrohreinspritzer mit 70 PS (51 kW), heißt bei Škoda »HTP – High Torque Power«, viel Kraft durch hohes Drehmoment bei kleinem Hubraum. Das Triebwerk,

Das Viertaktprinzip

WISSENSWERTES

Bei den Roomster-Motoren umfasst ein Arbeitszyklus des Kolbens im Zylinder vier Takte:

- **Einspritzen:** Der Kolben gleitet zum Unteren Totpunkt UT. Einlassventile öffnen, das Einspritzventil arbeitet, Luft und Kraftstoff strömen in den Zylinder.
- **Verdichten:** Der Kolben bewegt sich vom UT zum Oberen Totpunkt OT. Einlassventile schließen. Der Kolben verdichtet das eingeströmte Gemisch.
- **Verbrennen:** Kurz vor dem OT wird das Gemisch gezündet. Es verbrennt und drückt den Kolben zum UT. Sein Pleuel dreht die Kurbelwelle.
- **Ausstoßen:** Der Kolben geht nach oben. Auslassventile öffnen, die verbrannten Gase werden ins Abgassystem und in den Turbolader geschoben.

Der Raum, den der Kolben im Zylinder durchmisst, ist der Hubraum. Hat der Kolben darin seinen höchsten Punkt erreicht, bleibt der Brennraum mit dem Kraftstoff-Luft-Gemisch. Hubraum plus Brennraum bilden den Zylinderraum. Das Verhältnis Zylinderraum zu Brennraum gibt an, auf den wievielten Teil des Zylinderraums das Gemisch verdichtet wird:

Verdichtung bei den TSI-Motoren	10,0:1
Verdichtung bei den MPI-Motoren	10,5:1
Verdichtung bei den TDI-Motoren	16,5:1

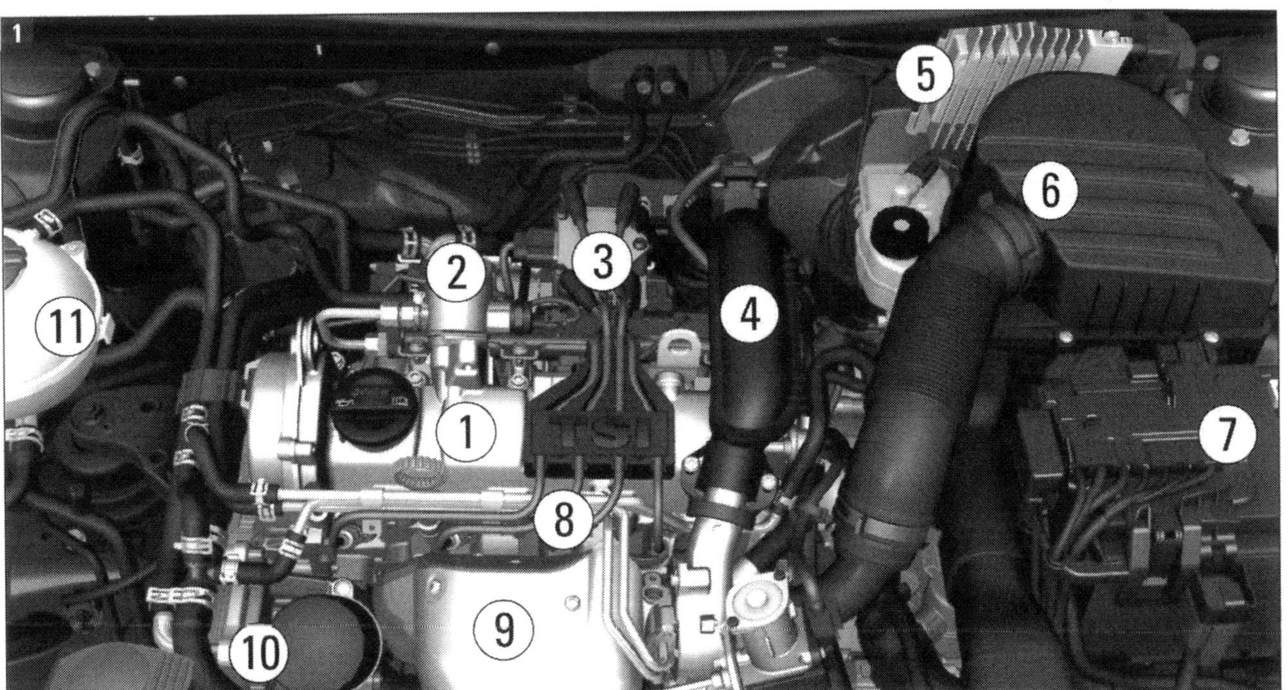

1,2-Liter-TSI: (1) Zylinderkopf, (2) Hochdruck-Pumpe, (3) Zündspule mit Leitungsführung, (4) Ladedruckrohr mit Druckgeber, (5) Motorsteuergerät, (6) Luftfilter/Luftführung, (7) Batterie, (8) Zündleitungen, (9) Turbolader, (10) Ölfilter, (11) Kühlmittel.

im Rahmen des Möglichen auf Drehmoment hin optimiert (112 Nm bei 3.000 Umdrehungen), fährt sich erstaunlich angenehm.

2. CBZA: 1,2 Liter TSI mit 63 kW (86 PS), ein Vierzylinder, ist mit 5,7 Liter durchschnittlichem Kraftstoffverbrauch sehr sparsam. Die Green tec-Ausführung verbraucht sogar nur 5,3 Liter Kraftstoff pro 100 Kilometer im Mix inner-/außerorts.

3. CBZB: Der 1,2 Liter TSI ist mit 105 PS (77 kW) der stärkste Benziner (Bild 1). Den Daten zufolge ist er ebenso sparsam wie der CBZA. Kombiniert mit dem DSG-Getriebe, beschleunigt er in 11 Sekunden von 0 auf 100 km/h und erreicht 184 km/h Spitze.

4. CFWA: Kleinster Diesel ist der 1,2 Liter TDI mit 75 PS (55 kW), ein Dreizylinder. Aus 4,5 Litern Kraftstoff pro 100 Kilometer im Mix (GreenLine 4,2 Liter) schafft er ein maximales Drehmoment von 180 Nm. I

5. CAYB: Der TDI mit 90 PS (66 kW) hat 1,6 Liter Hubraum. Er verbraucht bei 230 Nm maximalem Drehmoment nur 4,7 Liter (kombiniert).

6. CAYC: Ebenfalls 1,6-Liter-TDI. Mit 105 PS (77 kW) lässt dieser stärkste Diesel den Roomster 181 km/h bei 4,7 Liter Kraftstoffverbrauch erreichen.

Alle TDI werden über Common Rail (CR) mit Kraftstoff versorgt und haben Dieselpartikelfilter (DPF).

Die 4-stelligen Motorkennbuchstaben wurden im VW-Konzern mit dem Buchstaben »C« beginnend eingeführt. Die ersten 3 Stellen stehen für Hubraum und mechanischen Aufbau des Motors. Sie sind mit fortlaufender Nummer im Zylinderblock eingeschlagen. Die 4. Stelle steht für Leistung und Drehmoment des Motors und ist vom Motorsteuergerät abhängig.

Motorkennbuchstaben/Motornummer der einzelnen Motoren sind zu finden:

- CGGB: Aufkleber am Steuerkasten.
- CBZA und CBZB: Auf dem Motor und auf einem Datenträger auf dem Luftführungsrohr.
- CFWA, CAYB und CAYC: Vorn an der Trennfuge Motor/Getriebe sowie Aufkleber auf dem Zahnriemenschutz.

Die Kennbuchstaben sind auch auf dem Fahrzeugdatenträger und vorn am Zylinderblock am Verbindungsflansch für Getriebe aufgeführt.

Der Modernste: Vierzylinder-1,6-Liter-Turbodiesel mit Common-Rail-Direkteinspritzung. Er bietet 66 oder 77 kW auf (Bild 2).
Der Kleinste: Benzin-Einspritzmotor mit 1,2 Liter Hubraum bei drei Zylindern in der Leistungsstufe 51 kW (Bild 3).

Das Schmiersystem

Alle Stellen im Motor, an denen Metalle aufeinander gleiten, müssen ständig mit Öl versorgt werden: Kolben, Zylinderlaufbahnen, die Lager von Kurbelwelle und Nockenwelle. Kein Triebwerk hält mehr als einige Minuten ohne passende Schmierung durch. Ein Teil des Schmieröls wird vom Kreislauf abgezweigt und zur Kühlung u. a. des Kolbens direkt in dessen Inneres gespritzt.

Das Motoröl

Öl vermindert Reibung und Verschleiß und dichtet die engen Räume zwischen Kolben, Kolbenringen und Zylinderwand so fein ab, dass der hohe Druck bei der Verbrennung fast ohne Verluste auf die Kurbelwelle übertragen wird. Öl kühlt auch den Motor, zum Beispiel die Kolben in den Zylindern und die Lager von Kurbelwelle und Nockenwelle. Außerdem schützt es vor Rost, bindet Schmutzpartikel und einen Teil der Verbrennungsrückstände.

Wichtige Kenngröße für Motoröl ist seine Viskosität. Sie ist das Maß für die Fließfähigkeit des Schmieröls. Im Winter muss ein Motoröl so dünnflüssig sein, dass es nach dem Kaltstart sofort alle Schmierstellen versorgt. Bei höheren Temperaturen ist dickflüssiges Öl gefragt, das den Schmierfilm nicht abreißen lässt.

Im Roomster fließt ganzjährig fahrbares »Mehrbereichsöl« (Bilder 1/2). Die meisten Motoröle sind solche Öle aus Mineralöl und bis zu 20% Additiven (»VI-Verbesserer«). Diese Zusätze bewirken, dass sich das Öl den Temperaturen im Motor anpasst. Sie schützen ferner das Öl vor Oxidation und verhindern das Aufschäumen bei hohen Drehzahlen.

Die Additive verschleißen aber bei hohen Temperaturen und verlieren ihre Wirkung. Wasser, Kraftstoff und Verbrennungsrückstände setzen der Lebensdauer des Motoröls ebenfalls Grenzen. Rechtzeitiger Ölwechsel ist daher kein Luxus, sondern reine Notwendigkeit, wenn Ihr Motor reibungslos funktionieren soll.

Normen für Motoröl

WISSENSWERTES

■ SAE-Klasse: Einstufung durch die Society of Automotive Engineers. Bezeichnet die Klasse der Viskosität, zum Beispiel SAE 5W-40 (unser Bild). Je kleiner die erste Zahl, umso dünner und bei Kälte besser fließend ist das Öl (W = Winter). Ein Öl mit 0W schmiert noch bei minus 30 Grad, bei 5W ist es gut bis minus 25 Grad, bei 15W bis minus 15 Grad. Je höher die zweite Zahl, umso besser widersteht das Öl hohen Temperaturen. Das von Škoda empfohlene Shell-Helix-Öl entspricht wie in Bild 2 der SAE 5W-40.

■ ACEA-Norm: Von der Association des Constructeurs Européen d'Automobiles im Jahre 1996 eingeführte europäische Ölnorm. Nach ACEA gibt es für Benziner die Gruppen A1 (Sprit sparendes Öl), A2 (gering belastetes Öl), A3 (Hochleistungs-Öl). Für Diesel gilt eine Einteilung von B1 bis B4.

■ API-Norm: Vorschrift des American Petroleum Institute. Diese Spezifikation besteht aus den Buchstaben S bzw. G (Benziner) und C bzw. PD (Diesel) sowie einem weiteren Buchstaben bzw. einer Zahl. Je höher im Alphabet oder je größer die Zahl, umso besser ist die Qualität des Öls.

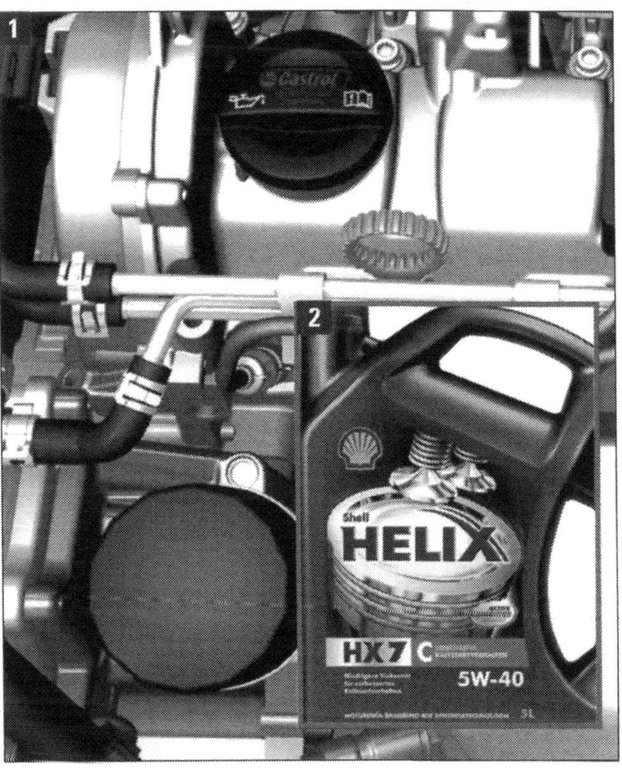

Der Ölkreislauf

Im Motorblock strömt das Öl durch ein System von Leitungen und feinen Bohrungen an die richtige Adresse. Dieses System bildet von der Ölwanne unten am Motor über die verschiedenen Stationen bis in die Wanne zurück einen Kreislauf mit der Ölpumpe im Zentrum.
Die Pumpe holt über die Saugleitung das Öl aus der Wanne. Im Hauptstrom sitzt der Ölfilter (Bild 3), der Verunreinigungen wie Ruß, Metallabrieb und Staub zurückhält. Vom Filter gelangt das Motoröl über Bohrungen im Zylinderblock zu den Schmierstellen der Kurbelwelle und zu den Pleueln. Von den Gleitlagern der Kurbelwelle wird das Öl in den Zylinderkopf, zu den Nockenwellenlagern und an andere sensible Stellen gedrückt. Rücklaufkanäle führen wieder in die Ölwanne.

Der Ölfilter

Bauform und Montage des Ölfilters unterscheiden sich je nach Motortyp, aber das Prinzip ist immer ähnlich dem in Bild 3 für den 1.6 TDI gezeigten. Der Filter arbeitet nur so lange, bis er vom Schmutz zugesetzt ist. Deshalb Filtereinsatz (2) beim Ölwechsel tauschen!
Wenn er nicht rechtzeitig gewechselt wurde, tritt ein Überdruckventil in Aktion. Es öffnet, und das Motoröl umgeht den Filter. Damit ist zwar die Ölversorgung sichergestellt, doch ungefiltertes Motoröl bewirkt einen höheren Verschleiß an den Lagerstellen.
Durch die Mittelachse der Filterpatrone gelangt das gereinigte Öl direkt in den Hauptölkanal. Der Öldruckschalter dort signalisiert über die Kontrollleuchte im Schalttafeleinsatz und einen Warnton zu niedrigen Öldruck.

Der Öldruck

Denn damit die Schmierung bei jeder Belastung des Motors sicher gestellt ist, muss der Öldruck stimmen. Bei zu kaltem und sehr zähflüssigem Öl kann ein zu hoher Druck entstehen. Dann öffnet ein Überdruckventil eine Umgehungsleitung (Bypass) und leitet das Öl direkt auf die Saugseite der Ölpumpe zurück. Der Ölkreislauf bleibt in diesem Fall erhalten.

Problematisch ist zu niedriger Öldruck, der z. B. vorkommt, wenn Sie bei zu geringem Ölstand mit hohem Tempo durch eine Kurve fahren. Die Ölpumpe saugt dann Luft anstatt Öl aus der Ölwanne. Der Öldruck fällt abrupt ab, was zu schweren Lagerschäden führen kann. Wenn nach schnellen Autobahn- oder Passfahrten die Öldrucklampe im Leerlauf flackert, ist das ein Indiz dafür, dass der Öldruck durch zu heißes und damit dünnflüssiges Öl unter den normalen Wert gesunken ist, obgleich das Öl einen extra Kühler passiert (4).
Wenn die Kontrollleuchte beim Gasgeben wieder verlischt, ist alles in Ordnung. Wenn aber der Geber in der Ölwanne zu geringen Ölstand signalisiert, könnte Motorschaden drohen. Sofort anhalten, Motor abstellen, Öl auffüllen und prüfen, ob die Warnsignale damit ausgeschaltet sind. Sonst Werkstatt oder Selbsthilfe!

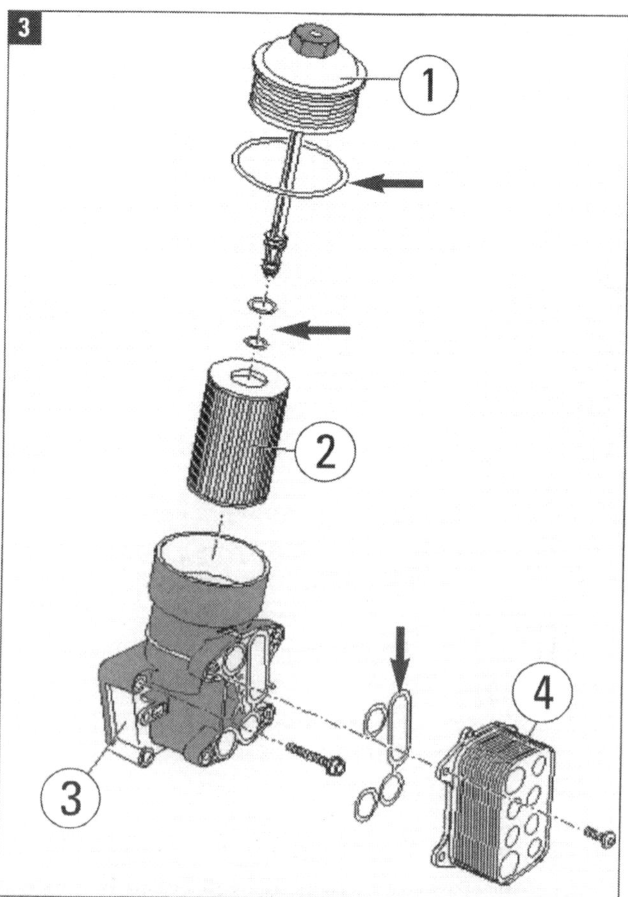

Ölfilter beim 1,6 TDI: (1) Verschlussdeckel, (2) Filtereinsatz, (3) Ölfiltergehäuse, (4) Motorölkühler. Pfeile: Dichtung zwischen Filtergehäuse und Ölkühler, Dichtringe (O-Ringe) zwischen Filtereinsatz und Deckel.

Das Kühlsystem

Für die richtige Betriebstemperatur des Motors sorgt das Kühlsystem. In dem Kreislauf zirkuliert die in den Ausgleichsbehälter (Bild 1) eingefüllte Flüssigkeit aus Wasser und Kühlmittelzusatz. Das System besteht aus Kühler, Temperaturregler (Thermostat), Wasserleitungen und einem Netz kleiner Kanäle in Motorblock und Zylinder. Dieser Wassermantel führt die Verbrennungswärme über die Schläuche des Kühlsystems an den Kühler ab.
Nach dem Kaltstart zirkuliert das Kühlmittel im kleinen Kühlkreislauf, der sich auf Motor und Heizung beschränkt. In diesem »Kurzschlusskreislauf« hält der Thermostat den Durchfluss zum Kühler geschlossen. Das Kühlmittel gelangt auf direktem Weg zurück in den Motor. So erhitzt sich die Kühlflüssigkeit schneller und der Motor wird schneller warm. Der Kühler tritt erst in Aktion, wenn die Kühlflüssigkeit eine bestimmte Temperatur erreicht hat. Wenn dann der Thermostat öffnet, wird kaltes Wasser aus dem Kühler mit erwärmtem Wasser aus dem kleinen Kühlkreislauf vorgemischt.

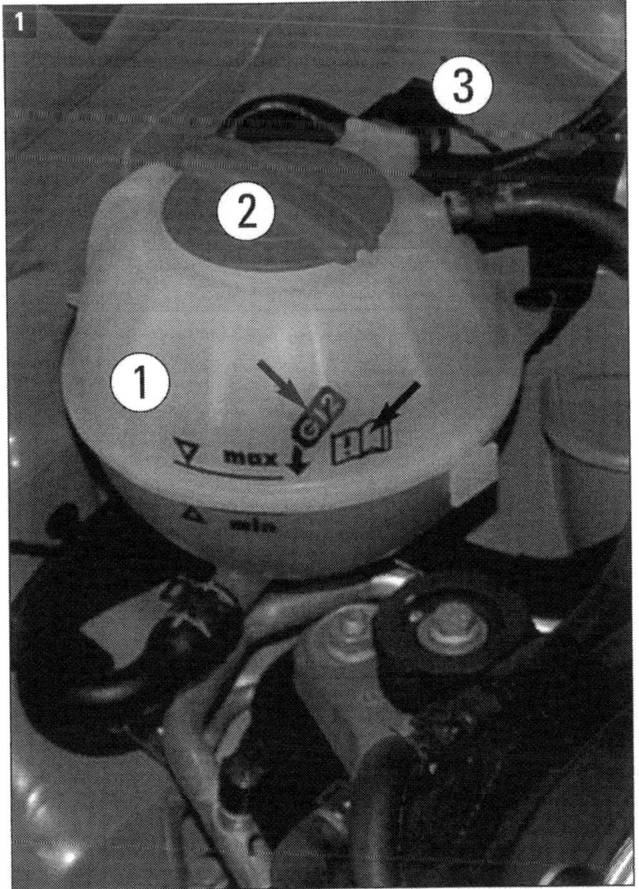

Kühlmittelbehälter: (1) Ausgleichsbehälter mit dem Gemisch aus Wasser und Zusatz, (2) Deckel mit Ventil, (3) Geberanschluss. Pfeile: rot = Kühlmittelzusatz »G 12« verwenden, schwarz = Bedienungsanleitung befolgen.

Kühlung bei Betriebstemperatur

Solange die Wassertemperatur steigt, öffnet der mit dem Anschlussstutzen in den Zylinderblock geschraubte Thermostat den Kaltwasserzufluss aus dem Kühler immer weiter und schließt den Kurzschlusskreislauf. Bei Betriebstemperatur zirkuliert die Kühlflüssigkeit vom unteren Kühlwasserschlauch zur Wasserpumpe (Kühlmittelpumpe), die sie in Motorblock und Zylinderkopf drückt. Der größte Teil der Flüssigkeit läuft über den geöffneten Thermostat zum Kühler, der Rest zum Wärmetauscher der Heizung.
Das im Kühler unten abfließende kalte Wasser zieht heißes Kühlmittel oben in den Kühler nach. Dort wird es durch die Kühlerlamellen abgekühlt. Sinkt während der Fahrt die Wassertemperatur unter die Soll-Betriebstemperatur, sperrt der Thermostat den Kühlerdurchfluss erneut, bis das Kühlmittel warm genug ist.
Das Kühlsystem steht unter einem Überdruck von etwa 1,2 bis 1,5 bar bei Betriebstemperatur. Dadurch und durch den Einsatz von Kühlmittelzusätzen erhöht sich der Siedepunkt der Kühlflüssigkeit von 100 °C auf rund 135 °C. Die höhere Temperatur ermöglicht einen wirtschaftlicheren, Kraftstoff sparenden Motorbetrieb.

Überdruck und Kühlerventilator

Wenn bei einem heißen Motor der Kühlmittel-Druck 1,5 bar übersteigt, tritt das Überdruckventil am Ausgleichsbehälter (im Schraubdeckel, Position 2 in Bild 1) in Aktion. Es öffnet und lässt zum Druckausgleich etwas Wasserdampf entweichen.
Trotzdem kann es zum Beispiel bei Fahrten in der Stadt vorkommen, dass das Kühlmittel im System überhitzt wird. Dann muss der Kühler-

ventilator den Kühler zusätzlich kühlen. Bei 92 bis 97 °C Kühlmitteltemperatur wird die erste Stufe (halbe Drehzahl), bei 99 bis 105 °C die zweite Stufe mit voller Drehzahl geschaltet.

Das Kühlmittel

Kühlflüssigkeit besteht aus Wasser und Kühlmittelzusatz. Beim Zusatz im VW-Konzern handelt es sich um das Kühlerfrost- und Korrosionsschutzmittel G 12 plus plus mit lila Färbung. Es soll stets nur G 12 lila nachgefüllt werden. Der Zusatz ist aber mit den älteren Mitteln G 11 und G 12 (rot) mischbar.
G 12 ist als Lebensdauerfüllung geeignet und schützt optimal vor Frost, Korrosionsschäden, Kalkansatz und Überhitzung. Das Mittel sorgt für bessere Wärmeableitung. Deshalb soll das Kühlsystem unbedingt ganzjährig mit dem Mittel befüllt sein, mindestens 40% gemischt mit 60% Wasser. Das Mischungsverhältnis sollte immer einmal mit einem handelsüblichen Prüfgerät (Bild 2) oder auch mit einem Refraktometer (Bild 3) kontrolliert werden.
Der Zusatzanteil am Gemisch von mindestens 40% sichert Frostschutz bis -25 °C. Bis zu dieser Temperatur muss der Frostschutz gewährleistet sein, in Ländern mit arktischem Klima sogar bis -35 °C. Der Anteil soll 60% nicht übersteigen, weil sich bei zu viel Zusatz Frostschutz und Kühlwirkung wieder verschlechtern.

Teile der Motorkühlung

WISSENSWERTES

Ausgleichsbehälter: Lässt bei zu hohem Druck durch ein Überdruckventil im Deckel Wasserdampf entweichen. Der Behälter (beim Roomster ganz rechts im Motorraum) hat an der Außenseite eine Anzeige des Kühlmittelstandes (max-min-Markierung). Achtung beim Aufschrauben: Heißer Dampf kann entweichen.
Kühler: Am Schlossträger der Karosserie montiert. Zwischen Kunststoff-Wasserkästen links und rechts befinden sich dünnwandige Röhrchen, die durch ein Gerüst von Lamellen miteinander verbunden sind. Die vom Luftstrom bestrichene Fläche ist dadurch viele Quadratmeter groß.
Kühlerventilator: Lüfter und kleinerer Zusatzlüfter direkt am Kühler verhindern ein Überhitzen des Kühlmittels.
Motorölkühler: Am Ölfilter montiert. Mit Schläuchen ins Kühlsystem eingebunden.
Rohre und Schläuche: Verbinden die einzelnen Komponenten zum System.
Thermostat: Hält die Wassertemperatur konstant. Der Regler öffnet bei etwa 87 °C und lässt das Wasser zum Kühler oder zurück in den Motor strömen. Bei 102 °C endet der Öffnungshub von ca. 8 mm. Die mechanischen Thermostaten werden mit Elektronik komplettiert.
Wasserpumpe: Sorgt für den Kreislauf des Kühlmittels. Bei den Motoren des Roomster wird diese Flügelpumpe über den Keilrippenriemen angetrieben.

2

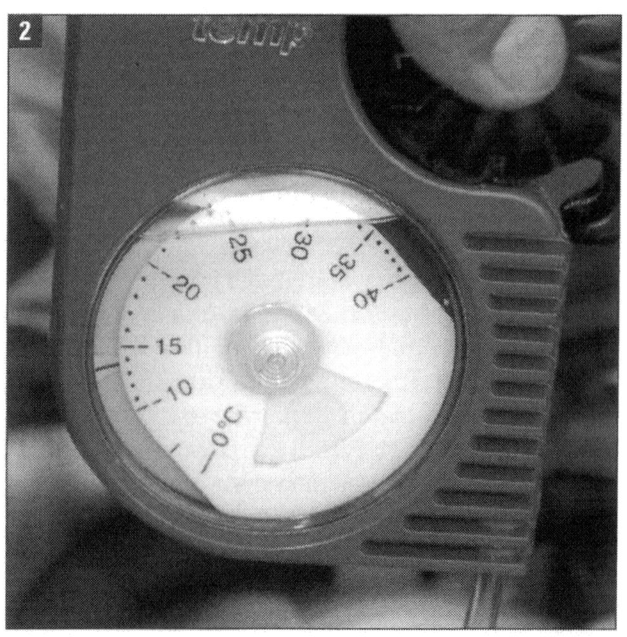

3

Bild 2 Prüfgerät: Die Skala zeigt Frostschutztemperatur an.
Bild 3 Refraktometer : Erlaubt ganz genaue Messung mit der herausklappbaren Skala. Bei VW heißt dieses Spezialwerkzeug T10007.

Das Motor-management

Kraftstoffzufuhr und -dosierung, Herstellung des optimalen Kraftstoff-Luftgemischs, Arbeit des Turboladers und Abgaskontrolle werden von der Motorsteuerung bewerkstelligt. Das Motormanagement ist mit Kennfeldern für Gemischaufbereitung und Kraftstoffeinspritzung vorprogrammiert. Gesteuert werden Einspritzmenge und -beginn, Leerlaufdrehzahl, Abgasrückführung, Turbolader, Aufladung, Ladeluftkühlung und Ladedruck.

Bordcomputer und Diagnose

Im Roomster gibt es je nach Ausstattung mehr als 20 Steuergeräte. Im Motorraum links über dem Bremskraftverstärker befindet sich als Bauteil »J623« an der Wasserkastenstirnwand das Motorsteuergerät (Bilder 1/2/3). Die TDI-Motoren werden von Bosch-Geräten Typ EDC, die MPI-(oder SRE-)Motoren von Magneti-Marelli-Geräten 4HV SRE und Siemens-Steuerungen Simos 9.1, die TSI-Motoren von Simos 10.1 oder Bosch-Geräten der Motronic-Baureihe Version MED 17 gesteuert.

Zur Funktionsdiagnose und Fehlerabfrage von Steuergeräten gibt es im Fahrzeug den nach internationaler Vorschrift unter der Schalttafel Fahrerseite angeordneten Steckanschluss (»Diagnoseinterface«), der über Kabel mit dem mobilen Diagnosegerät (Bild 4) verbunden wird. Škoda-Werkstätten verwenden VW-Diagnosetester der Typen VAS 5051 oder 5052.

Diese Werkstattsysteme sind so programmiert, dass die Einstellung »Fahrzeug – Eigendiagnose« und der Menüpunkt »Gateway – Verbauliste« angewählt werden. Dann folgt der Schritt »Steuergeräte mit hinterlegtem Fehlerspeichereintrag auslesen«. Relevante Fehler müssen schnell behoben werden. Einige Hersteller bie-

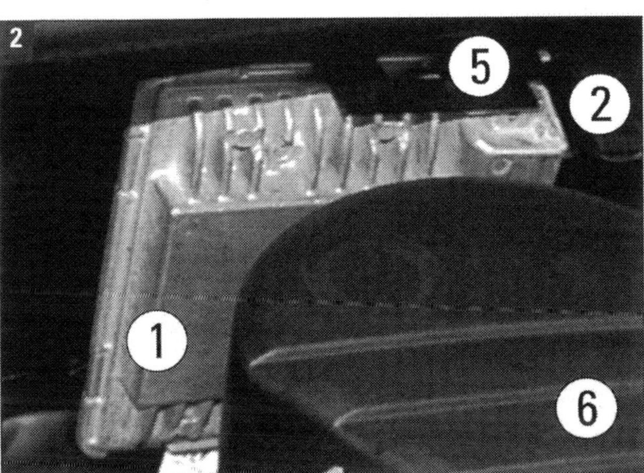

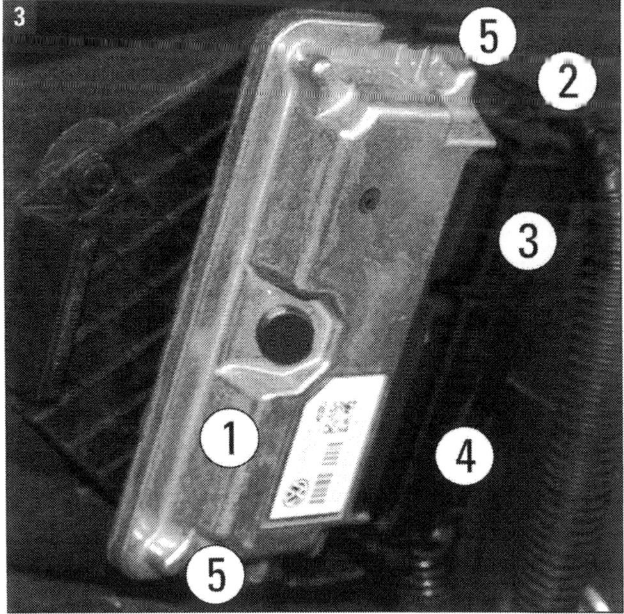

Bilder 1/2/3 Im Wasserkasten: Die Motorsteuergeräte (J623) von Diesel- (Bild1) und Otto-Motoren (Bild 2: TSI, Bild 3: MPI) sehen sehr ähnlich aus. Die Steuergeräte sind beim Roomster sämtlich links über dem Bremskraftverstärker an der Wasserkastenstirnwand befestigt.

(1) Metall-gekapseltes Steuergerät, (2) Steckerverriegelung, (3) kleiner Mehrfachstecker mit 28 Kontakten, (4) großer Mehrfachstecker mit 54 Kontakten, (5) Halteclips.

Vor dem Steuergerät ist das Luftfilteroberteil (6) zu sehen.

ten Diagnosegeräte für den typenoffenen Einsatz an. Im Vergleichstest 2009 der Sachverständigenorganisation DEKRA wurde der kompakte Steuergeräte-Diagnosetester KTS 340 (Bild 4) von Bosch Testsieger. Er ist für viele Fahrzeug- und Steuergerätetypen einsetzbar und bietet zahlreiche Diagnosefunktionen.
Das Bild 5 zeigt ein preisgünstiges Kleingerät von Bosch mit allem Zubehör und dem nötigen Anschlusskabel für das Interface. Auch über Internet (z. B. bei www.TuningPro24.de) werden solche Produkte angeboten. Nötig für ihren Einsatz ist aber natürlich eine Software, mit der die Datenspeicher des eigenen Fahrzeugs auslesbar sind.

Dem VAS vergleichbar: Das Steuergeräte-Diagnosesystem KTS 340 von Bosch erhielt gute Noten von der DEKRA.

Effiziente Systeme

Die elektronischen Systeme für das Motormanagement errechnen die bestmöglichen Werte für Kraftstoffaufbereitung und Verbrennung. Motorsteuergerät (1), Kraftstoff-Hochdruckpumpe (2), Common Rail mit Injektoren (3) und die nötigen Sensoren bilden das Einspritzsystem (Bild 6), das den Einspritzvorgang optimiert und maßgeblich zu hoher Wirtschaftlichkeit und niedrigen Emissionen der Motoren beiträgt.
Die Elektronik wertet in Echtzeit alle Sensordaten über die Kühlmittel-, Kraftstoff- und Ansauglufttemperatur sowie über die momentane Motordrehzahl, die Gaspedalstellung und über die angesaugte Luftmasse aus. Damit schafft sie auch Voraussetzungen für Systeme, mit denen sich der Komfort des Motors steigern und Emissionen sowie Verbrauch senken lassen, nämlich elektronisches Gaspedal (E-Gas), automatische Geschwindigkeitsregelung (AGR) und Leerlauf-Regelung.
Schließlich ermöglicht die Elektronik die On-Board-Diagnose sowie den Datenaustausch mit dem Steuergerät des Automatikgetriebes. Dies stellt sicher, dass der Motor im verbrauchsgünstigsten Bereich arbeitet und gestattet ruckfreie Gangwechsel mit hoher Dynamik.

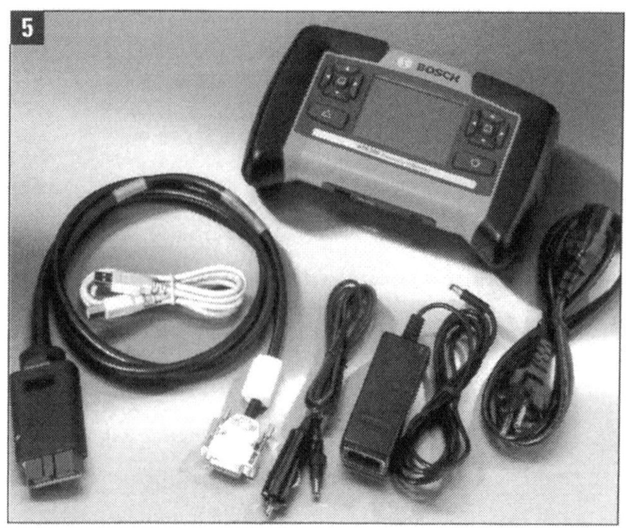

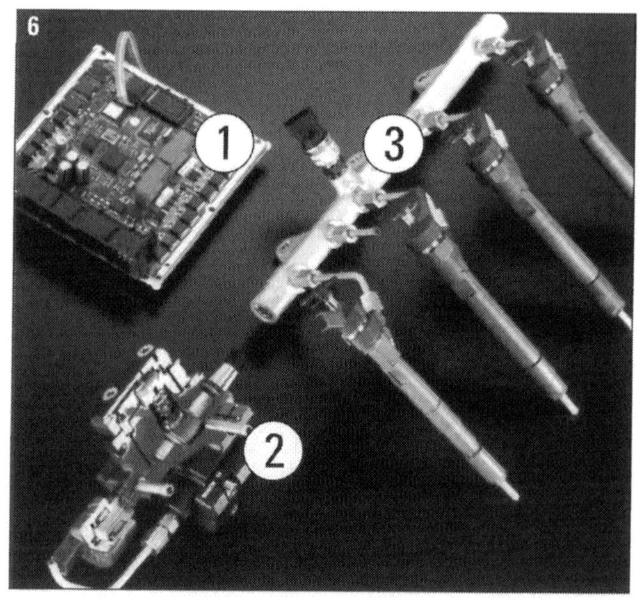

Bild 4 Kleingerät: Preiswerter Tester mit Anschlusskabel.
Bild 5 System: (1) J623, (2) Pumpe, (3) Rail mit Injektoren.

Steuergerät, CAN-System, Geber

Das Motorsteuergerät mit Funktions- und Überwachungsrechner ist gegen äußere Einflüsse in einem Metallgehäuse gekapselt (Bilder 1 bis 3). Es enthält vor Kurzschlüssen und Überlastung geschützte Endstufen, die genügend Leistung für direkten Anschluss der Stellglieder liefern.
Zum Datenaustausch zwischen den elektronischen Komponenten dienen Daten-Bus-Systeme, bei denen sehr viele Daten parallel in einen einzigen Kabelstrang eingespeist werden. Für Kraftfahrzeuge wurde das Bussystem CAN konzipiert und international genormt. Die elektronischen Steuergeräte brauchen eine serielle Schnittstelle CAN, dann sind sie über die Datensammelschiene miteinander und auch mit dem Diagnoseanschluss zu verbinden. Das Steuergerät erfasst folgende Parameter:

Luftbeschaffenheit

Luftmassenmesser, Geber für Ansauglufttemperatur, Höhenmesser und Ladedrucksensor bestimmen präzise die Dichte der Umgebungsluft und den Druck für den Turbolader. Von der Luftdichte hängt der Anteil der für die Verbrennung entscheidenden Sauerstoffteilchen ab. Die Luftfüllung ist zusammen mit der Motortemperatur ein Berechnungsfaktor für Einspritzmenge und jeweiliges Motor-Drehmoment.

Motordrehzahl

Der Drehzahlgeber an der Kurbelwelle informiert über Motordrehzahl, genaue Stellung der Kurbelwelle und Stellung des Kolbens jedes einzelnen Zylinders. Dazu werden per Magnetfeld Impulse erzeugt, deren Anzahl pro Zeit ein Maß für die Drehzahl des Schwungrades ist.

Nockenwellenstellung

Der Nockenwellenpositionssensor, ein »Hallgeber«, gibt die Stellung der Nockenwelle an. Motordrehzahl und Nockenwellenstellung bestimmen Einspritzzeitpunkt und sequenzielle Einspritzung jedes Zylinders.

E-Gas und Drosselklappe

Zwei Geber für Gaspedalstellung sitzen als gemeinsames Modul direkt am Gaspedal. Das elektronische Gaspedal erfasst so den »Fahrerwunsch« als eine Haupteingangsgröße für das Motorsteuergerät.
Nach dieser Information wird vom Drosselklappensteller der Öffnungswinkel in Abhängigkeit vom Betriebszustand reguliert. Beim Beschleunigen kann die Klappe schon ganz geöffnet sein, obgleich das Gaspedal erst halb durchgetreten ist. Auch die Einflussnahme auf die Systeme des Fahrwerks (ABS, ESP) ist möglich. Falls z. B. der Fahrer zu viel Gas gibt, kann das Steuergerät so weit drosseln, bis kein Rad mehr durchdreht.

Das »Chiptuning«

Die Parameter der elektronischen Motorsteuerung, im Allgemeinen ein mehrdimensionales Kennfeld, sind als Datensatz auf einem meist wiederbeschreibbaren Speicherchip im Steuergerät abgelegt (Bild 7). Durch Veränderung der Software werden bei den Motoren mit gleicher Motormechanik verschiedene Leistungsstufen ermöglicht.
Hier greifen spezialisierte Werkstätten und auch Tüftler an, um durch »Chiptuning« eine Leistungssteigerung des Motors zu bewirken. Dabei werden die werkseitig festgelegten Steuerparameter verändert und die relevanten Kenndaten neu verknüpft. Einspritzzeitpunkt und Einspritzmenge für jeden Zylinder ergeben sich dann neu. Aber **Vorsicht:** Falsches Tuning kann Schäden am Antrieb bewirken!

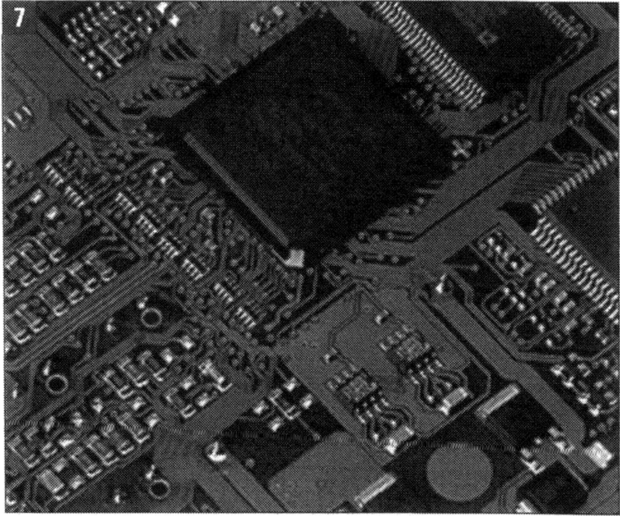

Eingriff ins Programm: Einflussnahme auf die im Steuergerät gespeicherten Programme ändert Motoreigenschaften.

Kraftstoff, Einspritzung, Zündung

Per Zapfpistole gelangt der Kraftstoff durch Einfüllöffnung und Einfüllstutzen der Tankklappeneinheit (6, Bilder 1 und 2) in den Kraftstoffbehälter (1). Der Kraftstoff für die TDI ist Diesel mit einer Cetanzahl (CZ) von mindestens 51, für die MPI und TSI ist es Superbenzin 95 ROZ. Vom 55-Liter-Tank schafft die Kraftstoff-Fördereinheit (2) mit Kraftstoffpumpe und Füllstandsgeber den Kraftstoff über Vorlaufleitung (4) und Kraftstofffilter (11) zur Hochdruckpumpe. Diese drückt ihn ins Common Rail (TDI und TSI) oder in den Kraftstoffverteiler (MPI) und von dort in die Piezo-Injektoren der TDI (Bild 3) oder in die Einspritzventile der Benziner.
Kraftstoffvor- und -rücklaufleitung sind aus besonders druckfestem Material gefertigt und werkseitig mit Schellen gesichert. Aus Sicherheitsgründen sollen bei einem Austausch immer originale Federbandschellen benutzt werden (mit Zangen VAS 5024 A oder V.A.G 1921 aus- und einbauen). In den Motorraum eintretende Kraftstoffleitungen sind durch einen Wärmeabschirmkanal aus hochtemperaturfestem Kunststoff geschützt. Den Kraftstoffbehälter sichern Wärmeschutzbleche (7).

Tankentlüftung, Diesel, Benzin

Für die Tankent- und -belüftung sorgen Ventile und Leitungen, bei den Benzinmotoren auch die Aktivkohlebehälter-Anlage (9) im Radhaus hinten rechts. Durch das geschlossene Lüftungssystem entweicht die Luft, wenn der Tank mit Kraftstoff gefüllt wird. Bei Verbrauch strömt von außen Luft in den Tank nach, damit sich kein Unterdruck bildet.
Der Kraftstoff für die Dieselmotoren muss der DIN EN 590 entsprechen. Wichtig ist seine

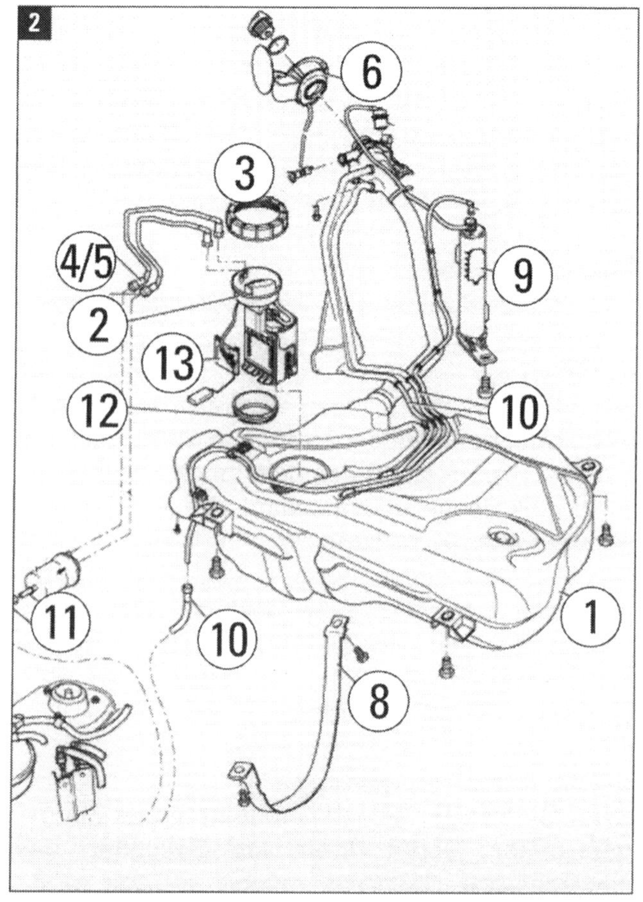

Kraftstoffbehälter 1 = TDI, 2 = TSI: (1) Tank, (2) Kraftstofffördereinheit, (3) Überwurfmutter, (4/5) Vorlauf-/Rücklaufleitung, (6) Tankklappe, (7) Abschirmblech, (8) Spannband, (9) Aktivkohlebehälter, (10) Entlüftungsleitung, (11) Kraftstofffilter, (12) Dichtring, (13) Geber Kraftstoffanzeige.

Cetan-Zahl, die angibt, wieviel Volumenprozent zündfreudiges Cetan sich in einem Gemisch mit dem Vergleichskraftstoff befinden müssten, um seine Zündwilligkeit zu haben. Sie darf bei den Roomster-TDI nicht niedriger sein als 51.
Fahrzeuge mit TDI-Motoren haben eine Filter-Vorwärmanlage, weshalb mit Winterdiesel bis zu einer Außentemperatur von ca. -24 °C betriebssicher gefahren werden kann. Wird der Kraftstoff bei noch niedrigeren Temperaturen so dickflüssig, dass der Motor nicht mehr anspringt, muss das Fahrzeug einige Zeit in einen geheizten Raum wie Garage oder Werkstatt.
Für die Oktanwerte des Superbenzins gilt die DIN EN 228. Die Oktanzahl steht für die Klopffestigkeit eines Kraftstoffs. An der Zapfsäule findet man in der Regel die Bezeichnung »ROZ« (Research-Oktanzahl), seltener die Spezifikation »MOZ« (Motor-Oktanzahl). Wenn der Kraftstoff nicht klopffest genug ist, kommt es zu Selbstentzündungen im Zylinder, und zwar um so eher, je höher das Kompressionsverhältnis des Motors ist.

Einspritzung und Gemisch

Ziel aller Maßnahmen mit dem Kraftstoff ist es, zum Zündzeitpunkt ein zündfähiges Kraftstoff-Luft-Gemisch im Zylinderbrennraum bereit zu stellen. Der Kraftstoff wird von der Hochdruckpumpe dem Common Rail (Verteilerrohr) zugeführt, von dem ihn die Einspritzventile im Steuerungsrhythmus entnehmen und direkt in die Brennräume der Zylinder (TDI, TSI) oder ins Saugrohr einspritzen.
Kraftstoffpumpe in der Fördereinheit und Hochdruckpumpe bewegen immer nur soviel Kraftstoff, wie der Motor gerade benötigt. Dadurch sind elektrische und mechanische Antriebsleistung gering, Kraftstoff wird eingespart.

Vorglühen und Zünden

Damit das Kraftstoff-Luft-Gemisch im Brennraum seine optimale Wirkung entwickelt, muss es exakt zum richtigen Zeitpunkt gezündet werden. Da sich das Dieselgemisch selbst entzündet, sorgt dafür der vom Motorsteuergerät gewählte richtige Einspritzmoment. Das EDC-Gerät ist dazu mit den Zündzeitpunkten für die verschiedenen Lastzustände des Motors programmiert. Das Kraftstoff-Luft-Gemisch, in den Ottomotoren von Zündkerzen »entflammt«, zündet im Moment der höchsten Verdichtung, also wenn der Kolben von der Aufwärtsbewegung des Kompressionshubs in die Abwärtsbewegung des Arbeitstaktes übergehen will.
Bei Dieseleinspritzmotoren wird reine Luft in die Zylinder gesaugt und dort hoch verdichtet. Dadurch erwärmt sie sich weit über die Zündtemperatur des Dieselkraftstoffs hinaus auf 600 bis 900 °C. Steht der Kolben kurz vor dem Oberen Totpunkt, wird der Kraftstoff in den Zylinder eingespritzt. Dann erfolgt das Zünden.
Bei sehr kaltem Dieselmotor kann es sein, dass die Zündtemperatur nicht erreicht wird. Deshalb wird nach Einschalten der Zündung mit einer Glühkerze im Brennraum jedes Zylinders »vorgeglüht«. Die Vorglühdauer wird ebenfalls vom Motor-Steuergerät eingestellt. Wenn die Kerzen glühen, signalisiert das die Kontrollleuchte für Vorglühzeit. Ist der Glühvorgang beendet, erlischt die Kontrollleuchte.

Einspritzventile: Schneller und präziser als Magnetventilinjektoren (links) arbeiten Piezo-Inline-Injektoren. Sie sind in den 1,6-Liter-TDI verbaut.

Nach jedem Motorstart wird nachgeglüht. Dadurch werden die Verbrennungsgeräusche vermindert, die Leerlaufqualität verbessert und die Kohlenwasserstoff-Emissionen reduziert. Die Nachglühphase dauert maximal vier Minuten. Sie wird bei Motordrehzahlen über 2.500 U/min unterbrochen.

Fortschritt unterm TDI-Signum

Auf der Basis der Hochdruck-Einspritzpumpe (Bild 4 Produkt von Bosch) und zunächst der Pumpe-Düse-, jetzt der Common-Rail-Technologie hat Volkswagen seit Anfang der 1990er Jahre das Direkteinspritzverfahren bei Turbodieseln mit Abgasrückführung beispielhaft vorangetrieben. Die Entwicklung führte u. a. zum Turbolader mit verstellbarer Turbinengeometrie, was die Elastizität und die Leistung des Motors verbessert.
Bosch hatte die Common-Rail-Einspritzung (CR) 1997 als Weltneuheit auf den Markt gebracht. Dabei baut eine Hochdruckpumpe den festgelegten Einspritzdruck im Speicher, dem Rail, auf. Die Injektoren spritzen ihn dann direkt in den Brennraum (Bild 5).

Erfolgreiche Piezo-Technologie

Gegenüber den meist noch verwendeten magnetisch gesteuerten Einspritzdüsen können die elektrischen Piezo-Injektoren Kraftstoff schneller und exakter einspritzen. Dadurch sinkt der Verbrauch. Nachdem diese Technologie zunächst den Dieselmotoren vorbehalten war, im Roomster sind Piezo-Injektoren in den 1,6-Liter-TDI eingesetzt, wird sie jetzt zunehmend auch für die Benzin-Direkteinspritzung verwendet. Die schnelle Piezo-Technik mit bis zu fünf mal schnelleren Schaltvorgängen sorgt durch exaktere Steuerung auch für eine bessere Verbrennung.

Zündkerze und Wärmewert

Zündkerzen, Zündspulen und Zündtrafos realisieren in den Ottomotoren den Zündvorgang. Die Motorbilder auf den Seiten 190/191 zu Kapitelbeginn zeigen den Zündtrafo auf der Zylinderkopfhaube mit den Leitungen zu den Kerzen in jedem Zylinder. Zu den wesentlichen Parametern jeder Zündkerze gehört neben ihrem Aufbau und dem Elektrodenabstand ihr »Wärmewert«, der sich nicht unmittelbar aus der Zahlenangabe auf der Kerze ergibt.
Nach dem Start muss so schnell wie möglich eine Mindesttemperatur von etwa 400 °C erreicht werden, damit die Zündkerze Rückstände auf dem Isolator »freibrennen« kann, um so ein »Verrußen« und damit Zündaussetzer zu vermeiden. Es darf aber auch an keinem Punkt der Kerze eine Höchsttemperatur von 800-900 °C überschritten werden (Selbstzündung, Klopfen).

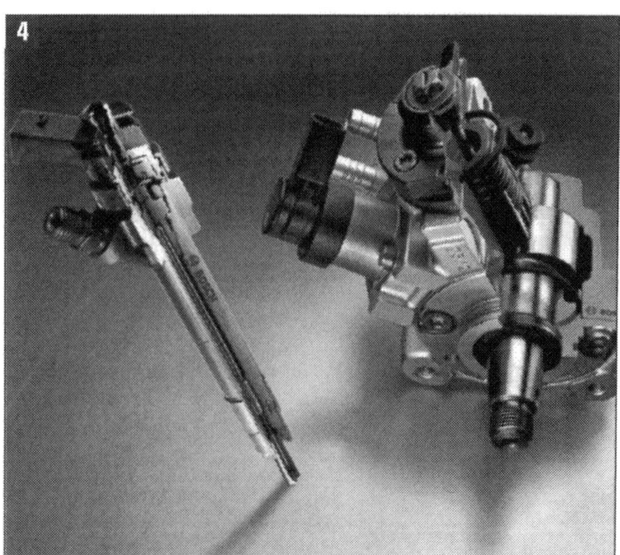

Magnetventilinjektor und Hochdruckpumpe: Die Bosch-Beispiele zeigen das Herz der Einspritzanlage.

Einspritzung: Der fein zerstäubte Kraftstoff wird in den Zylinderbrennraum gedrückt.

Das Abgassystem

Die Abgas- oder Auspuffanlage eines Kraftfahrzeugs muss Verbrennungsabgase ableiten und soll Schadstoffe möglichst gering halten. Außerdem reduziert sie die Geräusche, die bei der Verbrennung entstehen, auf ein Minimum. Ihre wesentlichen Teile sind:

- Abgaskrümmer mit Abgasturbolader, Druckdose und Vorkatalysator (Benziner),
- Partikelfilter mit Oxidationskatalysator, Abgasvorrohr und Lambdasonde (TDI),
- je ein Abgastemperaturgeber an Vorrohr und Partikelfilter (TDI),
- Differenzdruckgeber zwischen Partikelfilter und Steuerleitung (TDI) sowie
- Vorschalldämpfer, Abgasendrohr und Nachschalldämpfer (alle).

Die Teile der Abgasanlage sind miteinander verschraubt oder mit Klemmhülsen (Doppelschellen) verbunden und lassen sich einzeln auswechseln. So sind Partikelfilter und Abgasvorrohr sowie Vorrohr (1) und hinteres Abgasrohr (2) mit Nachschalldämpfer durch eine Doppelschelle (3) verbunden (Bild 1). Deren Einbauort (Markierung auf dem Abgasrohr) und Einbaulage (Abstand und Ausführung der Verschraubung; Bilder 2 und 3) müssen unbedingt eingehalten werden.

In der Erstausstattung sind Vorrohr und hinteres Abgasrohr/Nachschalldämpfer mit einem durchgehenden Abgasrohr verbunden. Bei einer Reparatur können die Teile aber einzeln ersetzt werden. Dazu muss man das Verbindungsrohr an der markierten Trennstelle (Eindrückungen) aufsägen und mit dem neuen Rohr wieder verbinden.

Die Abgasanlage des Roomster MJ2011 bewirkt einen gegenüber dem Vorgänger noch reduzierten Schadstoffausstoß, der nun den Anforderungen der EU-Norm 5 entspricht. Sie trägt damit optimal zu der in diesem Sinne angelegten Technologie von Motoren und Turbolader bei.

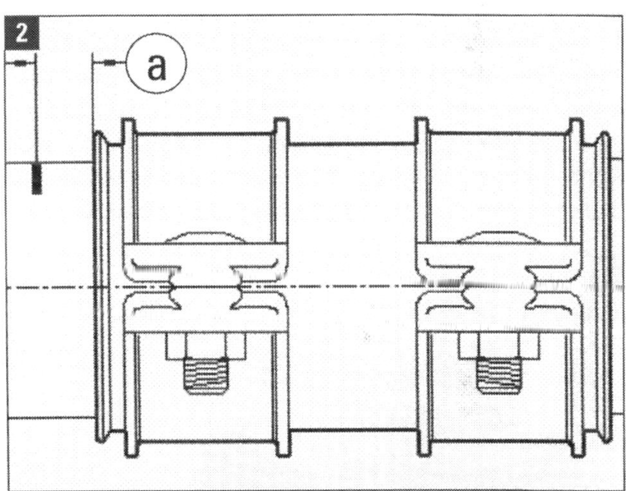

Trennstelle: (1) vorderes und (2) hinteres Abgasrohr mit (3) Klemmschelle, (4) Tunnelbrücke.

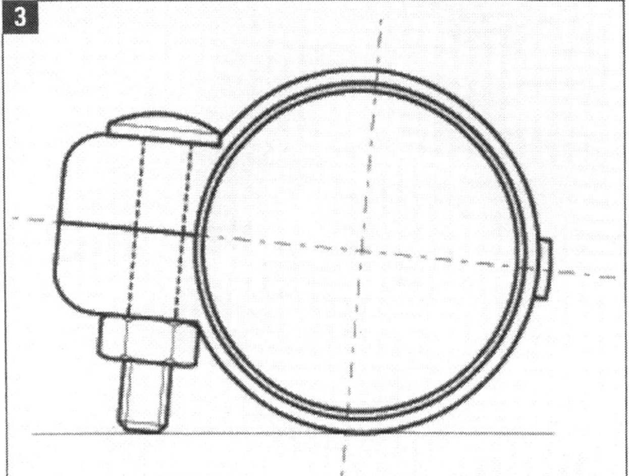

Bilder 2 und 3 Einbaulage der Klemmhülse: Die Doppelschelle im Abstand a = 5 mm von der Markierung am Abgasvorrohr positionieren und die Schraubenenden nicht über die Unterkante der Klemmhülse hinausragen lassen.

Die Kraftübertragung

Die Motorleistung gelangt zu den Rädern über ein System der Kraftübertragung aus Kupplung, Getriebe und Achsantrieb. Diese drei Akteure sind durch Gelenke, Wellen und Zahnräder miteinander verbunden.

Die Kupplung

Der Kraftfluss vom Motor zum Achsantrieb muss nach Wunsch hergestellt und unterbrochen werden können. Das übernimmt bei den Schaltgetrieben die Kupplung. Sie ermöglicht ruckfreies Anfahren, indem sie die unterschiedlichen Drehzahlen von Kurbelwelle und Getriebe-Antriebswelle ausgleicht. Roomster mit Schaltgetriebe haben eine hydraulisch betätigte Einscheiben-Trockenkupplung mit asbestfreien Belägen und Zweimassen-Schwungrad. Roomster mit Automatik arbeiten mit dem innovativen Getriebe DSG, das eine Doppelkupplung hat (Bilder 1 und 2).

Das Schaltgetriebe

Das Getriebe ist nötig, damit Ihr Auto immer die gewünschte Zugkraft entwickelt. Beim Anfahren wird an den Antriebsrädern ein großes Drehmoment gebraucht. Dazu übersetzt der erste Gang die Motordrehzahl ins Langsamere. Bei der Autobahnfahrt im fünften oder sechsten Gang verhält es sich umgekehrt, eine Übersetzung ins Schnellere wird wirksam.
Bei den Schaltgetrieben sitzen auf der Antriebswelle (Eingangswelle), laufruhig auf dünnen Rollen (»Nadeln«) gelagert, fünf bzw. sechs Zahnräder für die Vorwärtsgänge und eines für den Rückwärtsgang. Die ersten drei Gänge übersetzen ins Langsamere, der vierte Gang (direkter Gang) überträgt die Motordrehzahl etwa im Verhältnis 1:1. Im fünften und im

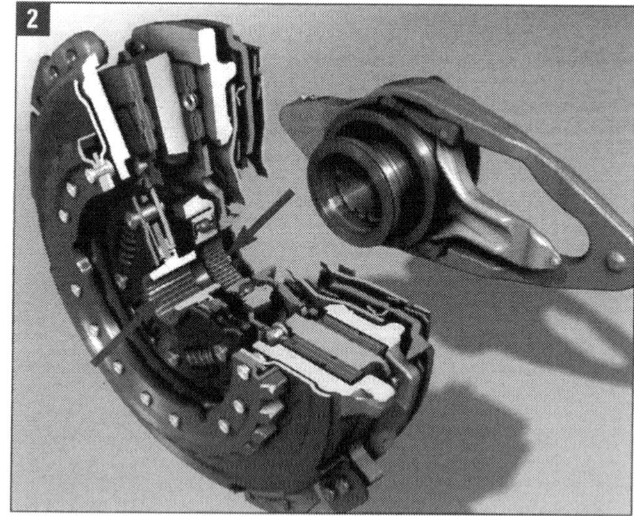

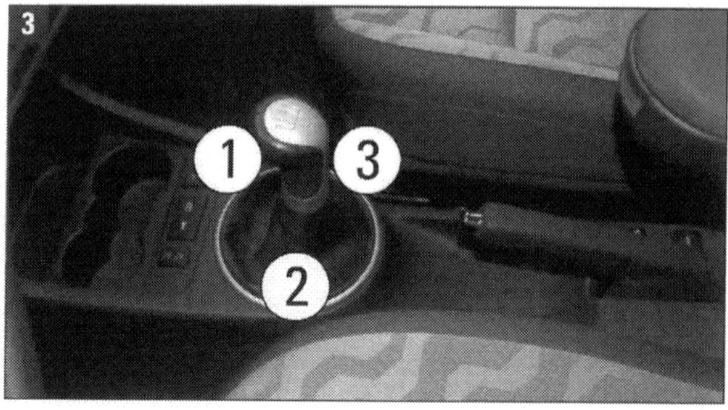

Bilder 1/2 herausragendes Konzept: Thermisch hoch belastbare Doppelkupplung mit Steuerhydraulik.
Bild 3 Schalthebel: (1) Schaltknopf, (2) Manschette, (3) Klemmschelle; bei Automatik Schriftzug DSG.

sechsten Gang ist die Drehzahl der Abtriebswelle größer als die Motordrehzahl. Damit rückwärts gefahren werden kann, sitzt auf jeder Antriebswelle ein Zahnrad, das den Drehsinn der Antriebsräder umkehrt Am Schalthebel (Bild 3) für die Gänge ist der Schaltknopf (1) mit einer Manschette (2) per Klemmschelle (3) befestigt. Seine Bewegung wird über Stangen und Seilzüge auf Getriebeschalthebel und Umlenkhebel am Getriebe übertragen.

7-Gang-DSG

Bei Automatik gewährleistet ein elektronisches Steuergerät die sinnvollste Übersetzung. Im neuen Roomster löst das DSG die klassische Wandlerautomatik komplett ab, weil es höchste Wirtschaftlichkeit mit beispielloser Schaltdynamik verbindet. Bei seiner Einführung wurde es als »Direkt-Schaltgetriebe« bezeichnet, daher das Kürzel »DSG«. Inzwischen wird das hocheffiziente Schaltwerk nach seinem herausragenden Merkmal, den ineinander angeordneten zwei Lamellenkupplungen unterschiedlichen Durchmessers, treffender »Doppelkupplungsgetriebe« genannt. Die äußere Kupplung K1 (roter Pfeil, Bild 2) bedient die ungeraden Gänge (plus Rückwärtsgang), die innere Kupplung K2 (blauer Pfeil, Bild 2) die geraden Gänge.
Das DSG besteht also aus zwei parallel geschalteten Teilgetrieben mit gemeinsamem Achsantrieb. Folge: komfortables Schaltgefühl bei höherem Wirkungsgrad. Für die Roomster-TSI-Motoren mit maximalem Drehmoment von 175 Nm (TSI 77 kW) wird das 7-Gang-DSG mit »trockener« Doppelkupplung verwendet. Stärkere Motoren kombiniert VW mit 6-Gang-DSG mit »nasser« (Öl) Doppelkupplung.

Der Achsantrieb

Im Getriebe- und Kupplungsgehäuse sitzt auf zwei Kegelrollenlagern das Ausgleichsgetriebe. Mit dessen Gehäuse ist das Zahnrad für den Achsantrieb fest vernietet und mit dem Zahnrad der Abtriebswelle gepaart, denn der Achsantrieb ist die »letzte Station«. Er muss die vom Getriebe kommenden Drehzahlen ins Langsamere übersetzen, das Drehmoment vergrößern und an die Antriebsräder übertragen.

Der Luftfilter

Die Reinigung der zur Verbrennung angesaugten Luft übernimmt ein Filter. In dessen feinporigem Einsatz setzen sich die feineren Staub- und Schmutzteilchen ab, die größeren fallen ins Filtergehäuse. Der Filtereinsatz muss regelmäßig gewechselt, das Gehäuse muss gereinigt werden. Wir demonstrieren das Prinzip des Luftfilteraufbaus in Bild 1 am Beispiel des 1,6-Liter-TDI.
Erläuterungen dazu: Die Heizung (2) erwärmt die Kurbelgehäuseentlüftung, der Saugschlauch (3) führt zum Abgasturbolader, der Schlauch (4) dient der Kurbelgehäuseentlüftung, der Filtereinsatz (7) wird mit Vierteldrehung nach links ausgebaut, der Ansaugstutzen (9) ist an den Schlossträger geschraubt, beim Entwässerungsrohr (11) soll die Einbaulage beachtet werden.

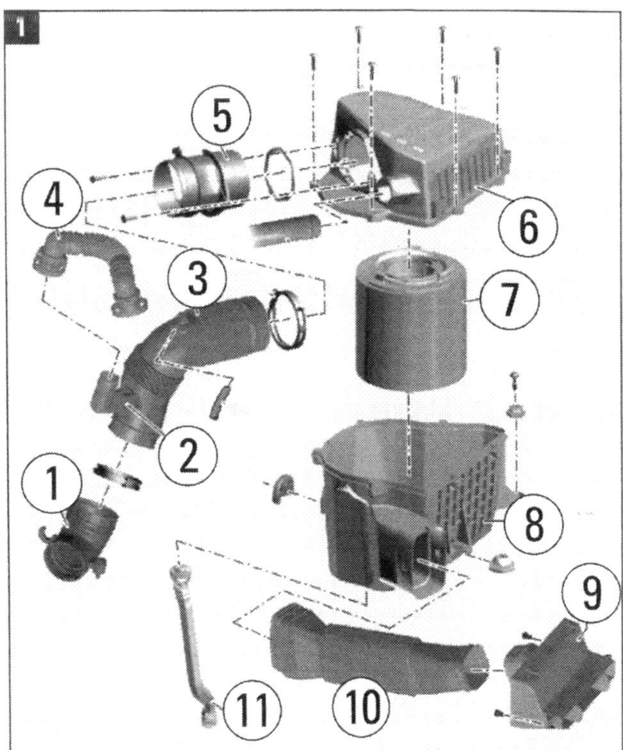

1.6-TDI-Luftfilter: (1) Ansaugstutzen, (2) Heizung, (3) Saugschlauch, (4) Schlauch, (5) Luftmassenmesser, (6) Filteroberteil, (7) Filtereinsatz, (8) Filterunterteil, (9) Ansaugstutzen, (10) Luftansaugschlauch, (11) Entwässerungsrohr.

Luftfiltergehäuse reinigen, Filtereinsatz ersetzen

Die Luftfilter des Roomster differieren je nach Motor, aber aus dem Schema fällt nur der des 1,4-Liter-MPI (Bild 1). Er ist über dem rückwärtigen Teil des Motors montiert, während alle anderen Filtergehäuse neben dem Motor links hinten dicht am Federbeindom platziert sind. Der Filtereinsatz des 1,4 MPI ist rechteckig wie das Gehäuse, die Einsätze der sehr kompakten TSI- und TDI-Filter hingegen sind zylindrisch (siehe Bild 1, Seite 205).

■ **Gehäuse reinigen:** Bei MPI-Motoren 5 (Pfeile Bild 1) bzw. 4, bei TSI 6 Schrauben lösen, beim TSI Schelle abnehmen und Schlauch auf Zylinderkopfseite abziehen. Deckel hochklappen und abnehmen. Bei den TDI Steckverbindung vom Luftmassenmesser (2) abziehen, Schelle (roter Pfeil) öffnen, Schlauch (3) zum Abgasturbolader abziehen. Unterdruckleitungen mit Halter nach oben abnehmen. Verschraubung (weiße Pfeile) am Luftfiltergehäuse lösen, Verbindungsschlauch und gesamtes Gehäuse herausnehmen. Oberteil von Unterteil abschrauben (6 Schrauben, 8 Nm). Alle Filter: Einsatz herausnehmen, Gehäuseteile innen reinigen.

■ **Filtereinsatz wechseln:** Einsatz (Bild 1, S. 205, Position 7) mindestens einmal im Jahr reinigen, nach zwei Jahren wechseln. Spezifikation auf Gehäuse und Einsatz angegeben.

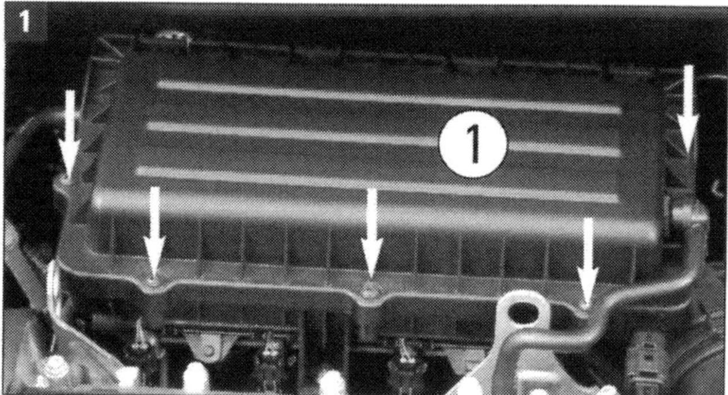

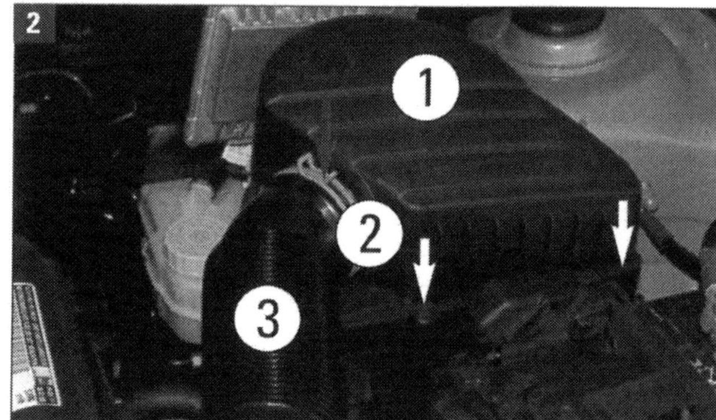

Luftfilter Bild 1 MPI, Bild 2 TSI/TDI: (1) Gehäuse, (2) Luftmassenmesser, (3) Schlauch zum Turbolader.
Weiße Pfeile: Schrauben; roter Pfeil: Federbandschelle. Siehe dazu auch Bild 1, Seite 205.

Motor: Obere Abdeckungen ausbauen, Sichtprüfung

■ **Ausbau:** Die Motorabdeckungen der TDI-Motoren sind in vier Kugelpfannen (vorn und hinten je zwei) eingeclipst. Die Abdeckung mit leichtem Ruck nach oben gleichzeitig aus allen Befestigungsstellen herausziehen. Bei den 1,2 TSI die Abdeckung an den zwei vorderen Befestigungen anheben, am hinteren Punkt nach vorn ziehen und abnehmen. Auch alle anderen Abdeckungen (MPI-Motoren) werden mit kräftigem Ruck nach oben aus Verrastungen gezogen.

■ **Einbau:** Um Beschädigungen zu vermeiden, beim Aufsetzen nicht mit Faust oder gar Werkzeug auf die Abdeckung schlagen! Bei den Kugelpfannen die korrekte Position prüfen und ggf. korrigieren, sonst kommt es zu Schäden an der Motorabdeckung. Abdeckung auf die Befestigungspunkte setzen und fest in die Verrastungen drücken.

■ **Sichtprüfung Motor/Motorraum:** Nach Ausbau der Abdeckung oben Motor und Umgebung auf Undichtigkeiten und Beschädigungen prüfen. Die Leitungen, Schläuche und Anschlüsse von Kraftstoffanlage, Kühl- und Heizsystem, Ölkreislauf, Klimaanlage, Luftansaugung und Bremsanlage sorgfältig untersuchen. Schläuche auch leicht biegen oder kneten. Achten Sie auf alle Undichtigkeiten, auf Scheuerstellen, Porosität und Brüchigkeit.

■ Fahrzeug anheben, untere Abdeckung abschrauben und den Motorraum von unten nach den gleichen Gesichtspunkten untersuchen. Das Getriebe in die Kontrolle einbeziehen!

■ Alle entdeckten Schäden müssen unbedingt beseitigt werden. Wenn das erforderlich wird: Werkstatt aufsuchen.

Keilrippenriemen prüfen, aus- und einbauen

Der Keilrippenriemen der Benziner (Bilder 1 und 2) verläuft bei MPI und TSI gleich. Auch bei den TDI-Motoren (Bild 3) verläuft der Riemen gleich bei 1.2 und 1.6 TDI. Unsere Bilder zeigen die Variante mit Klimakompressor. Bei SRE/TSI ohne Klimakompressor verläuft der Riemen ohne Umlenkrolle (2b) gleich über die Riemenscheibe Generator (3). Bei TDI ohne Klimaanlage läuft der Riemen nur über die Scheiben an Kurbelwelle (1) und Generator (2).

■ **Prüfen:** Nach Abnehmen der Motorabdeckungen eine gut sichtbare Stelle des Keilrippenriemens (Bilder) wählen und kontrollieren. Motor mehrmals drehen lassen, damit alle Flächen des Riemens ins Blickfeld kommen. Auf Risse achten, die genau auf einer Riemenscheibe liegen. Mit Kreide die kontrollierten Abschnitte markieren.

■ Achten Sie auf
- Unterbaurisse (Anrisse, Kern- und Querschnittbrüche);
- Lagentrennung (Deckschicht und Zugstränge);
- Ausbruch am Unterbau, Ausfransen der Zugstränge;
- Flankenverschleiß (Materialabtrag, Ausfransungen, Flankenverhärtung, Oberflächenrisse);
- Öl- und Fettspuren.

■ Mit kräftigem Daumendruck die Riemenspannung und die Funktion des Spannelements prüfen. Der Riemen darf erst bei Druck nachgeben, wobei die Spannrolle ausschwenkt. Hängt der Riemen lose über den Rädern, ist die Spannrolle defekt oder blockiert. Rolle tauschen oder Blockierung lösen.

■ Bei Schäden oder/und Fehlfunktion den Riemen und ggf. die Spannrolle auswechseln. Bei Entnahme des Riemens zum Ausbau von Generator oder Klimakompressor die Laufrichtung mit Kreide auf dem Riemen kennzeichnen!

■ **Ausbauen:** Wagen heben, Geräuschdämpfung (untere Motorabdeckung vorn) abschrauben. Ringschlüssel am Spannelement ansetzen und im Uhrzeigersinn schwenken. Spannvorrichtung mit Absteckdorn (VW: T10060 A) arretieren. Den Keilrippenriemen abnehmen.

■ **Einbau** im umgekehrten Sinne. Den Riemen entsprechend Laufbild in der richtigen Reihenfolge auflegen: Bei den MPI- und den TSI-Motoren (1), (2a), (5), (2b), (3) und (4); bei den TDI-Motoren (1), (2a), (3) und (4).

■ Generator und Klimakompressor müssen fest am Halter für Nebenaggregate montiert sein (falls ein Ausbau erfolgte).

■ Spannvorrichtung (2a) kurz im Uhrzeigersinn drehen und Absteckwerkzeug (es ist ein rechtwinklig abgebogener Dorn) herausziehen. Spannrolle entlasten und Riemenlage prüfen.

■ **Funktionsprüfung:** Motor starten, Riemenlauf prüfen.

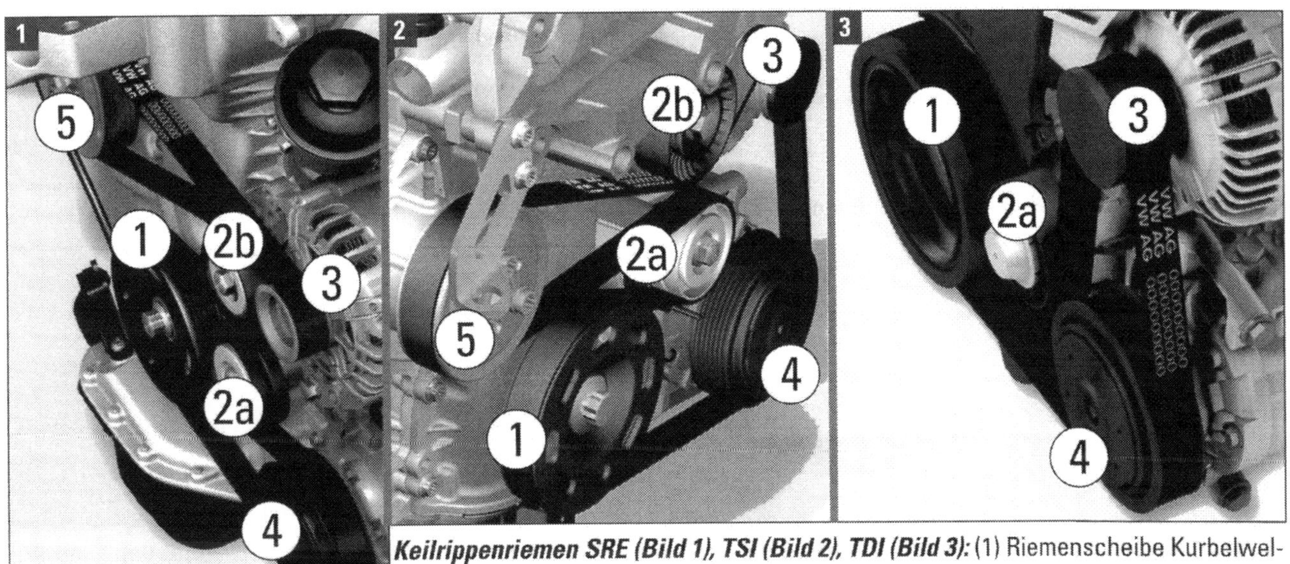

Keilrippenriemen SRE (Bild 1), TSI (Bild 2), TDI (Bild 3): (1) Riemenscheibe Kurbelwelle, (2a/2b) Rollen, (3) Drehstromgenerator, (4) Klimakompressor, (5) Wasserpumpe.

Ölstand prüfen, Öl / Filter wechseln, Öldruck prüfen

■ **Ölstand prüfen:** Nach Betriebsanleitung des Fahrzeugs vorgehen. Ölstandskontrolle laut Faustregel nach jedem zweiten Tanken ist nicht verkehrt, aber bei den Roomster-Motoren kaum nötig. Auf jeden Fall ist Prüfen mit dem Peil- oder Messstab (Bilder 1 und 2) in regelmäßigen Abständen erforderlich für sicheres Fahren zwischen den Ölwechseln.

■ Kontrolle bei mindestens 60 °C Öltemperatur (10 min Fahrt nach Kaltstart). Messstab ziehen (Vorsicht vor heißer Umgebung der Stabführung!). Stab flusenfrei abwischen, wieder einschieben, kurz warten, erneut herausziehen. Ölbedeckung an der Messspitze auswerten. Bild 2 zeigt Varianten der Messspitzen von Ölpeilstäben bei TDI-Motoren. Andere Ausführungen (flache Stäbe) sind möglich. Es gilt:
A = Maximalstand, kein Öl nachfüllen.
B = Normalbereich, Nachfüllen nicht nötig, kann aber erfolgen bis höchstens zur Marke »A«.
C = Minimalstand, Öl muss nachgefüllt werden.

■ **Öl nachfüllen:** Mit Trichter in die Öleinfüllöffnung. Nur Motoröl nach Norm 504 00 / 507 00 verwenden, SAW 5W40 oder 5W30; z. B. Shell Helix oder Aral Super-Tronic LongLife III (Empfehlung von Škoda und Volkswagen; Bild 3).

■ **Öl und Filter wechseln:** Die Golf-LongLife-Motoren gestatten Intervalle von zwei Jahren oder 30.000 Fahrtkilometern, falls die Anzeige nicht früheren Service verlangt. Bei ausschließlichen Stadtfahrten macht früherer Wechsel in jedem Falle Sinn. Im Winterhalbjahr können schon sechs Monate (7.000 bis 10.000 km) ausreichend sein.

■ Das Altöl sollte abgesaugt werden, man kann es aber auch ablassen. Wenn ein Ölabsauggerät verfügbar ist (V.A.G 1782; Mietwerkstatt), können Sie den Ölwechsel in eigener Regie vornehmen. Das sollte Sie aber nicht dazu veranlassen, billiges Motoröl zu verwenden. Das ist für die hochentwickelten und damit auch sehr anspruchsvollen Motoren der jüngsten Generation nicht zu empfehlen.

■ Mit dem Ölwechsel ist immer auch der Ölfilterwechsel verbunden. Wir geben auf Seite 216 unter »Technische Daten« die Einfüllmengen mit und ohne Filterwechsel an. Der Ölfilter ist vorn am Motor nahe der Ölmessstabführung montiert (bei TDI obere Motorabdeckung abnehmen).

■ Ölwechsel am betriebswarmen Motor. Entsorgungsvorschriften beachten. Am mit Ölkühler verschraubten Filtergehäuse den Verschlussdeckel mit Ringschlüssel (Steckschlüssel) SW 36 lösen und abschrauben.

■ Den Filterwechsel vor dem Ölwechsel vornehmen: Durch das Herausnehmen des Filterelements wird ein Ventil geöffnet, und das Öl im Filtergehäuse fließt automatisch ins Kurbelgehäuse. Es kann dann abgelassen (Schraube unten an der Ölwanne) oder eben besser abgesaugt werden.

■ Filtereinsatz herausnehmen. Der O-Ring vom Deckel muss ersetzt werden, dazu den neuen O-Ring leicht einölen. Einen neuen Filtereinsatz (Spezifikation laut Gehäuseaufdruck) einsetzen, Deckel wieder aufschrauben. Motoröl mit einem Absauggerät (bei VW Gerät 1782) absaugen.

Bilder 1-3 Motoröl: Der Messstab (1) bietet unten die Ablesmöglichkeit A/B/C. Öl am besten mit Trichter einfüllen.

■ Öl der genannten Spezifikation und Menge einfüllen. Nach dem Filter- und Ölwechsel beim ersten Motorstart beachten: Solange die Kontrollleuchte für Öldruck leuchtet, nur Leerlauf! Bei Gasstößen kann der Turbolader geschädigt werden oder ganz ausfallen.

■ **Öldruck prüfen:** Öldruckschalter aus Filterhalter oder Motorblock ausschrauben und Öldruckprüfer (z. B. V.A.G 1342) einschrauben.

■ Schalter an den Prüfer schrauben. Bei mindestens 80 °C Öltemperatur und normalem Ölstand prüfen. Motor erst im Leerlauf, dann mit erhöhter Drehzahl laufen lassen. Folgende Richtwerte sollten gemessen werden:

Im Leerlauf	Mindestüberdruck 0,3...0,7 / 0,8 bar
Bei 2000/min	Mindestüberdruck 2,0 / 1,5 bar
Darüber	Mindestüberdruck nicht über 7,0 / 5,0 bar

(Erste Zahl Ottomotoren, zweite Zahl TDI-Motoren)

■ Wenn die Sollwerte bei der Prüfung nicht erreicht werden, muss auf Lagerschäden untersucht, der Ölfilterhalter mit Überdruckventil ersetzt oder die Ölpumpe ausgetauscht werden. Das sind dann Arbeiten für die Fachwerkstatt.

Kühlsystem: Kühlmittel, Dichtheit, Thermostat

■ **Kühlmittel ablassen:** Verschlussdeckel des Kühlmittelausgleichsbehälters öffnen. Vorsicht: Es könnte Dampf entweichen! Lappen auf den Deckel legen (Bild 1) und zunächst vorsichtig Druck ablassen, weil das Überdruckventil (Ü) erst bei gefährlich erhöhtem Druck öffnet. Dann den Deckel ganz abschrauben (Bild 2)

■ Geräuschdämpfung vorn (die Abdeckplatte unter dem Motorraum) abschrauben. Eine geeignete flache Auffangwanne unter Kühler und Motorbereich stellen. Verschlussschraube unten am Kühler öffnen oder Kühlmittelschlauch abziehen und das Kühlmittel (Wasser plus Frostschutzzusatz wie vorher beschrieben) abfließen lassen.

■ **Kühlsystem auf Dichtheit prüfen:** Ohne Kühlsystemprüfer (z. B. V.A.G 1274 mit Adaptern) ist nur eine Augenscheinprüfung möglich. Dichtheit aller Wasserschläuche an Kühler, Motor und Heizanlage prüfen. Schläuche kneten, harte und rissige Teile austauschen! Schlauchenden müssen satt auf den Stutzen sitzen, Schlauchschellen (Federband) müssen fest und unverschiebbar anliegen. Lockere Schellen festziehen, korrodierte Schellen erneuern.

■ **Überdruckventil prüfen:** Nur mit dem genannten Prüfgerät möglich. Deckel vom Behälter schrauben, Messeinrichtung aufschrauben, mit Handpumpe Druck erzeugen. Bei 1,4 bis 1,6 bar Überdruck muss Ventil (1 in Bild 2) öffnen.

■ **Kühlmittelregler prüfen:** Der aus der Wasserpumpe ausgebaute Thermostat wird im Wasserbad erwärmt. Er muss von ca. 87 °C bis ca. 102 °C öffnen. Der Öffnungshub muss mindestens 8 mm betragen.

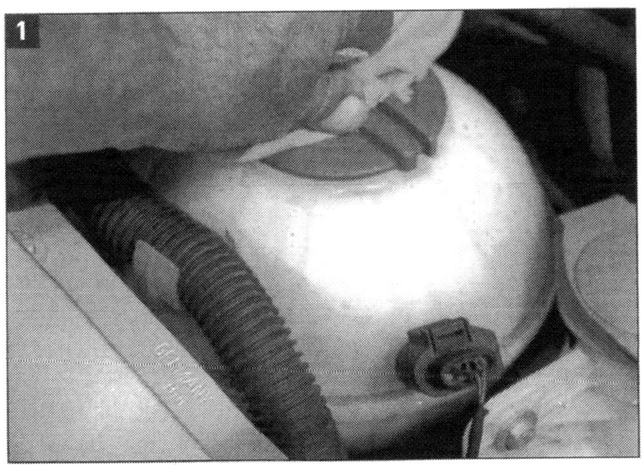

Druck abbauen: Lappen zwischen Hand und Behälterdeckel legen, Verschlussdeckel vorsichtig aufdrehen.

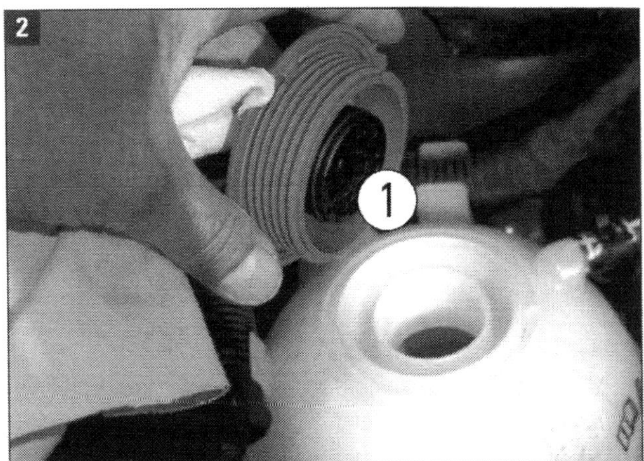

Verschlussdeckel abnehmen: Nach Druckabbau Deckel ganz abschrauben. (1) Überdruckventil.

Zündkerzen, Glühstiftkerzen, Vorglühanlage

■ **Zündkerzen ausbauen:** Bei MPI-Motoren die Stecker (Bild 1) von den Zündspulen mit Leistungsendstufe und die Spulen von den Zündkerzen abziehen. Der 1,2-Liter-TSI arbeitet mit Zündtrafo (Bild 2), Zündleitungen mit Kerzensteckern am Ende und Leitungsführung.

■ Zündspulen und Kerzenstecker mit Abziehwerkzeug aus dem Zylinderkopf ziehen. Der bisherige Abzieher T10094 wurde zum T10094 A modifiziert. Kerzenstecker des 1,2-Liter-TSI mit Abzieher T10112 A herausziehen.

■ Nach Abziehen von Spulen und Steckern die Zündkerzen mit Schlüssel 3122 B herausdrehen.

■ **Zündkerzen einbauen:** Spezifikation (Teilenummer) und Elektrodenabstand »EA« beachten:
– 1.2 TSI/77 kW VW 03F 905 600 EA 0,7...0,8 mm
– alle MPI VW 101 905 601F EA 1,0...1,1 mm
TSI-Kerzen mit 25 Nm, MPI-Kerzen mit 30 Nm festziehen. Zündkerzenstecker mit Schmierpaste G 052 141 A2 nachfetten, damit Dichtschlauch nicht an Kerze festklebt.

■ **Glühstiftkerzen ausbauen:** Zündung aus, Motorabdeckung ab. Halteklammern am Leitungsstrang öffnen, Stecker der Glühstiftkerzen abziehen.

■ Flachzange mit Nut am spitzen Ende der Backen (VW-Spezialwerkzeug 3314) mit der Nut am Bund der Stützhülse des Kerzensteckers ansetzen. Stecker mit der Zange von den Kontakten (1 in Bild 3) der Kerzen abziehen.

■ ***Vorsicht:*** Zange nicht zu fest zusammendrücken, damit die Stützhülse nicht beschädigt wird! Beim Abziehen keine Leitungsverbindung beschädigen, sonst muss der Leitungsstrang erneuert werden!

■ Kerzenkanal im Zylinderkopf reinigen. Kein Schmutz darf in den Zylinder fallen. Grobes mit Staubsauger entfernen. Bremsenreiniger (oder ähnlichen Reiniger) in den Kerzenkanal sprühen und einwirken lassen. Mit Pressluft ausblasen und mit einem ölbenetzten Lappen reinigen.

■ Die Kerzen am Sechskant (2 in Bild 3) aus dem Zylinderkopf ausschrauben (Gewinde: Pfeil). Gelenkschlüssel (bei VW 3220) mit Schlüsselweite 10 verwenden.

■ **Glühstiftkerzen einbauen:** Sinngemäß umgekehrt vorgehen. Die Kerzen mit Anzugsdrehmoment 18 Nm festziehen und die Stecker festsitzend wieder aufstecken.

■ **Vorglühanlage prüfen:** Das Steuergerät für Glühzeitautomatik, das die Vorglühanlage ansteuert und zusammen mit den Glühstiftkerzen den Schnellstart ermöglicht, ist zur Eigendiagnose fähig. Fehler der Vorglühanlage werden ferner im Speicher des Motorsteuergerätes abgelegt. Prüfung mit Tester über »Geführte Fehlersuche«.

Bilder 1 und 2 Zündanlagen: Zündspulen mit Leistungsendstufen (rote Pfeile) und 1.2 TSI mit Zündtrafo (blauer Pfeil) und Leitungen zu den Zündkerzen (rote Pfeile).

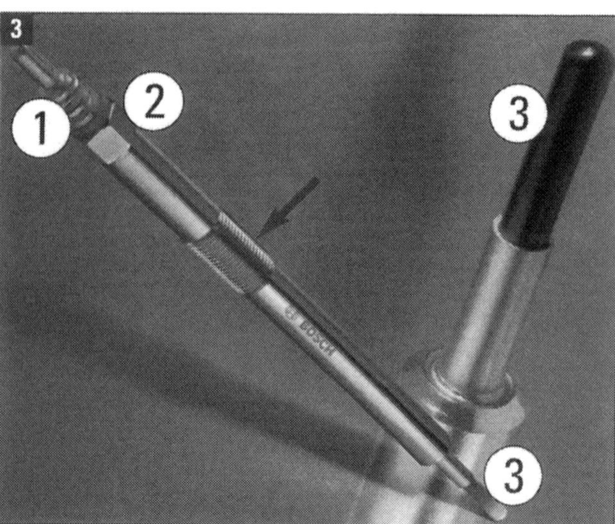

Keramik-Glühstiftkerzen: (1) Steckerkontakte, (2) Sechskant SW 10 für Schlüssel, (3) Glühstift. Pfeil: Gewinde.

Abgasanlage trennen und spannungsfrei einrichten

Serienmäßig werden Schalldämpfer und Abgasrohr (1) als ein Teil eingebaut. Für den Reparaturfall werden sie aber einzeln mit einer Klemmschelle geliefert. Nach Montagearbeiten muss stets darauf geachtet werden, dass die Anlage nicht verspannt wird und ausreichend Abstand hat. Gegebenenfalls müssen die Doppelschelle (siehe Seite 203) gelöst sowie Schalldämpfer und Abgasrohr so ausgerichtet werden, dass überall ausreichend Abstand zum Aufbau vorhanden ist und die Aufhängungen (3) gleichmäßig belastet werden. Selbstsichernde Muttern (5) an der Tunnelbrücke (4) sind immer zu ersetzen (alle Positionen Bild 1).

■ **Anlage zur Reparatur trennen:** Verbindungsrohr an der Trennstelle (durch Eindrückung auf dem Abgasrohr gekennzeichnet, Pfeil Bild 1) mit einer Karosseriesäge (z. B. V.A.G 1523 A) rechtwinklig trennen. Dabei Schutzbrille tragen. Die Reparaturdoppelschelle (Bilder 2 und 3) beim Einbau an den seitlichen Markierungen positionieren.

■ Verschraubungen der Klemmhülse (Reparaturdoppelschelle) gleichmäßig anziehen, bei M 8 mit 25 Nm, bei M10 mit 40 Nm. Vor dem Anziehen Abgasanlage in kaltem Zustand spannungsfrei einrichten.

■ **Anlage spannungsfrei einrichten:** Der Motor muss kalt sein. Die hintere Abgasanlage (Bild 1) ist per Doppelschelle mit dem Abgasvorrohr verbunden.

■ Verschraubungen (rote Pfeile in Bild 2) lösen, Klemmhülse nach der Markierung am Abgasvorrohr ausrichten. Beachtet werden muss die Fahrtrichtung, die in den Bildern 2 und 4 von dem weißen Pfeil angegeben wird.

■ Verschraubungen müssen wie in Bild 2 rechts sein. Das Einbaumaß für die Klemmhülse vorn (konventionelle Hülse mit zwei einzelnen Schellen wie in Bild 2 und (A) in Bild 3) beträgt genau 5 mm für den Abstand »a« zwischen Hülsenkante und Markierung am Vorrohr.

■ Zu Abstand »a« siehe auch Bild 2 auf Seite 203. Bild 3 auf Seite 203 zeigt, dass die Verschraubungen nicht über die Unterkante der Klemmhülse hinaus ragen dürfen.

■ Mittel- und Nachschalldämpfer so weit nach vorn schieben, bis an der Halteschlaufe/Mittelschalldämpfer das Maß (b) = 3 ... 7 mm erreicht ist (Bild 4). In einigen Fällen ist (b) 7 ... 9 mm. Schalldämpfer waagerecht ausrichten. Schrauben gleichmäßig festziehen: Einzelschellen 23 Nm, durchgehende Schelle 35 Nm.

■ **Neue Klemmhülsen:** Gleitend werden Klemmhülsen mit durchgehender Schelle entsprechend (B) in Bild 3 eingeführt. Einbaumaß dieser Schellen »a« = 8,5 mm.

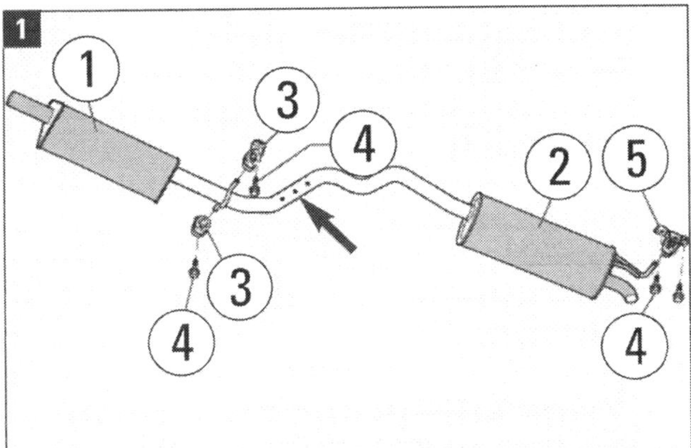

Montageübersicht hintere Abgasanlage 1.2 TSI: (1) Mittelschalldämpfer, in Erstausrüstung Baueinheit mit (2) Nachschalldämpfer; (3) Halteschlaufen, (4) Schrauben mit Anzugsdrehmoment 25 Nm, (5) Halteschlaufe hinten.
Anmerkung: Beim 1.6 TDI ist die Situation vergleichbar.

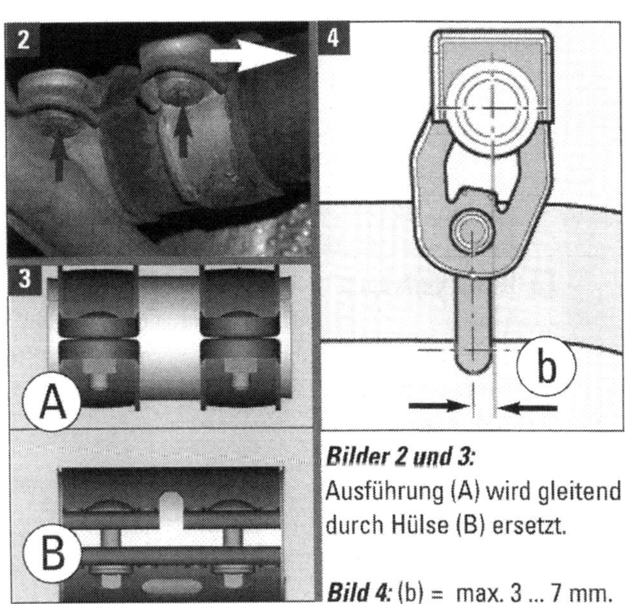

Bilder 2 und 3: Ausführung (A) wird gleitend durch Hülse (B) ersetzt.

Bild 4: (b) = max. 3 ... 7 mm.

Motor

Störung	Was kann das sein?	Was muss ich tun?
A Motor startet nicht, Anlasser dreht nicht	**1** Die Wegfahrsperre bzw. die Anlasssicherung	Zu- und wieder aufschließen, Bremse getreten halten und Schalthebel auf Stellung N
	2 Batterie leer	Wenn die Scheinwerfer bei eingeschalteter Zündung nur schwach leuchten: Alle Verbraucher abschalten, Starthilfekabel benutzen und dann mindestens 20 Kilometer fahren
B Der Anlasser dreht, aber der Motor springt nicht an	**1** Die häufigsten Ursachen sind: Kein Sprit und/oder kein Zündfunke. Das kann leider an sehr vielen Bauteilen liegen	Zuerst prüfen ob noch Sprit und auch die richtige Sorte (Benzin oder Diesel) im Tank ist. Dann die Verkabelung im Motorraum auf Beschädigungen prüfen (Marderbiss?) Vorsicht! Zündung dabei unbedingt ausschalten!
C Motor läuft nach dem Start unrund	**1** Fehler in der Kraftstoffversorgung und/oder Zündanlage, Nebenluft durch undichte Schläuche	Zunächst eine Sichtkontrolle des Motorraums bei ausgeschalteter Zündung durchführen. Beschädigte Leitungen mit Isolierband notdürftig flicken. Mit einem Diagnosegerät den Fehlerspeicher auslesen lassen.
	2 Diesel: Falschbetankung oder defekte Glühkerzen	Vorsicht: Bei Falschbetankung nicht mehr weiterfahren, sonst kann die Hochdruckpumpe kollabieren
D Motor qualmt und stinkt aus dem Auspuff	**1** Turbolader (blauer Rauch) oder Zylinderkopfdichtung (weißer Rauch) defekt	Ist der Turbolader defekt besteht akute Gefahr: Bruchstücke wandern durch den Motor. Nicht mehr starten! Bei einer kaputten Kopfdichtung fehlt Wasser im Ausgleichsbehälter, auf jeden Fall auffüllen
E Motor zieht nicht mehr richtig	**1** Der Hauptverdächtige ist auch hier der Turbolader, besonders wenn der Motor im Leerlauf oder bei wenig Gas noch gut läuft	Beobachten Sie die Ladedruckanzeige und achten Sie auf ungewöhnliche Geräusche beim Beschleunigen. Eventuell entweicht Ladedruck. Ein blockierter Lader macht dagegen gar keine Geräusche mehr
	2 Luftmassenmesser defekt	Fehlerspeicher auslesen, ggf. ersetzen
F Hoher Verbrauch	**1** Wahrscheinlich ist der Luftfilter stark verschmutzt	Luftfilter austauschen, die Anleitung dazu finden Sie in diesem Kapitel
G Motor wird zu langsam warm	**1** Thermostat hängt	Sie können zunächst weiter fahren, der Thermostat sollte jedoch so bald wie möglich getauscht werden

Getriebe / Kraftübertragung

Störung	Was kann das sein?	Was muss ich tun?
A Kratzen beim Gangwechsel	**1** Kupplung trennt nicht richtig	Schadensursache feststellen und beheben. Wenn Sie diesen Fehler ignorieren, ruinieren Sie sonst sehr schnell das Getriebe.
	2 Synchronring verschlissen	Wenn das Kratzen nur in einem Gang auftritt, kann der entsprechende Synchronring ersetzt und das Getriebe gerettet werden. Bis dahin: langsam schalten!
B Rupfen, Ruckeln und Springen	**1** Die Kupplung ist verschlissen oder verölt	Die Kupplung ist ein Verschleißteil, das bei hohen Laufleistungen irgendwann abgenutzt ist. Tritt an Motor oder Getriebe Öl aus, rutscht die Kupplung. In beiden Fällen hilft nur der Ausbau des Getriebes
	2 Motorlager defekt	Kontrollieren Sie den Zustand der Lager und vermeiden sie bis zur Reparatur starke Lastwechsel und allzu rasantes Anfahren.
C Schläge, ungewöhnliche Geräusche oder Vibrationen	**1** Motorlager ausgeschlagen	Beobachten Sie von außen, wie stark der Motor beim Anfahren kippt. Bei verschlissenen Lagern kann das dazu führen, dass Teile irgendwo anschlagen
	2 Antriebswellen defekt	Fahren Sie enge Kurven (auch rückwärts) und versuchen, Sie den Schaden an den Wellen zu lokalisieren Äußere und Innere Gelenke können einzeln ausgetauscht werden.)
	3 Synchronringe oder Getriebelager im Getriebe verschlissen	Auch die Synchronringe unterliegen einem gewissen Verschleiß. Wenn es in mehreren Gängen kratzt ist ein Austauschgetriebe fällig, mahlende Getriebelager lassen sich einzeln ersetzen.
	4 Zu wenig Öl im Getriebe	Ölstand prüfen und nötigenfalls ergänzen
D Es lässt sich kein Gang mehr einlegen	**1** Seilzüge ausgehängt	Untersuchen Sie die Anschlüsse und Führungen der Schaltseilzüge. Manchmal lässt sich so ein Zug auch an Ort und Stelle wieder einhängen.

Technische Daten

Immer wieder stellen sich im Laufe des Fahrzeugbetriebs Fragen, die sich im Prinzip aus den Fahrzeugpapieren und der Betriebsanleitung beantworten lassen. Schneller Überblick über Daten wie Normverbrauch, Rad- und Reifengrößen, Verschleißgrenzen von Bremsscheiben oder maximale Anhängerlast ist damit aber nicht unbedingt gegeben. In unserer Zusammenstellung finden Sie daher alle relevanten Daten, Zahlen und Fakten für Ihren Roomster.

Große Vielfalt im Detail

Wie die Kapitel »Modell« und »Antrieb« zeigten, verfügt der Roomster der neuen Generation über drei Benzin- und drei Diesel-Motorisierungen in (einschließlich Scout) vier Ausstattungslinien sowie Varianten mit Doppelkupplungsgetriebe DSG und Green tec-Paket oder GreenLine-Technik. Mit ihnen sind viele Kombinationsmöglichkeiten gegeben, auf deren grundlegende sechs wir in diesem Kapitel im Spiegel ihrer Parameter eingehen.

Die Otto- und Dieselmotoren in jeweils drei Leistungsstufen sind normalerweise mit 5-Gang-Handschaltgetriebe oder eben dem automatischen 7-Gang-DSG kombiniert. Alle Fahrzeuge haben Frontantrieb, Allradantrieb (bei Škoda »4x4« genannt) ist beim Roomster nicht vorgesehen. Der Wendekreis beträgt 10,5 m; alle Modelle 5 Sitzplätze und 5 Türen.

Die Karosserie-Außenmaße sind beim Roomster Scout etwas verschieden vom Roomster. Wir geben sie hier für beide Modelle in mm an:

Roomster
- Radstand / Gesamtlänge: 2.608 / 4.213-4.337
- Breite ohne /mit Spiegel: 1.684 / 1.897
- Höhe ohne Dachreling: 1.607

Roomster Scout
- Radstand / Gesamtlänge: 2.608 / 4.240-4.364
- Breite ohne / mit Spiegel: 1.695 / 1.908
- Höhe ohne Dachreling: 1.650
- Bodenfreiheit : 140

Beschränkung auf 9 Grundmodelle

Für Roomster und Scout werden die drei Ausstattungslinien Active, Ambition und Elegance angeboten. Die Auflistung aller Modelle und Ausstattungen würde hier den Rahmen sprengen, zumal noch 13 Lackierungen von »Candy Weiß« bis »Black Magic Perleffekt« sowie die beiden Kontrastlackierungen »Pazifik Blau/Weiß« und »Corrida Rot/Schwarz hinzu kommen. Diese Vielfalt im Detail bis hin zu den verschie-

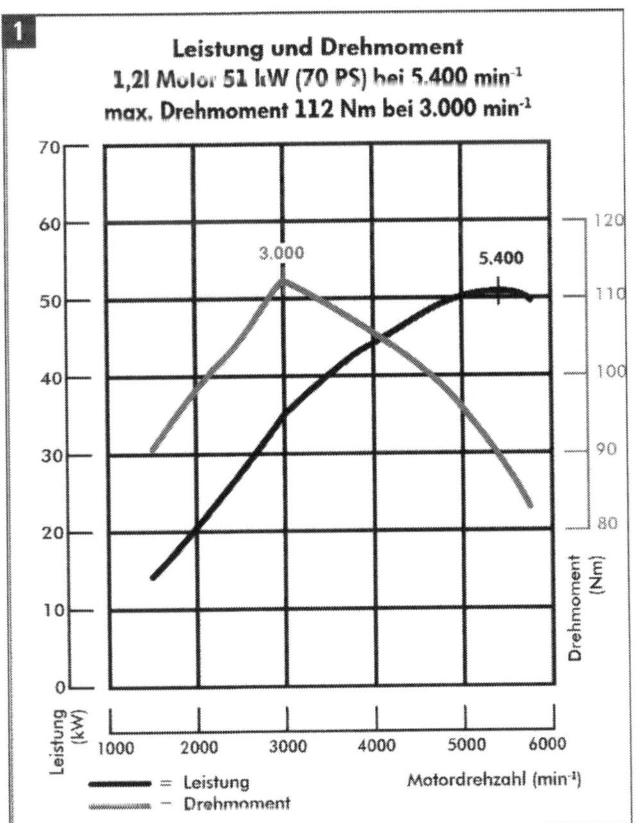

1.2 MPI: Der 51-kW-Motor verbraucht nur 6,2 Liter Benzin auf 100 km. Schwarze Kurve = Leistung in Abhängigkeit von der Motordrehzahl. Blaue Kurve = Drehmoment in Abhängigkeit von der Motordrehzahl.

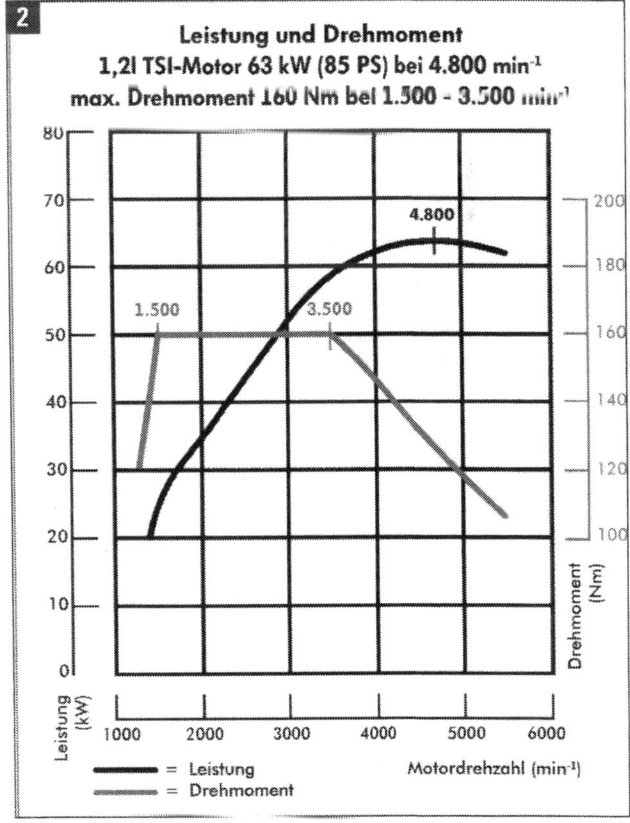

1.2 TSI: Der 63-kW-Motor ist auch in der GreenTec-Ausführung erhältlich. Schwarze Kurve = Leistung in Abhängigkeit von der Motordrehzahl. Blaue Kurve = Drehmoment in Abhängigkeit von der Motordrehzahl.

denen Sitzbezügen berücksichtigen wir in den folgenden Daten natürlich nicht, aber alle Motorisierungen und ihre Kombination mit den Getrieben präsentieren wir in sechs Grundmodellen. Unsere Werte folgen den Werksangaben von Škoda. Gravierende Abweichungen von Messdaten etwa bei Verbrauchsangaben oder Beschleunigungswerten finden sich nach unserem Überblick nicht in der Motorpresse.

Normen und Füllmengen

Was Motoren, Getriebe, Fahrwerk und Bremsen angeht, gibt es zwischen den einzelnen Roomster-Varianten keine Unterschiede. Die Datendifferenzen bei Fahrleistungen, Gewichten, Abmessungen und Getriebeübersetzungen geben wir in den Listen an.
Der Kraftstoffbehälter fasst 55 Liter, die Reservemenge beträgt 5 Liter.
Die Bremsflüssigkeit (Gesamtmenge 1,15 l) hat bei Škoda den Code N 052 766 ZO. Das entspricht der USA-Norm FMVSS 571.116 DOT 4, im Konzern mit Teilenummer VW 501 14 gekennzeichnet. Als Füllmengen hinten sind bei Scheibenbremsen 0,52 l, bei Trommelbremsen 0,55 l (mit ABS) oder 0,48 l (ohne ABS) angegeben.
Das Synthetiköl für die 5-Gang-Schaltgetriebe 02R, Füllmenge 2,0 l, ist Norm G 51 - SAE 75W90. Das 7-Gang-Doppelkupplungsgetriebe DSG vom Typ 0AM hat zwei Ölhaushalte. Der Teil mit Rädern und Wellen ist mit 1,7 l Getriebeöl G052 171 befüllt, der Steuerteil Mechatronic (J743) mit 1,0 l Zentralhydrauliköl und Servolenkgetriebeöl G004 000.
Das Kühlsystem der Ottomotoren ist mit 5,2 l (51 kW) oder 7,7 l, das der TDI-Motoren mit 6,6 l (1.2 TDI) oder 8,4 l (1.6 TDI) Wasser mit G12 plus-plus befüllt.
Die Öl-Füllmengen, die in entsprechender Spezifikation einzufüllen sind (Kapitel »Antrieb«), betragen (mit / ohne Filterwechsel):

- 1.2 MPI 51 kW — 2,9 / 2,6 Liter
- 1.2 TSI 63 / 77 kW — 3,6 / 3,0 Liter
- 1.2 TDI 55 kW — 4,3 / 4,0 Liter
- 1.6 TDI 66 / 77 kW — 4,3 / 4,0 Liter

3

Leistung und Drehmoment
1,2l-TSI-Motor, 77 kW (105 PS) bei 5.000 min^{-1}
max. Drehmoment 175 Nm bei 1.550 - 4.100 min^{-1}

Leistung (kW) — Drehmoment (Nm) — Motordrehzahl (min^{-1})
1.550 — 4.100
▬ = Leistung
▬ = Drehmoment

1.2 TSI: Der 77-kW-Motor wird mit 6-Gang-Schaltgetriebe oder DSG kombiniert. Schwarze Kurve = Leistung in Abhängigkeit von der Motordrehzahl. Blaue Kurve = Drehmoment in Abhängigkeit von der Motordrehzahl.

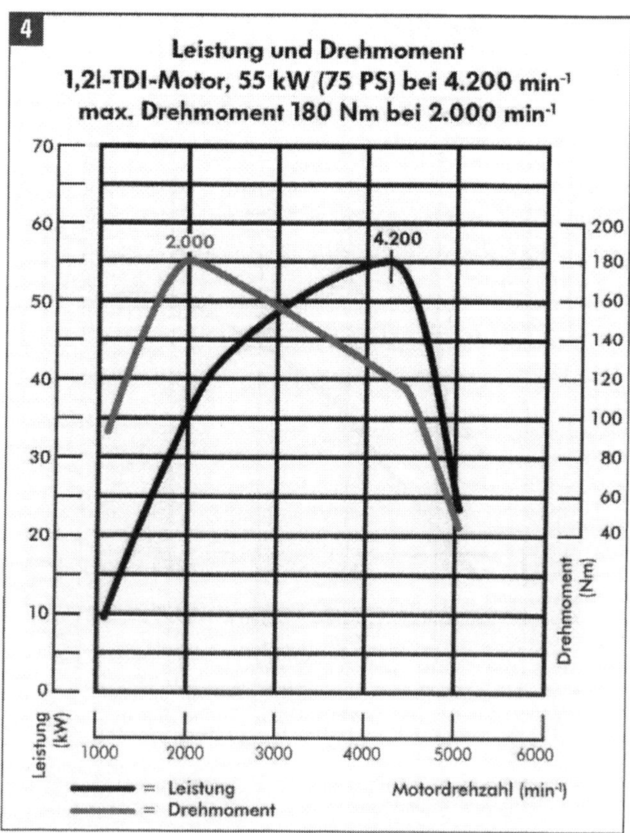

1.2 TDI Common Rail: Der 55-kW-Motor hat ein erstaunlich hohes Drehmoment. Schwarze Kurve = Leistung in Abhängigkeit von der Motordrehzahl. Blaue Kurve = Drehmoment in Abhängigkeit von der Motordrehzahl.

Kennbuchstaben Motor und Getriebe

Die Motornummern bestehen aus einem Block von vier Buchstaben und einer sechsstelligen Zahl. Die Kennbuchstaben für alle Motoren finden Sie im Kapitel »Antrieb«. Die ersten drei Motorkennbuchstaben stehen für den Hubraum und für den mechanischen Aufbau des entsprechenden Motors. Der vierte Buchstabe codiert den Leistungsbereich und das Drehmoment. Den Zusammenhang zwischen Drehmoment und Leistung zeigen unsere sechs Diagramme (Bilder 1 bis 6).
Die Getriebe sind ebenfalls mit Kennbuchstaben und laufender Nummer codiert, wobei die Kennbuchstaben den Fertigungszeitraum und die Zuordnung zu den Motoren und ihren Leistungsklassen verschlüsseln. Die 5-Gang-Schaltgetriebe für die Benzinmotoren sind LNR, LVE, MGZ, MAH, MAB und LGQ; für die TDI sind es KFK, MDN, MAL, MAF, MAT, MNY, MZK, MZL, MZM und MZN. Die 7-Gang-Doppelkupplungsgetriebe für die 1.2 TSI-Benziner mit 77 kW sind LWX, MGQ, MGV und MGR.

Gepäckraum, Garantie, Messwerte

Der Kofferraum des Roomster nimmt bei voller Ausnutzung der fünf Sitzplätze, also bei aufrecht stehenden Rückenlehnen, ein Volumen von 480 bis 560Litern auf. Werden die Rücksitze umgeklappt und das Fahrzeug dachhoch beladen, erhöht sich das Stauvolumen auf 1.585 Liter. Bei herausgenommenen Rücksitzen fasst der maximale Gepäckraum 1.810 Liter.
Bei allen Roomster-Modellen zwei Jahre Garantie ohne Kilometerbegrenzung, drei Jahre Garantie auf den Lack und 12 Jahre Garantie gegen Durchrostung.
Die in den Listen angegebenen (kombinierten) Werte für Kraftstoffverbrauch und Emissionen wurden nach den vorgeschriebenen Verfahren (VO(EG)715/2007) ermittelt. Die Angaben dienen Vergleichszwecken zwischen den verschiedenen Fahrzeugtypen. Kraftstoffverbrauch und CO_2-Emissionen hängen nicht nur von der effizienten Ausnutzung des Kraftstoffs durch das Fahrzeug ab. Sie werden auch von Fahrverhalten und anderen nichttechnischen Faktoren beeinflusst.

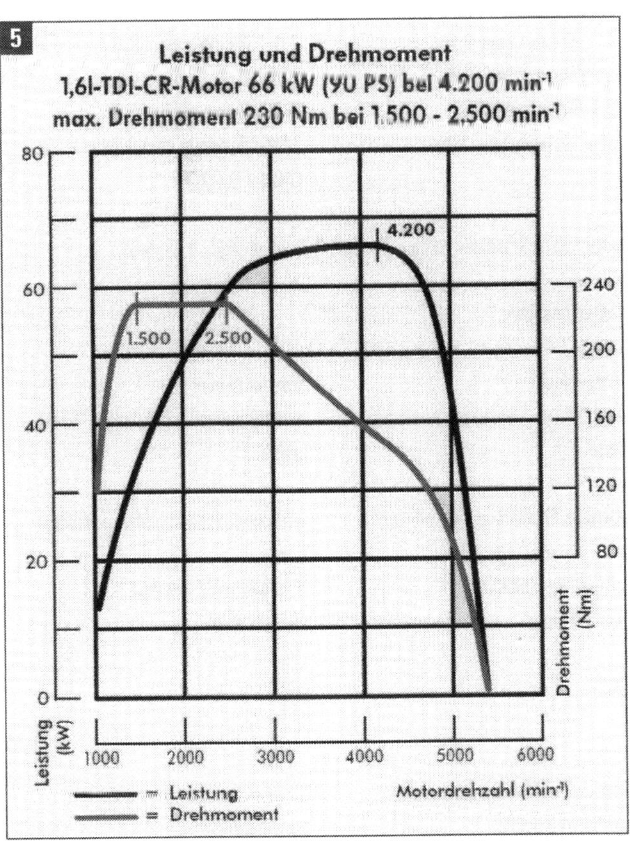

1.6 TDI Common Rail: Der 66-kW-Motor hat ein erstaunlich hohes Drehmoment. Schwarze Kurve = Leistung in Abhängigkeit von der Motordrehzahl. Blaue Kurve = Drehmoment in Abhängigkeit von der Motordrehzahl.

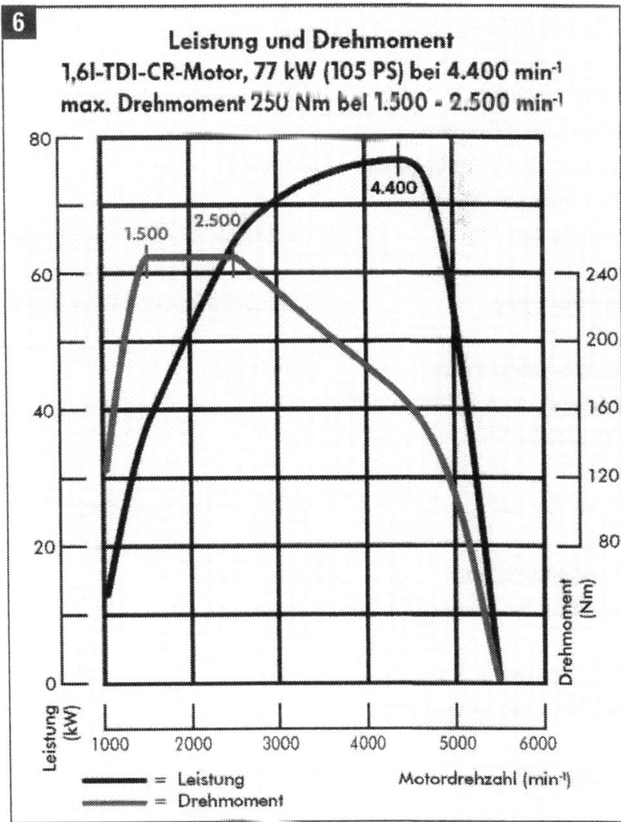

1.6 TDI Common Rail: Der 77-kW-Motor stellt die stärkste Diesel-Motorisierung dar. Schwarze Kurve = Leistung in Abhängigkeit von der Motordrehzahl. Blaue Kurve = Drehmoment in Abhängigkeit von der Motordrehzahl.

Ottomotoren MPI (SRE) und TSI

Modell	Roomster MPI 51 kW (DOHC)	Roomster TSI 63 kW	Roomster TSI 77 kW
mit Getriebe	5-Gang manuell	5-Gang manuell	7-Gang DSG
andere Modellversion	----	Green tec	5-Gang manuell / Green tec
Motor	**3-Zyl 1.2 MPI**	**4-Zyl 1.2 TSI**	**4-Zyl 1.2 TSI**
Motor-Kennbuchstaben	**CGPA**	**CBZA**	**CBZB**
Bauzeit	ab 03.10	04.10	ab 04.10
Abgasnorm	EU 5	EU 5	EU 5
Zylinder / Ventile pro Zyl.	3 / 4 im Winkel	4 / 2	4 / 2
Hubraum in cm³	1.198	1.197	1.197
Bohrung in mm	76,5	71	71
Hub in mm	86,9	75,6	75,6
Verdichtung	10,5:1	10:1	10:1
Höchstleistung in kW / PS	51 / 70	63 / 86	77 / 105
bei Umdrehungen/min	5.400	4800	5.000
max. Drehmoment in Nm	112	175	175
bei Umdrehungen/min	3.000	1.500-3.500	1.550-4.100
Höchstgeschwindigkeit in km/h	159	172	184
Beschlg. 0-100 km/h in s	15,9	12,6	10,9
Kraftstoff	Superbenzin 95/91 ROZ	Superbenzin 95/91 ROZ	Superbenzin 95/91 ROZ
Verbrauch Liter/100 km			
- innerorts:	8,2	7,1 / Green tec 6,6	7,1 / Green tec 6,6
- außerorts:	5,0	4,9 / Green tec 4,6	4,9 / Green tec 4,6
- kombiniert:	6,2	5,7 / Green tec 5,3	5,7 / Green tec 5,3
Emission CO_2 g/km	143	134 / Green tec 124	134 / Green tec 124
Emission HC / NO_x g/km	0,05 / 0,02		0,04 / 0,02
Partikel durchweg 0	-	-	-
Zündung	elektronische Zündung ohne Verteiler, Zündreihenfolge: 3-Zyl. 1-3-2, 4-Zyl. 1-3-4-2.		
Schmierung	Druckumlaufschmierung mit Hauptstromfilter.		
Motor-Einbaulage	vorne quer	vorne quer	vorne quer
Material von Zylinderkopf / Motorblock	beide Aluminium-Legierung	Aluminium-Legierung / Grauguss	Aluminium-Legierung / Grauguss
Ventilantrieb	indirekt, Rollenschlepphebel	indirekt, Rollenschlepphebel	indirekt, Rollenschlepphebel
Nockenwellen	2 oben im Zyl.Kopf	1 oben im Zyl.Kopf	1 oben im Zyl.Kopf
Nockenwellenantrieb	durch Kette	durch Kette	durch Kette
Kurbelversatz in Grad	240	180	180
Kurbelwellenlager-Zahl	4	5	5
Abgasreinigung	Dreiwege-Katalysator mit Lambda-Sonde	Dreiwege-Katalysator mit Lambda-Sonde	Dreiwege-Katalysator mit Lambda-Sonde
Aufladung	nein	Abgasturbolader	Abgasturbolader

Dieselmotoren TDI CR mit Partikelfilter

Modell	Roomster TDI 55 kW	Roomster TDI 66 kW	Roomster TDI 77 kW
mit Getriebe	5-Gang manuell	5-Gang manuell	5-Gang manuell
andere Modellversion	GreenLine	----	----
Motor	3-Zyl 1.2 TDI CR	4-Zyl 1.6 TDI CR	4-Zyl 1.6 TDI CR
Motor-Kennbuchstaben	CFWA	CAYB	CAYC
Bauzeit	ab 03.10	ab 03.10	ab 03.10
Abgasnorm	EU 5	EU 5	EU 5
Zylinder / Ventile pro Zyl.	3 / 4 im Winkel	4 / 4 im Winkel	4 / 4 im Winkel
Hubraum in cm³	1.199	1.598	1.598
Bohrung in mm	79,5	79,5	79,5
Hub in mm	80,5	80,5	80,5
Verdichtung	16,5:1	16,5:1	16,5:1
Höchstleistung in kW / PS	55 / 75	66 / 90	77 / 105
bei Umdrehungen/min	4.000	4.200	4.400
max. Drehmoment in Nm	180	230	250
bei Umdrehungen/min	1.500-3.450	1.500-2.500	1.500-2.500
Höchstgeschwindigkeit in km/h	162	171	181
Beschlg. 0-100 km/h in s	15,5	13,3	11,5
Kraftstoff	Diesel min. 51 CZ	Diesel min. 51 CZ	Diesel min. 51 CZ
Verbrauch Liter/100 km			
- innerorts:	5,4 / GreenLine 5,0	5,7	5,7
- außerorts:	4,0 / GreenLine 3,7	4,1	4,1
- kombiniert:	4,5 / GreenLine 4,2	4,7	4,7
Emission CO_2 g/km	119 / GreenLine 109	124	124
Emission HC / NO_x g/km	0,14 / 0,19	0,09 / 0,14	0,16 / 019
Partikel durchweg 0	-	-	-
Zündung	Selbstzünder. Zündreihenfolge: 3-Zyl.1-3-2; 4-Zyl. 1-3-4-2.		
Schmierung	Druckumlaufschmierung mit Hauptstromfilter.		
Motor-Einbaulage	vorne quer	vorne quer	vorne quer
Material von Zylinderkopf/ Motorblock	Aluminium-Legierung / Grauguss	Aluminium-Legierung / Grauguss	Aluminium-Legierung / Grauguss
Ventilantrieb	indirekt, Rollenschlepphebel	indirekt, Rollenschlepphebel	indirekt, Rollenschlepphebel
Nockenwellen	2 oben im Zyl.Kopf	2 oben im Zyl.Kopf	2 oben im Zyl.Kopf
Nockenwellenantrieb	durch Zahnriemen	durch Zahnriemen	durch Zahnriemen
Kurbelversatz in Grad	240	180	180
Kurbelwellenlager-Zahl	4	5	5
Abgasreinigung	Zweiwege-Oxidationskatalysator, Dieselpartikelfilter	Zweiwege-Oxidationskatalysator, Dieselpartikelfilter	Zweiwege-Oxidationskatalysator, Dieselpartikelfilter
Aufladung	Abgasturbolader	Abgasturbolader	Abgasturbolader
Ladeluftkühlung	ja	ja	ja

Gemischaufbereitung, Motormanagement; elektrische Anlage

Gemischaufbereitung: Ottomotoren MPI (SRE): Indirekte elektronische Einzeleinspritzung.
Ottomotoren TSI 77 kW: Direkte Benzineinspritzung. Aufladung über Abgasturbolader.
Dieselmotoren: Direkte Einspritzung über Common Rail. Aufladung über Abgasturbolader.

Motormanagement: Elektronische Steuerung. Ottomotoren: Simos 9.1 (Dreizylinder) und 10; Dieselmotoren Delphi Diesel DCM 3.7 (Dreizylinder) und Simos PCR2.1.1

Generator: 1.2 MPI: 90 A / 1.2 TSI, 1.2 TDI: 110 A / 1.6 TDI: 140 A.

Batterie / Kapazität: 1.2 MPI, 1.2 TSI: 220 A / 44 Ah. 1.2 und 1.6 TDI: 330 A / 61 Ah.

Bremsanlage

Art der Bremsen: Hydraulik-Zweikreisbremssystem, diagonal. Vorn: innenbelüftete Scheibenbremsen. Hinten: 51 kW-Motoren Trommelbremsen, alle anderen Motoren Scheibenbremsen. Bremskraftverstärker, hydraulisches ABS, EBV, Bremsassistent.

Bremsentypen vorn: FS-III, FN3 (beides Scheibenbremsen).

Bremsentypen hinten: TB 230 (Trommelbremse), C 38 (Scheibenbremse).

Zuordnung zum Aggregat: **Vorderradbremsen:** Benzinmotoren mit 51 und 63 kW: Bremsen vom Satteltyp FS-III oder FN3; Benzinmotoren mit 77 kW und alle Dieselmotoren (55, 66, 77 kW) Satteltyp FN3.
Hinterradbremsen: Benzinmotoren mit 51 kW: Trommelbremse 230 mm Trommeldurchmesser. Alle anderen Motoren: Scheibenbremsen vom Satteltyp C38.

Bremse vorn:

Bremsbelagdicke mit Stützplatte: Bremsen FS-III: 19,6 mm; Bremsen FN3: 20,6 mm.

Verschleißgrenze ohne Platte: Bei allen Bremsen: 2 mm.

Bremsscheibe Durchmesser: Bremsen FS-III: 256 mm; Bremsen FN3: 288 mm.

Bremsscheibe Dicke: Bremsen FS-III: 22 mm; Bremsen FN3: 25 mm.

Verschleißgrenze: Bremsen FS-III: 19 mm; Bremsen FN3: 22 mm.

Bremssattel Kolben: Beide Bremsentypen 54 mm Durchmesser.

Bremse hinten:

Bremsbelagdicke mit Stützplatte / ohne Backe: Bremse C38: 16,9 mm; Trommelbremse: Belagdicke ohne Stützbacke 5,5 mm, Breite 32 mm.

Verschleißgrenze: Bremse C38: 2 mm; Trommelbremse: 2,5 mm.

Bremsscheibe Durchmesser: Bremse C38: 230 mm; Trommelbremse: Trommeldurchmesser 230 mm.

Bremsscheibe Dicke: Bremse C38: 9 mm.

Verschleißgrenze: Bremse C38: 7 mm; Trommelbremse: maximaler Trommeldurchmesser 231 mm.

Bremssattel Kolben: Bremse C38: 38 mm Durchmesser; Trommelbremse Radbremszylinder 19,05 mm.

Handbremse: Mechanische Feststellbremse; wirkt auf die Hinterräder.

Bremsflüssigkeit: N 052 766 ZO; USA-Norm FMVSS 571.116 DOT 4; VW 501 14. Wechsel: alle zwei Jahre.

Fahrwerk

Vorderachse: Einzelradaufhängung, McPherson-Federbeine, Dreiecksquerlenker, Torsionsstabilisator.

Hinterachse: Verbundlenkerachse, Schraubenfedern. Stabilisator.

Federung: Schraubenfedern und (vorn) Teleskopstoßdämpfer bzw. (hinten) Gasdruckstoßdämpfer.

Lenkung: Elektrohydraulisch unterstützte Zahnstangenlenkung. Lenkübersetzung: 15,84.

Spurweite (mm): vorn 1.420-1.436, hinten 1.484-1.500.

Radstand (mm): Alle Modelle 2.608 mm.

Wendekreis (m): Alle Modelle 10,5.

Räder: Stahlräder und Leichtbauräder 6 J x 15" oder 16". Scout: 7,0 J x 17".

Reifen: 195/55 R 15; 205/45 R 16. Scout: 205/40 R17.

Kraftübertragung, Getriebeübersetzungen

Antrieb: Alle Modelle Frontantrieb mit elektronischem Stabilisierungsprogramm ESP.

Kupplung: Einscheibentrockenkupplung, Tellerfeder, asbestfreie Beläge. Zweimassen-Schwungrad.
7-Gang-DSG: zwei elektrohydraulisch gesteuerte twinkoaxiale Lamellenkupplungen.

Getriebe: Voll synchronisierte 5-Gang-Handschaltgetriebe.
Automatik: 7-Gang-Doppelkupplungsgetriebe DSG. Zwei unabhängige Teilgetriebe:
1. Welle = 1.-4. Gang; 2. Welle = 5.-7. Gang. 3. Welle = Rückwärtsgang (R).

Getriebe-Übersetzungen:

5-Gang-Schaltgetriebe

mit Motor 1.2 MPI 51 kW I-3,778; II-2,118; III-1,269; IV-0,865; V-0,660; R-3,600. Achsübersetzung: 4,188.

mit Motor 1.2 TSI 63/77 kW I-3,769; II-1,955; III-1,281; IV-0,927; V-0,740; R-3,182. Achsübersetzung: 3,625.

mit Motor 1.2 TDI 55 kW I-3,778; II-2,118; III-1,269; IV-0,865; V-0,660; R-3,600. Achsübersetzung: 3,642.

mit Motor 1.6 TDI 66 / 77 kW I-3,778; II-2,118; III-1,269; IV-0,865; V-0,660; R-3,600. Achsübersetzung: 3,158.

7-Gang DSG

mit Motor 1.2 TSI 77 kW I-3,765; II-2,367; III-1,575; IV-1,111; V-1,143; VI-0,944; VII-0,780; R-4,281.
Achsübersetzungen: I-IV = 4,105; V-VII = 3,120; R = 3,900.

Maße, Gewichte und Lasten; weitere Daten

Außenmaße

Länge: 4.214-4.337 mm. Scout 4.240 4.364 mm.

Breite (ohne Spiegel): 1.684 mm. Scout: 1.695 mm.

Höhe (bei Leergewicht): 1.607 mm; Scout 1.650 mm.

Innenmaße

Effektiver Kopfraum vorn: 1.029 mm.

Effektiver Kopfraum hinten: 1.009 mm

Ellenbogenbreite vorn: 1.380 mm

Ellenbogenbreite hinten: 1.400 mm.

Komfortmaß: 1860 mm.

Gepäckraumvolumen: 480-560 Liter ohne, 450-530 Liter mit Reserverad. mm

Rücksitze umgeklappt: 1.585-1.810 Liter ohne, 1.555-1.780 Liter mit Reserverad.

Gewichte und Lasten

Leergewicht: 1.237 kg inkl. Fahrer (75 kg). TDI-Modelle: 1.322 kg inkl. Fahrer (75 kg)

Effektive Zuladung: 530 kg inkl. Fahrer (75 kg).

Zuläss. Gesamtgewicht: MPI, TSI-Modelle: 1.692 kg. TDI-Modelle: 1.777 kg.

Max. Stütz-/Dachlast: 50 kg / 75 kg.

Max. Anhängelast, ungebr.: Alle Modelle: 450 kg

Max. Anhängel. gebremst

- bei 12 % Steigung: 1.100 kg. TDI-Modelle: 1.200 kg.

- bei 8 %Steigung: 1.200 kg.

Zulässige Achslast vorn: MPI, TSI-Modelle: 880 kg. TSI 77 kW mit DSG: 910 kg. TDI-Modelle: 960 kg.

Zulässige Achslast hinten: Alle Modelle: 840 kg.

Weitere Daten

Karosserietyp: Selbsttragend, verzinkt, Stahl, Verformungszonen vorn und hinten, 5 Türen, 5 Sitzplätze.

Luftwiderstandsbeiwert cW 0,33.

Wartungsplan

Ihr gerade gekaufter Roomster hat den »Übergabeservice« hinter sich und dürfte Ihnen zunächst keine größeren Wartungsarbeiten abverlangen. Vom festen Sitz der Batteriekabel über sämtliche Flüssigkeitsstände oder auch die Vollständigkeit der Bordliteratur bis hin zur Zeituhr wurde alles geprüft und richtig gestellt.

Im späteren Fahrbetrieb werden dann in bestimmten Intervallen Ölwechsel und Inspektion fällig. Wie heute fast alle Hersteller, unterscheidet auch Škoda schon seit einigen Jahren nach

- Inspektionsservice in festen Intervallen und
- LongLife Service mit flexiblen Wartungsintervallen.

Wenn Wartung oder Ölwechsel erforderlich sind, erscheint eine entsprechende Anzeige auf dem Display kurzzeitig nach Einschalten der Zündung und nach dem Anlassen des Motors. Es ist jeder Zeit möglich, restliche Kilometeranzahl und Tage bis zum nächsten Inspektions-Service bei eingeschalteter Zündung, ausgeschaltetem Motor und stehendem Fahrzeug anzeigen zu lassen.

Nach dem Service muss die Intervallanzeige zurückgesetzt werden. In der Werkstatt geschieht das mit dem Diagnose- und Informationssystem VAS 5051 oder 5052: Gerät am Diagnosesteckplatz (»Interface«) unterm Lenkrad anschließen, die »Geführten Funktionen« einschalten, auf »Servicearbeiten« stellen und dem Programm folgen.

Feste Wartungsintervalle

Dabei setzt sich der Inspektionsservice aus Ölwechsel nach Service-Intervall-Anzeige bei maximaler Laufleistung von 15.000 km oder maximalem Zeitintervall von 12 Monaten sowie einer Inspektion nach Service-Intervall-Anzeige bei maximaler Fahrt von 30.000 km oder maximalem Zeitintervall von 24 Monaten zusammen.

Bei erschwerten Betriebsbedingungen wie überwiegenden Kurzstreckenfahrten oder staubigen Straßenverhältnissen soll der Ölwechsel öfter vorgenommen werden. Die Inspektion soll nach der Intervallanzeige stattfinden, davon unabhängig aber alle 30.000 km.

LongLife Service mit flexiblen Intervallen

Durch schonende Fahrweise und günstige Einsatzbedingungen kann die Intervalldauer auf das Doppelte vergrößert werden. Das sind also maximal 30.000 km oder 24 Monate (Inspektion sogar 36 Monate).

Bei extremer Fahrweise und beanspruchenden Einsatzbedingungen kann die Wartung allerdings auch bei Fahrzeugen mit LongLife-Service nach 15.000 km oder 12 Monaten fällig werden. Dazu erfolgen dann entsprechende Signale durch die Intervall-Anzeige der Instrumententafel (Display).

Lange Zeit galt für LongLife-Service-Turbodiesel der Motoröl-Standard nach Spezifikation VW 505.00 oder 505.01 und für die Ottomotoren VW 503 00. Inzwischen ist als Weiterentwicklung das Öl VW 504/507.00 auf dem Markt. Wenn frühere, nicht dem LongLife-Standard entsprechende Öle verwendet werden (z. B. VW 500 00), gilt für das Fahrzeug der Service nach festen Intervallen. Die Anzeige muss dann auf 15.000 Kilometer/12 Monate programmiert werden, verlängertes Intervall ist nicht möglich.

Zum Ölwechsel-Service gehören das Absaugen des

Eines für alle: VW empfiehlt als jüngstes Universalöl auch für TSI- und TDI CR-Motoren das nach Haus-Norm 504 00 und 507 00. Die Spezifikation dieses Öls ist SAE 5W 30.

Motoröls, wie wir es im Kapitel »Antrieb« unter »Das Schmiersystem« beschrieben haben, das Ersetzen des Ölfilters, das Auffüllen des neuen Öls und das Zurücksetzen der Service-Intervall-Anzeige. Nach VW- und Škoda- Anweisung gehört dazu auch stets das Prüfen der Bremsbelagdicke der Scheibenbremsen.

Umfang des Inspektionsservice

Wenn Sie die Wartungsarbeiten selbst erledigen, denken Sie bitte daran, in der Werkstatt die Abfrage des Fehlerspeichers der elektronischen Steuergeräte mit einem Werkstattsystem VAS 505x vornehmen zu lassen. Die Kontrolle der Fehlerspeicher ist sinnvoll, weil manche Defekte im elektronischen System während der Fahrt nicht unbedingt auffallen.
Denn die Steuergeräte verfügen über Notlaufprogramme, die den Betrieb auch bei Ausfall beispielsweise eines Sensors garantieren sollen. Manche dieser Programme funktionieren so gut, dass der Fahrer einen Fehler gar nicht bemerken kann. Natürlich muss dennoch unbedingt die Reparatur erfolgen. Richten Sie sich bei Wartungen und Kontrollen nach dem Plan, wie ihn Volkswagen vorgibt:

Ständige Kontrollen

- Scheibenwaschwasser auffüllen. Scheibenwischer und Waschanlage prüfen
- Standlicht, Abblend- und Fernlicht prüfen
- Motorölstand prüfen
- Rücklichter und Nebelschlussleuchten prüfen
- Kühlflüssigkeit prüfen und nachfüllen
- Bremsen und Bremsflüssigkeit prüfen
- Bremsleuchten, Blinker und Warnblinker sowie das Signalhorn (auch Lichthupe) prüfen
- Reifendruck prüfen

Alle 30.000 Kilometer oder einmal in 36/24 Monaten

- Beleuchtung über Fahrerinformationssystem prüfen
- Zusätzlich Signalhorn und Kennzeichenbeleuchtung prüfen
- Flüssigkeitsstand der Batterie prüfen, ggf. destilliertes Wasser auffüllen (nur Batterien ohne »magisches Auge«)
- Scheibenwisch- und Waschanlage auf Düseneinstellung und Funktion prüfen
- Scheibenwischerblätter auf Beschädigung prüfen
- Motorraum: Sichtprüfung auf Beschädigungen und Undichtigkeiten
- Von unten: Sichtprüfung von Motor, Getriebe, Achsantrieb und Lenkung. Alle Gelenkschutzhüllen auf Beschädigung und Undichtigkeiten kontrollieren. Im Zweifel zur Werkstatt
- Motoröl: Absaugen, Ölfilter ersetzen, neu befüllen
- Dicke der Bremsbeläge und davon abhängig Bremsflüssigkeitsstand prüfen
- Reifen (und, falls vorhanden, Reserverad): Zustand, Reifenlaufbild, Fülldruck und Profiltiefe prüfen. Wenn damit ausgestattet: Haltbarkeitsdatum des Reifenreparatur-Sets prüfen
- Teile der Abgasregulierung in der Werkstatt kontrollieren lassen, besonders, falls das Fahrzeug wegen bestimmter Umstände (Arbeiten nach Unfall) dem TÜV vorgeführt werden muss

Zusätzlich alle 60.000 Kilometer oder 60/48 Monate

- Staub- und Pollenfilter ersetzen
- Innenraumbeleuchtung und Licht im Handschuhkasten prüfen
- Motorhaubenfanghaken schmieren
- Scheinwerfereinstellung prüfen
- Unterboden auf Beschädigungen und lose Befestigungsteile prüfen
- Gelenke an der Vorderachse: Dichtungsbälge, Spiel und Befestigung prüfen
- Bremsanlage auf Undichtigkeiten und Beschädigungen prüfen (Sichtprüfung)
- Frostschutz und Flüssigkeitsstand im Kühlsystem prüfen
- Flüssigkeitsstand der Hydraulik prüfen
- Wasserablauf im Wasserkasten prüfen

Danach folgende Wechselintervalle unbedingt einhalten

- Glühstiftkerzen alle 60.000 km oder 4 Jahre
- Ölfilter des DSG alle 60.000 km
- Staub- und Pollenfilter alle 30.000 km oder 2 Jahre
- Bremsflüssigkeit entsprechend der regelmäßigen Wartungen nach Service-Tabelle, jedenfalls alle 2 Jahre
- ATF (das Getriebeöl) der automatischen DSG-Getriebe zur Sicherheit alle 60.000 km (leichte Unterschiede 6- und 7-Gang)

Nach Wartungsarbeiten empfiehlt sich eine Probefahrt zur Kontrolle. Beim Auslesen des Fehlerspeichers in der Werkstatt oder ggf. mit einem Ihnen verfügbaren Diagnose-System die Service-Intervall-Anzeige (SIA) zurücksetzen. Oder die Anzeige nach der unter »Das Schmiersystem« beschriebenen Methode per Hand zurücksetzen.

Techniklexikon

Das folgende Stichwortverzeichnis soll Ihnen helfen, einige der häufig benutzten Ausdrücke zu verstehen, die Sie im Gespräch mit den Leuten in der Werkstatt, im privaten Kreis von »Experten« und auch in diesem Buch immer wieder hören oder lesen.

Abgasturbolader – von Abgasen angetriebenes Turbinenrad. Die Turbine nutzt die im Abgas enthaltene Energie und drückt zur Leistungssteigerung Frischluft und vorverdichtete Luft in die Zylinder.

ABS – Antiblockiersystem. Drehzahlsensoren an allen vier Rädern melden einem Steuergerät, wenn das jeweilige Rad kurz vor dem Blockieren ist. Der Bremsdruck am Rad wird abwechselnd verringert und erhöht und das Blockieren verhindert.

ACC – Adaptive Cruise Control (adaptive Geschwindigkeitsregelung); hält die gewünschte Fahrzeuggeschwindigkeit konstant.

Achsschenkel – Bauteil der Vorderradaufhängung, schwenkt beim Lenken um die Lenkdrehachse. Auf dem Achsschenkel ist das Vorderrad gelagert.

Achstrieb (Vorder, Hinterachstrieb) – Vorderachstrieb: Baugruppe, die ein Stirnradpaar und das Differenzial zum Antrieb der Gelenkwellen vom Getriebe aus enthält.
Bei Hinterradantrieb sind in einem eigenen Gehäuse ein Kegelradsatz (»Teller und Kegelrad«) und das Differenzial vereinigt.

Achswelle – Angetriebene Welle, starr oder mit Gelenken, an deren Nabe eines der Räder montiert ist.

Adaptives Kurvenlicht – Horizontal schwenkbare Scheinwerfer, die die Kurven optimal ausleuchten, sobald der Fahrer in sie einlenkt.
Sensoren erfassen den Lenkwinkel, die Gierrate (Drehgeschwindigkeit um die Hochachse) und die Fahrgeschwindigkeit. Die Xenon-Scheinwerfer werden elektromechanisch so gesteuert, dass die Kurve ihrem Verlauf entsprechend besser ausgeleuchtet wird.

Airbag – Aufblasbares Luftkissen, das bei Frontalaufprall des Autos auf ein Hindernis die Insassen vor Verletzung schützt.
Gewöhnlich in die Lenkradnabe und die Schalttafel (evtl. auch in die Sitzlehnen = Seiten-Airbags) eingebaut

Aktivkohlefilter (EVAP) – System zur Verminderung der Emission schädlicher Benzindämpfe aus dem Tank. Die Dämpfe werden in einem Filter aus Holzkohle gespeichert und später im Motor verbrannt.

Anlasser – Elektromotor, der zum Anlassen des Motors dient. Sein längs verschiebbares Ritzel wird zuerst in den großen Zahnkranz des Schwungrads eingespurt und dreht dann die Kurbelwelle.

Antriebsriemen – Normalerweise aus Gummigewebe gefertigter Riemen, der über mindestens zwei Riemenscheiben läuft und von der Kurbelwelle aus Nebenaggregate oder die Nockenwelle(n) antreibt (als Keilriemen, Flachriemen oder Zahnriemen).

Antriebsstrang – Oberbegriff für den gesamten Antrieb eines Fahrzeugs mit Motor, Kupplung, Getriebe, Kardanwelle (soweit vorhanden), Achstrieb/Differenzial und Antriebswellen.

Asphärischer Außenspiegel – Außenspiegel mit zweigeteilter, teilweise gebogener (konvexer) Spiegelfläche. Dadurch vergrößert sich die Sichtfläche des Rückspiegels.
Die korrekte Einstellung der Seitenspiegel auf die Sitzposition des Fahrers vermeidet beim asphärischen Außenspiegel den toten Winkel fast vollständig. Alle Modelle aus der Volkswagen-Pkw-Palette sind mit asphärischen Außenspiegeln auf der Fahrerseite ausgerüstet.

ASR – Antriebsschlupfregelung; verhindert Durchdrehen der Antriebsräder, hält den Wagen in den Spur.

ATF –Automatic Transmission Fluid (Getriebeöl für automatische Getriebe).

Aufbohren (Zylinder) – Verfahren zum Nacharbeiten der Zylinderbohrungen bei starkem Verschleiß. In die um ein geringes Maß vergrößerten Bohrungen werden entsprechend größere Kolben eingebaut. Nur nach langer Laufzeit erforderlich.

Ausdehnungsbehälter – Teil der modernen, unter Druck arbeitenden Kühlanlage. In diesen Ausgleichsbehälter kann das infolge des Temperaturanstiegs sich ausdehnende Kühlmittel ausweichen.

Ausgleichsgetriebe – Siehe Differenzial.

Ausgleichscheibe – Stahlscheibe, zumeist in verschiedenen Dicken, zum Ausgleich des Axialspiels beweglicher Bauteile.

Ausgleichswelle – eine zur Kurbelwelle gegenläufig rotierende Welle für einen ruhigen Motorlauf.

Auspuffkrümmer – Sammelrohr, das die Abgase des Motors von jedem der Zylinder in die (gemeinsame) Abgasanlage leitet.

Ausrücklager (Kupplung) – Wälzlager, das axial gleitend auf einer Hülse vorn im Getriebegehäuse montiert ist, beim Auskuppeln vom KupplungsAusrückhebel gegen die rotierende Tellerfeder gedrückt oder gezogon wird und dabei die Kupplungsscheibe freigibt

Auswuchten (Räder) – Prüfen und Korrigieren eines Rades mit Reifen im Hinblick auf statische und dynamische »Unwucht«, d.h. auf Kräfte, die das Rad zu Flatter oder Zitterbewegungen veranlassen könnten.

Automatikgurt – Sicherheitsgurt, der den Fahrzeuginsassen bei normaler Fahrt Bewegungsfreiheit lässt, aber blockiert wird, wenn das Auto stark verzögert wird oder die angegurtete Person plötzliche Bewegungen macht.

AWD – All Wheel Drive (Allradantrieb).

Axialspiel – Bewegungsfreiheit eines Bauteils in Achsrichtung, z.B. die seitliche Bewegung eines Pleuels auf dem Lagerzapfen der Kurbelwelle.

Batterie – (Akkumulatorenbatterie) »Reservoir«, in dem elektrische Energie gespeichert wird. Sie liefert den Strom zum Anlassen des Motors und für die übrigen Verbraucher bei stehendem Motor. Sie wird bei laufendem Motor vom Generator aufgeladen.

Benzindirekteinspritzung – Bei der Benzindirekteinspritzung wird der Kraftstoff mit einem maximalen Druck von bis zu 150 bar direkt in den Brennraum eingespritzt. Eine besondere Brennraumgeometrie sorgt für eine optimale Verwirbelung des Kraftstoff-Luft-Gemischs.

Biodiesel – wird aus nachwachsenden Rohstoffen gewonnen. In Deutschland wird häufig Raps zur Gewinnung von Biodiesel genutzt. Daher haben sich auch die Bezeichnungen RME (Raps-Methyl-Ester) bzw. PME (Pflanzen-Methyl-Ester) durchgesetzt. Aus ökologischer Sicht stellt Biodiesel eine sinnvolle Alternative zu herkömmlichem Dieselkraftstoff dar, da man sich in einem geschlossenen CO_2-Kreislauf bewegt. Das bedeutet, dass die Pflanze während ihres Wachstums soviel an CO_2 aufnimmt, wie nachher bei der Verbrennung wieder abgegeben wird.
Da sich Biodiesel jedoch in seiner Zusammensetzung von herkömmlichem Dieselkraftstoff unterscheidet, kann er nicht uneingeschränkt als direkter Ersatz für Diesel genommen werden. Größtes Problem ist derzeit, dass es keine einheitliche Norm für Qualität und Zusammensetzung von Biodiesel gibt. Der Marktanteil von Pflanzen-Methyl-Ester liegt zur Zeit unter einem Prozent. Selbst bei Ausschöpfung aller Anbaupotenziale könnte Pflanzen-Methyl-Ester nur ein Zehntel des Dieselkraftstoffbedarfs decken.

Bi-Xenon – XenonScheinwerfer für Abblend und Fernlicht (siehe Xenonlicht).

Blattfeder – Lange, schmale, gekrümmte Feder, zumeist als Paket aus mehreren Blättern zusammengesetzt. Heute nur noch bei Lkws, schweren Geländewagen und alten Autos mit hinterer Starrachse zu finden.

Bord-Diagnosesystem – Elektronische Überwachungsanlage für das Motor-Managementsystem. Sie lässt über den Fehlercode Fehlfunktionen erkennbar werden, die sich negativ auf Abgasemissionen, Leistung und Verbrauch auswirken können.

Boxermotor – Motorbauform, bei welcher die Zylinder einander gegenüberliegen; im allgemeinen sind gleich viele Zylinder auf jeder Seite der Kurbelwelle.

Bremsankerplatte – Stahlblechplatte, am Radträger (zumeist nur noch der Hinterräder) befestigt. Daran sind die Bremsbacken der Trommelbremse montiert.

Bremsbacken – Gekrümmtes Bauteil in der Trommelbremse, mit Bremsbelägen bewehrt. Die Backen werden beim Bremsen von innen gegen die Bremstrommel gedrückt.

Bremsbelag – Trommelbremse: auf die Bremsbacken aufgebrachter Reibbelag aus hitzebeständigem Werkstoff; Scheibenbremse: Mit aufvulkanisiertem Reibbelag versehene Metallplatte. Die Bremsbeläge werden von den Hydraulikkolben von beiden Seiten her beim Bremsen an die Bremsscheibe angedrückt.

Bremse entlüften – Entfernen unerwünschter Luft aus einer geschlossenen hydraulischen Bremsanlage.

Bremsflüssigkeit – Spezielles, hitzebeständiges Hydrauliköl für Bremsanlage (ggf. auch für Kupplungsbetätigung).

Bremsscheibe – Mit dem Rad umlaufende, häufig hohl gegossene (»belüftete« Bremsscheibe) Metallscheibe. Beim Betätigen der Bremse werden von beiden Seiten her die Bremsbeläge an die Scheibe angedrückt und verzögern dadurch Scheibe und Rad.

Bremsservo (VakuumBremsverstärker) – Gerät, das die am Pedal aufgebrachte Kraft zum Betätigen des Hauptbremszylinders erhöht. Der Unterdruck, mit dem das Gerät arbeitet, kommt beim Benzinmotor vom Saugrohr, beim Dieselmotor von einer zusätzlichen Pumpe.

Bremstrommel – Mit dem Rad umlaufendes, schüsselförmiges Bauteil der Trommelbremse. Beim Betätigen der Bremse werden von innen her die beiden Bremsbacken an die Trommel angedrückt und verzögern dadurch Trommel und Rad.

Bremszange, -sattel – Bauteil, das am Radträger montiert ist und sattelförmig die Bremsscheibe übergreift. Enthält die Hydraulikkolben und Bremsbeläge.

Brennraum – Raum über dem Kolben, in dem dieser das Gemisch verdichtet, und in dem im Augenblick der Zündung die Verbrennung stattfindet. Der Brennraum kann auch zum Teil in den Kolbenboden eingelassen sein.

CAN – Control Area Network (KontrollNetzwerk); verknüpft elektronische Funktionen.

Carbon – Kohlenstoff; belastungsstarker und extrem leichter Werkstoff für Karosserieteile und Bremse von Supersportwagen und für die Formel 1.

Chip-Tuning – Leistungssteigerung durch Austausch eines elektronischen Speicherbausteins und damit verbundene Steuerprogrammänderung.

Choke (Vergaser) – Manuell oder automatisch betätigtes Klappenventil, das beim Kaltstart durch Drosselung der Luft zum Motor das Gasgemisch anreichert.

CNG – Compressed Natural Gas (komprimiertes Naturgas); Erdgas für speziell ausgerüstete Personenwagen und Transporter.

CO-Gehalt – Anteil von Kohlenmonoxid im Abgas

Common Rail – (gemeinsame Schiene) Diesel–Direkteinspritzer, bei dem alle Zylinder über eine gemeinsame, unter Druck stehender Verteilerleitung mit Kraftstoff versorgt werden.

Comprex-Lader – Druckwellenlader, Mischung aus Turbolader und Kompressor. Wird von der Kurbelwelle über einen Zahnriemen angetrieben.

Crossover – Kreuzung verschiedener Fahrzeug–Gattungen zu neuem Typ.

CVT-Automatik – (Continuously Variable Transmission) Automatische, stufenlose Kraftübertragung mit je einer zweigeteilten, kegeligen Scheibe auf An und Abtriebswelle. Durch axiales Verschieben der Scheiben wird der wirksame Radius eines auf ihnen laufenden Keilriemens oder einer Lamellenkette stufenlos verändert – damit auch die jeweilige Übersetzung.

DB - Dezibel – Einheit für Lautstärke.

DBC – dynamische Bremskontrolle (siehe BAS).

Diagnosesystem – Siehe BordDiagnosesystem.

DiagnoseWarnleuchte – Warnleuchte an der Schalttafel. Zeigt an, dass eine Fehlfunktion vorliegt und als solche im Steuergerät gespeichert wurde.

Dichtung – Verformbares Material, das zwischen zwei Oberflächen eingefügt wird, um gas bzw. flüssigkeitsdichte Verbindungen zu schaffen.

Dieselmotor – Der »Selbstzünder« (Gegensatz: »Ottomotor« = Fremdzünder) arbeitet mit der durch Verdichtung reiner Luft im Zylinder entstehenden Temperatur, die ausreicht, um den zerstäubten Dieselkraftstoff zu entzünden. Hierfür ist freilich eine weit höhere Verdichtung erforderlich als beim Ottomotor.

Differenzial/Ausgleichgetriebe – Zumeist als Kegelrädertrieb ausgeführt, treibt es die beiden Räder einer Achse gemeinsam in gleicher Drehrichtung, erlaubt ihnen aber, sich bei Kurvenfahrt unterschiedlich schnell zu drehen.

Differenzialsperre – schafft starren Durchtrieb zwischen Rädern einer Achse oder beider Achsen für eine bessere Traktion des Fahrzeugs.

Direkteinspritzung – Spezielle Bauart von Motoren, bei denen der Kraftstoff durch Düsen unmittelbar in die Brennräume eingespritzt wird.

DOHC – (Double Overhead Camshaft) Bezeichnung für einen Motor mit zwei obenliegenden Nockenwellen, von denen eine die Ein und eine die Auslassventile betätigt. Dies erlaubt optimale Anordnung der Ventile in Bezug auf Leistung und Emissionen (strömungsgünstigere Kanalführung im Kopf).

DOT-Nummer – auf die Reifenflanke geprägt, verrät den Produktionszeitraum des Pneus.

Drehkolbenmotor – Siehe Wankelmotor.

Drehmoment – Die an einem Hebelarm wirkende Kraft, früher in mkp (MeterKilopond), heute in Nm (Newtonmeter) ausgedrückt (1 mkp = 9,81 Nm).

Drehmomentschlüssel – Werkzeug zum Anziehen von Schrauben und Muttern mit einem vorgegebenen Drehmoment.

Drehmomentwandler/»Wandler« – Flüssigkeitskupplung anstelle einer mechanischen Kupplung zwischen Motor und Automatikgetriebe. Kann das Motordrehmoment nach Bedarf verändern.

Drehstabfederung/Torsionsfederung – Eine in manchen Automodellen angewandte Art der Federung, die auf der Verdrehung eines geraden Stabes (Drehstab) um seine eigene Achse beruht.

Drive-by-wire – (Fahren per Draht). Befehle des Fahrers werden nicht mechanisch übermittelt, sondern elektronisch.

Drosselklappe – Vom Gaspedal betätigte Ventilklappe vor dem Saugrohr, die mehr oder weniger Luft zu den Einlaßventilen strömen läßt.

Drosselklappenschalter – Bauteil des MotorManagementsystems, das dem Steuergerät die jeweilige Stellung der Drosselklappe signalisiert.

Druckfester Verschluss (Kühler) – Schraubkappe auf dem Ausdehnungsgefäß. Wirkt als Sicherheitsventil bei Über und Unterdruck im Kühlsystem, um dieses vor Beschädigungen zu schützen.

Dynamische Kopfstützen – auch aktive Kopfstützen, sollen vor allem bei Auffahrunfall vor Verletzungen der Halswirbelsäule (Schleudertrauma) schützen.

Dynamisches Energiemanagement – sorgt in Abhängigkeit von Batterieladezustand und Temperatur selbstständig dafür, dass stets genügend Energie für einen Motorstart zur Verfügung steht. Dies gilt auch dann, wenn das Fahrzeug einmal für einen längeren Zeitraum abgestellt ist.
Moderne Fahrzeuge entnehmen ihren Batterien selbst im Ruhezustand Energie: Verkehrsfunkspeicher, aber auch Diebstahlwarnanlage oder der Empfänger für die Funkfernbedienung verbrauchen konstant ein geringes Quantum Strom. Wenn ein kritischer Ladezustand der Batterie droht, reduziert das Energiemanagement im Ruhezustand den Verbrauch durch stufenweises Abschalten der Verbraucher. Während der Fahrt kontrolliert das dynamische Energiemanagement laufend die Batteriespannung und die Ladeaktivität. Bei Bedarf erhöht das System die Leerlaufdrehzahl geringfügig, um die Leistung des Ladegenerators zu erhöhen. In extremen Fällen werden kurzzeitig besonders verbrauchsintensive Komponenten wie etwa die Sitz- oder Heckscheibenheizung deaktiviert. Der Komfort leidet darunter nicht.

DynAPS – dynamisches Autopilot-System. Dabei berücksichtigt das Navigationssystem Staumeldungen bei der Routenberechnung.

EBD – Electronic Brake Distribution, sorgt für eine elektronische Bremskraftverteilung.

EBV – elektronische Bremskraftverteilung.

ECE – Economic Comission for Europe (Wirtschaftskommission für Europa), befasst sich mit der Harmonisierung von Vorschriften rund ums Auto.

EDS – elektronische Differentialsperre.

E-Gas – »E« steht für elektronisch. Das Gaspedal wirkt bei Fahrzeugen mit EGas wie ein Sensor. Dieser erkennt anhand der Pedalstellung unmittelbar den Leistungswunsch des Fahrers. Auf Basis dieses Ausgangssignals regelt die Motorelektronik Drosselklappe, Ladedruck und Zündung. Dieses elektronische System löst die bisherige Übertragungstechnik per Seilzug ab und bringt wesentliche Vorteile: EGas erleichtert die elektronische Motorsteuerung, reagiert schneller und ist eine technische Voraussetzung für das elektronische Stabilisierungsprogramm (ESP).

EGR – Exhaust Gas Recirculation. Verfahren zur Abgasentgiftung: Ein Teil der Abgase wird der Ansaugluft wieder zugeführt, um unverbrannte Kraftstoffanteile weiter zu verbrennen.

Einscheiben-Sicherheitsglas – Scheibe aus thermisch behandeltem Glas in nur einer Schicht. Wenn die Scheibe zerspringt, zerfällt sie in viele kleine Teile mit stumpfen Kanten. Zerspringt sie beim Auftreffen eines Körpers nicht, wird der Durchblick sehr stark behindert.

Einspritzdüse – Gerät, das den Kraftstoff direkt oder indirekt in den Brennraum eines Otto- oder Dieselmotors einspritzt.

Einspritzpumpe (Diesel) – Gerät, das beim Dieselmotor für die Zumessung der Kraftstoffmenge und die Einspritzung unter hohem Druck zum genau festgelegten Zeitpunkt sorgt.

Einspritzzeitpunkt (Diesel) – Die kurz vor dem Erreichen des oberen Totpunkts (OT) liegende Stellung des Kolbens, in welcher der Kraftstoff eingespritzt wird.

Einzelradfederung – Federungssystem, bei welchem jedes Rad ohne gegenseitige Wirkung auf die übrigen Räder des Wagens Auf und Abbewegungen ausführt.

Elektrode – An der Zündkerze springt zwischen diesen Metallteilen der Zündfunke über; zwischen Verteilerfinger und Verteilerkappe sorgen Elektroden für die Übertragung des hochgespannten Stroms an die einzelnen Kerzen.

Elektrodenabstand (Kerze) – Einstellbare Distanz zwischen Plus und Masse-Elektrode der Zündkerze.

Elektrolyt – In der Batterie die Strom leitende Flüssigkeit aus Schwefelsäure und destilliertem Wasser.

Elektronische Einspritzung – Kraftstoffeinspritzung mit elektronischer Steuerung.

Elektronische Zündung – Zündanlage, die von einer Elektronik gesteuert wird, welche die Funktion des Verteilers und der Unterbrecherkontakte übernimmt.

Elektronisches Steuergerät – Elektronische Zentraleinheit, die Signale von diversen Sensoren empfängt, verarbeitet und entsprechende Befehle an Zünd-, Einspritz- und andere Systeme erteilt.

Emissionen/Abgasemissionen – Vom Auspuff und verschiedenen anderen Teilen des Autos (Tank, Kurbelgehäuse) in die Atmosphäre abgegebene Substanzen, die gasförmig oder als Partikel auftreten.

Emissionskontrolle – Oberbegriff für diverse Systeme zur Verminderung schädlicher Emissionen.

Endanschlag – Dämpfendes Gummiteil, das beim Durchfedern auf schlechter Fahrbahn das Anschlagen der Radaufhängung an die Karosserie verhindert.

Entkohlen – Entfernen von Verbrennungsrückständen in den Brennräumen, den Kanälen und auf den Kolbenböden bei einer Motorüberholung.

Entlüftung – Öffnung oder Ventil, aus dem Luft oder Gase aus einem Gehäuse (z.B. Kurbelgehäuse) austreten bzw. in ein System eintreten können.

Entlüftungsnippel – Hohlschraube, durch die nach Lösen zur Entlüftung eines geschlossenen Systems (Bremse, Kupplung) Luft und Flüssigkeit austreten.

Entstörgerät – Gerät zur Beseitigung oder Unterdrückung elektrischer Störeinflüsse von Zündung oder anderen Bauteilen der Elektrik.

ESP – elektronisches StabilitätsProgramm; hält durch das Bremsen einzelner Räder die Spur.

Euro-NCAP – New Car Assessment Programme = Programm zur Bewertung der passiven Sicherheit von Kfz. Gilt heute als einer der wichtigsten Maßstäbe für die passive Fahrzeugsicherheit. Es stellt beim Offset-crash noch härtere Anforderungen als das seit Oktober 1998 geltende EU-Gesetz. Die Aufprallgeschwindigkeit wurde von 56 km/h (Gesetz) auf 64 km/h (Euro NCAP) erhöht, was einer um über 30% höheren Aufprallenergie entspricht. Organisiert wird das Euro-NCAP unter anderem von der englischen und der schwedischen Verkehrsbehörde, vom internationalen Automobilverband FIA, vom ADAC sowie von anderen europäischen Automobilclubs.

Fading (Bremse) – Vorübergehendes Nachlassen der Bremsenfunktion infolge Überhitzung des Reibmaterials (vor allem bei Trommelbremsen).

Federbein – Siehe McPherson.

Federung – Oberbegriff für die Bauteile eines Fahrzeugs, die der Isolierung der Karosserie von den Rädern dienen und dafür sorgen, dass alle vier Räder ständigen Fahrbahnkontakt halten.

Fehlercode – Elektronischer Code, den das Steuergerät eines Diagnosesystems beim Auftreten eines Funktionsfehlers speichert. Der verschlüsselte Code enthält Einzelheiten zur Fehlerquelle und veranlasst, dass eine Warnlampe am Schaltbrett aufleuchtet..

Fehlercode-Transmitter – Elektronisches Bauteil, das den verschlüsselten Code für die Werkstatt lesbar macht.

Festsattelbremse – Fest am Radträger montierter Bremssattel der Scheibenbremse. Der Festsattel besitzt (im Gegensatz zum Schwimmsattel) mindestens zwei einander gegenüberliegende Hydraulikkolben.

Fettes Gemisch – Ein Kraftstoff–Luft–Gemisch mit einem höheren als dem optimalen Kraftstoffanteil.

Fliehkraftregler (Zündung) – Vorrichtung im Zündverteiler, die auf der Fliehkraft von kleinen Gewichten beruht und entsprechend der Motordrehzahl laufend automatisch den Zündzeitpunkt verstellt.

Fluid – Häufig benutzter Ausdruck für Flüssigkeit, Kühlmittel, Bremsöl usw.

Flüssiggas – (LPG = Liquefied Petroleum Gas) Gemisch von aus Rohöl gewonnenen Brenngasen (Butan, Propan...), das in manchen Fällen statt anderer Kraftstoffe für entsprechend eingerichtete Ottomotoren eingesetzt wird.

Frostschutz – flüssiger Kühlwasser-Zusatz, um das Einfrieren der Motorkühlung im Winter zu unterbinden und vor Korrosion zu schützen.

Fühlerlehre – Einfaches Messgerät zum genauen Messen einer Spaltbreite (z.B. den Elektrodenabstand einer Zündkerze); besteht aus einem Satz verschieden dicker Stahlblech-»Fühler«.

Gasgemisch – Mischung aus bestimmten Gewichtsanteilen an Luft und Kraftstoff zur Verbrennung im Ottomotor. Das optimale Verhältnis für eine vollständige Verbrennung beträgt 14,7:1.

Gelenkwelle/Antriebswelle – Welle zum Antrieb eines (Vorder- oder Hinter-)Rades vom Differenzial aus. Gelenkwellen an derselben Achse können gleich oder auch verschieden lang sein und ein oder zwei Gelenke besitzen.

Generator (Wechselstromgenerator) – Stromerzeuger, vom Motor über Riemen getrieben. Er liefert bei laufendem Motor den Strom für die elektrische Anlage des Wagens und zum Aufladen der Batterie.

Getriebe/Schaltgetriebe – Aus Wellen und veränderlichen Zahnradübersetzungen aufgebautes Aggregat, angeordnet zwischen Kupplung und Achstrieb. Mit den im Getriebe wählbaren Übersetzungen kann der Motor trotz veränderlicher Fahrgeschwindigkeiten in seinem günstigsten Arbeitsbereich verbleiben.

Getriebeeingangswelle – Von der Kupplung (oder dem Drehmomentwandler) ins Getriebe (oder in die Automatik) führende Welle.

Gleichlaufgelenk – Variante des Kardangelenks für Gelenkwellen (Antriebswellen) frontangetriebener Wagen. Dieses Gelenk ermöglicht eine gleichförmige, ruckfreie Kraftübertragung trotz der Überlagerung von Federungs- und Lenkbewegungen.

Gleitlager – Metallische oder sonstige verschleißarme Oberfläche an einem Bauteil, gegen die sich ein anderes Bauteil frei bewegen (normal: rotieren) kann, und die zur Minderung von Reibung und Verschleiß ausgelegt ist. Gleitlager werden gewöhnlich geschmiert.

Gleitmittel gegen Fressen – Schmiermittel, das besonders temperatur und druckbeanspruchte Bauteile am »Fressen« (Festgehen bei Trockenlauf) hindert.

Glühkerze – Elektrisches Heizgerät, das in die Brennräume der (zumeist aller) Zylinder eines Dieselmotors hineinragt, um ihn beim Kaltstart vorzuwärmen und damit die Rauchentwicklung unmittelbar nach dem Anspringen zu verringern.

GPS – Global Positioning System. Satellitensystem zur Positionsbestimmung, wird von Navigationssystemen benutzt.

Gürtel-/Radialreifen – Reifen, bei dem die Kordfäden in der Karkasse (Grundstruktur des Reifens) im rechten Winkel zur Reifenflanke verlaufen.

Gurtstraffer – zieht bei einem Aufprallunfall den Gurt fest an den Körper.

Handling – Häufig benutzter Ausdruck für das Fahrverhalten eines Autos, schließt Kurvenverhalten, Geradeauslauf und gefühlsmäßige »Handhabung« ein.

Hauptzylinder (Geberzylinder) – Hydraulikzylinder mit Kolben, gefüllt mit Hydraulikfluid. Das Brems- oder Kupplungspedal wirkt direkt (oder über ein Bremsservo) auf den Kolben und gibt die eingeleitete Kraft über das Fluid an die Nehmerzylinder weiter.

Head-up-Display – Überkopf-Anzeige, spiegelt Armaturanzeigen in die Windschutzscheibe.

Heizungs-Wärmetauscher – Kleiner »Kühler«, der in den Kühlkreislauf des Motors eingefügt und für die Bereitstellung von Warmluft für die Wagenheizung zuständig ist. Die durch die Rippen strömende Kaltluft erwärmt sich am heißen Kühlwasser des Motors, das durch den Wärmetauscher fließt.

Hilfsrahmen – Kleiner Rahmen aus Stahlprofilen, der unter der Karosserie montiert ist und Radaufhängungen und/oder Antriebsaggregate aufnimmt.

Hochspannungskreis (Zündanlage) – Stromkreis mit hoher Voltzahl für die Erzeugung des Funkens an der Zündkerze.

Hub/Kolbenhub – Weg, den der Kolben eines Verbrennungsmotors im Zylinder vom oberen zum unteren Totpunkt zurücklegt.

Hubraum, -volumen – Gesamtes Volumen aller Zylinder eines Motors, gerechnet zwischen dem unteren und oberen Totpunkt der Kolben.

Hybridantrieb – Kombination von zwei verschiedenen Abtriebsquellen.

Hydraktives Fahrwerk – Hydropneumatik (siehe unten) mit elektronischer Steuerung.

Hydraulik – Bezeichnung für ein mit Drucköl arbeitendes Übertragungssystem.

Hydraulikstößel – Ventilstößel, in dem das Ventilspiel bei allen Betriebszuständen durch Drucköl ausgeglichen wird. Dadurch entfällt die Ventilspiel-Einstellung.

Hydropneumatik – Eine mit Gas und Öl gefüllte Kugel übernimmt die Funktion herkömmlicher Dämpfer. Erstmals von Citroën in den 50er Jahren bei ID/DS eingesetzt.

Hydropneumatische Federung – Fahrzeugfederung, bei welcher eine Kombination aus Hydraulik und Luftfederung die Stelle der üblichen Stahlfedern (zuweilen auch der Stoßdämpfer) übernimmt.

IDE – Benzindirekteinspritzer der französischen Hersteller (siehe Direkteinspritzung).

Indirekte Einspritzung – Dieselmotoren-Bauart, bei der der Kraftstoff nicht unmittelbar in den Brennraum, sondern in eine benachbarte Wirbelkammer eingespritzt wird.

IPS – Intelligent Protection System (intelligentes Sicherheitssystem). Es handelt sich um eine Kombination aller passiven Sicherheitssysteme im Auto.

Isofix – International normiertes System zur Befestigung von Kindersitzen

Kardangelenk – Flexible, das Drehmoment übertragende Verbindung zwischen zwei Wellen, die ein mehr oder weniger starkes Abknicken der Wellen zu einander erlaubt. Wird in Kardanwellen und manchen Gelenkwellen verwendet, ergibt jedoch keine gleichförmige, ruckfreie Drehbewegung.

Kardanwelle – Welle, die die Kraft vom Schalt-/Automatikgetriebe zur Hinterachse (Motor vorn und Hinterradantrieb) und ggf. vom Verteilergetriebe zur Vorderachse (bei Vierradantrieb) überträgt.

Katalysator – In die Abgasanlage eines Autos eingebautes Gerät, das die in die Atmosphäre austretenden Schadstoffe auf chemischem Wege reduziert, ohne sich selbst zu verändern.

Kerzen – Siehe Zündkerzen.

Keyless Go – Schlüssel oder Chipkarten, die Signale mit dem Auto tauschen. Berührt der Fahrer den Türgriff, öffnet sich der Wagen. Starten per Knopfdruck, Schlüssel oder Karte bleibt in der Tasche.

Kickdown (Automatik) – Vorrichtung, die bei vollem Durchtreten des Gaspedals einen kleineren Gang einschaltet und starkes Beschleunigen erlaubt.

Kipphebel – Übertragungsteil im Ventiltrieb, in der Mitte gelagert, setzt die Aufwärtsbewegung des Nockens (bzw. der Stoßstange) in eine Abwärtsbewegung des Ventils um.

Klimaanlage (AC) – Anlage zur Kühlung und Entfeuchtung der in den Fahrgastraum von außen einströmenden Luft. Dient dem Fahrkomfort und der Freihaltung der Scheiben von Beschlag.

Klingeln – Siehe Klopfen/Klingeln.

Klopfen/Klingeln – Metallisches Motorgeräusch, das oft bei zu frühem Zündzeitpunkt, zu niedriger Oktanzahl des Kraftstoffs oder starken Ablagerungen im Brennraum auftritt. Es rührt von Druckwellen her, die die Zylinderwände in Schwingungen versetzen.

Klopfsensor – Signalgeber, der beim ersten Auftreten von Klopfgeräuschen einen Befehl ans Steuergerät im Motor-Managementsystem erteilt.

Kolben – Zylindrisches Bauteil, das sich in einer Bohrung linear bewegt. Beim Motor verdichtet der Kolben ein Kraftstoff-Luft-Gemisch, überträgt lineare Kraft durch das Pleuel auf die rotierende Kurbelwelle und schiebt verbranntes Gas durch Auslassventile aus dem Zylinder.

Kolbenring – Federnder Feingussring, der in einer um den Kolben laufenden Nut liegt und sich im Betrieb derart an die Zylinderwand anschmiegt, dass der Kolben im Zylinder praktisch gasdicht ist.

Kompakt-Van – Großraumlimousine auf Basis der Kompaktklasse.

Kompressor – mechanischer Lader, bläst Luft in den Ansaugtrakt; wird vom Keilriemen angetrieben.

Kondensator – Zündanlage: Gerät zur Unterdrückung zu starker Funkenbildung an den Zündkontakten; Klimaanlage: Gerät zur Umwandlung des Kühlmittels vom gasförmigen in den flüssigen Zustand.

Kontakte – Siehe Zündkontakte.

Kontermutter/Gegenmutter – Schraubenmutter, mit der eine Einstellmutter oder ein anderes Gewindeteil gegen Lösen gesichert wird.

Kopfdichtung – Siehe Zylinderkopfdichtung.

Kraftstoff – Bezeichnung für die verschiedenen in Verbrennungsmotoren verwendeten Treibstoffe wie Benzin, Diesel, Flüssiggas usw.

Kraftstoff-Druckregler (Systemdruckregler) – Regler in der Einspritzanlage, der für konstanten Kraftstoffdruck an den Einspritzdüsen sorgt. Arbeitet gewöhnlich mit dem Saugrohr-Unterdruck.

Kraftstoffeinspritzung – siehe Einspritzung.

Kraftstofffilter – Auswechselbarer Filter, der Fremdkörper und Wasser aus dem Kraftstoff abscheidet.

Kraftstoffpumpe/Benzinpumpe – Pumpe, heute

meist elektrisch angetrieben, fördert den Kraftstoff vom Tank zur Vergaser- oder Einspritzanlage.

Kraftübertragung – Allgemeine Bezeichnung für die Baugruppen des Antriebsstrangs (Getriebe, Achsantrieb, Wellen) mit Ausnahme des Motors.

Kugelgelenk – Wartungsfreies, in mehreren Ebenen bewegliches Übertragungsteil, vor allem in Radaufhängungen und Lenksystemen verwendet. Es besteht aus Kugel und Kugelpfanne sowie einer Gummiabdichtung, die kein Fett austreten lässt.

Kugellager – Reibungsarme Wellenlagerung, besteht aus zwei gehärteten Stahlringen und zwischen ihnen abwälzenden Kugeln (»Wälzkörper«).

Kühler – Bauteil des Kühlsystems, durch dessen feine Röhren oder Waben das heiße Kühlmittel fließt. Er ist vorn im Motorraum so angeordnet, daß er vom Fahrtwind durchströmt und dabei das Kühlmittel abgekühlt wird.

Kühlmittel – Mischung aus Wasser und Frostschutzmittel für die Motorkühlung.

Kühlmittel der Klimaanlage – Flüssigkeit, die beim Betrieb der Klimaanlage wechselweise gasförmig und wieder verflüssigt wird.

Kühlmittelpumpe – Siehe »Wasserpumpe«.

Kühlmittelsensor – Sensor, der im Motor-Managementsystem Informationen über die momentane Temperatur des Kühlmittels an das Steuergerät gibt.

Kühlerventilator – Siehe Ventilator.

Kupplung – Auf Reibung beruhende Einrichtung zur Übertragung und zur weichen Einleitung (Einkuppeln) des Drehmoments vom Motor ins Getriebe, ohne dass hierzu eine der beiden Komponenten zum Stillstand kommen muss.

Kupplungs-Ausrückhebel – Überträgt die Pedalkraft auf das Kupplungs-Ausrücklager..

Kupplungsscheibe – Metallscheibe mit verzahnter Nabe, trägt auf beiden Seiten Reibbeläge; gewöhnlich abgefedert zur weichen Einleitung der Kräfte.

Kurbelgehäuse – Der unterhalb der Zylinder liegende Teil des Motorblocks, in welchem die Kurbelwelle gelagert ist.

Kurbelwelle – Welle mit außermittigen (exzentrischen) Kurbelzapfen, durch die die geradlinige Bewegung der Kolben über die Pleuel in Drehbewegung umgewandelt wird.

Kurbelwellensensor – Sensor, der im Motor-Managementsystem Informationen über die momentane Kurbelwellenstellung (und evtl. -drehzahl) an das Steuergerät gibt.

kW/PS – Siehe PS/kW.

Ladeluftkühler – kühlt die vom Turbolader komprimierte Luft.

Lader/Kompressor – Luftverdichter, der Frischluft unter Druck zu den Einlassventilen des Motors fördert, um einen höheren Zylinderfüllungsgrad und damit erhöhte Leistung zu erzielen. Laderantrieb erfolgt entweder mechanisch von der Kurbelwelle oder beim Abgasturbolader über den Abgasdruck und eine Turbine.

Lambda-Regelung (Geregelter Katalysator) – Geschlossener Regelkreis mit Lambda–Sonde und Katalysator zur optimalen Abgasentgiftung. Die von der Lambda-Sonde ans Steuergerät geleiteten Signale sorgen in der Einspritzanlage für eine genaue Kraftstoffzumessung, um die bestmögliche Funktion des Katalysators zu erzielen.

Lambdasonde – Bauteil in der Abgasleitung eines Ottomotors mit geschlossenem Regelkreis (Lambda–Regelung), das den Sauerstoffgehalt der Abgase überwacht. Von L. ans Steuergerät geleitete Signale sorgen in der Einspritzanlage für genaue Kraftstoffzumessung und bestmögliche Katalysator-Funktion.

Längslenker – Parallel zur Fahrtrichtung auf und ab schwenkender Tragarm, an dessen Ende das Rad montiert ist. Seine Schwenkachse liegt im rechten Winkel zur Fahrzeuglängsachse.

LCD-Display/Info Display – Der bedarfsorientierte Aufbau des Info Displays erlaubt sowohl das Reduzieren fester Anzeigen auf den gesetzlichen Minimalum-

fang als auch eine umfangreiche Informationsauswahl. Möglich wird diese Vielfalt durch die Koppelung von mechanischen Zeigern mit LCD-Displays. Ob Navigationshinweise oder Tempomat–Einstellungen – der Fahrer hat alles stets im Blick.
Über das Info Display kann er z.B. den Stufentempomat ab ca. 30 km/h aktivieren. Dieser kann bis zu sechs Wunschgeschwindigkeiten speichern und bei Bedarf aufrufen. Über die Navigationshinweise werden die Routenführung zu einem gewünschten Zielpunkt und aktuelle Staumeldungen angezeigt.
Weiterhin befinden sich insgesamt 14 Kontroll- und Warnleuchten im LCD–Display. Die Palette reicht von »Klassikern« wie »Bitte angurten« über Fahrassistenten wie die Dynamische Stabilitäts Control (DSC) bis hin zur Parkbremse mit Automatic-Hold-Funktion.

LED–Technologie – Die LED (Light Emitting Diode) ist ein Licht emittierender Halbleiter, der eine wesentlich längere Lebensdauer und einen geringeren Stromverbrauch als konventionelle Glühlampen aufweist. Die Vorzüge der LED-Technologie liegen in ihrem niedrigeren Energieverbrauch, kürzeren Ansprechzeiten, geringerem Raumbedarf sowie einer höheren Lebensdauer (Fahrzeuglebensdauer).
Die hohe Betriebssicherheit und Lebensdauer von LEDs erhöhen die Sicherheit durch die verringerte Ausfallwahrscheinlichkeit von Rückleuchten und Bremslichtern.

Leerlaufdrehzahl – Drehzahl des Motors bei geschlossener Drosselklappe.

Leerweg/Spiel – Freie Beweglichkeit eines Bauteils (z.B. eines Pedals), ehe eine Wirkung oder Funktion einsetzt.

Lenkgetriebe – Siehe Zahnstangenlenkung.

Lenkung – Oberbegriff für die Bauteile der Lenkanlage. Das eigentliche Lenkgetriebe ist heute in der Regel eine Zahnstangenlenkung.

LHM–Fluid (Citroën) – Spezielle Hydraulikflüssigkeit auf Mineralölbasis für die Hydraulik von Citroën-Modellen.

LongLife–Öl – Je nach Motor- und Modellvariante sind Intervalle für Service oder Ölwechsel von bis zu 30.000 Kilometern oder maximal zwei Jahren bei Benzinmotoren und bis zu 50.000 Kilometern oder maximal zwei Jahren bei Dieselmotoren möglich.

Lufteinblasung – Maßnahme zur Schadstoffreduktion mit Katalysator. In den Auspuffkrümmer wird Frischluft eingeblasen, um die Abgastemperatur zu erhöhen. Dies hilft dem Kat, seine Betriebstemperatur rascher zu erreichen.

Luftfilter – Ein auswechselbarer Einsatz aus Papier oder Schaumstoff in einem Gehäuse. Hält Fremdkörper aus der zum Motor strömenden Luft zurück.

Luftmengenmesser – Messvorrichtung im Motor–Managementsystem, die die durchfließende Luftmenge zu den Zylindern misst und diese Information an das Steuergerät weitergibt.

Mageres Gemisch – Ausdruck für ein Kraftstoff-Luft-Gemisch mit geringerem als dem optimalen Kraftstoffanteil.

Massekabel – Flexibles Kabel, das den Minuspol der Batterie mit der Karosserie bzw. die Karosserie mit dem Motor/Getriebe-Aggregat verbindet. Die Metallteile dienen der elektrischen Anlage als Rückleitung.

McPherson–Federbein – Einzelradfederung. Kombinierte Einheit aus Schraubenfeder und Stoßdämpfer, bildet bei Einbau an der Vorderachse gleichzeitig die Lenkdrehachse der Vorderräder.

Mehrventiler – Motor mit mehr als zwei Ventilen pro Zylinder, nämlich zumeist vier (2 Einlass-, 2 Auslassventile), seltener drei (2 Einlass-, 1 Auslassventil).

Membrane – Scheibe aus flexiblem, luftundurchlässigem Werkstoff, z.B. im Bremsservo verwendet, wo die Membrane vom Unterdruck gesteuert wird.

Minivan – auf Kleinwagen basierender Van (siehe Van).

Motor–Managementsystem – Anlage in modernen Fahrzeugen, die mit Hilfe eines elektronischen Steuergeräts die Motorfunktionen (Zündung, Einspritzung, Abgasemission) regelt und überwacht.

Motornachlauf – Neigung eines Motors zum Weiterlaufen nach dem Ausschalten der Zündung. Zumeist verursacht durch zu geringe Oktanzahl des Benzins, zu frühe Zündeinstellung, starke Ablagerungen im Brennraum oder schlechte Wartung des Motors.

Motronik – Motorsteuerung von Bosch.

MP3 – Komprimierte digitale Audiodaten. Das MP3-Format ist ein weit verbreiteter Standard zur Komprimierung digitaler Audiodateien. Bei gleicher Klangqualität belegen MP3-Dateien in etwa nur ein Zehntel des Speicherplatzes einer Audio-CD.
MP3 steht für MPEG 1 Audio Layer 3. Es ist ein von der »Motion Picture Experts Group« entwickeltes Verfahren zur Komprimierung digitaler Video- und Audiodaten. Nötig: ein MP3-fähiges Wiedergabegerät.

MPV – Multi Purpose Vehicle (Mehrzweckfahrzeug) – andere Ausdruck für Van (siehe Van).

Multi-Point-Einspritzung – Einspritzanlage bei Ottomotoren mit je einer Einspritzdüse pro Zylinder.

Nachlauf – Winkel zwischen der Lenkdrehachse der Vorderräder und einer Senkrechten durch den Berührpunkt des Rades mit dem Boden.

Nachschleifen (Kurbelwelle) – Verfahren zum Nacharbeiten der Lagerzapfen der Kurbelwelle bei starkem Verschleiß. Die um ein geringes Maß verkleinerten Zapfen werden mit Lagerschalen mit entsprechend kleinerem Durchmesser montiert. Nur nach langer Laufzeit erforderlich.

Navigationssystem – elektronisches Gerät, das zur geographischen Positionsbestimmung dient und gegebenenfalls bei der Erreichung eines gewünschten Zieles behilflich ist.
Das System besteht aus den drei wesentlichen Elementen GPS-Antenne, Navigationsrechner und Display. Mit Hilfe der Antenne für das Global Positioning System (GPS) peilt das Navigationssystem Satelliten an, die sich in einer geostationären Umlaufbahn um die Erde befinden. Diese Peilung ermöglicht es, den exakten Standort des Fahrzeuges auf der Erdoberfläche auf wenige Meter genau zu bestimmen..

NCAP – New Car Assessment Program (Neuwagen–Sicherheitsprogramm). Stellt die Crashtest–Definition für Europa dar.

NEFZ – Neuer europäischer Fahrzyklus; Messverfahren für Durchschnittsverbrauch und Abgas.

Nehmerzylinder (Radbremszylinder) – Hydraulikzylinder mit Kolben unmittelbar an der Radbremse, gefüllt mit Hydraulikfluid. Er erhält den hydraulischen Druck über Rohrleitungen vom Hauptbremszylinder. Seine Kolbenbewegung wirkt auf die Bremsbacken bzw. Bremsbeläge.

NOx (Stickoxide) – Einer der Schadstoffe in den Abgasen von Otto- und Dieselmotoren.

Nocken – Exzentrische Erhebungen an der Nockenwelle zur Betätigung der Ventile.

Nockenwelle – Umlaufende, von der Kurbelwelle angetriebene Welle mit Nocken. Sie betätigt die Ein– und Auslassventile über diverse Zwischenglieder

Nockenwellen-Antriebsriemen/Zahnriemen – Alternative zur Steuerkette. Verstärkter, verzahnter Flachriemen aus Gummi-Gewebe-Material, der über Riemenscheiben mit flachen Zähnen die Nockenwelle(n) von der Kurbelwelle aus antreibt.

Nockenwellensensor – Sensor, der im Motor-Managementsystem Informationen über die momentane Stellung der Nockenwelle(n) ans Steuergerät gibt.

Oberer Totpunkt (OT) – Höchste Position in der Kolbenbewegung. Im OT bleibt der Kolben für Sekundenbruchteile stehen, ehe er abwärts geht.

OHC – (Overhead Camshaft) Obenliegende Nockenwelle(n). Bezeichnet die Motorbauart, bei welcher die Nockenwelle(n) über den Zylindern im Kopf angeordnet ist (angetrieben über Zahnriemen, Kette oder Zahnräder). Infolge der direkteren Betätigung der Ventile für Motoren höherer Leistung vorteilhaft.

OHV – (Overhead Valves) Stoßstangenmotor. Die Ventile sind im Zylinderkopf, werden jedoch von einer unten im Gehäuse liegenden Nockenwelle über Stoßstangen betätigt.

Oktanzahl – Vergleichszahl, die die Klopffestigkeit eines Otto-Kraftstoffs angibt. Siehe dazu auch unter Klopfen/Klingeln.

Ölfilter – Auswechselbares Filter, das Fremdkörper und Kondenswasser aus dem Motorenöl abscheidet.

Ölkühler – Kleiner Kühler, der mit Hilfe des Fahrtwinds hauptsächlich bei Diesel- und Hochleistungsmotoren das Motorenöl zusätzlich kühlen soll.

Ölpeilstab – Metall- oder Kunststoffstab mit mehreren Markierungen zum Prüfen des Ölstands.

Ölsumpf/Ölwanne – Auffangschale und Reservoir unter dem Kurbelgehäuse für das im Motor umlaufende Öl.

O-Ring – Gummi-Dichtring mit kreisrundem Querschnitt. Wird oft zur Abdichtung zylindrischer Flächen in eine Nut eingesetzt.

Oxidations-Katalysator – Die Abgase von Dieselmotoren können, da sie mit Luftüberschuss arbeiten, mit dem Dreiwege-Katalysator nicht nachbehandelt werden. Der Einsatz einer Lambdaregelung ist hier technisch ausgeschlossen. Es kommt zur Reduzierung von Kohlenwasserstoff (HC) und Kohlenmonoxid (CO) in Kohlendioxid (CO_2) der Oxidationskatalysator zur Anwendung. Er eignet sich jedoch nicht zum Abbau von Stickoxiden.

Pleuel – Bauteil im Motor, das den Kolben (auf- und abgehend) mit der Kurbelwelle (rotierend) verbindet.

Pleuellager – Unteres Gleitlager des Pleuels, das dessen Bewegung auf den zugehörigen Zapfen der Kurbelwelle überträgt.

PME/Pflanzen-Methyl-Ester – Pflanzen-Methyl-Ester, oder auch Biodiesel, wird aus nachwachsenden Rohstoffen (Pflanzen) gewonnen. In Deutschland wird häufig Raps zur Gewinnung von Biodiesel genutzt. Daher hat sich auch die Bezeichnungen Raps-Methyl-Ester (RME) durchgesetzt. Aus ökologischer Sicht stellt PME eine sinnvolle Alternative zu herkömmlichem Dieselkraftstoff dar, da man sich in einem geschlossenen CO_2-Kreislauf bewegt. Das bedeutet, dass die Pflanze während ihres Wachstums soviel an CO_2 aufnimmt, wie nachher bei der Verbrennung wieder abgegeben wird. Da sich Biodiesel jedoch in seiner Zusammensetzung von herkömmlichem Dieselkraftstoff unterscheidet, kann er nicht uneingeschränkt als direkter Ersatz für Diesel genommen werden. Größtes Problem ist derzeit, dass es keine einheitliche Norm für die Qualität und Zusammensetzung von Biodiesel gibt. Daher gibt es auch keine bedingungslose Freigabe der Fahrzeughersteller für die Verwendung von Biodiesel in ihren Fahrzeugen.

PS/kW (Leistung) – Ausdruck für die pro Zeiteinheit von einem Motor (Verbrennungs-, Elektromotor) aufgebrachte Arbeit. Die jahrzehntelang nur in PS (Pferdestärken) angegebene Leistung misst man heute in kW (Kilowatt; 1 kW entspricht 1,36 PS).

Querstabilisator – Federstahl-Drehstab, an Vorderachse und/oder Hinterachse montiert, um die Neigung der Karosserie zum »Rollen« (Wankbewegungen um die Fahrzeug-Längsachse) zu reduzieren. Wird nicht in jedem Auto verwendet.

Radbremszylinder – Siehe »Nehmerzylinder«.

Rad(muttern)schlüssel – Werkzeug, mit dem die Radschrauben oder -muttern eines Autos gelöst oder festgezogen werden.

Radträger – Teil der Vorder- oder Hinterradaufhängung, in dem die Radlagerung und der feste Teil der Bremsanlage untergebracht sind.

RDS/Radio Data System – Ein Service der Rundfunkanstalten. Neben dem hörbaren Sendeprogramm werden Zusatzinformationen in Form verschlüsselter Digitalsignale ausgesendet. Durch die Übermittlung des Sendernamens (Program Service) wird nicht die Sendefrequenz, sondern der Name des jeweiligen Senders im Radio angezeigt. Die Angabe von alternativen Frequenzen ermöglicht den Empfang der am jeweiligen Ort am besten zu empfangenden Frequenz des gehörten Programms.

Regensensor/Lichtsensor – Der Regensensor sorgt für mehr Fahrkomfort und -sicherheit. Mittels optischer Messung erkennt er automatisch die Regenstärke. Einmal eingeschaltet, aktiviert der Regensensor automatisch die Scheibenwischer und regelt selbsttätig die Wischfrequenz. Mit der integrierten Fahrtlichtautomatik wird das Fahren noch sicherer und praktischer. Über zwei Lichtsensoren in der Frontscheibe werden die Lichtverhältnisse, etwa Dämmerung, Dunkelheit oder Tunnelfahrten, erkannt und das Abblendlicht wird selbsttätig eingeschaltet.

Reihenmotor – Verbrennungsmotor, bei welchem alle Zylinder in einer Reihe angeordnet sind.

Ritzel – Bezeichnung für ein Zahnrad mit kleiner Zähnezahl, das in eines mit größerer Zähnezahl oder in eine Zahnstange eingreift.

Rußpartikelfilter – Mit diesem Diesel-Partikelfilter werden Rußpartikel zu mehr als 95 Prozent aus dem Abgas entfernt. Der Grenzwert für EU4- und EU5-Norm wird dabei deutlich unterschritten.

Sattel – Siehe Bremssattel.

Saugrohr/Ansaugrohr – Bauteil des Motors, in dem je nach Art der Gemischaufbereitung entweder reine Luft oder Kraftstoff-Luft-Gemisch zu den Einlassventilen befördert wird.

Saugrohrdrucksensor – Gerät, das den Innendruck im Saugrohr eines Ottomotors misst und Signale an das Steuergerät im Motor-Management gibt.

Schaltsaugrohr – In der Länge variabler Ansaugtrakt.

Scheibenwaschmittel – Wasser mit handelsüblichen Zusätzen (Frostschutz- und Reinigungsmittel) zum Befüllen der Scheibenwaschanlage.

Schräglenker – Auf und ab schwenkender Tragarm, an dessen Ende eines der Hinterräder montiert ist. Seine Schwenkachse liegt nicht im rechten Winkel zur Fahrzeuglängsachse.

Schrägverzahnte Räder – Zahnradpaar, dessen Verzahnung unter einem Winkel zur Radachse steht. Sorgt für besseren Zahneingriff und ruhigeren Lauf.

Schraubenfeder – Für Personenwagen-Federungen heute meistverwendete, gewindeförmige Stahlfeder.

Schwimmsattelbremse – Am Radträger seitlich verschiebbar montierter Bremssattel der Scheibenbremse. Ein Schwimmsattel hat im Gegensatz zum Festsattel nur auf einer Seite einen (oder mehrere) Hydraulikkolben.

Schwungrad – Schwere metallene Scheibe am Abtriebsende der Kurbelwelle. Soll die von den Kolbenkräften herrührende Ungleichförmigkeit teilweise ausgleichen.

Selbstbeteiligung – Der vom Versicherten selbst zu übernehmende Kostenanteil im Schadensfall.

Sequenzielles Manuelles Getriebe – Das SMG basiert auf dem bewährten Schaltgetriebe. Die Gangreihenfolge verläuft immer sequenziell (nacheinander) und nicht wie bei konventionellen Schaltungen durch die direkte Ganganwahl.

Service-Heft – Nachweis (wichtig beim Wiederverkauf), dass das Fahrzeug von Anbeginn und lückenlos in Fachwerkstätten gewartet wurde.

Servolenkung – System, das hydraulische Hilfskraft (Servokraft) zur Verfügung stellt, sobald der Fahrer am Lenkrad dreht.

Servo-Unterstützung – Anlage, die mit Hilfskräften (Hydraulik, Pneumatik) die vom Fahrer aufgewendete Kraft (am Lenkrad, am Pedal usw.) unterstützt.

Sicherungsblech – Blechscheibe mit einer oder mehreren Laschen, mit denen eine Mutter oder ein Schraubenkopf gegen Lösen gesichert wird.

Sidebag – Seitenairbag in der Tür oder im Sitz.

Single-Point-Einspritzung – Einspritzanlage mit nur einer Einspritzdüse für alle Zylinder.

SLS – Self Leveling Suspension (automatische Fahrwerk-Höhenverstellung).

SOHC – (Single Overhead Camshaft) Bezeichnung für einen Motor mit nur einer obenliegenden Nockenwelle, die Ein- und Auslassventile betätigt.

Spannungsregler – Elektrischer Regler, der die Spannung des Generators konstant hält.

Speedster – sportliches Cabrio mit extrem flacher Frontscheibe.

Sprengring – Ringförmigige Sicherung in einer Bohrung oder auf einer Welle, eingelassen in eine Innen- oder Außennut. Der Ring stoppt die ungewollte axiale Bewegung von Bauteilen.

Spurstange – Teil des Lenkgestänges, das die Lenkbewegungen vom Lenkgetriebe zum Vorderradträger überträgt.

SRS – Supplemental Restraint System (Rückhaltesystem); Abkürzung für das Airbag–System.

Starrachse – Aufhängung der Hinterräder an einem sie verbindenden Achskörper. Federbewegung des einen Rades wirkt sich direkt auf das andere aus.

Starthilfekabel – Siehe Überbrückungskabel.

Steuerkette – Metallgliederkette, treibt über Kettenräder die Nockenwelle(n) von der Kurbelwelle aus an.

STC – Stability Traction Control (stabile Traktionskontrolle); anderer Ausdruck für ASR (siehe oben).

Stoß-/Schwingungsdämpfer – Bauteil der Radaufhängung, welches das Auf- und Abschwingen der Federung eines Wagens beim Überfahren schlechter Wegstrecken absorbiert.

Stößel – Siehe Ventilstößel, Tassenstößel.

Sturz, Radsturz – Der Winkel, unter dem sich die Räder von der Senkrechten nach außen neigen. Negativer Sturz bedeutet, dass die Räder nach innen gekippt sind.

SUV – Sport Utility Vehicle, sportliches Nutzfahrzeug.

Synchronisierung – Vorrichtung im Schaltgetriebe. Sie gleicht zum Schalten eines Ganges die Drehzahlen der beiden in Eingriff zu bringenden Teile einander an, um geräuschloses Schalten zu ermöglichen.

Tagfahrlicht – 50 Prozent aller Unfälle an Kreuzungen tagsüber werden durch das nicht rechtzeitige Erkennen anderer Verkehrsteilnehmer verursacht. Als Abhilfe gilt unter Experten das Einschalten des Abblendlichtes am Tag oder der Einsatz von zusätzlichen Tagfahrlichtern.

Tassenstößel – Topfförmiges Zwischenglied, geführt in einer zylindrischen Bohrung, das zwischen den Ventilen des Motors und der (obenliegenden) Nockenwelle eingebaut ist (zuweilen mit einer spielausgleichenden Hydraulik versehen).

Telematik – Verbindung aus Telekommunikation, Informatik und Satelliten-Ortung zur Verkehrsleitung.

Thermostat – Temperaturabhängige Regelanlage im Kühlkreislauf, die das Erwärmen des Kühlmittels beschleunigt, indem sie ihm erst ab einer bestimmten Temperatur den Weg zum Kühler freigibt.

Tire Mobility Set – Reifenreparaturset, mit dem leichte Reifenleckagen behoben werden können. Das Set enthält Dichtmittel und einen Luftkompressor (12 Volt) zum Befüllen des Reifens.

Totpunktmarke/Einstellmarke – Kerben oder Markierungen an der vorderen Riemenscheibe der Kurbelwelle oder am Schwungrad und an den Antriebsteilen der Nockenwelle(n); sie dienen zum exakten Einstellen des Zünd- bzw. Einspritzzeitpunkts eines bestimmten Zylinders

Transaxle – Kombination von Getriebe und Achstrieb in einem Gehäuse.

Turbolader/Abgasturbolader – Lader (s.d.), dessen Antrieb über den Druck der Abgase des Motors erfolgt, die auf eine Turbine wirken. Der Lader fördert zusätzliche Luft in die Zylinder und erreicht damit einen höheren Füllungsgrad und höhere Leistung.

Überbrückungs-/Starthilfekabel – Kabelsatz (1 rotes, 1 schwarzes) mit großem Querschnitt und kräftigen Klemmen an den Enden. Bei leerer Batterie kann mit Hilfe der Kabel und einer vollen »Spenderbatterie« der Motor angelassen werden.

Ungeregelter Katalysator – »Offenes« System, das die Schadstoffe im Abgas mit Hilfe eines von der Gemischbildung unabhängig arbeitenden (ungeregelten) Katalysators nur teilweise reduzieren kann.

Unterdruckpumpe – Dieselmotor: Für die Servobremse erforderlicher Unterdruck wird von einer vom Motor angetriebenen Pumpe geliefert (»Bremsservo«).

Unterer Totpunkt (UT) – Tiefste Position in der Kolbenbewegung. In diesem UT bleibt der Kolben für Sekundenbruchteile stehen, ehe er sich wieder aufwärts bewegt.

Unverbleites Benzin (Bleifrei) – Benzin, das außer dem im Rohöl enthaltenen Bleianteil bei der Herstellung nicht zusätzlich verbleit wird. Keine Schädigung des Katalysators.

Van – Großraumlimousine.

Variomatic – einfaches CVT-Getriebe (siehe oben) von DAF, erstmals 1958 im DAF 33 eingesetzt.

VDC – (Vehicle Dynamics Control) Fahrzeugdynamische Kontrolle; Fahrdynamik-Regelung für allradgetriebene Autos.

Ventil – Allgemein eine Vorrichtung, die geöffnet und geschlossen werden kann, um den Durchfluss von Gasen oder Flüssigkeiten zu ermöglichen bzw. zu stoppen.

Ventilator – Heute meist elektrisch, früher vom Motor angetriebener, vorn im Motorraum hinter dem Kühler angeordneter Lüfter (Ventilatorflügel). Soll die Kühlung unterstützen.

Ventilatorriemen – Keilriemen, der bei mechanischem Antrieb des Ventilators von der Kurbelwelle aus verwendet wird.

Ventileinstellung – Siehe Ventilspiel.

Ventilspiel – Gesamter Leerweg zwischen dem Ende des Ventilschafts und dem Nocken der Nockenwelle. Das Spiel ist erforderlich, um das völlige Schließen des Ventils trotz Wärmedehnung der Bauteile zu gewährleisten. Es wird entweder an einer Stellschraube manuell eingestellt oder von einem Hydraulikstößel (s.d.) automatisch ausgeglichen.

Ventilsteuerung – Oberbegriff für die Bauteile, die das Öffnen und Schließen der Ein- und Auslasskanäle des Motors bewirken: Nockenwelle(n), Stößel, Stoßstangen, Kipphebel, Ventile usw.

Ventilstößel – Bauteil im Motor, das die Drehbewegung der Nockenwelle in die Auf- und Abbewegung der Ventile umwandelt. Siehe auch »Tassenstößel«.

Verbleites Benzin (Bleibenzin) – Benzin, das außer dem im Rohöl enthaltenen Bleianteil bei der Herstellung zusätzlich verbleit wird. Nicht für Katalysatorbetrieb geeignet, da Blei dem Kat schadet.

Verbundglas – Sicherheitsglas für Autoscheiben. Besteht aus zwei dünnen Schichten aus gehärtetem Glas mit einer dünnen Schicht aus Spezial-Kunststoff dazwischen. Bei einem Aufprall zerbröselt das Glas nicht, und die Sicht bleibt weitgehend erhalten.

Verdichtung (-sverhältnis) – Gibt an, auf welches Volumen die Zylinderfüllung zwischen unterem und oberem Totpunkt des Kolbens verdichtet wird (Volumen eines Zylinders plus Brennraumvolumen im Verhältnis zum Brennraumvolumen allein, z.B. 10:1).

Vergaser – Vorrichtung, mit der (bei älteren Autos) das Kraftstoff-Luft-Gemisch in dem zur Verbrennung nötigen Verhältnis gebildet wird. Heute meist durch ein Einspritzsystem ersetzt.

Verteilerfinger – Im Zündverteiler umlaufendes Teil, dessen Elektrode über weitere Elektroden in der Verteilerkappe den Zündstrom an die Kerzen befördert.

Verteilerkappe – Kunststoffkappe, die auf den Verteiler aufgesetzt wird und von welcher die Zündkabel (Hochspannungskabel) zu den Kerzen führen.

4 T 4 – Eine der vielen Bezeichnungen für den Allradantrieb, die vom jeweiligen Hersteller stammen.

Viertaktmotor – Bezeichnet einen Otto- oder Dieselmotor, der nach dem Viertaktverfahren arbeitet, d.h. für jeden vollständigen Arbeitszyklus zwei Auf- und zwei Abwärtshübe des Kolbens benötigt

Vierventiler/16-Ventiler – Bezeichnung für einen Verbrennungsmotor mit zwei Einlass- und zwei Auslassventilen pro Zylinder. Der Ausdruck 16-Ventiler wird für den weit verbreiteten Vierzylindermotor mit je vier Ventilen pro Zylinder verwendet.

V-Motor – Motorbauweise, bei welcher 6 oder 8 Zylinder in zwei Reihen angeordnet sind, die von vorn oder hinten gesehen ein »V« bilden. Zum Beispiel hat ein V8-Motor zwei Reihen zu jeweils vier Zylindern.

Vorderachseinstellung – Prüfung und Berichtigung

gemäß der werksseitig vorgeschriebenen Einstellung von Vorspur, Sturz und Nachlauf. Einstellbar sind an den meisten Autos nur die Vorspurwerte. Fehlerhafte Einstellung kann hohen Reifenverschleiß und schlechtes »Handling« zur Folge haben.

Vorkammer-Diesel (Wirbelkammer-Diesel) – Traditioneller Dieselmotor. Der Kraftstoff wird vor der eigentlichen Verbrennung im Brennraum in einer Vor- oder Wirbelkammer gezündet.

Vorspur/Nachspur – Der Winkel oder der Betrag, um den die Stellung der Vorderräder bei Geradeausfahrt von einer Geraden parallel zur Fahrzeuglängsachse abweicht. Vorspur bedeutet, dass die Räder vorn leicht einwärts gerichtet sind.

VSA – Vehicle Stability Assistent. Fahrzeug-Stabilitätshelfer; entspricht ESP (siehe ESP).

VTC – Variable Timing Camshaft. Variable Nockensteuerung, steuert Öffnungszeiten der Einlassventile.

VTG – (Variable Turbine Geometrie) Variable Turbolader-Geometrie.

Wankel-/Drehkolben-/Kreiskolbenmotor – Verbrennungsmotor, der im wesentlichen nur rotierende Teile besitzt. Der Kolben (Rotor) ist etwa dreiecksförmig und rotiert in einem Gehäuse mit spezieller, langovaler Innenform (Epitrochoide). Nur wenige Automodelle sind mit einem solchen Motor ausgerüstet.

Wasserpumpe/Kühlmittelpumpe – Vom Motor angetriebene Flügelpumpe, die das Kühlmittel durch alle Teile des Kühlkreislaufs pumpt.

Wertminderung – Mit dem Altern eines Autos (gefahrene Kilometer, Unfallschäden usw.) verbundene Minderung des möglichen Wiederverkaufserlöses.

Windowbag – Airbag vor dem Seitenfenster.

Wirbelkammer (Diesel) – Hohlraum im Zylinderkopf von Dieselmotoren. Bei Indirekteinspritzung wird Kraftstoff statt in den Brennraum in die Wirbelkammer eingespritzt und dort mit der Luft »verwirbelt«.

Xenonlicht – Modernes Autolicht ohne Glühdraht. In der Glühlampe befindet sich unter anderem das Edelgas Xenon. Bringt mehr als die doppelte Lichtleistung gegenüber Halogenlicht.

Zahnriemen – Siehe Nockenwellen-Antriebsriemen.

Zahnstangenlenkung – Heute weit verbreitete Ausführung des Lenkgetriebes, bestehend aus einem Ritzel und einer Zahnstange, welche die Räder über Spurstangen einschlägt.

Zündanlage – Elektrisches System beim Ottomotor für das Zünden des Gasgemisches im Zylinder.

Zündfolge – Reihenfolge, in der die Zylinder eines Motors gezündet werden.

Zündkabel – Besonders stark isolierte Kabel für die Übertragung des hochgespannten Stroms vom Zündverteiler zu den Kerzen.

Zündkerze – Bauteil des Ottomotors. Die Kerze ragt mit zwei Elektroden in den Brennraum hinein, zwischen denen zum Zünden des Kraftstoff-Luft-Gemisches ein Funken erzeugt wird.

Zündkontakte – In der Zündanlage älterer Autos dient ein Kontaktpaar zum Unterbrechen des Niederspannungsstroms und erzeugt dadurch in der Zündspule eine Hochspannung, die an der Kerze Zündfunken überspringen lässt.

Zündspule – Elektrisches Bauteil, das beim Ottomotor die eingeleitete Batteriespannung in Hochspannung (12 Volt) für den Zündfunken umsetzt.

Zündverteiler – Bauteil der Zündanlage, zuständig für die Verteilung der Hochspannungsenergie an die einzelnen Zündkerzen des Motors.

Zündzeitpunkt – Die kurz vor dem Erreichen des oberen Totpunkts (OT) liegende Stellung des Kolbens, in welcher der Zündfunken überspringt.

Zylinder – Hohlraum, in welchem der Kolben eines Motors auf und ab geht. Die Zylinder können entweder direkt in den Motorblock gebohrt sein, oder es werden Laufbüchsen in den Block eingesetzt.

Zylinderblock/Motorblock – Haupt-Bauteil (Gussteil) eines Motors, das im oberen Teil zumeist die Zylinder und im unteren die Lagerung der Kurbelwelle (Kurbelgehäuse) umfasst.

Zylinderbohrung – Innendurchmesser eines Motorzylinders.

Zylinderkopf – Gussteil unmittelbar über dem Motorblock, in dem die Brennräume und die Ein-/Auslasskanäle sowie der Ventiltrieb untergebracht sind. Der Zylinderkopf ist mit dem Block verschraubt.

Zylinderkopfdichtung/Kopfdichtung – Dichtung, die zwischen Zylinderblock und Zylinderkopf liegt und für Abdichtung unter hohem Arbeitsdruck sorgt.

Zylinder-Laufbüchsen – Metallhülsen, die in entsprechende Bohrungen im Zylinderblock eingeschoben werden und in denen die Kolben auf und ab gehen. Ihr Vorzug besteht darin, dass bei Verschleiß Laufbüchsen und Kolben miteinander ausgetauscht werden können.

Škoda-spezifische Begriffe beim Roomster

Blues und Swing – Original-Musiksysteme von Škoda. Verfügen über Line-in-Audioanschluss in der Mittelkonsole sowie über MP3-, DA- oder WMA-Abspielfunktion.

Bluetooth – Auch im VW-Konzern und mithin von Škoda genutzte Technologie für die drahtlose Anbindung von Mobiltelefonen an Freisprecheinrichtungen (»Handsfree Profile«). Bluetooth bezeichnet einen offenen und weltweit gültigen Standard zur drahtlosen Nahbereichskommunikation für Sprache und Daten im lizenzfreien 2,4-GHz-Frequenzband.

Climatronic – Im Roomster verbaute automatische Klimaanlage. Mit dem Kältemittel R134a befüllt. Es enthält kein Chlor und ist ozonunschädlich. Dieses Mittel löste nach 1992 das Kältemittel R12 ab, das wegen seiner Chloratome ein hohes Ozonabbaupotenzial und zusätzlich auch ein Potenzial zur Verstärkung des Treibhauseffektes hat. Die Climatronic bietet getrennte Temperaturregelung für Fahrer und Beifahrer und in Sonderausstattung auch eine Kühlmöglichkeit im Handschuhfach.

ColourLine – Zweifarblackierung des Roomster mit Dach in Weiß, Silber oder Schwarz.

Downsizing – Zukunftsweisende Technologie des Volkswagenkonzerns zur Reduzierung von Schadstoffemissionen und Kraftstoffverbrauch der TSI- und der TDI-Motoren. Die Einflussnahme geschieht konstruktiv und durch die Steuerung.

DSG – Ein innovatives Automatikgetriebe von Volkswagen. Dieses Doppelkupplungsgetriebe wechselt in Sekundenbruchteilen, fast unmerklich und ohne Zugkraftunterbrechung in den bereits vorgewählten nächsten Gang.

GreenLine / Green tec – Auf die Reduzierung von Normverbrauch und Schadstoffausstoß gerichtete Technologien von Škoda.

Parksensoren – Erleichtern dem Roomsterfahrer das Einparken durch akustische Warnsignale bei Hindernissen im Heckbereich.

Sunset – Heckscheiben und hintere Seitenscheiben dunkel getönt.

TDI – Diesel-Direkteinspritzung mit Turboaufladung. TDI-Motoren vereinen auf überzeugende Weise Antriebskraft und ausgeprägte Sparsamkeit. Haben seit zehn Jahren einen hohen Anteil an der Produktion.

TDI CR – Gegenwärtige Generation der Diesel-Direkteinspritzer. Sie lösen die ein Jahrzehnt lang gebauten TDI PD = TDI Pumpe/Düse ab und verwenden zur Einspritzung Hochdruckpumpe und »Common Rail« CR, also ein gemeinsames Kraftstoff-Verteilerrohr.

TSI – Benzin-Direkteinspritzung mit Turboaufladung.

Varioflex – Sitzsystem im Roomster-Fond, bei dem die drei Einzelsitze einzeln ausbaubar und umklappbar sind. Die Außensitze sind in Längs- und Querrichtung verschiebbar.

Zeitfracht Medien GmbH
Ferdinand-Jühlke-Straße 7
99095 Erfurt, Deutschland
produktsicherheit@kolibri360.de

Druck:
CPI Druckdienstleistungen GmbH
im Auftrag der
Zeitfracht Medien GmbH
Ein Unternehmen der Zeitfracht - Gruppe
Ferdinand-Jühlke-Str. 7
99095 Erfurt